要加强生态文明制度建设，要把资源消耗、环境损害、生态效益纳入经济社会发展评价体系，建立体现生态文明要求的目标体系、考核办法、奖惩机制。

——《中国共产党第十八次全国人民代表大会报告》

建立系统完整的生态文明制度体系，用制度保护生态环境。健全自然资源资产产权制度和用途管制制度。探索编制自然资源资产负债表。对领导干部实行自然资源资产离任审计。

——中共十八届三中全会《中共中央关于全面深化改革若干重大问题的决定》

重点排污单位应当如实向社会公开其主要污染物的名称、排放方式、排放浓度和总量、超标排放情况，以及防治污染设施的建设和运行情况，接受社会监督。

——《中华人民共和国环境保护法》第五十五条

环 境 会 计

王立彦　蒋洪强　主编

中国环境出版集团・北京

图书在版编目（CIP）数据

环境会计/王立彦，蒋洪强主编. —北京：中国环境出版集团，2014.9（2020.7 重印）
ISBN 978-7-5111-1883-7

Ⅰ. ①环… Ⅱ. ①王… ②蒋… Ⅲ. ①环境会计—研究 Ⅳ. ①X196

中国版本图书馆 CIP 数据核字（2014）第 116576 号

出版人 武德凯
责任编辑 葛莉 董蓓蓓
责任校对 尹芳
封面设计 陈莹 彭杉

出版发行 中国环境出版集团
（100062 北京市东城区广渠门内大街 16 号）
网　址：http://www.cesp.com.cn
电子邮箱：bjgl@cesp.com.cn
联系电话：010-67112765（编辑管理部）
010-67113412（教材图书出版中心）
发行热线：010-67125803，010-67113405（传真）
印　刷 北京中科印刷有限公司
经　销 各地新华书店
版　次 2014 年 9 月第 1 版
印　次 2020 年 7 月第 2 次印刷
开　本 787×1092 1/16
印　张 20.5
字　数 480 千字
定　价 48.00 元

《环境会计》编写组

组织单位：环境保护部环境规划院

中国会计学会环境会计专业委员会

编写顾问：尤艳馨（环境保护部规划财务司副司长）

周守华（中国会计学会环境会计专业委员会主任委员）

王金南（环境保护部环境规划院副院长兼总工）

主　　编：王立彦　蒋洪强

编 委 会（按拼音顺序）：

龚成刚　蒋洪强　李连华　沈洪涛　唐国平　王立彦

王燕祥　王跃堂　肖　华　肖　序　袁广达　周　宏

周守华　周一虹

作　　者（按拼音顺序）：

蒋洪强　李江涛　沈洪涛　王立彦　王燕祥　肖　华

袁广达　周一虹

前　言

伴随着工业化进程的加速和全球经济的进一步增长，全球环境日趋恶化，社会的可持续发展面临着巨大挑战，建立以资源、环境的合理开发利用，坚持以人为本，树立全面、协调、可持续的发展观为中心内容的现代人类文明建设，以及建立全球性社会、经济、环境新秩序的呼声日益高涨。这一切表明，人类社会的发展已经进入环境保护的时代，在这种环境保护的时代潮流面前，企业所感受到的不仅仅是机遇，更多的是挑战。ISO 14000 环境管理标准的颁布，环境信息公开制度的实施，“绿色贸易壁垒”的严格要求，绿色 GDP 核算制度的推行等，使得越来越多的企业开始重视环境管理的观念与技术，相应地环境会计的研究也就非常必要。

改革开放 35 年来，中国 GDP 年均增长 9.8%，经济总量连上台阶，居世界第二位。中国工业化和城市化进程突飞猛进，经济的高速增长依赖高投入、高消耗、高污染、低效率的粗放型增长方式，“以资源换增长”的资源消耗型发展模式仍普遍存在，经济社会发展与生态环境保护的矛盾日益显现。一些地方和部门官员片面追求 GDP 增长速度，忽视了对资源和生态环境的保护。如果不改变目前这种不健全的发展评估与考核体系，继续高消耗、高污染的增长方式，中国将没有足够的资源和环境容量来支持今后的发展。中国共产党第十八次全国人民代表大会提出了大力推进生态文明建设的战略部署，要求把资源消耗、环境损害、生态效益纳入经济社会发展评价体系，建立体现生态文明要求的目标体系、考核办法、奖惩机制。中共十八届三中全会提出，“探索编制自然资源资产负债表，对领导干部实行自然资源资产离任审计”，这是推进生态文明建设的重大制度创新，对进一步发挥环境优化经济发展的基础性作用具有重要指导意义。要健全自然资源资产产权制度、编制自然资源资产负债表、对领导干部实行自然资源资产离任审计，首先必须对自然资源（环境）资产、负债进行确认、计量，才可能使相关制度得以落实。

自 20 世纪 80 年代末环境会计概念引进中国以来，逐步成为会计界熟知的一个词汇。90 年代，我国逐渐开展了对绿色 GDP 核算的研究，进而延伸至环境会计理论体系。1994 年中国政府制订了《中国 21 世纪议程——中国人口、环境与发展白皮书》，将可持续发展确定为我国社会、经济、环境协调发展的基本战略，环境会计研究获得了更大的发展空间。但近年来中国在经济保持连年高速增长的同时，生态环境日趋恶化，环境会计除了更多地作为一种理论探讨和专家学者发表研究成果外，并没有在会计实务上带来更多的实质性影响。在经济全球化和环境问题全球性的推动下，中国企业承担环境保护责任的外部压力将与日俱增。随着全面、协调和可持续的科学发展观的提出，随着经济与环境发展的高度融合，随着企业履行社会责任呼声的日益高涨，随着各种环境保护与会计法规政策的不断完善，改变传统会计制度的种种不足并建立环境会计体系，再次成为政府部门和研究机构的热点话题，环境会计获得了新的更大的发展与应用契机。目前，关于环境会计的重要性和必要性已基本为人们所认同，推行环境会计的时机逐渐成熟，但认识到了环境会计的重要性和必要性并不等于人们对环境会计有关理论和技术方法有了透彻的理解，环境会计理论研究及其应用还面临着诸多挑战。为早日实现科学发展观指导下经济社会的可持续发展，政府、企业和公民都必须充分认识到，环境责任已不容忽视、环境挑战已不容回避、建立环境会计体系已迫在眉睫。

为帮助中国企业引进并实施环境会计，在借鉴国内外环境会计研究与实践成果基础上，在环境保护部、财政部组织领导下，在财政预算项目“环境会计指南编制、培训与试点”支持下，环境保护部环境规划院、中国会计学会环境会计专业委员会组织国内长期从事环境会计研究和教学的专家学者，历经1年多时间，编写了《环境会计》一书。由于内容较多，在结构布局和内容安排上，本书分成环境财务会计篇和环境管理会计篇两部分，共12章。环境财务会计篇包括环境会计概论、环境会计制度、环境资产会计、环境负债会计、环境成本会计、环境会计信息披露共6章；环境管理会计篇包括环境成本管理、环境绩效管理、物质流成本会计、排放权交易会计、环境审计、微观环境会计与宏观绿色GDP共6章。本书针对当前中国企业实际，从案例入手，讲解了环境会计概念、环境会计制度、环境财务会计、环境管理会计等内容，并配以思考题，以提高环境会计的实用性和针对性。本书可作为高校和有关单位开展环境会计教学和培训用书，也可为企业开展环境会计实践工作以及政府机关和有关科研人员开展环境会计研究提供参考。

全书由环境保护部环境规划院蒋洪强研究员、北京大学光华管理学院王立彦教授统稿完成。由环境保护部环境规划院蒋洪强研究员（前言、第一、十二章）、西南财经大学李江涛副教授（第一、三、十一章）、南京信息工程大学袁广达教授（第二、八、九章）、厦门大学肖华教授（第四章）、北京大学王立彦教授（前言、第五、十二章）、中国政法大学王燕祥教授（第五章）、兰州商学院周一虹教授（第六章）、暨南大学沈洪涛教授（第七、十章）等具体编写完成。本书写作过程中，自始至终得到了环境保护部规划财务司尤艳馨副司长、中国会计学会环境会计专业委员会周守华秘书长、环境保护部环境规划院王金南副院长兼总工的指导。中国环境出版社有关工作人员为本书的出版付出了大量心血，在此一并表示感谢。本书参考引用了大量的国内外研究成果和文献，文后参考文献只列出了其中一小部分，尚有许多未列出，在此向这些文献的作者表示歉意和感谢。由于时间仓促，书中难免有不足之处，恳请读者批评指正。

编　者

2014年5月

目　录

上篇　环境财务会计

下篇 环境管理会计

上　篇

环境财务会计

第一章 环境会计概论

【案例引导】

履行环境保护责任是对企业的基本要求，也是创建资源节约型、环境友好型社会的需要，更好地履行环保责任，不仅可以改善企业的形象，提高企业的声誉，也可以帮助实现企业的可持续发展。社会是企业赖以生存的土壤，企业可通过社会公益事业的投入，帮助落后地区逐步发展经济生活、社会生活，从而提升企业形象和消费者对企业的认可程度，实现双赢。

随着社会对环境保护的重视，银行也开始引入道德投资观念，积极参与到环境保护工作中，越来越多的银行把是否有利于环境保护作为评价贷款项目的重要依据，探讨在现行体制下绿色金融保护和治理环境的方法。

➢ 民生银行（600016）——有效应对气候变化，促进客户节能环保

2010 年，民生银行出台《中国民生银行绿色信贷政策指导意见》，要求总行有关部门和经营机构积极开展多元化、多层次的绿色信贷产品开发和创新；针对低碳产业的金融需求和风险特征，根据产业发展阶段开辟信贷支持领域，开发适宜民生银行特点的绿色信贷产品。

2010 年 6 月 5 日，民生银行在北京设立首家绿色金融专营机构，集中优势资源增加绿色金融产品的供给。专营机构将优先支持东城区“北京绿色金融商务区”的发展，并为北京环境交易所“合同能源管理投融资交易平台”，提供包括基金托管服务，并购贷款业务、分离交易业务、短期融资融券、中期票据等多种信贷产品，加大“绿色信贷产品”供给、建立绿色审批通道，与北京绿色经济共同发展。同时，银行将加大信贷产品和衍生产品的创新力度，为企业提供投资理财、财务顾问、结构化融资、融资租赁等金融服务；研究并试行绿色股权、知识产权、碳排放权质押等标准化贷款融资模式和低碳金融产品，有效解决中小型环保企业融资难问题，为节能环保提供更多金融支持。

➢ 浦发银行（600000）——打造金融业低碳银行

浦发银行善用金融资源，通过信贷投向政策指引，把更多的信贷资源投放到绿色环保行业。2006—2009 年，浦发银行三年累计向绿色环保行业投放信贷总额达 1 000 亿元。2010 年，浦发银行当年投入节能环保行业贷款 214.61 亿元，当年退出高污染高耗能行业存量贷款 227 亿元。

浦发银行积极开展金融创新，不断推出特色绿色金融服务：继率先推出《绿色信贷综合服务方案》；率先试水碳金融，成功开展首单 CDM 财务顾问项目；率先联合发起成立中国第一个自愿减排联合组织等行动后，2010 年，浦发银行持续创新：推出合同能源管理融资；创新排放权（碳权）交易金融服务，推出以化学需氧量（COD）和二氧化硫排污权为

抵押品的抵押贷款。作为业内引领者，参加国家发改委《能效及可再生能源融资指导手册》编写项目。作为牵头行，为国内首个海上风电示范项目东海海上风电成功实施了银团融资和清洁发展机制应收账款质押相结合的创新融资方式。

早在 2008 年，浦发银行就在全国商业银行中率先推出针对绿色产业的《绿色信贷综合服务方案》，其中包括：法国开发署（AFD）能效融资方案、国际金融公司（IFC）能效融资方案、清洁发展机制（CDM）财务顾问方案、绿色股权融资方案和专业支持方案，旨在为国内节能减排相关企业和项目提供综合、全面、高效、便捷的金融服务。

2010 年，浦发银行发布《上海浦东发展银行信贷投向政策指引（2010 年度）》，明确提出对节能减排领域的信贷支持。

第一节　环境会计基础理论

科学技术的进步与人类需求的不断增长，尤其是工业革命之后，生产力急剧提高给全球带来了资源需求的膨胀和环境污染的扩大。为此，需求的导向致使各学科把研究的注意力集中在环境经济的核算上。为了系统、综合地核算环境要素，首先应根据环境会计所处的环境，研究其核算理论，以便指导环境会计的核算。环境会计①作为会计学的一个分支，自然要继承传统会计（包括财务会计、管理会计等）的基本原理和方法；同时，环境会计作为会计学的一个新兴分支，又面临许多新的理论问题。环境会计特有的理论与方法体系的建立必须要具有一定的理论基础。环境会计的基础理论主要有：可持续发展理论、外部性理论、环境价值理论、机会成本理论。

一、可持续发展理论

可持续发展的概念是在环境问题危及人类的生存和发展、传统的发展模式严重制约经济发展和社会进步的背景下产生的，是人们对传统发展观的反思和创新。1987 年以挪威首相布伦特兰为首的世界环境与发展委员会（WCED）在《我们共同的未来》报告中提出了可持续发展的定义。可持续发展意指不断提高人群生活质量和环境承载能力的、满足当代人需求又不损害子孙后代满足其需求能力的、满足一个地区或一个国家的人群需求又不损害其他地区或其他国家的人群满足其需求的发展。可持续发展思想得到了广泛的接受和认可，成为 1992 年联合国环境与发展大会上的共识。

可持续发展战略的核心内容是要求人们在利用环境资源时：①顾及环境承载能力限制。人类活动对生态系统的冲击应限制在其承载力范围之内，这种承载力包括：生态系统提供资源的能力、生态系统对污染吸纳的能力。②顾及自然资源使用速度。对于可更新自然资源使用速度应保持在其生产速度之内，对于不可再生资源的使用速度不应超过替代品的更新速度。否则，生态系统将退化到最低限度。③顾及公平性原则。目前的经济发展模

① 应当指出的是，环境会计也可分为环境财务会计和环境管理会计两类。环境财务会计反映和监督企业环境污染及环境治理情况，向相关信息使用者提供企业环境政策、环境治理成本和环境保护业绩方面的信息。环境管理会计是利用环境会计提供的信息，对企业的经济活动进行预测、决策、控制和评价。它利用管理会计的方法，对环境风险进行评估，对投资项目所涉及的环境问题进行分析，向企业管理者提供与环境有关的决策信息。本章主要介绍环境财务会计，以下简称环境会计。

式中，资源使用收益的分配和环境费用损失的负担是不公平的，可持续发展理论则要求其趋于公平，这种公平既表现在不同国家、地区、利益集团之间，也表现在当代人与后代人之间。④顾及效率原则。可持续发展的重要手段之一是改进技术、减少资源的使用量和废物的生产量，实现循环利用。⑤顾及协调性要求。环境效益、社会效益和经济效益应统一协调发展，这是理想的发展模式。环境保护政策也必须与其他政策相协调，否则难以实现。⑥顾及可持续发展的伦理道德。可持续发展伦理道德的核心是尊重自然，将人类看成是自然的一部分。

因此，可持续发展不是一种单纯的经济增长过程，而是“经济—社会—环境”三维复合的协调发展，是一种全面的社会进步和社会变革过程。可持续发展的观念认为，经济发展必须与环境协调，生态环境是社会经济运行的基础条件，资源和环境变化对经济的影响必须反映到经济运行的价值核算体系中。“经济活动的环境成本是在环境的自净能力被超过时出现的，超过了那一点，成本就不可避免了，它们必须得到偿还。”同时，可持续发展不仅仅要注重发展的状态和目标，更应该注重发展趋势的持久力和耐力，强调发展潜力的培养和发展的可持续性。这些基本要义对于指导环境会计的核算具有重要意义。因此，经济可持续发展、环境可持续发展和社会可持续发展，并使这三者协调统一，就是可持续发展的完整内容和意义，也是环境会计的重要理论基础。

二、外部性理论

庇古（1920）提出了污染的外部性问题，把边际净私人产品和边际净社会产品（包含外部成本）作了明确区分，并把两者的差额即私人经济活动产生的外部成本称为外部性。该理论揭示出在理想的或完全竞争的市场条件下，环境经济行为没有实现资源的最优配置状态，即没有实现帕累托最优配置状态的根本原因，是由于环境经济行为外部性的存在。外部性理论从经济学意义上揭示了污染问题的外部性质，从而为后人采用经济（或基于市场）手段来解决环境问题奠定了理论基础。

外部性又称溢出效应、外部影响或外差效应，指一个人或一群人的行动和决策使另一个人或一群人受损或受益的情况。经济外部性是经济主体（包括厂商或个人）的经济活动对他人和社会造成的非市场化的影响，即社会成员（包括组织和个人）从事经济活动时其成本与后果不完全由该行为人承担。根据外部性影响的结果，分为外部经济和外部不经济。外部经济是某个经济行为个体的活动使他人或社会受益，而受益者无须花费代价；外部不经济是某个经济行为个体的活动使他人或社会受损，而造成外部不经济的人却没有为此承担成本。

由于外部经济是经济行为主体对其他经济主体的附带的好处，具有“不得不赠与”的特征。如果停止这种“赠与”，不仅经济行为主体要取消自己的经济行为，以限制“附带好处”的外溢，而且还需要追加其他的费用支出。因此停止这种“赠与”不仅不利于其他经济主体，同样也不利于经济行为主体自身。如林场建设，在林场储量增加的同时，还可以改善自然环境，保持水土。不仅使经济行为主体的利益得以增进，而且使同一环境中的其他经济主体的非计量利益也得以增进。

实际上外部经济是经济行为主体不得不放弃的无法积聚和占有的利益，它只是被动地

"赠与"，因为，可计量利益是经济行为主体的行为目标，是收入与成本、费用配比的基础。非计量利益虽然产生于经济行为主体的经济行为，但却不是经济行为主体的直接目标。因为非计量利益有两个特征：一是边界不清，即经济行为主体无法准确界定其经济行为产生的受益边界；二是计量困难，即经济行为主体无法准确计量其经济行为产生利益的大小，因此非计量利益就不可能成为成本、费用配比的收入基础。另外，外部经济与经济行为主体的动机无关。

而对于外部不经济来说，是经济行为主体对其他经济主体的外加的负担，具有"不得不转嫁"的特征。如小造纸厂生产，当其行为目标实现时，由于废水、污水的排放，实际上已经形成了对其他经济主体的侵害。即一方面表现为经济行为主体的经济利益的取得，另一方面表现为其他经济主体的经济利益的损失，这就是外部不经济。虽然外部不经济不是经济行为主体的主要行为目标，但往往构成其行为目标，即获取可计量经济利益实现的前提条件。因为如果经济行为主体不将废水、污水任意排放，则经济行为主体的行为目标就难以实现。从这个意义上讲，经济行为主体的外部不经济行为，实质上是比较、选择的结果。或者说，导致外部不经济的经济行为之所以能够实现，完全依赖于其部分成本的转嫁，也叫做社会成本的增加，这种转嫁增加了其他经济主体的负担。

一般认为，由于社会成本是难以准确计量的，所以其他经济主体的利益损失就很难寻求确切的索赔依据。事实上，这种由于外部不经济导致的成本转嫁的特征有两点：一是外延的可扩散性，即经济行为主体的转嫁成本具有分解或放大的作用，尤其在一定空间和时间范围内更是如此；二是内涵的可计量性。即经济行为主体可以准确计量其为限制外部不经济所应付出的成本和费用。

庇古认为，在存在外部影响的条件下，企业所承担的成本并非是社会成本的真实反映。例如，工厂对污水的流出不予治理，其代价由社会承受，对工厂而言是外部经济，而对社会而言是损失。如果外部影响是经济的，私人（微观）的成本就会超过社会（宏观）成本，或者说私人（微观）收益将低于社会（宏观）收益。反之，如果外部影响是不经济的，那么私人（微观）成本就会低于社会（宏观）成本，或者说私人（微观）收益就会超过社会（宏观）收益。由于国民收入从某种意义上说是个人收入或微观收益的总和，所以私人（微观）收益与社会（宏观）收益之间的差异就成为影响广义的福利（社会福利）与狭义的福利（经济福利）在数量上不一致的重要因素。

因此，判断一种活动是否作为外部影响进行核算的一个重要的依据，就是微观成本和收益与宏观成本和收益是否存在差异。如果存在差异，那么这种活动就可认定为外部影响活动，在进行环境成本核算时，就应将该差异作为调整因子，计入环境成本指标内；反之，如果不存在差异，那么该活动就不应视作外部影响活动。这是因为，由于这活动的微观收益和宏观收益相等，意味着现行成本核算对该活动成果的描述并没有多算或遗漏之处。

环境资源给人类带来许多的外部经济，但人类总是将外部不经济反馈回自然环境。如何将外部不经济控制在最低水平，是环境经济学研究的基础。为了解决该负外部性，必须采取一些办法来让外部性内部化，经济学家主要给出了三个思路：①科斯（1960）提出著名的科斯定理：只要产权明确，外部性问题都可以通过协商后的补偿得到解决，从而实现外部问题内部化。科斯认为可以在不需要政府干预的情况下，将产权同外部性联系起来，强调市场机制的作用，通过产权明晰和协调各方的利益或者讨价还价过程而使外部成本内部化。②新古典主义的“庇古税”思路坚持强调市场机制的作用，认为环境污染所产生的外部性可以用征税的形式使之内部化。③国家干预思路主张政府以非市场途径对环境资源利用进行直接干预。

三、环境价值理论

环境价值理论创立于20世纪50年代。长期以来，人们对环境价值问题一直争论不休。劳动价值论认为，劳动是价值的源泉，没有被赋予劳动就不能作为商品在市场上交换，或不具有稀缺性，即使对人有用的环境也是没有价值的，如空气、清洁水、处女地、天然草地、野生林等。这些构成环境的要素，被认为是先于人类而存在的，是可以任意取用的，是无价值的。

正是受这种传统价值理论的影响，企业在实践中表现为片面强调经济发展，忽视环境保护，只着眼于提高企业的经济效益，置环境影响评价于不顾，忽视环境保护，认为环境保护项目投资大、见效慢，是得不偿失的投资，企业考虑较多的也是把有限资金投到扩大再生产上，只着眼于提高企业的经济效益。

企业作为环境资源的主要使用者，必须树立环境价值的观点，明确环境价值理论的内涵：①环境具有效用性，它具有满足人类的生存和发展的效用；②环境具有稀缺性，存在着如何合理有效地使用环境资源的问题和用途上的选择。稀缺是经济学的核心，环境会计也是建立在稀缺规律基础上的。由于对环境资源的需求和排放物超出了自然环境所能承受的阈值，良好的自然环境资源随着人口、经济和社会的发展而成为经济学意义上的稀缺资源。当稀缺的环境资源成为经济资源时，使用环境资源就必须付出相应的费用，环境资产、环境成本、环境负债、环境损失等概念也就应运而生。环境会计通过对其确认、计量、记录和报告，目的是为合理开发与利用稀缺的环境资源提供信息。③环境包含人类的一般劳动。因为当废物排放超过环境自净能力，造成了环境污染时，就必然要消耗一定的人力、物力来治理和保护环境，这一过程凝结着人类的一般劳动。

要实现上述目标，除应加强生态环境经济评价和资源资产化研究，合理评估环境资源价值，并将其反映到企业产品市场交易价格之中外，还应建立企业环境会计账户体系，全面系统地反映企业的环境活动及其后果，以便及时准确地提供有关环境成本等信息，使企业正确做出定价决策。企业建立环境会计账户体系，可以为企业公开环境信息创造条件，使受污者能得到相关信息，消除信息不对称带来的对企业环境行为的监督弱化。

环境价值理论是企业进行环境核算的理论基础，为企业在进行环境会计核算时正确进行环境资源的计量和计价提供指导。根据环境价值理论，一般认为环境资源价值包括两部分：一是自然资源价值，二是生态价值。自然资源价值首先取决于它的有用性，价值的大小取决于它的稀缺性和开发利用条件，包括两部分：一是自然资源本身的价值，即未经人类劳动参与、由其稀缺性决定的那部分价值；二是人类劳动投入自然资源开发所产生的价值。人类劳动投入该自然资源所产生的价值可以根据生产价格理论来确定，但资源价值的大小还取决于稀缺性，即该自然资源的供求关系影响资源的价格，其次还应考虑货币时间价值。

四、机会成本理论

边际机会成本理论是环境会计核算最直接的理论与方法基础，它解决了环境成本和效益的确认、计量问题，从理论上论证了环境会计核算的基本原理和方法依据。

（一）机会成本含义

首先应当理解总成本的内涵。总成本是从自然资源在人类活动作用下的整个环境系统、物质系统的循环过程进行研究，定义成本的特性、范围和内容的一种成本。它研究人类赖以生存的自然界、人类劳动的耗费，而且更侧重于环境资源的成本计量问题，使人们从更广阔的空间和时间上考虑成本的因素和计量方法，以便合理计量环境资源的耗费，解决产品成本真实性问题。从总成本的概念来看，产品成本的构成应当是环境成本、物质成本和劳动力成本的总和。用公式表示为：

$$Y = C + V + E$$

其中，Y 为产品总成本，C 为物质成本，V 为劳动力成本，E 为环境成本。物质成本是指产品在生产过程中耗费物化劳动的货币表现，应按财务会计的成本核算方法进行确认、计量；劳动力成本是指生产过程中耗费活劳动的货币表现；环境成本是指产品生产过程中耗费自然资源的价值和相关生态资源价值减少的货币表现，是将外部的环境成本内部化的结果。例如，一个制造企业使用污染较大的落后设备和生产工艺，其产品的生产成本要比采用污染较小的先进设备和生产工艺制造产品的成本低得多，如果不把其污染环境的治理成本作为经营成本的一部分，即不把外部环境成本内部化，将会导致企业间的不公平竞争，默许企业污染环境。外部环境成本转化为企业内部的环境成本，作为企业经营成本的一部分，可鼓励企业采取积极的环境保护措施，限制污染环境的生产经营活动。

由于经济外部性的存在，现实中经济活动同自然资源之间存在着相互影响、相互作用的负反馈机制，任何一项经济活动的成本代价，不仅包括对各种生产要素的消耗，而且也应包括由于其外部不经济而对自然所造成的代价。由经济活动带来的这种资源环境代价可归为两大类：一类是由于经济活动对资源的过度开发使用造成的自然资源破坏，主要指实物资源在量上暂时或永久地耗尽，如某种矿产的消失；另一类是由于经济活动造成的自然环境生态等方面的损失，其中包括由于经济活动对资源的过度开发使用而造成的生态破坏（如由森林砍伐和土地使用等带来的生态系统破坏，这里生态系统破坏主要指环境生态功能的部分或全部丧失，如森林的砍伐使其周围涵养水源、保护土地、调节气候、制造氧气等环境生态功能部分或全部消失）和由于经济活动中所产生的污染物向外界排放而造成的生态破坏（如由SO_x，NO_x带来的生态系统破坏，这里生态系统破坏主要指环境资源的削减，即环境服务质量下降，如大气臭氧层的破坏等）。

同时，针对经济活动同外在资源环境存在着的这种负反馈机制，当经济活动对自然造成的负面影响反过来作用于经济活动本身时，为了保持整个经济的正常运行，人们逐渐意识到并主动开展了保护环境的活动。这类活动按目的不同可大致分为两类：一是污染治理，通过污染治理（如废水、废气净化，废渣治理等），以达到消除污染物、净化环境、保持高效的环境服务质量的目的；二是资源恢复，通过对消耗资源的恢复（如矿产资源普查与勘探、土壤改良、耕地的恢复、采种育林、育草、水产育苗等），使自然资源不断更新、积累。

为了能够全面刻画经济活动所带来的外部不经济性，现代边际机会成本（MOC）基于资源与环境经济学观点，从经济角度对外部不经济（资源有所枯竭，环境退化）后果和从社会角度对经济活动后果进行抽象和度量。边际机会成本理论认为任何一项经济活动的成本代价，不仅包括对各种生产要素的消耗，而且也应包括由于其外部不经济对自然造成的代价。理论上任何经济活动的单位成本均应等于其边际机会成本，低于边际机会成本会刺激过度开发利用资源环境，而高于边际机会成本则会抑制合理消费。

（二）机会成本构成

由总成本的概念及边际机会成本的含义，可以确定边际机会成本（MOC）由三部分组成：

1. 边际生产成本

边际生产成本（mpc）指经济活动生产过程中所直接支付的生产费用。

2. 边际使用成本

边际使用成本（muc）指经济活动中对资源的使用，由于今天的使用，给未来使用者由于无法再使用而造成的损失（资源耗竭）。

3. 边际外部成本

边际外部成本（mec）主要指由于经济活动而造成的环境生态等方面的损失（生态功能破坏、环境污染）。

实践中，对于不同自然资源，mpc、muc、mec具体含义不完全相同，而且随着社会的发展以及价值判断标准的变化，其各部分内涵可能随之变化，由于其各具体成本的货币指标形成受到其货币化及数据采集可能性的限制，在有关环境成本计量上，一般从具体资源的主要方面来确定。

第二节　环境会计概念框架

一、环境会计的含义

（一）环境会计的定义

环境会计属于新兴边缘学科，因此还没能形成一个为大家所一致认可的定义。较有代表性的观点有两种：一种观点认为，环境会计是将与环境有关的信息进行确认、计量，并向外部或内部的利害关联者报告的一系列的行为；另一种观点认为，所谓环境会计，是指企业以可持续发展、与社会保持和谐的关系、有效开展环境保护工作为目标，将环境保护成本和环境保护效果尽可能以货币单位或实物单位进行计量、分析、报告的工作。本书采用第二种观点。

（二）对环境会计的全面认识

1. 环境会计是企业会计的一个新兴分支

一般认为，环境会计是会计学的一个新兴分支。因此，我们可以确立以下三个基本认识：①作为企业会计的一个分支，环境会计自然要继承企业会计（包括财务会计、管理会计等）的基本原理和基本方法；②作为一个新兴分支，环境会计自然面临着许多的创新问题，这当然也是会计学发展的一种表现；③环境会计的主体依然是企业，不过关于企业和会计主体的传统认识可能需要予以修正。

2. 环境会计是一种内外结合型的新会计

传统观念上，根据会计信息报送对象的不同，将会计分为对内会计和对外会计两部分，前者即财务会计，后者即管理会计和成本会计。而环境会计则把对内会计和对外会计有机地结合在一起，一方面，环境会计会利用管理会计的方法，对环境风险进行分析，对投资项目的环境可行性进行研究，为企业管理人员提供与环境有关的决策信息；另一方面，环境会计利用财务会计的传统方法，通过设置账户和会计报表，对与企业有关的环境信息进行计量、记录和汇总，向企业的利益关系人和社会公众进行报送，以满足其了解企业环境政策和环境业绩信息的需要。这样环境会计既满足了内部人员对环境信息的需要，也满足了外部人员对环境信息的需要。

3. 环境会计的基本职能仍然是反映和控制

人们将会计引入环境工作，要求会计参与环境保护事业，原因在于会计具有反映和控制职能并要充分利用会计的这些职能。会计的这两种职能在环境会计中应用的基本原理不会有太大的变化，如果说稍有变化的话，主要就是在履行反映职能时适当地扩大了实物计量单位的应用。依照反映和监督这两个职能，环境会计的工作体系大致可以归纳为两类：一是提供信息，包括为外部使用的信息和为内部使用的信息；二是参与企业的环境管理，从而促使企业在实现良好的经济效益的同时实现良好的环境效益。

4. 环境会计的对象是企业的环境活动和与环境有关的经济活动

环境会计的对象即环境会计所反映和控制的内容，包括企业所发生的与环境有关的所有活动。这些活动大致可分为两类：一类是单纯的环境活动，也即那些暂时并不直接涉及财务状况和经营成果的环境活动；另一类是与环境有关的经济活动，即那些直接涉及财务状况和经营成果的环境活动。前一类包括企业的环境目标与环境政策及其实施情况、员工的环境教育和环境素质的提高、排放或减少了多少标准量的何种污染物、对企业外部环境主义思想与运动的态度与参与情况等。后一类属于由环境问题引发的、但能够用货币表现或者说会形成财务问题的活动，例如，环境污染的税费和罚款缴纳、环境管理支出、环境投资评估与分析、由环境可能引发的或有负债与损失、涉及环境质量问题的赔付与捐赠等。前一类可能会在财务报表附注或专门的环境质量报告中披露；后一类则可能同时在常规财务报表和报表附注或专门的环境报告中披露。与此同时，这两类业务也都有可能需要会计参与其管理与控制。

需要说明的是，与环境有关的经济活动中的大部分在传统会计中也都是予以考虑的，但过去的考虑仅仅着眼于企业是一个盈利性的经济组织而未把它看成是一个社会性的组织，未能从环境影响的角度加以考察。而环境会计的建立将弥补这一缺陷。

二、环境会计的目标

会计目标是指在一定的环境或条件下，人们从事会计活动所要达到的目的和结果，它体现了会计的宗旨，是建立会计理论体系的基石，并决定着会计实务的发展。在我国《企业会计准则》中，会计目标包括：一是满足政府宏观调控的需要；二是满足投资者、债权人进行决策的需要；三是满足企业自身进行经营管理的需要。

总结国内外各专家学者的观点，本书认为，企业开展环境会计的总体目标是：对自然资源的价值、自然资源的耗费、环境保护的支出、改善资源环境所带来的收益等进行确认、计量、记录和报告，为政府部门、投资者、债权人以及社会公众等提供企业的环境方针、环境政策、环境资产和环境成本效益等环境会计信息，满足国家环境宏观管理的需要，满足各有关方进行决策的需要，满足企业加强自身环境管理的需要，促进企业合理开发和利用自然资源，减少对环境的破坏和污染，实现经济效益、环境效益和社会效益的协调统一。环境会计的具体目标是：充分披露有关的环境信息，报告企业环境责任的履行情况，为使用者提供信息进行经济决策和环境决策服务。

三、环境信息使用者

理解环境会计信息提供问题，首先需要解决的是谁是信息使用者。鉴于企业经济活动和环境活动中涉及广泛关联方，因而环境会计信息的使用者将是来自于多方面的。根据利益相关者理论，由于利益相关者向企业提供必要的资源，以保证企业的生存和发展，企业的成功取决于与利益相关者群体的合作。所谓企业的利益相关者是指任何一个与公司有利益关系的个人或群体，因为其可以影响公司的活动或受到公司活动的影响。"利益相关者"表明这些个人或群体享有公司的利益，需要不断地获取所需要的信息。因此，利益相关者又可以称为信息使用者。对公司而言，环境会计信息的使用者主要包括企业外部和企业内部两个方面。

（一）企业环境会计信息的外部使用者

企业环境会计信息的外部使用者主要包括投资者、债权人、政府部门、消费者、社会公众等。

在传统会计中，投资者及其代理机构是会计信息最主要的使用者，对于环境会计也同样如此。首先，投资者处于对所投资的安全性和收益性的考虑，自然会非常关心企业环境活动对企业财务状况和经营成果的影响。由于环境问题对投资者的经济利益形成的影响，既体现在与环境相关的当期财务指标之中，又体现在目前的环境绩效对未来的财务指标的潜在的影响。可以说，这种影响正在越来越大，例如，美国环境保护局曾经在 1990 年估计，在 2020 年前的 30 年里，全美仅污染场地清理一项支出就可高达 7 500 亿美元，按照法律规定，这种支出的绝大部分都要由造成污染的企业负担。可以说，企业只要在前期和当期由于生产经营而产生了污染物，只要曾经对环境形成某种危害，那么，它终究要为此付出相应的代价，而且代价越来越高。这种代价一旦需要实际支付时，必然会对企业的财务状况和经营成果产生巨大影响。因此，污染严重的行业，大多已成为夕阳行业。投资者，特别是长期投资者，要降低投资风险，获得稳定长久的投资回报，就必须了解企业的环境活动信息，评价企业的环境业绩。其次，随着环境保护观念的深入人心和全民环境意识的觉醒，以及投资者素质的不断提高，道德投资（也称为绿色投资）的观念开始被越来越多的投资者接受。这些投资者在选择投资对象时，不仅考虑经济效益，而且关注环境效益，并由此产生了对环境信息的需求。企业对环境保护的态度成为道德投资者选择投资对象的一个重要标准，如果企业对经营造成的环境污染问题置之不理，就会遭到这些投资者的抵制。道德投资者的投资行为在客观上对企业的环境保护活动和环境会计的产生起了推动作用。

债权人主要指长期债权人，包括银行等金融机构和企业债券的持有人。长期债权人主要关心能否按期收回本金及利息，而企业长期偿债能力的高低主要取决于企业的获利能力，如果企业的生产经营活动对环境危害严重，必然导致企业的环境治理负担过重，从而减少企业的净利润，影响偿债能力，债权人的风险随之增加。所以债权人需要通过评价企业的环境业绩来分析和评估其贷款风险。此外，随着社会对环境保护的重视，银行也开始引入道德投资观念，积极参与到环境保护工作中，越来越多的银行把是否有利于环境保护作为评价贷款项目的重要依据。因此，银行往往会要求企业披露环境信息，以便对企业的环境影响进行评价。

政府部门作为社会管理机构，对环境资源承担着不可推卸的管理责任。我国实行自然资源国有制，政府拥有自然资源的所有权，并以无偿或有偿的方式将资源交付给企业使用，政府有权要求企业管好、用好环境资源，有权监督企业的环境行为，有责任保护自然资源的安全完好，以保证国民经济持续稳定发展。因此，企业必须向政府部门提供有关的环境信息。

企业的客户出于各种各样的考虑也会关心一个企业的环境绩效和环境影响，关心企业的产品和劳务在生产过程、使用期间和使用之后的环境影响，他们也会提出对环境信息的要求。这是因为，由于物质生活水平的提高，消费者会关心所消费的产品和劳务对于他们是否具有生理上的和经济上的不利影响；由于消费者素质和修养的提高，他们会关心自身的消费是否会对他人和地球环境造成危害，绿色消费主义的倾向正在逐渐成为时尚，人们对绿色商品和绿色企业越来越感兴趣。消费者对商品的态度直接关系着企业的生死存亡，迫使企业加强生产过程中和销售后环境问题的管理，增加环保型产品的生产。为了争取更多的消费者，许多企业还采用各种手段进行宣传，与消费者进行沟通，把企业的环境保护信息传递给消费者，树立良好的企业形象，以提高本企业产品的市场竞争力。

社会公众也会关心一个企业的环境绩效，尤其是生活在企业周边的居民。近年来，由于企业造成的环境污染危害当地居民利益的事件时有发生，企业所在地区的居民已成为对企业环境信息极为关注的群体。他们需要了解企业的生产经营活动给环境造成了哪些破坏，这些破坏对他们的生活有什么影响，企业已经采取或准备采取哪些治理措施，周边环境的未来发展趋势如何等。企业的生存离不开社会公众的支持，一个企业的环境形象，会直接影响其劳动力的来源、产品的市场占有率，影响企业的利润。因此，企业有必要向社会公众提供有关环境活动方面的信息。此外，迫于新闻媒体和环保组织的压力，企业也不得不披露其环境会计信息。

（二）企业环境会计信息的内部使用者

企业环境会计信息的内部使用者主要包括管理层、职工和工会组织。

企业管理层需要根据环境会计信息进行环境管理，实现其所设定的财务目标，履行其所承担的环境责任。在现代社会，企业不可能脱离社会环境而独立存在，迫于法律的约束和舆论的压力，为了企业的生存和发展，企业管理者必须要了解企业生产经营活动环境的影响，关心企业的环境保护情况。在环境信息中，企业管理者最关心的是企业的环境支出和环境风向，以及环境支出对企业经济效益和社会效益的影响。此外，企业在进行投资决策时，也需要考虑环境因素，分析环境风险。

企业职工及工会组织处于生产的第一线，他们既是企业环境污染的直接受害者，也是环境保护的直接受益者，与企业利益息息相关，企业对环境保护的态度直接关系到职工的切身利益。职工在选择企业时，不仅关心工资和福利待遇，而且更关心企业对环境保护的态度。因此，职工最希望了解企业在环境保护方面做了哪些工作，以及这些工作的效果如何。企业通过向职工提供环境活动信息，有助于改进企业管理当局和职工的关系，提高职工对企业的认同感，鼓舞士气。工会组织是职工利益的代表，因此，工会组织也成为环境信息的使用者。

需要指出的是，虽然各利益相关者都有对环境会计信息的要求，但是，他们各自对环境会计信息的需求存在异质性，那么企业不可能为每一类信息使用者都提供专用的环境会计信息。因此，可行的是，综合各方的信息需要，由企业编制一种通用的报告来满足各类信息使用者的公共需要。

那么环境会计应披露的信息包括三个方面：一是企业生产经营活动对环境的影响；二是环境问题对企业财务状况和经营成果的影响；三是环境绩效评价。不同的信息使用者都可以从中获取对自己有用的信息。投资者和债权人利用环境会计信息，可以了解企业生产经营活动对环境的影响及其治理情况，分析环境问题对企业财务状况、盈利能力和偿债能力的影响，评价环境问题可能引发的潜在负债和风险，以便制定正确的投资和信贷决策。政府部门可以利用环境会计信息，制定环境政策和法律法规，加强宏观管理和控制，正确核算国民生产总值，合理安排环境治理资金的使用。消费者了解环境信息，可以据此判断所购买的商品是否符合环保要求，是否给自身造成危害。社会公众关注环境会计信息，是为了了解企业经营活动对周边环境的影响，以便做出是否迁居的决定。企业管理当局可以利用环境信息制定正确的环境策略，采取相应的措施，减轻环境问题引发的财务负担和环境责任。企业职工直接感受到环境问题带来的危害，他们关注环境信息，就是关注自己的切身利益。

四、环境会计的职能

会计目标是会计信息使用者向会计信息系统提出的主观要求，现代会计的职能一般包括：核算经济业务、监督经济活动过程、评价经营业绩、预测经营前景、提供决策依据五个方面。其中，会计的核算（反映）和监督（控制）职能是会计的基本职能。从根本上讲，社会的可持续发展，本身就包括企业的可持续发展，企业的可持续发展与社会经济的持续增长相互联系、相互促进。我国多数企业，尤其是企业管理层的环境意识和保护环境的自觉性还很薄弱，为了企业自身利益而不惜牺牲环境、浪费资源的现象屡有发生，改善直至杜绝这种现象，在很大程度上依赖于企业成员整体素质的提高，同时，充分发挥环境会计的功能也是重要措施之一。因此，环境会计的上述五项职能的内涵应该进一步拓展，从而促进企业环境意识的极大提高，促进环境会计理论体系及其制度的建立健全[①]。

（一）环境会计的核算职能

会计的核算职能是以货币为主要计量单位，从价值量的角度反映经济活动的全过程；会计核算具有连续、系统、全面、综合的特点。环境会计主要确认和计量会计主体在一定时期的环境会计要素，组织相应的会计核算，通过必要的计算、分析、汇总和加工，全面系统地反映环境成本和效益、资源利用成本和效益，为控制资源的合理利用、评价环境保护的效果提供必要的依据，也为预测环境保护和资源利用带来的未来效益提供参考依据和决策资料。

（二）环境会计的监督职能

根据“谁开发谁保护，谁污染谁治理”的原则，环境会计的监督职能是通过会计来计量、反映和控制环境保护和资源利用，引导企业的经营活动按照环境会计预定的目标和要求进行，保护和改善环境，节约和合理利用资源，保证企业的可持续发展，实现企业经济效益、自然生态效益和社会效益的同步优化。

企业取得和使用环境资源是否符合国家各项环境保护及经济方针、政策、法律法规和制度，是一个严肃的纪律问题，也是关系到国家可持续发展战略目标能否得以实现的原则问题。因此，监督环境资源的使用以及监督补偿环境资源的“耗费”，是环境会计的一项重要职能，也是环境管理深入持久地开展下去的一项重要保证。

（三）环境会计的评价职能

发展并非只等于经济增长，确立可持续发展战略就是要从根本上走出“发展即经济增长”这一认识误区，倡导在协调人与自然关系、保持生态平衡的基础上，促进经济增长。这同时也对环境会计的评价职能提出了新的要求，会计的评价职能是通过会计报表的分析和对企业的经济活动整体评价来实现的。环境会计要求报告企业资源利用控制和资源成本计算、生态效益等环境会计信息，通过分析，从环境会计的角度评价企业经营活动的成败得失。促使企业在经营管理取得经济效益的同时，高度重视生态规律，合理开发和利用自然资源，努力提高生态效益和社会效益。

---

① 《环境会计指南 2005：日本》认为环境会计职能分内部职能和外部职能。环境会计的内部职能是从企业自身的角度出发的。通过对环境资产、环境成本和环境效益等进行核算和分析，帮助企业对自身经济发展和环境活动进行有效决策，提高环境管理水平。外部职能是从整个社会的角度出发的。各利益相关者（政府、投资者、债权人、合作伙伴、公众等）通过环境会计提供的企业环境信息情况的掌握和分析，可对企业的环境贡献、发展潜力、偿债能力、经营风险等作出科学合理的评价，以便作出正确的决策。

（四）环境会计的预测职能

环境会计利用提供的具有预测价值的环境信息预测企业的经营前景与环境的关系。预测是指运用科学的方法预计推断客观事物未来发展必然性或可能性的行为。环境会计发挥预测环境资源前景的职能，就是按照国家的有关环境资源法规、制度以及企业未来的总目标和经营方针，充分考虑经济规律的作用和环境资源的经济条件约束，选择合理的计量模型，有目的地预计和推测未来企业的环境成本和环境收益的变动趋势与水平，为企业经营决策提供第一手信息。

在西方国家，这种预测信息通常在财务报表以外的其他财务报告中揭示。在我国，类似于其他财务报告的财务情况说明书也会对整个企业未来的发展前景作出描述。以企业未来的资源利用、环境保护，特别是利用效率为预测对象，从可持续发展的角度，运用科学的方法对未来的经营活动进行预测并加以规划是环境会计的主要职能之一。

（五）环境会计的决策职能

现代会计的职能是提供有助于决策的信息。换句话说，就是提供信息、支持决策。决策是一个过程，从收集数据、提供信息、讨论各种备选方案，直到最后作出选择最优方案的全过程。在这个过程中，环境会计提供信息的活动是其中的一部分，利用相关信息具有参与决策（提供决策支持）的职能。一方面，可持续发展观本身是一种全新的文化价值观，另一方面，社会的可持续发展离不开企业的可持续发展，这一切又都有赖于全社会的共同努力。作为一种文化价值观的可持续发展观，需要人们正确认识企业与自然、企业与社会、企业与人之间的和谐关系，并在全社会养成一种有助于社会的可持续发展与企业本身的可持续发展的“生态经济”观念。通过环境会计目标和职能的明确，在建立和运用环境会计核算体系的同时，呼唤企业的环境意识，使企业在认识自然与改造自然、认识社会与改造社会的过程中，将可持续发展视为生命线。

五、环境会计的原则

会计原则是会计理论体系的重要组成部分，是从事会计工作的规范和准绳，也是衡量会计工作质量的标准，会计原则体现了社会对会计核算的基本要求，可直接用于指导会计实务。环境会计的最终目的是对外披露企业环境会计信息，因此环境会计也应遵循基本原则。

（一）坚持传统会计的基本原则

传统会计中的原则体系主要包括三类：第一，用于总体上指导会计信息质量的原则，也即会计信息的质量特征，包括相关性（也有人从中分出及时性）、可靠性、可比性（也有人从中分出一致性）、可理解性、重要性。第二，用于会计要素的确认、计量和报告的原则，主要是充分披露原则、权责发生制原则、配比原则、历史成本原则、划分资本支出和收益支出原则、稳健原则。第三，作为上述一般原则应用中的约束条件的修订性管理，包括成本与效益的均衡、实质重于形式。

新兴的环境会计必然有一个对历史经验继承的问题。第一、第三两类原则都应该是在环境会计中全面继承的原则。至于第二类原则，只要有可能应用，这些原则都应该继续贯彻。事实上，在反映环境问题导致的财务影响时，环境会计必须全面严格贯彻这些原则。

（二）确立环境会计的特有原则

环境会计面临着许多传统会计所没有接触过的新问题，它在诸如研究对象、环境目标、会计假设等基本理论问题上与传统会计有所差异，在程序和方法上也有自身特点，因此，除继承财务会计的基本原则外，它还具有自己特有的会计原则。这些特有原则主要体现以下三个方面。

1. 经济效益与环境效益统筹协调的原则

现代企业已不仅仅是一个单独追求经济效益而忽视环境保护的组织，它在努力实现盈利性经济目标的同时，还必须按照现行环境法规的要求处理好与保护环境的关系，提高资源利用效率，降低污染废弃物排放，将环境保护与经济效益统筹起来，因此，环境会计的内容必然要兼顾经济与环境这两个效益，确认、计量和报告这两方面的信息，尤其是在环保效果的计量方面，需要标准化的理化计量单位，报告环境污染程度对企业财务状况及经营结果的影响。环境会计信息披露的内容和形式必须按照这样的要求确定，环境会计参与内部管理也必须按照这样的思路开展。

2. 外部影响内部化的原则

企业在从事自身的生产经营活动的过程中会产生两类外部影响，包括外部不经济（负外部性）和外部经济（正外部性）。然而，传统会计对外部性是不予考虑的，因为外部性并不直接对企业的业绩指标产生任何影响，但是在环境会计中由于坚持可持续发展的思想，同时注重经济效益与环境效益，那么，通过对外部影响予以考虑来综合考察企业的效益和管理就是很有必要的了。因此，以企业环境责任、义务的履行为主，要求会计必须采取一定方法诸如产品使用的环境损害赔偿、产品使用后废弃物的回收处理等的成本费用对外部影响予以确认和计量，从而在此基础上在信息披露和管理中适当纳入外部影响，完整对待企业的效益和业绩。

3. 强制与自愿相结合的原则

强制是指会计按照统一的规则运作，而自愿则是指会计人员根据自己的主动性和所在企业的运行情况主动披露企业的社会责任标准和环境义务履行情况。强制与自愿的区分主要是对会计信息披露工作而言的。传统会计中在信息披露上偏爱强制性，而对自愿披露的应用较少，这自然与传统会计已基本定型有较大关系，但是，鉴于环境会计尚处于构建的初期，且环境会计信息披露存在着较大的复杂性和多样性，目前尚缺乏一定的披露规则，故强调环境会计信息披露的强制性与自愿性相结合就显得十分必要。按照强制与自愿相结合的要求，国家应该制定一定的披露规则，同时各企业也应该根据自己的情况在统一要求的基础上做出更为详细和妥当的披露。

六、环境会计的假设

（一）会计主体假设

在会计学中，会计主体假设是指会计工作的空间范围，具体指单独进行生产经营或业务活动，而且在经济上独立或相对独立的企业、事业、机关、团体等单位。它作为一个重要的会计概念，技术上保证会计处理的数据和提供的信息并非漫无边际，而必须严格地以每一个单独进行生产经营或业务活动的单位为范围，确认、计量、记录和报告本单位的资产、负债、权益、收入、费用和利润。

环境会计主体既包括会计主体的一般含义，同时由于其核算对象和内容的改变，环境会计主体又被赋予了新的含义。例如，由于环境会计核算的对象是企业的环境活动，突出了要核算会计主体生产经营活动对环境的影响，强调要将企业生产经营活动对环境的不利影响纳入会计核算范围，要求会计主体在努力提高自身经济效益的同时，更加注重社会效益和环境效益。环境会计强调资源的有效利用，要求会计主体在成本核算中，不能只计算人造资源的消耗情况，而对自然资源的消耗成本忽略不计，造成对自然资源的无偿占用和掠夺，甚至不惜以牺牲环境为代价谋求本单位经济利益的增加。自然资源是一种宝贵的经济资源，它应当属于社会共有。既然企业在生产经营活动中消耗了自然资源，为本企业取得了经济效益，同时对自然环境造成了破坏，因此无论从法律上讲还是从道义上讲，企业都必须承担对自然环境保护和治理的经济责任。企业应当认真履行这种责任，并向有关方面提交履行情况的报告。因此，环境会计的主体假设实际上已经突破了原有的由所有权特性导致的企业主体这一传统的会计核算范围，使会计核算内容延伸到企业外部。

在传统会计中，会计核算以会计主体为核心，确认、计量、记录和报告该主体发生的经济活动和由此带来的经济效益。但由于环境会计产生和发展的决定性因素是解决环境污染问题，因此，环境会计更注重会计主体的行为特性，而不是所有权特性。环境会计要求对相关的环境活动，如环境污染成本及因污染而取得的社会效益和环境效益在会计报表中进行充分的披露，环境会计不仅要考核和报告会计主体自身的经济利益，而且还要报告该会计主体的生产经营活动对社会环境的影响。也就是说，虽然会计主体界定了会计核算和报告的范围，但由于企业在其生产经营活动中对环境造成了不利影响，企业应当将这种由其经营行为所产生的外部不经济纳入会计核算体系。随着环境保护知识的普及，越来越多的国家认识到需要制定法律和行政法规对外部不经济性加以限制，因此，在环境会计中应用会计主体假设，应当充分考虑企业环境经济活动对外部的影响，在环境会计核算中不仅要计量、考核和报告会计主体自身的经济性，而且还要计量、考核和报告会计主体对外部的不经济性。

（二）持续经营假设

传统的持续经营假设或连续性假设认为，一个经营主体将持续它的经营活动直至实现了其计划和受托的责任。这是基于市场经济条件下，各会计主体之间为了追求自身利益的最大化，存在着激烈的竞争，企业面临着极大的经营风险，从而导致会计主体存续期间的不确定性提出的。

与一般企业相比，对环境破坏越严重的企业，其未来经营活动的不确定性越大。因此，环境会计也应以持续经营假设为前提条件，其含义与传统会计持续经营的一般含义相同。因为只有持续经营的主体，才能承担相应的社会责任，才能支付和计算各种环境支出，如果不能持续经营，会计主体就丧失了承担社会责任的能力。但是在环境会计中强调持续经营应与可持续发展相匹配，应合理利用环境资源，维护公众利益，维持生态平衡，讲求生态效益。只有环境资源和生态资源持续地存在和发展，才谈得上经济的可持续发展，也才谈得上企业真正的持续经营。环境会计将环境问题作为会计的对象之一，仅仅以会计主体自身的生产经营活动的持续性作为核算前提是不够的，应提出以可持续发展作为环境会计的核算前提。可持续发展是既要满足当代人的需求，又不对后代人满足其自身需求的能力构成危害的发展，是对传统经济增长模式和经济社会发展模式进行的修正。它既包含了持续经营前提的意义，同时又考虑到环境问题对企业经济活动的影响。在可持续发展前提下，各会计主体之间的竞争不再是传统意义上的经济利益最大化的竞争，而是兼顾经济、生态和社会三大效益的全方位的竞争，这种竞争加大了各主体的经营风险和不确定性。企业要生产和发展，在追求自身利益的同时，必须要注意经济利益与环境协调，才能保证经济、社会和环境能够实现长期的持续发展。因此，可持续发展包括的内在要求是环境会计得以建立的前提，也是构建环境会计理论和方法体系的根本性制约条件。可以说，没有可持续发展的要求，环境会计就失去了基本的理论支持，就没有了存在的意义。

（三）会计分期假设

会计分期是指将会计主体持续不断的生产经营过程，划分为若干个较短的、间隔相等的期间，以便定期结算账目、编制会计报表，及时反映会计主体的财务状况、经营成果及现金流量，向使用者提供会计信息。会计分期是会计核算工作时间范围的划分，它限定了会计工作的时间范围。这是传统会计中会计分期假设的一般含义。

环境会计是以可持续发展为前提的，它假定不仅会计主体在可预见的将来不会破产清算，而且环境资源作为人类生存和发展的基础，能够在不断补偿的前提下实现良性循环。为了使环境信息得到及时反映，必须把会计主体的环境活动划分为较短的期间，定期对会计主体日常生产经营活动中对自然资源和生态资源的消耗、补偿及治理情况，以及与环境相关的收入、支出等进行分类、确认、计量、记录和披露，以考核和评价会计主体对环境责任的履行情况，满足信息使用者的需求。但应当说明是，为了便于及时反映环境问题，必要时环境会计可以打破传统会计的会计期间，适当缩短会计期间间隔，以便及时快速地传递和报告环境信息。

（四）多重计量假设

由于环境会计的特殊性，环境会计应该同时采取货币和非货币两类计量形式，其中非货币计量形式包括实物计量、劳动计量、混合计量等多种计量形式。多重计量是因为在披露环境信息时，使用单一的货币计量不能客观地反映会计主体的环境状况，使用非货币计量产生的各种结果能够给人们提供更加直观、形象和易于理解的信息，而且有助于人们对货币指标的理解。多重计量假设还体现在计量形式内部也应该同时采用多重计量属性。在现行会计惯例中，使用货币计量形式时，计量属性主要有历史成本、现行成本、现行市价、可变现净值和未来现金流量净值 5 种，这些货币计量属性对于环境会计核算而言，都可以交叉使用。

七、环境会计的要素

会计要素可以理解为会计处理对象的具体化，即把会计对象用会计特有的语言加以表达。环境会计要素是基于会计环境的存在而又服从于环境会计目标的需要而产生的。影响环境会计的经济因素、自然环境资源因素以及环境管理的内容决定了企业环境会计的会计环境，环境会计的会计环境决定了某一会计主体会产生什么样的环境事务，环境事务的货币表现形式决定了环境会计的核算对象，而对会计核算对象的进一步分类则构成了环境会计体系的基本支撑点——环境会计要素。环境会计具体包括哪些要素，理论界有很多争论①，本书将环境会计要素划分为如下 4 种。

（一）环境资产

环境资产是指由过去的、与环境相关的交易或事项形成的，能够用货币计量的，并且由企业拥有或控制的资源，该资源能够为企业带来经济利益或社会利益。应当强调的是，环境资产为企业未来带来的经济利益是不确定的，可能是经济利益，也可能仅仅表现为社会利益。其带来的经济利益可能是直接的，但更多情况下是间接的，即通过改善其他资产状况获得。

环境资产有狭义和广义之分。狭义的环境资产是指对企业生产经营活动和环境活动发挥有效作用的企业环境资产。对狭义环境资产的界定应符合两个标准：一是环境资产的所有权或使用权归企业所有；二是环境资产的存在对企业是必要的。广义的环境资产除了包括对企业生产经营活动和环境活动发挥有效作用的企业环境资产外，还包括对本企业不构成特别影响的其他环境优势，如水资源供应优势、空气质量优势、城市绿化优势等。

（二）环境负债

环境负债是由过去的、与环境有关的交易、事项形成的现实义务和推定义务，履行该义务时会导致经济利益流出企业。环境负债具有以下特征：一是环境负债是与环境费用相关的义务，是未来的环境费用；二是环境负债的产生与企业经营活动对环境的破坏有直接或间接的关系；三是环境负债是由环境保护法律法规强制实施的义务引发的；四是大多数情况下环境负债难以确切计量，但是可以合理估计；五是环境负债具有较强的追溯性，由于环境污染造成的危害涉及范围广、影响大，许多国家的立法中都对环境污染的责任采用追溯原则。

---

① 关于环境会计要素，不同专家有不同认识。有的认为环境会计要素包括：环境资产、环境负债、环境成本（或环境资产、环境费用、环境效益）三要素；有的认为环境会计要素包括：环境资产、环境负债、环境支出、环境效益四要素；有的认为环境会计要素包括：环境资产、环境负债、环境资本、环境费用、环境效益五要素；有的认为环境会计要素包括：环境资产、环境负债、环境权益、环境收入、环境费用、环境收益六要素。

（三）环境成本

费用和成本的定义为：费用是指销售商品、提供劳务等日常所发生的经济利益的流出；成本指企业为生产产品、提供劳务而发生的各种耗费。

从上述定义可以看出，我国会计中的成本和费用是有区别的，费用可以理解为归属于特定会计期间的支出，成本则是归集到某一产品或服务上的对象化的费用。但是在西方会计中，成本和费用则泛指企业在生产经营活动中所发生的全部实物和劳动的消耗。本书采用后一种观点，将企业在环境活动中所发生的一切支出统称为环境成本。

环境成本是指企业因预防和治理环境污染而发生的各种费用和已消耗的环境资产价值，以及由此而承担的各种损失，是企业在环境活动中所发生的经济利益的流出。如果某项环境支出将在未来的会计期间为企业带来效用，则应将其资本化形成环境资产，并分期摊销，计入当期损益。如果某项环境支出不产生未来效用或者根本不产生效用，则应确认为环境成本，直接计入当期损益。由于环境污染而造成的损失也属于环境成本，这种费用计量比较困难，但是可以合理预计。

（四）环境收益

环境收益是指在一定时期内企业进行环境保护和环境治理形成的经济利益的净流入。它是采取环境保护措施所得到的经济利益减去环境支出后的结果。环境收益指在一定时期之内，环境资产给人类带来的已经实现或即将实现的、能够用货币计量的效用，以及由于企业环保行为而获得的收益。一项环境效用能否确认为环境收益，一般来说应当符合以下几个标准：符合环境收益的定义、计量结果具备准确性和可靠性、计量信息具备相关性、计量结果具备可靠性、未来经济利益流入企业具备现实性。

因此，环境成本在环境会计基本要素中处于中心位置，其他环境会计要素的产生都是以环境成本为前提的。环境资产的减值要以增加环境成本支出为标志；环境资产的计价要以环境成本的资本化为前提；环境负债的形成是一种未来支出，仍以环境成本的确认为条件；环境收益的产生更是以环境成本的投入为基础。

第三节　环境会计信息质量

企业对外提供的环境会计信息必须满足一定的质量要求，这些要求体现为环境会计信息的质量方面所应该具备的基本特征。环境会计信息作为企业财务报告的组成部分和必要补充，对财务报表的信息质量特征进行适当的修订并将其应用于环境会计信息的披露，将有助于提高企业环境会计信息的有用性或相关性，而且还可以减少环境会计信息的编制人员和使用者的信息成本。只有这样，环境会计信息披露才能符合成本效益原则。从信息有用的观点出发，企业环境会计信息也必须具备上述基本质量特征，且其信息质量亦受到成本效益和重要性的约束。因此，本书主要采用《环境会计指南 2005：日本》的观点，将环境会计信息的质量特征界定为以下几个方面。

（一）相关性

相关性即指环境会计信息要与信息使用者的信息需要相关。一般而言，环境会计信息使用者的需要体现为通过所能接触的信息了解企业的环境绩效和与环境有关的财务信息，并以此做出与企业有关的决策，至少是能够了解受托责任的履行情况。作为相关性的信息，必须具备三个基本要素：第一，信息具有反馈价值，能够反映和说明企业过去一段时间内与环境有关的各种业绩问题，能够有助于理解和判断过去决策的政务；第二，信息具有预测价值，能够据此对企业未来的情况作出基本的推断和预测，以帮助未来的决策；第三，信息具有及时性，即在信息失去有效价值之前要达到使用者的手中，为此，人们可以对环境会计信息的披露规定一个时间界限，企业披露的环境会计信息应明确表明披露的期间以及选择该期间或披露频率的理由。

（二）可靠性

所谓可靠性是指确保信息能免于错误及偏差，并能忠实反映意欲反映的现象或状况的质量，避免倾向于预定的结果或某一特定利益相关者集团的需要。在环境会计中，履行可靠性的要求与传统会计可能不一致。传统会计中对于会计信息的披露，严格按照经济业务的实际发生情况和交易价格确定信息的内容和数量。无疑，只要有可能，这种思路在环境会计中依然要坚持，但问题在于，环境会计中有些情况与传统会计不一样。比如，某一时间尚未真正发生或尚未全部完成。再如，金额可能无法用交易价格确定甚至是根本无法用货币金额衡量，那么可靠性的要求就很难严格按照传统会计的要求去做。在环境会计信息披露中的可靠性，主要应该强调的是事实和有法律支持的逻辑推断，对于高度精确性是可以不考虑或者说不能严格要求的。无论是承担搜集和提供信息之职的企业会计人员还是承担审核验证之责的审计人员，都应按照这样的思路行事。就企业环境会计信息披露而言，信息的可靠性必须具备以下 5 个相互关联的属性。

1. 有效的描述

信息的描述方式对于使用者理解信息相当重要。这一点对于那些具有技术特征的企业环境会计信息而言尤为重要，如在企业环境会计信息披露的实务中，不同的环境会计信息披露在描述废弃物、废水排放或大气排放时常常存在差异，导致概念混乱，从而影响信息的可靠性。因此，应就大气排放、废水排放以及废弃物排放等不同类型的共同特征制定有效的描述方式指南。

2. 反映真实性（或者实质重于形式）

反映真实性是指一项计量或叙述与其所要表达的实质和现实一致或吻合。反映真实性要求企业应披露环境影响的实质和现实而不只是严格的法定形式，因为企业的环境影响的实质并不总是与其法定形式一致。例如，某个企业在一个地区倾倒废弃物可能是合法的，但是在另一个地区这种行为却是被禁止的。如果某个企业将其拥有的某个场地所有权转让给其他企业，根据双方达成的协议，转让人可以在该场地倾倒有害废弃物。在这种情况下，有关场地转让的数据通常是正确的，但却没有反映环境影响的实质。

3．中立性

中立性是指会计人员形成会计信息的过程和结果不能有特定的偏向，不能在客观的信息上附加某种主观色彩，否则信息的真实性就会受到质疑。企业环境会计信息披露如果通过选择或漏报信息的方式影响使用者的决策和判断，那么企业环境会计信息披露就没有保持中立。

4．谨慎性

企业应当认识到许多环境事项或情形具有不确定性。例如，环境事故和非控制性排放的可能或潜在后果都具有不确定性。谨慎性要求在存在不确定的条件下进行估计决策时必须考虑“谨慎度”。企业应在披露环境会计信息的同时披露这种不确定性的性质和程度。在企业环境会计信息披露方面设置一个谨慎度将保证不利的环境影响不被淡化，避免过早报告不确定的环境影响和误报有利的环境因素。

5．完整性

全面的环境会计信息有助于披露保持其中立性和减少偏见的风险。漏报可能导致信息失真或误导，从而影响信息的可靠性。因此，环境会计信息披露应包括任何具有重大影响的环境事项，如报告企业的间接或直接的环境影响。完整性要求所有对于评价某个主题的环境绩效具有重大性的信息都应予以报告。完整性包括三个方面：经营界限、范围和时间。经营界限是指有关某个主体收集信息的广度，这些界定可以通过财务控制、法定所有权、企业关系或类似情况予以确定；范围是指报告的可持续活动的具体方面；时间要求活动、时间以及影响应在其发生或确定的期间报告。

（三）可比性

可比性是指在面对同样的情况和时间时，会计上所作的反映和披露应该是相同的。企业环境会计信息的使用者需要了解和比较企业过去的环境绩效，以便对其未来趋势进行估计。此外，企业环境信息的使用者还希望就不同企业之间，特别是同一行业内的企业环境会计信息进行比较，以便对不同企业的环境绩效以及环境活动的变化情况进行评价。纵向和横向的双重的可比性是保证环境会计信息真正有用的一个重要质量特征。为了保证不同企业之间的环境信息或同一企业不同期间的环境信息可以相互比较，使环境信息更具有用性，企业环境会计信息的内容、披露的形式和期间、环境绩效的评价指标的一致性是必不可少的。一致性意味着企业在不同时期应采用同样的方法和方式报告统一环境会计信息。但一致性并不妨碍在必要的情况下采用新的方法或方式披露企业环境会计信息。当然，企业应提供进行这种改变的原因以及可能产生的影响。同样，为了达到标准化和可比性，企业应尽量在同一期间编制财务报告和披露环境会计信息。

（四）可理解性

可理解性又称明晰性，它是指企业披露的环境会计信息应该让使用者容易理解，这是保证信息可以为使用者充分使用的基础。美国著名会计学家 A.C. 利特尔顿认为：“信息的报告只有通过通俗易懂的方式来列示会计数据，才能最有效地实现其沟通职能。”信息能否对使用者有用，取决于使用者能否理解所获得的信息以及信息本身是否易于理解。因此，可理解性在环境会计信息披露中具有较传统会计更为重要的作用。环境会计信息作为企业会计的一个新兴分支，许多信息项目是使用者过去所未接触过的，尤其是在披露环境绩效信息时，涉及一些技术性很强的概念和术语，那么，在披露这些信息时，对一些专业术语和概念包括他们本身的含义、与经济和财务情况之间的关系进行一定的解释是必要的。

（五）可验证性

可验证性是指由独立的第三方采用相同的标准、方法对环境会计信息作出的评价是相同或相近的。为了使信息环境会计信息披露具有可靠性，由独立的第三方对该信息进行验证和核实是对外披露的必要条件。这说明企业环境会计信息披露中的信息以及独立的第三方对该报告的意见必须具备可验证性特征。一些财务报告准则的制定机构曾尽量把审计财务报表的内容集中在财务性定量化且客观确定的数据上，因为他们相信这种数据要比非财务价值导向的信息更具可验证性。由于企业环境管理体系提供的实际数据的客观性日渐增加和具备可验证性，企业环境会计信息披露技术目前正开始朝这方面发展。独立审计师出具的审计报告应明确表明审查的范围和运用的审计标准，以便使用者了解未经审计的数据。

第四节　环境会计的国际发展

英国古典经济学家庇古在分析福利经济学时认为，空气是自由财产，工厂可自由排放废弃污染物，而该工厂不承担因生产而污染空气的环境责任，导致了企业只确认生产过程中的内部成本，而不确认外部成本。政府可采用强制性的经济手段，通过加大企业的税收，将企业污染环境的成本加到产品中。庇古的这一构想可以看做是环境会计理论上的萌芽。国外的环境会计研究始于 20 世纪 70 年代初期。以 1971 年比蒙斯（F.A.Beams）发表在《会计学月刊》（*Journal of Accounting*）上的“控制污染的社会成本转换研究”和 1973 年马林（J.J.Marlin）的“污染的会计问题”两篇文章为代表，揭开了环境会计研究的序幕。环境会计的理论研究和其在实践中的应用，都是从环境信息的披露开始的，20 世纪 80 年代的英美等西方经济发达国家的会计学家对环境会计做了大量深入的科研探讨，形成了一些初步的理论框架。

一、国际环境会计发展阶段

（一）环境会计的萌芽与形成时期（20 世纪 70 年代初—80 年代末）

1972 年，联合国通过了《环境宣言》，提出“人类只有一个地球”的口号，呼吁各国重视和改善人类赖以生存的环境。随后在 20 世纪 70 年代环保革命时期，许多国家政府纷纷采用严厉的法律手段和经济手段对企业滥用资源的行为进行干预，制定了一系列环境管理制度。企业对股东、员工、政府、管理者、供应商等众多利益关系人的责任开始得到重视。从 1971 年起，一些企业开始有意识地披露其在社会责任方面的信息，引起了学者对社会会计问题的探讨，环境会计开始萌芽。但此时的研究主要是在社会责任会计的框架中进行的，研究的重点是环境信息的披露。实证研究主要是关注财务报告中的环境信息披露问题，主要围绕在披露企业环境活动方面的作用、环境问题的本质以及报告类型进行的；而规范研究所提出的模型主要是考虑外部性的计量、计价和披露问题。这一时期由于环境问题的严重性，人们在社会责任会计的研究中更加突出了环境会计的地位，环境会计逐渐从社会责任会计中脱离出来，成为了独立学科。

（二）环境会计的发展时期（20 世纪 90 年代初至今）

这一时期各国陆续开展环境会计研究。1987 年联合国环境与发展委员会发表了著名的长篇报告《我们共同的未来》，首次提出了可持续发展概念，该概念的提出使人们进一步认识到环境与发展之间的辩证关系。发展必须以环境保护为前提，而环境保护则需要经济发展和科技进步提供的资金和技术支持。在可持续发展背景下，环境会计得到迅猛发展，并出现了与各相关学科和研究领域交叉互补的趋势。1995 年，联合国国际会计和报告标准政府间专家工作组（IASR）颁布了《环境会计和财务报告的立场公告》，这是目前国际上第一份关于环境会计和报告的系统而完整的指南。后来又相继颁布了《环境成本与负债的会计与财务报告》、《企业环境业绩与财务业绩指标的结合》等一系列指南，为各国进行环境会计理论研究和相关事务工作提供了参考依据。在这些指南的指引下，各国的环境会计发展也出现了各自不同的特点。

二、环境会计的研究与实践

（一）国际组织对环境会计的研究与推进

联合国国际会计和报告标准政府间专家工作组（ISAR）、国际会计师联合会（IFAC）等对环境会计研究起到了重要的推动作用。联合国国际会计和报告标准政府间专家工作组推动了企业对外披露以及如何披露相关的环境信息，国际会计师联合会从管理的角度出发，通过有效搜集企业的环境信息支持内部决策。全球报告倡议组织（GRI）在推动企业的可持续发展报告方面，发布了《可持续发展报告指标》（简称 G3），注重将环境因素如资源消耗、环境负荷的产生纳入可持续发展报告中进行信息披露。世界银行也积极建议修改会计体系，增设环境账户，以真实反映经济增长业绩。国际标准化组织（ISO）陆续颁布了 ISO 14000 系列环境管理标准，涉及许多财务上的问题，为协调各国在环境会计制度建设方面的问题起到了重要作用。

1. 联合国国际会计和报告标准政府间专家工作组（ISAR）

联合国国际会计和报告标准政府间专家工作组是联合国系统唯一的致力于全球范围内对各国的会计和报告实务进行协调的政府间工作机构。该机构自 1983 年开始，每年召开一次专门会议，针对会计专题进行比较和研究，并形成一定的指导意见来推进国际会计事务的协调。ISAR 从 1989 年开始从事环境会计报告问题的研究。1990 年，在挪威和印度两国的倡议下正式立项环境会计和报告项目，1990 年、1992 年和 1994 年 ISAR 分别对世界各国的环境会计实施情况进行了三次国别调查，取得了大量的一手资料，进行了大量的环境会计信息问题的披露。1998 年在日内瓦召开的联合国国际会计和报告标准政府间专家工作组会议上，通过了《环境成本和负债的会计与财务报告》，此报告包括了环境会计的定义、环境成本和负债的确认、计量、环境成本与负债的披露。2002 年对此报告进行了修改，使之成为目前国际上第一份比较完整的环境会计和报告的国际指南，为各国政府、企业及其他利益集团改善环境会计和报告质量，实现环境会计领域的协调提供了指导。2004 年 ISAR 发布了《生态效率指标编制者和使用者手册》，生态效率指标将环境业绩与财务业绩指标结合起来，衡量企业在生态效率和可持续发展方面的进步。2007 年又发布了《关于年度报告的企业责任指标指南》，明确指出披露自身的环境问题是企业的责任。

2. 国际会计师联合会（IFAC）

国际会计师联合会（IFAC）对环境会计的研究主要是从管理会计的角度出发的，1998 年发表了《组织中的环境管理：管理会计的作用》报告。该报告定义了环境管理实践、环境会计、EMA 等术语，简要概括了在可持续发展的框架下企业环境管理的主要挑战和目标，讨论了会计人员在企业环境管理中的作用。2005 年，IFAC 发布了《环境管理会计指南》，该指南梳理了环境管理会计的定义、作用及应用，消除了环境管理会计的混乱，有助于会计师和审计师审计财务报告及其他报告中与环境有关的信息。指南是在整合各国环境管理会计应用案例的基础上制定的，汲取了联合国可持续发展委员会（UNDSD）在 2001 年出版的《环境管理会计——程序和原则》中的精华部分，具有较强的综合性和包容性，许多建议普遍适用于各国企业的环境管理会计实践，并为今后制定环境管理会计的正式指南奠定了坚实的基础。

（二）发达国家环境会计的研究与实践

1. 环境会计在美洲的发展

美国从 20 世纪 70 年代开始着手研究环境会计信息披露。在企业环境信息披露的过程中，美国环保局、财务会计准则委员会、证监会、注册会计师协会等政府机构和专业团体发挥了很大的作用。美国环保局有效实施了于 20 世纪 80 年代提出的 33/50 计划的愿望，带来了对环境会计核算系统的需求。这种核算系统必须有明确的会计规则，以便使环境业绩的计量具有可靠性和可比性。为此美国环保局于 1992 年专门设立了环境会计项目，研究向企业外部利害关系者披露环境信息的问题，并组织编写了《环境会计导论：作为一种企业管理工具》一书，书中不仅对环境会计的概念进行了界定，澄清了环境会计的含义，而且在环境成本计算、环境成本分配、环境会计信息披露和应用方面为企业提供了技术指南；1995 年，美国环保局又发布了《鼓励自我监督：发现、披露、改正和防止违法》，鼓励企业自愿发现、披露、改正其环境违法行为，对那些按规定自愿发现、披露、改正其环境违法行为的企业给予减免法律处罚的优待。美国财务会计准则委员会（FASB）于 1989 年建立了专门的工作小组，研究环境事项的会计处理，主要集中在负债和支出两个方面。FASB 要求企业依据 1975 年第 5 号准则（SFAS 5）《或有负债会计》处理环境负债问题，该文件主要涉及如何确认和计量或有负债与损失，因其主要针对一般性的或有负债，故在确认和计量环境负债方面显得并不具体。于是，专门针对环境事项的会计处理，FASB 又陆续颁布了《EITF89-3 石棉清除成本会计处理》、《EITF90-8 环境污染费用的资本化》、《EITF93-5 环境负债会计》3 个有关企业环境成本处理的公告；前两个公告对环境费用的资本化条件进行了说明，环境污染的处理费用一般都应作为当期费用，计入当期损益，只有满足三个条件时，才允许资本化处理，一是延长了资产使用寿命，增大了资产的生产能力，或改进了生产效率；二是可以减少或防止以后的环境污染；三是资产将被出售。后一个公告则要求企业将潜在的环境负债项目单独核算，并与其他或有负债分开列示。针对上市公司的环境信息披露的规范，美国证监会（SEC）也发挥了自己的作用。SEC 在 1993 年 6 月专门就环境会计与报告问题发布了第 92 号会计公告，要求上市公司对现存或潜在的环境责任进行充分及时的披露，对于不按照要求披露环境信息的公司，将处以 50 万美元以上的罚款，并在媒体上予以公示；另外美国环保局还及时向证监会提供存在潜在环境负债的企业名单，方便证监会关注企业的环保责任和环保风险。1996 年，美国注册会计师协会发布了《环境负债补偿状况报告》，为特定环境负债的确认、计量、披露提供了可供参考的相关方针。它提出了公司在报告环境补偿责任和确认补偿费用中的基本原则，同时也提供了对补偿责任进行揭示的不同方法。由此可见，美国的众多部门联手工作，国家行政命令与各方监管同时作用，在保护环境的同时，为美国的环境会计发展作出了很大的贡献。

加拿大是较早研究和实施环境会计的国家，其环境会计理论和实务一直处于世界前列。近年来，由于环境污染和环境破坏问题日益严重，加拿大政府陆续颁布了一系列法律法规，如通过连接环境资源统计与国家会计账目的关系，来确定清洁污染的经济成本，对企业的生产经营活动进行限制。在理论界和实务界积极开展环境保护方面研究的同时，会计界也开展了对环境会计和审计的研究与探索。1993 年加拿大特许会计师协会（CICA）的可持续发展专门小组发布了一项报告，在分析了人们在环境问题上所面临的挑战后，提出了会计职业界在环境问题上的努力方向和应该采取的行动。到目前为止，CICA 正式出版了《环境成本与负债：会计与财务报告问题》、《环境审计与会计职业界的作用》、《环境绩效报告》、《基于环境视野的完全成本会计》和《废弃物管理系统——执行监督与报告准则》等几份有价值的研究报告。这些报告对于指导公司环境会计实务处理及信息披露起到了很大的作用。特别是 1994 年发布的《环境绩效报告》，是企业提供环境绩效信息的指南，报告讨论了在企业决定对外报告环境绩效时应该考虑哪些因素以及单独的环境报告和年度报告中的环境部分应该如何列示和披露等问题，确定了关心企业环境报告的主要的几类利益关系人及他们不同的信息需要，分析了环境报告中必要的信息内容，并提出了一些可供参考的选择模式。另外该协会还通过出版定期或不定期的期刊，及时公布环境会计和环境审计的研究成果，为企业加强环境管理、编制环境报告和会计师进行环境审计提供具体的指导和帮助。在加拿大环境会计理论发展的同时，环境会计在企业中的应用也随之发展起来。在加拿大推行环境会计的初期，与企业生产时间相结合过程中遇到了来自企业特别是传统会计的巨大阻力。但最终越来越多的企业还是看到了环境会计对经济效益提高的好处，都纷纷在企业会计核算中加入了环境会计核算，使加拿大环境会计得以发展。

2．环境会计在欧洲的发展

从 20 世纪 90 年代开始，欧洲各国也积极开展了对环境会计信息披露的研究，并在实践中逐步将其加以应用。英国是世界上环境信息披露比较早的国家之一，英国的环境报告一直是作为企业社会责任报告的一部分对外披露，而社会责任报告是英国企业对外提供会计信息的重要组成部分。1975 年，英国会计准则指导委员会颁布的《公司报告》中首次使用了企业对社会公众的受托责任概念，而这些责任中很大一部分与环境责任有关。20 世纪 80 年代末期，Rob Greay 教授在英国注册会计师协会的支持下，对企业的环境会计进行了深入研究，并出版了相关著作，对环境会计进行了介绍。1990 年，Rob Greay 教授发表了《绿色会计：Peace 后的会计职业界》论文，研究了环境问题对会计的影响和会计职业界对环境保护可以作出的贡献。该论文促使人们开始关注环境会计，对环境会计从社会会计中分离出来起到了催化剂的作用。20 世纪 90 年代以后，由于环境保护理念深入人心，政府和社会公众开始关注企业经营行为对环境的影响，对企业提出了环境信息披露的要求。1992 年，英国政府颁布了世界上第一部由政府正式颁布的《环境管理制度 BS7750》环境保护法规，该法规要求污染企业必须在报表中反映其在环境保护中采取的措施，并对企业环境管理系统的开发、实施和维护都提出了明确要求，促使企业为实现所确定的环境目标而努力。这部法规对促使大公司进行环境信息披露起到了很大作用。到 1996 年，英国 77% 的大公司都进行了环境信息披露，而最大的 100 家公司则全部编制和提供环境报告。虽然众多公司都编制和披露环境信息，但在当时却没有公认的专业标准。鉴于此，为了规范企业环境信息的披露，英国环境、食品和农村事务部于 1997 年颁布了题为《环境报告与财务部门：走向良好实务》的报告文件，它适用于所有企业，虽然并不强制企业必须遵守，但作为政府部门的一份文件，客观上起到了规范环境会计的作用。

荷兰对环境会计和环境会计信息披露的研究起步较早。荷兰住宅空间计划与环境部一直主张引入强制性的环境报告制度，强制企业进行环境信息披露。1999 年，荷兰住宅空间计划与环境部发布了《环境成本与收益的确认与计量方法》报告书，对宏观范围的环境成本确认和计量进行了规范，主要用于政府部门。该报告书的目的是指导宏观范围的环境成本，并以此为前提，对企业环境治理活动所引发的支出进行推算，根据这种推算，达到评价和改善政府环境政策的目的。至于企业环境成本的确认、计量和披露，由企业根据自身具体情况确定。荷兰住宅空间计划与环境部还对本国大型企业规定了编制环境报告的义务。所编制的环境报告书分为两类，一类是面向政府部门的，一类是面向社会公众的。两类报告的内容和格式有所不同，但是可以交叉使用。即面向政府的环境报告可以向社会公布，面向社会的环境报告也可以提交给政府。

德国在研究和实践企业内部环境会计方面具有比较明显的优势。早在 1982 年下半年德国 Ken 大学的 Josef Kloock 就提出了环境成本的计算。到 1990 年上半年，以 Kloock 为首的学者在德国经营经济学领域内取得了重大进展。这种德国式的环境成本计算，其实质在于从已经制度化的成本计算体系中将环境成本分算出来，从而形成环境成本和通常成本两种成本并行处理的计算。受这种理论的影响，1996 年德国环境与核安全部编撰了《环境成本计算手册》，该手册是在集中了众多研究人员、产业界代表、顾问公司意见的基础上编撰的，其发表对德国产业界产生了很大的影响。目前德国的环境会计体系主要包括五大类：物质能量流动会计、土地会计、环境评估会计、环境保护支出会计和可持续发展成本会计。最近的目标是研究对于环境自身的评估以及环境对于经济的影响，而土地的综合使用情况将成为下一步核算的重点。

1978 年法国开始建立环境会计体系，以实物量和货币量单位计量该国自然资源的存储量和变化量。当时该国的自然资源有很多是前人遗留下来的，体现了生态的可持续发展观，因此，人们要求该国的环境会计体系可以就生态、经济和环境之间的相互作用加以评价。在建立环境会计体系的初期，人们便认识到将环境会计与国家会计联系起来的诸多益处，而这也成为发展环境会计的主要动力。然而建立环境会计体系的目的除了得到一个可以更准确地反映社会财富的经济总量之外，更重要的是可以合理地分析出生态、经济和环境之间的相互影响。像绝大多数国家一样，法国的国家资产负债表也是以货币单位计量该国所有固定资产和流动资产的价值。而该国环境会计的核算对象已经扩展到土地、底层土和森林在内的自然资源。1986 年，法国开始计量环境保护方面的支出。最近法国的环境会计体系正在更新而且试图与欧洲环境经济信息系统接轨。

3. 环境会计在大洋洲的发展

澳大利亚作为大洋洲地区最为典型的国家，其环境会计的发展代表了其所在地区的情况。澳大利亚最初发展环境会计是为了支持其国家生态可持续发展战略。人们一直在致力于确认自然资源的市场价值这项工作。这些自然资源包括森林、水、鱼类、土地和地层土等。它们可以反映澳大利亚自然资源的富足程度。与其他使用货币进行计量的会计一样，澳大利亚的环境会计体系仅对具有经济价值的资产进行估价，而不包括生物多样性或者空气这样没有市场价值的因素。澳大利亚环境会计体系的核算内容主要包括：自然资源的货币量估价；各部门环境保护支出的估价；能源等自然资源实物量的估价；各部门对环境影响的压力指标的计算以及环境污染和资源消耗的货币估价等。澳大利亚的国家会计系统被分解成若干部分以反映其自然资源的使用情况。这样，受影响的主要包括两个方面：一是资产负债表，当自然资源被消耗或有所增长时，要分别对以上两种情况加以确认；二是对投入产出会计的估价，具有保护环境目的的支出被单独分离了出来，以核算某项经济活动的环境保护成本。

4. 环境会计在亚洲的发展

日本环境会计的发展在亚洲最具有代表性。日本环境会计的研究起步较晚，但发展很快。日本政府在 20 世纪 90 年代，提出了“循环型经济社会”的发展战略，并大力倡导企业引进环境会计的基本理念。其环境省在推动环境会计实施和环境信息披露方面起到了不容忽视的作用。环境省于 1993 年发布了《关注环境的企业的行动指南》，第一次提出了环境报告书的概念；1998 年发布了《关于地球温暖化对策》，要求企业公开发布其二氧化碳的排放量和控制方法；1999 年颁布《关于环保成本公示指南》，将环境会计核算问题提到政府法规层次。许多上市公司按照指南的规定披露环境会计信息，并陆续发表环境报告书。自此，日本的环境会计走上了规范化发展的道路，1999 年也被日本会计界称为环境会计元年。之后环境省又陆续颁布了一些公告。如 2000 年发布的《关于环境会计体系的建立（2000 年报告）》对环境治理效益和环境收益进行了探讨，并确定了对环境费用和环境收益进行计量的相关方法；2001 年，日本环境省委托日本公认会计师协会（JICPA）编写了《环境会计指南（2000）》，在该指南中收集了 37 家企业的环境会计处理案例，采取有问有答的形式，解释了人们所关注的一些问题；2002 年日本环境省又发布了修订版的《环境会计指南（2002）》，为了提高环境信息的可理解性，修订版中提出了 3 种披露环境会计信息的报表格式，鼓励企业选用其中任意 1 种。这些公告推动了日本环境会计的普及化和规范化。据统计，日本目前约有 47%的企业采用不同的形式发布环境信息，并通过第三方验证来保证信息具有可靠性。还有一些企业利用公司互联网发布包含社会活动信息的可持续发展报告。从发展趋势来看，日本内部环境会计的成本研究也呈现新的变化，开始研究和探讨企业的上游成本和下游成本，也逐步开始了企业产品生命周期的研究。种种迹象表明，日本的环境会计正在向着普及化、规范化的方向发展，成为亚洲各国开展环境会计研究和实践的样板。

作为亚洲新兴国家，韩国的环境会计研究起步于 20 世纪 90 年代中期，随着环境污染预防成本的增加，一些公司开始研究环境会计，这主要是因为环境污染预防成本的增加使得企业产品成本不断持续升高，严重影响了市场竞争力。另外由于政府环保法规的规制力不断增强，使得金融机构等外部债权人更关注企业环境风险和业绩，迫于压力的公司不得不寻找成本效益化方法来提高环境业绩。基于这一因素，许多公司已开始意识到事前的环境管理战略和环境业绩报告的重要性，但在实践上却处于初级阶段。为了促进韩国环境会计的实践，韩国环境部于 2000 年 1 月引进了一个由世界银行资助的关于“环境会计体系和环境业绩指标”的特别项目。这个项目的完成提供了一个准确估计企业环境成本和业绩的工具，并为企业引进环境会计和业绩评估方案提出了全面的方法框架。同时，这个项目也考虑了在发展中国家建立一个能够被利用的环境会计指南，并且推荐了一些能将这些工具更容易引进经营实践的政策选项。2001 年，韩国会计协会（KAI）出台了一个覆盖环境会计相关范围的《环境成本和负债的会计标准》报告，其目的在于提供理论基础及在韩国引入环境会计的相关方法，主要包含环境会计的定义、环境会计的概念框架、环境会计在韩国的实践和环境会计标准草案。2002 年韩国环境部颁布了环境报告指南，以帮助公司发布环境信息，鼓励公司在经营过程中实施环境管理。

目前主要国家和组织制定的环境会计准则如表 1-1 所示。

表 1-1　主要国家和组织制定的环境会计准则①

会计准则制定机构	准则名称及颁布时间	主要内容
美国财务会计准则委员会	《或有负债会计》（1975）	主要涉及如何确认或有负债与损失，但没有解决计量的问题
	《损失金额的合理预计》（1975）	规定了怎样计量，提出当损失的预计具有一个合理的区域，在该区域内没有哪一个金额比其他更好时，其中最小的金额应该被预计入账并对外披露
	第 89-13 号公告：《石棉清理成本的会计处理》（1989）	主要解决有关石棉污染的会计核算问题，包括清理石棉所发生的成本是资本化还是费用化，以及费用化时是否作为特殊事项予以报告
	第 90-8 号公告：《处理环境污染成本的资本化》（1990）	主要解决环境污染的处理问题，要求企业污染治理成本费用化。除非有资料证明该项污染治理能延长企业资产寿命或增加资产效能，才允许资本化处理
	第 93-5 号公告：《环境负债会计》	主要解决了有关环境负债的核算问题

会计准则制定机构	准则名称及颁布时间	主要内容
美国财务会计准则委员会	《环境负债补偿责任报告》(1996)	提出了企业在报告环境补偿责任和确认补偿费用时的基本原则；提供了对补偿责任进行揭示的不同方法，以提高和细化涉及确认、计量和揭示环境补偿责任标准的适用性；明确了补偿费用的范围等
	《资产处置义务会计》(2001)	主要是为遵循环境恢复法定责任而统一规范了资产处置义务及其相关成本的确认与计量
澳大利亚会计准则委员会	《财务信息的质量特征》(1990)、第 4 号会计概念公报(1995)	规定了环境负债的确认、计量和报告
加拿大特许会计师协会(Canadian Institute of Chartered Accountants，CICA)	《环境成本与负债：会计与财务报告问题》(2003)	包括环境成本与损失的认定以及资本化或列作费用的问题，环境债务承诺的确认与计量问题，由于环境原因引发的资产修复问题，环境成本、债务、承诺与会计政策披露问题，未来环境支出与损失披露问题等
	《环境绩效报告》(2006)	主要规定在企业决定对外报告环境绩效时应如何列示和披露
日本环境省	《环境会计系统的导入指南》(2002)	具体对环境成本的分类、确认与汇集提出了指导要求
	《环境会计指南》(2005)	增加真实收益（有形经济收益）、估计收益（估计的经济收益）的重要性和计算方法、环境保护活动经济评价等内容
英格兰和威尔士特许会计师协会	《财务报告中的环境问题》(1996)	详细论述了环境成本的核算、环境负债的核算，或有环境负债、资产损害复原以及信息披露问题
联合国国际会计和报告标准政府间专家工作组(Intergovernmental Working Group of Experts on International Standards of Accounting and Reporting，ISAR)	《环境成本和负债的会计与财务报告》(1998)	包括与环境有关的主要会计概念的定义，环境成本和负债的确认、计量及披露
	《企业环境业绩与财务业绩指标的结合》(2000)	主要对生态效率指标的核算进行了规定，为企业把环境业绩和财务业绩相结合提供了一种方法
	《生态效率指标编制者和使用者手册》(2004)	为生态效率指标的编制者和使用者提供具体指南

引自蒋德启等．国际企业环境会计准则的比较与借鉴．北京林业大学学报（社会科学版），2010，9。

通过表 1-1 可以看出，各国环境会计准则所规定的内容主要包括环境成本的确认与计量、环境负债的确认与计量、环境会计信息的披露，只有 ISAR 和 CICA 提出了应将环境业绩与财务业绩相结合。同时，对环境资源的会计核算问题均没有纳入环境会计准则。国际会计准则理事会作为在世界上具有重大影响的会计准则制定机构，对环境会计没有进行系统的研究。因此，目前国际上对环境会计准则的制定尚处于起步阶段。

三、国外环境会计的共同经验

（一）社会各界对环境会计的高度重视

国外的环境会计之所以能够得到迅速发展，与各国家社会各界对环境会计的高度重视是分不开的。政府部门制定了一系列与环境有关的法律法规促进了环境会计的发展，同时社会组织也在积极开展对环境会计的研究，在理论和实践方面取得了巨大进展。越来越多的企业在环境保护和企业自身的发展上进行权衡，组建环境管理部门，针对生产经营中产生的环境问题进行有效的管理。

（二）制定了专门的环境会计准则

在对4个地区的比较中我们不难看出环境会计都是在建立了完善的环境会计制度的基础上发展起来的。美国、加拿大、欧洲、日本都制定了一系列的环境会计制度，这些环境会计制度包括了环境会计的概念、环境会计的要素、环境会计的信息披露内容和形式、环境会计的核算体系、环境会计的审计等方面，这些内容规范了环境会计的发展，为企业的环境会计披露提供了可操作的环境会计准则和环境业绩报告规定。

（三）环境会计信息披露的内容全面

由于各个国家和地区环境会计的准则对环境会计的信息披露有着严格的规定，企业在对环境会计进行信息披露时包含的内容很全面。美国企业的环境会计信息的披露主要针对环境政策、环境成本和环境负债3个方面的内容。加拿大则要求企业披露其环保因素限制及对策、环境政策的目标、环境治理和污染物利用情况、环境质量情况。欧洲各国在环境会计信息披露的内容上没有统一的规范，但是主要包括：企业的环境政策及环境管理系统，导致企业重大环境影响的所有重大的直接因素和间接因素并对其做出解释，环境目标及其与企业重大环境问题的关系，有关企业环境业绩连续多年的主要数据及在重大环境影响方面的法规遵循情况等。日本的环境会计信息披露的内容主要是企业的环境保护成本、环保收益、环保活动所产生的经济效益等企业经济活动对环境的影响。这些规定基本涵盖了环境会计的各个方面，从而企业可做出完整的环境会计报告。同时，大部分企业都必须进行环境会计信息披露。

（四）建立与之相配套的环境会计核算体系

在环境会计中，环境成本的核算是难点和重点之一，可以说，解决环境成本计算的具体方法是深化环境会计研究与推广应用环境会计的关键。以美国为例，美国的环境会计主要有补偿成本会计和控制预防成本会计两种处理方法，环境补偿成本是指一旦某一公司被确认为主要责任人，那么其潜在的环境责任就已存在，但其确切的补偿数量将依照未来事件的发生而确定，包括向美国国家环保局支付的清理费用及同其他责任人分摊的费用等。控制预防成本在本质上说是先于补偿费用产生的，涉及企业成本会计及资本预算系统中治理设备成本和维护成本，并要求在会计和预算体系中将其反映出来。两种处理方法都要求将与环境污染预防相关的直接费用和间接费用在企业成本会计系统中予以计量和确认，并以此作为对公司产品征税的标准。

【本章小结】

对企业环境会计理论体系起根本性支撑作用的理论主要有：可持续发展理论、外部性理论、环境价值理论及机会成本理论。

环境会计，是企业以可持续发展、与社会保持和谐关系、有效开展环境保护工作为目标，将环境保护成本和环境保护效果尽可能地以货币单位或实物单位进行计量、分析、报告的工作。其主要职能主要包括核算、监督、评价、预测及决策。

环境会计信息的使用者主要包括投资者、债权人、政府部门、消费者、社会公众等企业外部使用者和管理层、职工和工会组织等企业内部使用者两个方面。环境会计与传统会计一样具有核算、监督、评价、预测及决策职能。

环境会计具有的特有原则，包括经济效益与环保效益统筹协调、外部影响内部、强制与自愿相结合。环境会计的基本假设有：会计主体假设、可持续发展的持续经营假设、会计分期假设、多重计量假设。

环境会计的要素有环境资产、环境负债、环境成本、环境收益。环境资产是指由过去的、与环境相关的交易或事项形成的，能够用货币计量的，并且由企业拥有或控制的资源，该资源能够为企业带来经济利益或社会利益。环境负债是由过去的、与环境有关的交易和事项形成的现实义务和推定义务，履行该义务时会导致经济利益流出企业。环境成本是指企业因预防和治理环境污染而发生的各种费用和已消耗的环境资产价值，以及由此而承担的各种损失，是企业在环境活动中所发生的经济利益的流出。环境收益是指在一定时期内企业进行环境保护和环境治理形成的经济利益的净流入。它是采取环境保护措施所得到的经济利益减去环境支出后的结果。

环境会计的信息质量要求主要包括相关性、可靠性、可比性、可理解性、可验证性。

国际组织和西方发达国家对环境会计做了大量研究和实践，为我国开展环境会计研究与实践积累了丰富经验。

【讨论思考题】

（1）环境会计的理论基础主要包括哪些？

（2）环境会计的含义、目标、信息使用者、职能、原则、假设及基本要素是什么？

（3）环境会计信息质量的特征内涵及要求有哪些？

（4）环境会计的国际发展现状如何？国际上值得我们借鉴的经验有哪些？

第二章　环境会计制度

【案例引导】

中央电视台新闻频道“共同关注”栏目曾经有一期关于污染问题的特别报告，其中有一起案例：安徽宿县的杨庄乡在5年中因癌症而死亡近300人，越是靠近淮河支流的村民，患病率和死亡率越高。按照法制社会的原则，受害者应有权向污染者进行索赔，但事实上，如何索赔却相当艰难。杨庄乡的污染源是远在上游的江苏徐州，究竟是哪家企业违法排污，恐怕只有徐州的环保部门才能说得清，并且赔偿数额应该是多少，也很难找到准确的财务标准和合理依据。正是因为缺乏环境会计方面的制度规范和法律约束，肇事者可以对污染不负任何经济责任，因此也就更加有恃无恐。试想，如果受害者能够通过行政或法律诉讼的途径获得合理的货币赔偿，那么排污企业的排污风险和机会成本必将大大提高，这对于污染的治理是大有好处的。因此，环境会计制度的建立与实施意义重大。

中国政法大学污染受害者法律帮助中心主任王灿发曾经对企业环境保护约束机制进行了分析，他认为，由于中国在污水处理技术方面的滞后，每吨污水的处理费用少则需要1.2元，多则需要2元，根据平均值，一个工厂一天排放污水高达十几万吨，这就意味着，这个工厂光是每天的治理费用就需要支出十几万元甚至是几十万元。可是，如果该企业偷排私放，即使被发现，根据法律依据最多罚款20万元。加之偷排私放往往被认定为是同一个行为，根据中国《行政处罚法》“一事不能两罚”的原则，企业只需要被罚款一次，就可以排放一年，权衡之下，企业自然选择偷排私放，放弃污水处理，显然此行为是不符合可持续发展原则的。即使审计机关进行审计，由于无权处置，环境审计也会变得没有意义。可见，环境会计制度的建立还需要相应配套制度来支撑，以使环境会计制度落到实处。

第一节　环境会计制度概述

一、环境会计制度的概念

20世纪90年代至今，世界许多国家陆续制定实施了自己的环境会计制度，但作为新生事物，各国的环境会计制度均缺乏系统性和完整性，而且内容之间不具有可比性，执行情况并不理想。为此，联合国国际会计和报告标准政府间专家工作组（ISAR）于1998年发出了《环境会计和报告的立场公告》，为各国建立和完善本国的环境会计制度提供了一份系统完整的国际指南。报告中指出，环境会计制度是一种对用于环境保护的投资和由此而获得的经济效益作定量性的测定、分析和加以公布的制度。

环境会计制度基本上是一种社会经济发展下的产物，也与企业永续发展的阶段性需求相结合。环境会计制度有广义和狭义之分。狭义的环境会计制度，主要指环境会计核算制度，是一种对企业环境保护的投资或支出和由此而获得的经济效益进行确认、计量、记录和报告的制度，也可以称为微观环境会计制度。它由欧美国家兴起，随后传入日本等越来越多的国家。广义的环境会计制度，除包括环境会计核算外，还包括环境管理会计，如环境绩效管理，也包括宏观环境核算体系，如绿色 GDP 核算制度。

二、建立环境会计制度的必要性

（一）环境保护的客观要求

资源、环境是人类生存和发展的基本条件。当代企业为了追求自身利益最大化，往往过度开发和利用自然资源，以资源为代价实现个体的短期利益，最终导致在经济高速发展的同时，环境问题日益严峻。生态环境的破坏危及人类生存和发展，环境保护、可持续发展、生态经济已引起人类社会的广泛关注和重视，寻求人口、资源相互和谐的持续发展、大力发展生态建设型经济，环境会计将起到越来越大的作用。

在过去的 30 年，中国是世界上经济增长最快的国家之一，也是世界上国内储蓄率水平最高的国家之一。但多年计算的结果显示，GDP 中有相当一部分是依靠资源和生态环境的“透支”来获得的，这种代价至今仍存在于我们的经济发展之中。而资源及生态环境的恶化，将对国民财富的积累带来十分严重的影响。国家由此而制定的能源价格、资源价格、环境价格、生态补偿规则、企业成本核算概念、环境税费的额度、世界贸易组织的环境仲裁等，均要求我们的会计制度与会计准则在可持续发展的理念下，进行统一和规范。

通过环境会计制度的安排，企业可以将环境成本转化为企业内部成本，促使企业治理污染、保护环境。合理的环境制度能给企业提供正确的激励，促使企业改变生产方式，从而减少经济活动对环境造成的破坏。因此，积极整理环境制度相关基本概念，分析环境制度功能和性质上的审计内容，以及企业在污染防范、治理、责任追究方面的实施情况，探讨环境会计制度的建立方法和内容体系显得至关重要。

（二）突破传统会计制度局限性的需要

人类社会的发展归根结底是人类与所处的自然环境和社会环境对立统一、协调共进的动态过程。总体而言，传统会计制度对人类社会的健康发展和经济的良性运行作出了很大贡献，但面对当前日益尖锐的人类与自然、经济与生态的矛盾，传统会计却无能为力。第一，传统会计的目标是借助会计对经济活动进行核算和监督，为经营管理提供财务信息，并考核经营责任，从而取得最大的经济效益。第二，传统会计侧重于从人类经济活动的角度出发，着眼于对自然资源的开发利用，而没有将环境所带来的经济问题纳入会计信息系统并加以研究，这就造成了会计信息披露得不充分和会计循环过程的不完整，缺乏对企业环境资源、环境责任和环境费用的计量，缺乏对企业取得的环境收益或损失的确认。第三，传统会计没有把企业视为与环境共生的经济体，没有认识到经济运转和自然环境循环是紧密联系在一起的。认为经济循环是企业从环境中取得资源开始，到企业实现其产品、取得经济收益结束，忽视了环境对企业的影响和企业对环境的影响，忽视了环境自身的物质补偿过程和企业从环境中取得资源造成的对环境损害的补偿责任。这从某种程度上助长了企业不惜牺牲较大的社会效益来换取自身的利益、对生态资源进行大量非持续发展的利用。第四，传统会计难以根据某个统一的国际或国内会计准则对企业的微观经济活动中大量付出的生态代价进行客观真实的反映，无法对这些活动予以限制，从而造成社会总成本大大高于经济成本，阻碍了整个社会高生态效率的实现和社会福利的最大化。

环境会计制度则着眼于高效利用资源，从人类的全部活动过程和整个生态环境资源出发，围绕着自然资源的耗费应如何补偿这一主题，力争对环境管理中各个层次的职责履行情况作出确认、计量和报告，从根本上改变了传统会计理论对整个会计要素的界定。所以说环境会计解决了传统会计理论所不能解决的社会生态环境问题。

（三）可持续发展战略的要求

20 世纪 90 年代以来，可持续发展战略已开始被各国普遍接受和采用。可持续发展战略的核心是将环境保护纳入国民经济和社会发展进程，实现经济、社会与生态环境的协调发展。环境会计是实施可持续发展战略的重要组成部分。根据可持续发展战略的要求，企业应该确立环境管理理念和系统，建立环境成本核算和控制机制，同时，在可持续发展战略下，国家的宏观调控和环境管理都需要企业建立完善的环境会计制度，以提供真实、完整的环境会计信息。

（四）正确衡量国内生产总值和企业生产成本的需要

在传统会计核算方法体系下，环境资源未被列入资产加以核算，各项经济增长指标并不能如实反映经济发展水平和经济增长速度，在某种程度上还会虚增国家富有程度，夸大人均收入和经济福利。就企业成本而言，传统会计只计人造成本，而忽略不计不能计价的自然资本，助长了企业对社会资源的无偿占用和污染，虚增自身利润。环境会计通过核算企业的社会资源成本，在产品生产成本中加入环境资源成本，从而能够较准确地核算国内生产总值和企业生产成本，促使企业挖掘内部潜力、降低生产成本、保护社会资源环境。

（五）企业自身发展的需要

企业与环境的关系十分密切，良好的社会环境是企业健康发展的前提条件和必要保障。资源枯竭、环境污染、气候改变、废弃物处理、产品安全与卫生等将直接影响企业的生产组织和管理决策。“皮之不存，毛将焉附”，整个社会环境的恶化将直接影响企业的发展。从长远来看，企业只有建立完善的环境会计体系，积极协调与环境资源的关系，创造良好的环境条件，才能求得生存和发展。

此外，建立环境会计制度可以指导企业在环境管理中涉及环境会计业务的实务处理，避免将环境会计信息淹没在一般的会计核算之中；建立环境会计制度可满足企业环境管理的信息需要，环境会计制度可以客观翔实地揭示企业投入与产出的价值信息，完整描述和评价有关的环境业绩，使企业有效地执行 ISO 14000 环境管理标准。

（六）实现资源优化配置及社会和谐发展的必要条件

资源的稀缺性和人类欲望的无限性始终是经济发展过程中无法回避的难题，在现代化经济高速发展的今天，这一问题更加突出。在资源有限的前提条件下，只有建立环境会计体系，通过提供环境保护、公害防止与消除等方面的信息，找到经济效益、社会效益和生态效益的最佳结合点，促进资源优化配置与社会和谐发展，才可能最终实现“既满足当代人的需要而又不影响子孙后代利益”的可持续发展目标。

（七）保证会计信息真实完整的需要

会计的目标是提供信息，环境会计制度应当立足于企业，服务于不同会计信息的使用者，其具备以下基本功能：

1. 绩效评价功能

环境会计制度除了反映财务方面的绩效外，也应该反映非财务方面的环境绩效，财务绩效用货币为衡量单位，非财务绩效则用实物为衡量单位，通过二者的结合，使环境会计信息的使用者能对环境活动的结果有更完整和详细的了解。

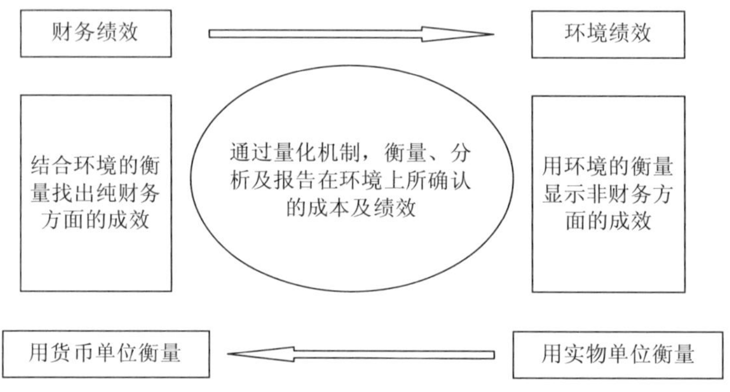

图 2-1 环境会计绩效功能

2. 信息服务功能

环境会计制度所提供的信息除可被公司内部人员及部门使用外，也应为社会各种利害关系人所利用。

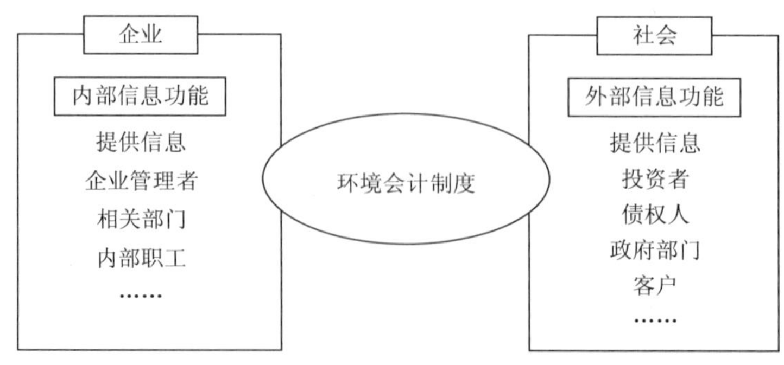

图 2-2 环境会计信息功能

由此可见，环境会计制度的建立不仅顺应了“科学发展观”和生态文明建设这一时代要求，促进了企业将经济利益和社会利益相结合，而且有效地突破了传统会计的局限性，促使企业实现可持续发展的战略目标。因此，加快环境会计制度的构建成为了当务之急。

三、环境会计制度建立的原则和初步构想

（一）原则

环境会计制度的最终目的是对外披露企业环境会计信息。因此，环境会计制度应遵循的基本原则，其实就是环境会计制度要反映的环境会计信息应遵循的基本原则，即环境会计信息质量要求。它可以概括为相关性、可靠性、可比性、可理解性和重要性（详见第一章第三节）。

（二）初步构想

从系统论的角度分析，会计是一个以提供财务信息为主的经济信息系统。美国注册会计师协会（AICPA）下属的会计原则委员会（APB）在 1970 年对会计下的定义是：“会计是一项服务性的活动，它的职能是提供有关经济个体的数量信息，主要是财务性质方面的。这些信息，在企图作出经济决策时肯定是有用的。”然而，会计的职能往往不能自发实现，它需要会计制度提供保证，这就构成了会计制度的动因。

一个会计信息系统需要利用信息技术对会计信息进行采集、存储和处理，完成会计核算任务，并能提供进行会计管理、分析、决策的辅助信息。作为会计信息系统的一个组成部分，环境会计要继承会计信息系统的基本特征，在制度构建时应遵循继承、借鉴与创新的原则，实现环境会计的基本职能，满足对企业经济活动进行控制和经营管理的需要。

构建环境会计制度应满足完整性和系统性的要求。所谓“完整性”是指会计制度应包括和覆盖全部会计实务，使每一会计行为、每一会计事项都有相应的制度予以规范；所谓“系统性”是指会计制度应在会计目标统一约束下，由相互联系、相互依存的多分支、分层次的会计制度构成的有机体系。环境会计制度框架的构建，要从三个方面入手，即会计数据输入、会计业务处理和会计信息输出。如图 2-3 所示。

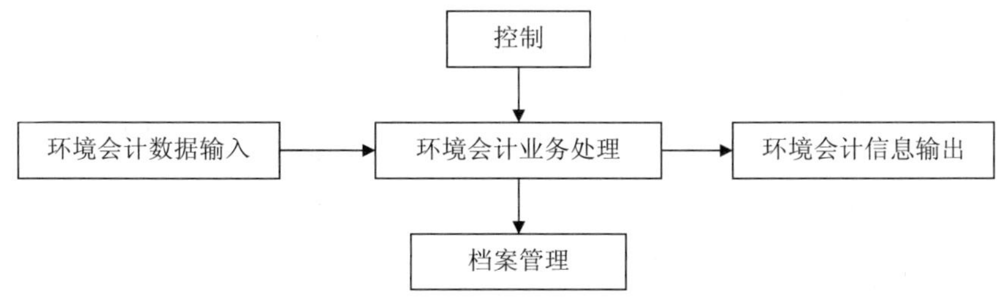

图 2-3　环境会计制度框架

1. 环境数据输入设计

本环节主要解决环境会计要素及会计科目的确定问题。

会计要素是对会计核算对象的具体分类。环境会计的核算对象是企业所发生的与环境有关的所有活动。这些活动大致可分为两类：单纯的环境活动和与环境有关的经济活动。单纯的环境活动并不直接涉及财务状况和经营成果，主要包括企业的环境目的、环境政策、员工的环境教育和环境素质的提高，企业排放的各种污染物及其数量情况，企业参与外部环境活动的态度等。与环境有关的经济活动是由环境问题引发的，能够以货币形式表现，直接涉及财务状况和经营成果的环境活动，如环境污染交纳的税费和罚款、环境管理支出、环境投资评估与分析、由于环境活动可能引发的或有负债与损失等。

对于会计要素，目前多数学者认为应依据复式记账法原理进行设计，国内主要有“三要素论”、“四要素论”、“五要素论”和“六要素论”几种观点（表 2-1）。

表 2-1 环境会计要素表

要素观	代表人物	要素构成
三要素论	孙兴华	环境收入、环境会计收益、环境成本
	王辛平	自然资源的损耗、环境保护支出、环境保护收益
	刘永祥	环境资产、环境收益、环境费用
四要素论	李心合	环境支出、环境收益、环境资产、环境负债
	李学义	资源价值、环境成本、环境收益、环境利润
	李宏英	环境污染损失、自然资源损耗、环境保护支出、环境保护收益
五要素论	李武立	环境资产、环境负债、环境成本、环境损失、环境收益
六要素论	陆玉明	环境资产、环境负债、环境权益、环境收入、环境费用、环境利润

综合几种观点不难发现，虽然各位学者定义的环境要素数量和名称各不相同，但基本上都关注了环境成本（支出、费用）和环境收益（收入、利润）。基于目前我国对环境会计理论和实务研究的现状，本书将环境会计要素定义为 6 个，不需要打破传统会计的理论体系，也便于会计人员接受和理解，在实际操作中具有较强的可行性。

基于“六要素论”观点，环境会计科目的设计只需在现有财务会计科目体系的基础上，增设与环境有关的一级或明细科目。如设置“资源资产”账户核算各种类型的资源的原始价值的增减及结存情况；设置“资源折耗”账户反映各类资源资产由于使用、开采等而累计损耗的价值；设置“应付环保费”一级科目，反映和监督环境保护费用的计算与缴纳情况，同时设置“应付单位排污费”、“应付个人排污费”、“应付包装物排污费”、“应付废弃物排污费”等二级科目。设置“环境成本”科目反映企业活动对环境造成的影响而采取或被要求采取的措施的成本，以及因企业执行环境目标和要求所付出的其他成本；设置“环境损失”、“环境收益”及“环境利润”科目反映环境收益、损失情况；在“实收资本”科目下设置“环境资本”二级科目反映实际收到的投资者投入的各类资源的价值等。

2．环境业务处理设计

本部分主要解决环境问题给企业造成的财务影响进行确认、计量和记录的问题。只有对环境影响的财务收支予以合理的确认、计量和记录，并进行相应的账务处理，才能有效地进行定期的信息披露（信息输出）。

环境会计业务的发生必然依附于特定的会计主体。与会计主体活动有关的信息是大量的、多方面的，信息使用者所关心的信息是多种多样的，而会计所能提供的仅是与会计的本质特征有关的信息，以财务信息为主，或者说是反映资金运动的信息。

随着环境因素的介入，企业从直接利润和损失，到与市场机会成本效率有关的竞争优势，再到资产价值、或有负债和环境风险等事项的核算，都会受到环境因素的影响。因而在设计环境会计核算内容和方法时，除了保留传统财务会计的核算内容和方法外，还要特别关注以下内容：对或有负债和风险的核算；对资产重估和资本计划的核算；对能源、废弃物和环境保护等关键领域的成本分析；对环境因素投资评估的核算；采取环境改善措施的成本和效益的核算等。对这些业务处理方法进行设计时，我们可以借鉴国际上的研究成果，如联合国 ISAR 的《会计指南——环境财务会计草案》（1997）中对环境成本、环境负债的确认和计量方法，加拿大特许会计师学会（CICA）对本期内环境成本的分类和计量方法等。

3．环境会计信息输出设计

环境会计信息输出的设计，也就是环境会计报告的设计，主要解决如何确定报告内容和报告模式的问题。

环境会计产生于可持续发展的思想。环境会计信息是企业环境行为和环境工作及其财务影响的信息。其形式具有多样化：既有定性的信息，也有定量的信息；既有货币信息，也有以实物、技术等指标表示的非货币信息。环境会计报告的内容除了涵盖财务信息外，还应包括环境问题影响及相应的环境对策。联合国国际会计和报告标准政府间专家工作组对企业环境会计信息披露提出三方面的内容：一是企业为减少和防止或者治理污染以及恢复环境而发生的成本费用支出；二是因污染环境支付的费用；三是因污染而发生的社会成本和因承担社会责任而付出的代价。

环境会计报告可供选择的模式有补充报告模式和独立报告模式两种。补充报告模式是在原有财务报表上加入有关环境会计的核算资料，再辅之以报表附注、文字说明等，揭示企业基本的环境会计信息，以此满足社会各方面的需要。补充报告模式可以起到弥补现行财务报告中环境信息披露不足的作用。独立报告模式是当前西方国家普遍采用的环境报告模式。这种报告模式要求企业对其承担的环境受托责任进行全面的报告，它是根据有关会计记录以及其他环境资料单独编制环境报表，向信息使用者提供企业在环境问题上的人力、物力和财力资源方面投入产出的有关情况。这种报告模式可以弥补我国企业现行环境报告的缺陷，使我国现行财务报告更加完善。

第二节　环境会计制度建立与发展

一、国外环境会计制度

（一）各国环境会计制度的发展

1．美国

自 20 世纪 80 年代以来，美国企业、会计界和会计信息使用者越来越重视环境负债问题，这种情况的出现缘于20世纪70年代以来，美国政府颁布了一系列与环境保护有关的法律法规，这些法律法规对企业的环境污染预防和治理提出了严格的要求，并导致了一系列环境成本与债务的产生，主要有：①按照法律的要求开展持续的环境保护活动导致的成本、支出和债务；②按照法律的要求对已污染项目进行清理或清除导致的成本和债务；③其他个人或组织由于人身健康和安全或者财产受到企业排放污染物的损害而索赔导致的成本和债务；④违反环境法律受惩罚而导致的成本和债务等。这些成本和债务在有些情况下数额特别巨大，对企业财务状况和经营成果的影响也将越来越大，所以应当对其进行规范化核算以及以合理的方式进行披露。

在美国，环境会计实践主要是从要求披露环境会计信息开始的。涉及环境问题的会计信息披露工作是对环境成本和负债的报告，人们主要是从负债的角度来处理和看待环境问题的。相关的会计规范性文件主要有：

1）美国财务准则委员会第5号准则公告《或有事项会计》。该文件主要涉及如何确认或有负债与损失，这一公告同样可以适用于环境问题所引起的或有负债。

2）美国财务会计准则委员会的第14号解释公告《损失金额的合理预计》。该文件是用于计量的指南。

3）美国财务会计准则委员会新兴问题特别工作组鉴于环境问题的复杂性，在如何记录环境支出问题上，先后公布了3份状况公告：第89-13号公告《石棉清理成本的会计处理》、第90-8号公告《处理环境污染成本的资产化》和第93-5号公告《环境负债会计》。前两份公告就某些由环境目的引发的支出是资产化还是列作费用做出了说明；第三份公告就环境负债的估定提出了建议。

4）证券交易委员会关于环境问题信息披露的规定。主要有：管理条例S-K第101项、第103项和第303项条款，第36号财务报告公告，1979年的解释公报，第92号专门会计公报。

5）美国环保局于1995年发布了《鼓励与自我监督：发现、披露、改正和防止违法》的政策，该政策通常又被称为《审计政策》。2000年，美国环保局对该政策进行了修正。《审计政策》使那些按该政策资源发现、披露、改正其违法行为的企业获得减免法律处罚的优待。

美国企业的环境会计信息披露属于法规披露项目，对大规模的重污染行业上市公司环境会计信息的披露更加严格，美国上市公司在连续几年的年报中均对环境信息作了较为全面的披露，可见公司管理层对环境信息披露的重视程度。其具体的做法有：

1）环境信息披露位置。美国上市公司主要是在年报管理层讨论分析部分披露环境信息。

2）环境信息的内容。从影响企业财务的角度，美国上市公司主要考虑环境政策、环境成本和环境负债三个方面的内容。首先，环境政策的披露。美国上市公司披露公司环境政策目标，并且只要与环境负债和成本相关的特定会计政策都予以披露，有的公司还披露政府就环境保护措施给予的鼓励。其次，环境成本的披露。美国上市公司披露公司的环境成本，并将环境投资和环境费用分别做了列示，对研究、再利用、环境健康管理等方面有一定的描述。再次，环境负债的披露。美国上市公司披露公司的环境负债，对与环境有关的可能债务予以定量的披露；对越来越严格的未来法规所导致的潜在债务予以说明；对与环境有关的债券和金额等予以披露。

3）披露的具体形式。美国上市公司对环境信息披露采取定量形式为主，定性描述为辅的形式。美国的环境会计法律制度较为成熟。究其原因，首先，美国制定了较为全面的环境法律法规。美国上市公司遵守的环境法规包括《清洁空气法》、《清洁水法》、《资源保护和回收法》、《综合环境反应、补偿和债务法》、《超级基金法》等。其次，与之对应的会计准则较为完善。美国要求上市公司在财务会计和报告以及财务分析中考虑环境问题导致成本增加对公司财务产生的影响，要求定量披露环境成本和负债，并有相应的清晰的指导。

2. 加拿大

无论是理论还是实践，加拿大的环境会计都在国际上处于领先地位。这和加拿大各行各业对环境问题的普遍重视分不开。其中加拿大特许会计师协会的贡献巨大，其在环境会计和审计方面的许多努力及其成果都具有国际影响。

加拿大特许会计师协会（Canadian Institute of Chartered Accountants，CICA）是加拿大特许会计师的一个全国性组织，是加拿大最大的会计师职业团体，前身是 1902 年成立的全国性的会计师协会联合体——加拿大特许会计师统管联盟（Dominion Association of Chartered Accountants）。1951 年，更名为加拿大特许会计师协会（CICA），目前拥有加拿大和百慕大 7 万多名会员和 8 500 名学员。会员中 40%在会计师事务所执业，其余的 60%分别在各个行业和政府机构中任职。加拿大特许会计师协会是依据议会的立法建立的一个非营利组织，其基本的经费来源是会员的缴费，其大量的工作是依靠其会员的自愿性无偿劳动来完成的。

加拿大 CICA 不仅为其会员提供职业发展服务和有关的出版物，而且还承担着制定适用于全国的会计、财务报告与审计准则的任务。该协会发布的各项准则一般都以加拿大特许会计师协会手册的形式出版，这些准则和出版物得到了加拿大联邦和各省公司法以及有关证券、金融机构的管理规则的承认，因而也被各私营部门所广为遵守。与此同时，加拿大 CICA 还同联邦和各省、市的政府部门进行多层次的密切接触，从而不断改进和协调公营部门的会计、报告与审计准则。此外，加拿大 CICA 还提供其他一些服务。例如，协会一直设有专门研究机构开办专门的研究项目，以期不断追求会计、审计理论与实务的发展，从而使整个会计职业界、企业、金融机构、投资者、有关法规和其他规则的制定者、教育部门、公众等有关方面从中受益；协会一直致力于国际会计、审计的协调，并与国标会计准则委员会（IASC）和国际会计师协会（IFA）保持比较密切的联系；协会还与诸如财政部、税务署、消费者及公司事务署等政府机关保持着一种咨询式的联系，并就有关税收、公司管制、财务金融等方面的立法向议会中的有关专门委员会提供服务。

到目前为止，加拿大特许会计师协会已经完成并正式出版了以下几份有价值的研究报告：

（1）《环境成本与负债：会计与财务报告问题》

该报告主要解决如下问题：在现有的财务报告框架内环境影响的效果应该如何被记录和报告；在当期确认环境成本时应该采取何种处理方式；未来的环境支出应该在何时确认为负债。该报告涉及的基本议题有：环境成本与损失的认定以及资本化或列为当期费用的问题，环境成本、债务、承诺与会计政策的披露问题，未来环境支出与损失的披露问题等。

（2）《环境绩效报告》

这一报告是加拿大会计师协会与加拿大标准协会、国际可持续发展协会、加拿大财务经理协会于 1994 年共同合作完成的，它是为公司如何提供环境绩效信息提供的指南。该报告涉及的主要内容是：在企业决定对外报告环境绩效时应该考虑哪些因素，单独的环境报告和年度报告中的环境部分应该如何列示和披露。该报告还确定了关于企业环境报告的主要的几类关系人，分析了他们不同的信息需要，讨论了环境报告中必要的信息内容，并提出了一些可供参考的选择模式。

（3）《加拿大的环境报告：对 1993 年度的调查》

公司对环境事务绩效的报告越来越多，股东们以及其他有关方面也越来越想了解公司的年度报告中是如何报告这方面的信息的，鉴于此，加拿大 CICA 组织了一次调查报告，并予以公布。该报告主要涉及的问题是：加拿大公司如何报告它们的环境业绩，在环境成本、负债、风险的会计与报告中目前的实际操作如何。该调查报告所选取的样本包括 863 家公司的年度报告和 18 家公司的专门报告，对该年度各公司关于环境成本、负债、风险和环境绩效的会计与报告做了比较详细的调查，这份报告对于会计实务界和理论研究人员都是很有参考价值的。

另外，加拿大 CICA 在 1995 年开始了一项关于完全成本环境会计的研究课题。它的正式会刊《特许会计师》杂志也在环境会计、审计方面不断地做了大量的工作。该杂志发表了许多关于环境会计、审计、管理方面的论文，及时报道环境方面的新闻和消息，为协会的会员提供了多方面的帮助。鉴于环境问题越来越重要，从 1994 年 1 月起，该杂志成立了专门的部门处理环境问题方面的稿件及其他有关事务。加拿大 CICA 协会于 1993 年创立了一个特别小组，定期举办关于环境问题的研讨会，并就环境会计、管理与审计事务向其会员提供信息和技术上的帮助。为了更好地搞好环境方面的有关事务，还成立了一个名为可持续发展咨询委员会的机构，以便为协会主席和理事会提供各种各样的咨询和建议。此外，该协会积极加强与有关各方的联系，例如与加拿大全国环境与经济论坛及有关政府机构保持联系，以促使大家为环境会计、审计等做出协同努力。

3. 日本

日本环境会计发表环境报告是从 20 世纪 90 年代开始的，这与 ISO 14000 系列认证为主的环境管理体系在日本企业中得到推广关系密切；1999 年 3 月，日本环境省发布了《关于环境保护成本的把握及公开的原则》的规定。从此，企业对环境会计日益重视，并陆续公布了“环境报告书”。

环境省为了建立环境会计体系、发挥环境会计的作用，进行了大量的调查、研究和探讨，并于 2000 年 3 月，在总结《关于环境保护成本的把握及公开的原则》的基础上，发布了《关于环境会计体系的建立（2000 年报告）》，该文件不仅对环境费用，而且对环境效果的计量进行了详细的说明。2001 年 2 月，环境省发布了《环境报告书准则（2000 年度版）》，其主要内容包括：关于准则的发布，制作环境报告书的原因；环境报告书的模式；环境报告书的内容；准则的不断完善及资料汇编。2001 年 5 月，环境省在原《环境会计导入准则（2000 年版）》的基础上，发布了《环境会计指南 II》，该指南重点说明了环境会计信息披露的现实情况，以及有关环境会计的内部机能的认识和调查研究事例。为统一环境业绩评价指标，环境省于 2000 年发布了《企业环境业绩指标准则（2000 年版）》，其主要内容包括：准则制定的宗旨；制定环境业绩指标的目的；准则之间的相互关系；环境业绩指标应具备的条件；环境业绩指标的结构；环境业绩指标的评价；与经营指标相关联的指标；环境业绩指标和今后的任务等。

2002 年 3 月，日本环境省编写并出版了《环境会计指南手册（2002）》。该手册主要包括 4 个方面的内容：第一，环境会计的定义、功能和作用、基本特征及环境会计的结构要素（即环境保护成本、环境保护效益和与环境保护活动相关的经济收益）。第二，基本环境成本要素。第三，环境会计三结构要素（即环境保护成本、环境保护效益和与环境保护活动相关的经济收益）的定义、分类及其核算。第四，环境会计信息的披露。其中对环境会计要素的核算做了大量细节性的规定。手册中还规定当企业发生的环境修复成本超过它的保险索赔款时，超过部分应确认为环境保护成本。

不过，环境省的环境会计指南对企业没有强制力，环境会计的使用、公布均由企业自主决定，但用环境报告书公布环境会计信息的企业仍不断增加。环境报告书包括企业可持续发展报告书和企业社会责任报告书等。很多公司把环境会计信息作为环境报告书的一部分，包括环保投资和环保活动效率等内容，甚为企业决策层所重视。2002 年对 19 个国家的前 100 名企业进行的调查结果显示：日本发行环境报告书的企业达到企业总数的 72%，英国达到 49%，美国 36%，荷兰 35%，芬兰 32%，德国 32%。在国际社会，日本企业在发行环境报告书方面是最积极的国家。而日本于 2005 年 4 月 1 日开始实施的《环境友好行动促进法》规定，行政部门和公共单位等必须公开环境报告书，民间部门虽没有公开的义务，但受到该部法律的影响今后也会进一步普及环境报告书。

（二）国际会计组织的环境会计制度构建

环境会计从 20 世纪 90 年代兴起以来已受到国际社会的广泛关注，1991 年召开的第九届国际会计和报告标准政府间专家工作组会议对环境会计问题进行了广泛的讨论，并对企业应该提供的环境信息提出了建议。国际会计和报告标准政府间专家工作组在 1995 年召开的第十三届会议上，把环境会计问题作为会议的中心议题，会议主要讨论了对于各国环境会计法律法规情况的调查、关于有利于和有碍于跨国公司采纳可持续发展概念的因素、关于跨国公司环境绩效指标与财务资料的结合、关于跨国公司在年度报告中对环境事项的披露等议题。联合国也在 1999 年讨论通过了《环境会计和报告的立场公告》，形成了系统、完整的国际环境会计与报告指南。世界银行也积极建议修改会计体系，增设环境账户，以真实反映经济增长业绩。目前，发达国家的会计学界在环境会计研究方面已经取得了重大进展。

1. 欧洲

欧洲诸国之间在环境会计上存在着很大的差别，欧共体通过联合国贸易与发展组织进行了财务会计领域的环境会计研究，并公开发表了题为 1999 年度 *Accounting and Financial Reporting for Environmental Costsand Liabilities* 的参考手册。欧洲会计师联盟（FEE）也配合欧共体做了大量的调查研究工作。

欧洲各国从20世纪90年代开始，积极开展了对环境会计信息披露的研究并在实践中逐步加以应用。作为重要的推动力量，一些政府或非政府组织也在其中发挥了重要的作用。例如，欧盟在1992年发表的《走向可持续发展》报告中认为，会计必须改变它的大多数基本观念和惯例，以便把环境信息作为一个重要的内容包括在与决策有关的信息之中；欧洲化学工业理事会（CEFIC）曾经于20世纪80年代末期发布《环境保护指南》，呼吁披露环境政策以及除此之外更多的环境绩效信息；欧洲会计师联盟进行了环境会计和环境报告书的调查研究，公开发表了许多文章。

一些国家在国内也进行了各种努力。如英国，其1990年的环境保护法案要求有污染的企业必须在报告中反映其在环境方面所采取的措施。英国注册会计师特许协会（ACCA）多年来一直积极开展关于环境会计的研究，于1991年推出了环境报告奖励计划，以鼓励企业披露环境信息，2001年11月英国环境、食品和农村事务部会同英国贸易与工业部等发布了《环境报告通用指南》，指导组织编制各类环境报告。法国政府规定所有雇员在300人以上的企业都要提供包括环境信息在内的社会资产负债表。荷兰住宅空间计划与环境部以300家大型企业为对象，要求执行公开披露制度。欧洲会计师联盟也为此做了大量的调查研究工作。其中GRI（Global Reporting Initiative）则将报告书准则作为研究的目标。

2. 国际会计与报告标准政府间专家工作组

自20世纪80年代后期以来，国际会计与报告标准政府间专家工作组（ISAR，以下简称专家工作组）一直广泛关注与环境会计有关的问题，并在国家层面和企业层面进行了大量的调查，希望找出环境披露方面的缺陷。调查结果表明，企业在财务报表中关于环境问题的披露是定性的、描述性的、片面的和缺乏可比性的，企业缺乏自愿披露的主动性。于是，专家工作组致力于在调查的基础上制定详细的指南来规范对环境问题的披露。

1995年，专家工作组（ISAR）召开第13次会议，将环境会计问题作为主要议题进行了讨论。会议认为，如何在会计上揭示环境成本和负债已成为不少国家和社会公众关注的问题，加拿大特许会计师协会、欧洲会计师联合会等组织已经开始涉及在财务报告中披露环境信息问题，也有不少企业自行披露环境会计信息，但是，还没有哪个国家和国际组织制定系统的环境会计准则或指南，一些企业披露的环境信息也缺乏可比性和完整性，所批露的环境信息停留在定性信息上。专家工作组建议，应该提供一份有关环境会计和报告的国际指南。经过讨论，最终形成了《环境会计和报告的立场公告》。

这是环境会计和报告的第一份国际性指南，收录于《联合国国际会计和报告标准》中，其目的是向关心什么是财务报告的环境交易与事项的最佳会计处理的企业、立法者和会计准则制定机构提供帮助。计量和披露两部分是建立在对会计准则制定机构和其他组织已经和正在形成的立场的综合的基础之上的，其内容包括一些相关文献的摘要。关于披露一部分的内容，要比所提及的文献所载内容更为全面，包括专家工作组以前所建议的一批披露项目。

这份立场公告的重点是，企业管理部门对委托管理的、与企业活动有关的环境资源所涉及的财务影响的受托责任。正如专家工作组在1989年公布的《财务报表的目标与概念》中所指出的，财务报表的目标是报告企业的财务状况，以便有利于决策者据此做出决策，并可用来衡量管理部门对委托资源的受托责任的履行情况。对于许多企业而言，环境是一种重要的资源，所以，无论是从公司还是社会利益的角度出发，它均应有效地加以管理。

这份公告所涉及的是有关环境成本和负债的会计处理和报告。这些环境成本和负债是那些影响或者是可能影响企业的财务状况与成果的、从而要在财务报表中报告的成本与负债，并不涉及那些不由企业负担的成本和事项的确认与计量。公告对环境、资产、负债、或有负债、环境成本、环境资产、环境负债、资本化、义务等概念进行了定义，又对环境负债、环境成本的计量与确认、信息披露、通则等方面作了相关规定。

国外对环境会计制度的研究，总的来说主要集中于以下三个方面：

1）关于环境成本与环境负债的确认和计量。如加拿大特许会计师协会的《环境成本与负债：会计与财务报告问题》（CICA. 1993），美国环保局的《公司的绿色会计》（CEPA. 1998）、《为企业经营决策评估潜在环境负债》（EPA. 1998）等。

2）关于企业披露环境信息的问题。这方面的研究文献如加拿大特许会计师协会的《环境绩效报告》（CICA. 1994），《加拿大的环境报告：对 1993 年度的调查》（CICA. 1994）；美国关于环境信息披露的研究主要侧重于揭示企业环境成本、环境负债，如美国证券交易委员会（SEC）第 92 号专门会计公报就主要涉及环境负债的确认计量、披露问题和环境成本的确认问题。

3）关于企业环境会计信息在企业经营决策中的应用问题。在这个领域，美国环保局近几年做了大量的工作，其代表性的研究文献是《作为商业工具的环境会计导论：主要的概念和术语》（EPA. 1995）。国外各国的环境会计法律制度即是本国会计师协会、政府环境部门和其他非政府组织在对环境会计、经济与环境的调查研究的基础上慢慢建构和完善起来的，各国已经在环境会计准则和制度方面取得了相应的研究成果。大多数国家都是从重视环境成本和环境负债的确认与计量开始的，把企业环境信息披露制度作为其环境会计法律制度的核心，逐步将环境会计纳入财务会计与管理会计系统中。

（三）国外环境会计制度存在的问题

从各国环境会计制度现状的回顾中可以看出，欧美等国家在环境会计制度方面已经取得了不少的成果。但另一方面，国外目前还只集中于环境绩效的信息披露上，而且对披露的形式、披露的内容也不能统一，在披露的方法上也多采用描述性，不够准确。

目前各国的环境信息披露主要依赖企业的主动性和自愿性，从规范化和科学化的角度来看都是不够的。总的来说，环境会计制度应用的范围广泛性不够，并非在世界范围内都已经得到开展。国际上目前尚无统一的环境会计核算制度，就那些环境会计受到重视的国家而言，对环境会计信息的披露口径、内容规定也还不统一，环境会计与现行财务会计的衔接也还存在诸多问题。

由此可见，环境会计制度的建立和不断完善仍然是各国共同关注的课题，需要进行不断的探索。

二、我国环境会计制度

（一）我国对建立环境会计制度的研究

我国对环境会计的介绍与认识始于 20 世纪 90 年代初期，其成就主要体现在理论方面，不少学者开始将其作为热点进行不同深度和广度的研究。虽然还尚未形成统一的认识，但不可否认，近十几年来我国会计理论界对环境会计制度的理论研究已取得了一定的成果。其代表性的观点如下：

乔世震编著的《漫话环境会计》认为：环境会计的核算对象是企业应当承担责任的环境活动，凡是与企业财务活动相关的环境活动都应当纳入环境会计的复式记账系统，并保持与现行财务会计核算体系的兼容。复式记账中主要设置环境支出、环境收益、环境资产、环境负债 4 个主账户，并根据公司环境活动所涉及的内容设置明细分类账户；凡是与企业财务活动无关或者暂时无关的环境活动，都需要组织有目的的单式记账。

徐泓在其《环境会计理论与实务的研究》一书中，认为环境会计作为会计的一个分支，其基本程序应与财务会计一样包括确认、计量和报告。通过确认、计量和报告，将环境事项确定为一项环境会计要素，并用货币确定其金额，最后编制环境会计报告。她认为，从环境要素方面分析，实务中应当建立环境资产会计、环境费用会计、环境效益会计。

肖华在其博士论文《企业环境报告研究》中提出：企业环境报告是企业对外披露其环境信息的载体，其披露的信息应符合企业环境报告的目标和信息质量特征。可以说，企业环境报告的内容是企业环境报告目标的具体化。根据企业环境报告目标的要求，企业环境报告应包括以下 4 个方面的内容：①企业环境报告的范围；②企业的环境影响；③企业的环境业绩；④企业环境活动的财务影响。除此之外，一份完整的企业环境报告还必须包括对该报告的审计鉴证。目前常见的企业环境报告方式主要有两种：一种是在财务报告中增加环境报告部分，其根据环境报告内容的详细程度，又可进一步划分为文字叙述式和增加报告式两种具体方式；另一种是编制独立环境报告，根据环境信息的详细程度，也可以将其划分为两种具体方式：综合式环境报告和具体式环境报告。

袁广达在其《环境会计与管理路径》和《中国上市公司环境审计理论与运用》著作中，取得了一系列研究成果。主要有：①提出了中国环境会计的基本走势和企业环境经济信息系统的两大组成内容：环境会计核算信息系统和环境管理控制信息系统，并从政府、企业和专业会计师和社会多方博弈机理上对其具体信息的组成进行了系统归类；②建立了中国上市公司环境会计信息披露的基本模式：改进企业财务会计报告，并对信息披露质量提出了审计方略；③构建了公司环境风险审计评估的管理策略。企业环境风险评价首先是建立在评价者充分理解和掌握环境披露政策标准的前提下，在对企业环境风险认知的基础上，运用恰当的评价方略，对企业环境状况实施评价分析，并提出公允的评价结论和评价意见；④以资源稀缺为前提条件，以公平补偿和发展可持续性为目标和衡量标准，建立了公平和可持续的生态污染价值补偿制度和环境损害成本计量标准。在此基础上提出了以注册会计师为主导的环境会计信息审计鉴证机制，以及对企业环境成本的会计控制和管理控制基本思想和基本方法。⑤提出了在我国环境审计的基本方式与方法和相关支持系统，架构了系统的环境财务效益指标并与传统的财务分析评价指标融为一体。

理论的研究与现实总是有一定差距的。虽然理论上环境会计核算要求企业对所有的环境业务进行专门、详细的反映和披露，但从我国会计核算实务来看，环境会计核算和对外报告方面还尚未采取专门和具体的行动，只是在日常的会计处理中，将与环境有关的财务影响作为常规的财务会计问题进行处理。

（二）我国环境会计制度存在的问题

我国现行用于指导企业会计和报告事务的法规主要是由财政部和中国证监会制定的，包括财政部发布的会计准则和财务通则等一系列的行业会计制度和财务制度，以及中国证监会发布的公开发行股票公司执行的信息披露规则和准则。总体来看，这些法规制度和其相应的会计与报告实务对于环境会计信息披露规定基本上处于空白，导致会计理论界讨论热烈与实务界应用冷淡的矛盾不断发生。尽管从 20 世纪 80 年代中后期开始，国家统计局、国家环保局要求企业要向国家编制、报送关于企业环境基本情况的统计报表，同时我国企业也规定了一些环境支出的日常会计处理，但总体来说，我国对环境会计的核算仅在一般会计科目中反映，没有单独有效的揭示，对环境会计要素的确认、计量标准、科目设置、报告流程、披露规范，以及如何协调处理环境会计与现行财务会计的兼容性与相对独立性的关系等方面，尤其是涉及环境会计制度建立的诸多关键问题尚未获得实质性突破。例如，在我国于 2006 年 2 月新颁布的企业会计准则中，虽然对环境事项的确认、计量和报告等要求已经在增加预计环境负债、考虑固定资产弃置费用、披露石油天然气资源储量及明确公益性生物资产和天然起源生物资产确认和计量四个方面得到了体现，但未形成专门的环境会计准则，其有关环境会计的规定仍散见于不同准则之中，统一性差，并未具备一个完整的解释、预测和指导会计实务功能的概念框架，更缺乏具体的可操作执行的细则和办法，可见其缺乏系统性和实践指导意义，不利于实用推广，与日益增加的环境保护需求不相适应，与建设美丽中国的需要相差较远。

三、我国与国外环境会计制度发展存在差距的原因

（一）环境法律法规不完善、执行不严格

目前，我国在环境保护领域已经建立了以《中华人民共和国环境保护法》为基础的法律法规体系，有 7 部国家颁布的环境保护专业法律和一系列相关的资源生态保护法律、几十部国务院颁布的环境保护法规、上百部部委规章；在会计领域，已建立了以《会计法》为核心的法制体系。但都没有针对环境会计的专门法规或者明确的规定，即便涉及的一些规定也存在内容笼统、操作性不强等问题，与实务操作之间有很大距离。同时，相关环境法律法规执法力度方面也有所欠缺。很多企业仍然一味地追求经济利益的最大化，而忽视了对环境的保护，只管生产经营，把环境污染的治理工作看做是政府和环境保护部门的事，认为环境污染和治理与企业本身没有多大关系，因此治理污染不积极，投入不大，甚至不投入，以致污染更加严重。还有很多企业为了降低生产成本，追求最高利益，应付有关部门的检查和逃避应受的惩罚，在治污设施建设后并不按照相关的规定正常运行，而仅仅是

在环保部门来检查时才运行，检查完后就停止运行。

（二）环境会计的理论研究与实务操作仍不成熟

环境保护是一项宏观性、综合性、社会性的事业，需要多种措施并举，仅靠会计手段是很难奏效的。从理论研究的角度看，科学合理、系统完整并符合中国国情的企业环境会计理论和方法体系尚未建立起来。我国目前开展的环境会计理论研究对目标定位过高，要求通过环境会计计量，反映和控制社会环境资源，来解决整个社会发展与资源环境的矛盾，脱离了基本国情，影响了环境会计理论框架的构建。从实务方法看，我国企业并没有建立起完整的环境会计信息系统，企业环境报告信息披露严重不足且缺乏可比性和可靠性。目前，我国企业环境报告在目标方面过于狭隘，在内容和方式方面缺乏可理解性、相关性、可靠性、可比性和透明度。因此，在环境会计的理论和实务都不成熟的情况下，环境会计制度也就难以建立和执行。

（三）利益相关者对环境会计信息需求较少

环境会计信息的利益相关者包括投资者、债权人、政府部门以及社会大众。但目前企业环境资料信息的使用者主要是政府部门。他们利用这些信息，制定相关的政策与法律、税收等规定，以改善环境。但如果只靠法律力量，其他利益相关者却没有意识到环境会计信息的重要性，没有感受到公布环境信息对自身有何益处，就不易于从根本上实行环境会计制度。而国外的贷款机构、金融家以及投资者已经认识到了环境问题能严重影响一个机构及其资产的价值，重视环境会计将为企业带来利益，这就为环境会计制度的执行提供了保障。因此，只有社会公众对环境问题的关切度日益增强，对环境信息的需求日益迫切，才能推动我国环境会计制度的建立。

（四）我国企业的环境责任意识不强

我国众多企业环境责任的道德观念不强，“重经济轻环境”的思想以及“先污染、后治理”等非持续发展的行为较为普遍。在激烈的市场竞争中，企业面临的压力很大，一心要降低成本，考虑到环境的支出无疑会增加企业的成本，所以企业不愿意考虑环境方面的问题。这就造成了企业只顾眼前利益，环境保护观念淡薄，对环境会计工作没有给予充分的重视，没有认识到环境会计在建立健全我国环境信息公开化制度中的重要作用。由于缺乏强制性的法律规范，大多数企业并不愿主动披露环境信息，或者即使披露了一些，也无相关标准去衡量其信息质量，不能取信于社会公众。因此，企业缺乏环境保护意识，没能使保护环境成为企业的自觉行为，也就无法为环境会计制度的建立创造良好的主客观环境。

（五）缺乏相应的环境会计专业人才

环境会计的知识结构包括会计学、环境学、生态经济学、工业生态学和可持续发展理论等方面的知识，以解决跨学科的“经济与环境”的问题。环境会计工作需要环境技术人员和财会人员的共同参与，技术人员负责环保或治理措施的选择，财会人员以财会指标对其加以经济评价，由此可见对会计人员的要求非常全面，但是我国的会计人员基本上由会计、财务、审计和其他相关专业的人员组成，缺乏相应的环境、生态、工业、可持续发展等方面的知识，因而制约了环境会计的有效发展。

第三节　环境会计制度内容

一个完整的环境会计制度应当包括环境会计核算制度和环境会计管理制度。环境会计核算制度主要包括环境会计核算组织系统、环境会计核算信息系统、环境会计核算业务系统；环境会计管理制度包括环境会计法律法规和政策、环境会计准则、标准和实施办法。

一、环境会计核算制度

（一）环境会计核算组织系统

组织是指由诸多要素按照一定方式相互联系起来的系统。通俗地说，组织就是指人们为实现一定的目标，互相协作结合而成的集体。它具有整体性、统一性、结构性、功能性、层次性、动态性和目标性等属性。组织的本质特征是分工与合作，以获取专业化优势，实现个人力量所无法达到的目标。对于某个企业来说，组织也就是其下属的不同部门，它们是企业的细胞和基本单元，甚至可以说是其运行的基础。而对于环境会计来说，它的实施不仅需要其基本理论作指导，同时还需要具备一些客观的因素，只有这样才能保证环境会计能够并且顺利地在企业中运行。

首先，在实施环境会计之前要确保企业管理层充分认识到环境会计能够给企业自身带来的好处，企业管理层的重视和支持必不可少。实施环境会计的好处主要有以下几个方面：改善资源使用效率，降低成本，增加利润；帮助企业取得环境认证；确立良好的企业形象，增大企业产品的市场份额；识别和降低企业的环境风险；设计和实施企业环境管理系统；满足对外披露环境信息的需求。

其次，需要加强企业会计部门同其他部门，特别是生产部门和环境部门之间的联系和沟通。环境会计的实施涉及企业生产、财务、环境影响等多个方面，仅靠企业的会计人员显然无法完成。企业生产部门的员工对水、能源和材料等的使用较为了解，而环境部门的员工对企业的环境影响较为清楚，但是生产部门和环境部门的员工使用的技术语言又不同于会计语言，无法把他们所知的企业环境问题反映到会计账簿中，因此只有企业的会计、生产和环境等部门通力协作，才可确保环境会计的顺利实施。

最后，当环境会计发展到一定程度时，建立相应的环境会计机构并配备适当的会计人员是非常有必要的。因为环境会计机构和环境会计人员是进行环境会计工作的重要承担者，在加强环境会计的基础工作中起着十分关键的作用。环境会计机构，一般指专门主管环境会计工作、组织环境会计核算、办理环境会计事务的机构，它是一个企业内部组织和从事环境会计工作的职能部门，同时也是环境会计制度的主要执行机构。

环境会计核算组织系统设计的任务主要包括：设置环境会计机构、划分环境会计岗位、建立岗位责任制、实行内部控制、配备环境会计人员、制定环境会计管理制度等。但是要注意明确岗位权责、配备合格人员、培养环保意识、通过技能培训等提高技术水平等问题。

对环境会计核算重视的行业或大型企业，环境会计工作岗位可以一人一岗、一人多岗或一岗多人，但是应符合内部牵制的要求，坚持不相容职务相分离。环境会计工作应有计划地实行岗位轮换制度，以促进环境会计人员全面熟悉业务，不断提高业务素质。常见的环境会计工作岗位设置有：总环境会计师、环境会计机构负责人或环境会计主管、出纳、稽核、总账报表、税务、合并报表，当业务庞大时也可进一步划分各类明细账登记的岗位。

（二）环境会计核算信息系统

环境会计核算组织系统是整个核算系统的前提，而环境会计核算信息系统则是环境会计核算系统的基础。整个信息系统应包含以下内容。

1．账户设置

环境会计账户设置，需在传统会计核算体系中设一套环境会计要素账户，即增设一些一级环境会计科目和在原有会计科目下增设或改设若干明细科目（图 2-4）。

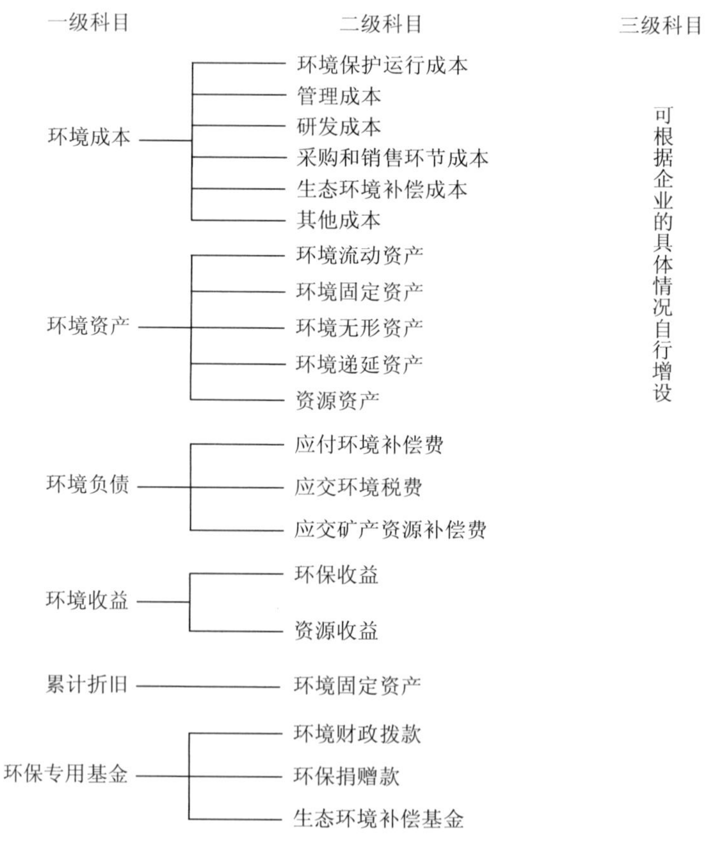

图 2-4　环境资产会计核算账户

（1）增设“环境成本”账户

属于成本费用账户，主要用于核算企业预防、维护、治理环境发生的各项支出和因环境污染而负担的损失。在此一级科目下设置“环境保护运行成本”、“管理成本”、“研发成本”、“采购和销售环节成本”、“生态环境补偿成本”、“其他成本”明细科目。予以资本化的环境成本转入到“环境资产”账户，费用化的环境成本于期末转入“本年利润”账户，结转后本账户无余额。

（2）增设“环境资产”账户

属于资产类账户，主要用于核算企业环境资产的增减变化。其借方反映环境资产的增加，包括现有人工环境资产存量的增加、资源资产存量的增加，以及人工培育的资源资产的转入等；贷方反映环境资产的非耗用性的减少（如报废、毁损或转让等）。企业可以按照环境资产的类别设置“环境流动资产”、“环境固定资产”、“环境无形资产”、“环境递延资产”和“资源资产”5个二级明细科目。

（3）增设“环境负债”账户

属于负债类账户，主要用于核算企业由于以往的经营活动或其他事项对环境造成的破坏和影响而应付给其他企业、组织或个人的款项。这里环境负债科目只核算确定性的环境负债，而对于或有环境负债由于其并不存在现时义务，则不进行核算。在此一级科目下可设置“应付环境补偿费”、“应交环境税费”和“应交矿产资源补偿费”3个二级明细科目。

（4）增设“环境收益”账户

属于损益类账户，主要用于核算企业进行环境保护和治理环境污染产生的环境收益和自然环境资产产生的环境收益。对前者，可设置“环保收益”二级明细科目来反映企业因环境保护和治理环境污染而取得的环境收益，该账户贷方登记平时发生的环保收益；而对于后者，通过对企业所拥有或控制的资源进行开发、利用、配置、储存、替代等实现的环境收益，可设置“资源收益”二级明细科目来核算。损益类账户期末余额转入“本年利润”账户，结转后本账户无余额。

（5）增设“累计折耗”账户

属于“环境资产——资源资产”的调整账户，用于反映企业拥有或控制的自然资产的累计折耗数额。贷方登记计提的折耗及其他原因增加的自然资产折耗，借方登记减少的自然资产折耗，贷方余额为现存自然资产已提折耗的累计数。

（6）在“累计折旧”账户下增设“环境固定资产”二级明细科目

属于“环境资产——环境固定资产”的调整账户，用于反映环境固定资产计提的累计折旧数额。

（7）增设“环保专用基金”账户

属于环境权益账户，专门核算政府财政拨付的环境治理各项财政专款、各种渠道来源的环保专用款，以及基于会计政策和原则按一定标准计提而列支到成本费用中的企业应承担生态环境损害给付责任的生态准备基金。

2. 报表设计

（1）环境资产负债表

该表揭示企业在一定日期环境保护和环境污染治理方面的资产、负债以及所有者权益的情况，其编制建立在环境会计方程式（即“环境资产＝环境负债＋环境权益”）的基础上，具体格式如表2-2所示。

表 2-2 环境资产负债表

编制单位： 编制日期： 年 月 单位：元

环境资产	年初数	期末数	环境负债及权益	年初数	期末数
资源资产			环境负债		
资源资产原值			环保借款		
减：累计折耗			其中：短期		
资源资产净值			长期		
环境流动资产			预收环保款		
环境材料			应付环保资产租金		
环保低值易耗品			应付排污费		
环保产品			应付环境赔偿		
环境固定资产			应付环保款		
环境保护固定资产			应付融资租入环保设备款		
减：环保固定资产累计折旧			应交矿产资源补偿费		
环境保护固定资产净值			应交环保税费		
减：环境保护固定资产减值			预提环境损失准备金		
环境保护固定资产净额			环境保护或有负债		
环保工程物资			其他环境负债		
环保在建工程					
环境无形资产			环境权益		
环境保护支出待摊			环境投资		
资源取得费用			接受捐赠非现金环保资产准备		
环境递延资产			环保拨款转入		
			法定环保基金		
环境资产总计			环境负债及权益总计		

（2）环境利润表

该表揭示企业在环境保护和环境污染治理方面所取得的收益、发生的环境费用及对社会生态环境改善所作的贡献。具体格式如表 2-3 所示。

表 2-3 环境利润表

编制单位： 编制日期： 年 月 单位：元

项目	本月数	本年累计数
一、环境收益		
资源资产实现收益		
“三废”产品销售收入		
环保补贴收入		
环保营业外收入		
二、环境成本		
减：环境直接支出		
环境保护辅助生产成本		
环境保护制造费用支出		

项目	本月数	本年累计数
减：环境保护管理费用支出（不含环境税金）		
环境损失支出		
环境税费支出		
环境保护营业费用支出		
环保营业外支出		
三、环境利润		

（3）相关附表

除了基本环境会计报表外，企业还可以编制相关附表对环境会计信息进行更详细、更全面的披露。相关附表如表 2-4、表 2-5 所示。

表 2-4　环境成本汇总表

编制单位：　　　　　　　　　　编制日期：　　年　月　　　　　　　　　　单位：元

成本项目	本月发生额	累计发生额
环境保护运行成本		
环境管理成本		
环境研发成本		
采购和销售环境成本		
生态环境补偿成本		
其他环境成本		
合计		

表 2-5　环境资产减值明细表

编制单位：　　　　　　　　　　编制日期：　　年　月　　　　　　　　　　单位：元

项目	期初余额	本期增加额	本期转回数	期末余额
一、存货跌价准备合计				
其中：环保产品				
环境材料				
二、环保固定资产减值准备合计				
其中：环保设备				
房屋、建筑物				
三、环保无形资产减值准备				
其中：环保专利权				
环保非专利技术				
四、环保在建工程减值准备				
五、长期股权投资减值				

（三）环境会计核算业务系统

该系统主要是对各个要素的确认计量和业务的执行流程进行规范。

1．环境资产

（1）环境资产的概念

资产是指由企业过去的交易或事项形成的、由企业拥有或者控制的，预期给企业带来未来经济收益的资源。国内外诸多专家、学者对环境资产的概念阐明了不同的观点，本书的观点是，定义环境资产应遵循两条原则：一是应符合资产的一般定义，二是反映环境特点。首先，环境资产应是企业过去的交易或事项形成的与环境有关的资源；其次，环境资产应是企业拥有或者控制的，企业有自主使用资源、享受资源所带来利益的权利；再次，环境资产能为企业带来经济利益或社会利益。据此，环境资产定义为：环境资产是由企业过去的、与环境相关的交易或事项形成的，能以货币计量的，并且由企业拥有或控制的资源，该资源能够为企业带来经济利益和社会利益。

（2）环境资产的分类

按照环境资产的存在形态，环境资产可以分为有形环境资产和无形环境资产：有形环境资产是指具有实物形态的环境资源、环保设备、耗用的原料等，如森林、矿山、环保设施、保持环保设施运转发挥效用的催化剂、分解剂等辅料；无形环境资产是指没有实物形态的环境资产，如排污权、环境保护技术、对环境资源的开采权、使用权等。按照环境资产的形成条件，环境资产可以分为人造环境资产和自然环境资产：人造环境资产是通过人类建造而形成的环境资产，如排污设备、消声器具、环境监测设备等；自然环境资产是指天然的资源性资产。

（3）环境资产的确认

我国传统会计对资产的确认条件作了以下规定：①与该资源有关的经济利益很可能流入企业，即该资源有较大的可能直接或者间接导致现金和现金等价物流入企业。②该资源的成本或者价值能够可靠地计量，即应当能以货币来计量。然而，确认环境资产应遵循以下标准：①该项资产由企业过去与环境相关的交易或事项形成。②该资源由企业拥有或控制。③该资源能够为企业带来经济利益和社会利益。④环境资产应是企业过去的交易或事项形成的与环境有关的资源。⑤能以货币计量。

（4）环境资产的计量

企业环境资产的计量是指企业按照一定程序和方法，对符合确认条件的环境资产的数量与金额进行认定、计算和确定。环境资产的计量与企业的一般资产计量有着紧密的联系，企业会计计量原理与方法均可以运用到环境资产的计量工作中。

1）对于环境保护工程建设、环保设备等长期环境资产，可以完全依据现有会计准则和制度的规定，按照企业固定资产计量属性执行，即按照构建支出的内容予以资本化，形成价值；并合理预计资产的使用年限和净残值，计提折旧。

2）对于环保专有技术、专利权、排污权等环境资产、流动性环境资产，可以完全依据现有会计准则和制度框架，采用历史成本法进行计量。

3）对于属于自然资源的资源性资产，如属于国家所有的矿藏、水流、荒地、滩涂等，由于该资产可以以产权的形式流转，应当以交易的历史成本为计价基础，采用现值法、可变现净值法计量。

（5）环境资产的账务处理

为反映环境资产的形成、增减变动与结存情况，及时、准确地向使用者提供环境信息，必须对环境资产加以记录。同时为突出各环境会计要素的重要性和独立性，环境会计要素应设立一级会计账户。环境资产记录需要设置的账户和登记方法如下：

1）“环保专项存款”账户。为反映企业与环境有关的专项收支，应设置“环保专项存款”账户，该账户的借方反映企业收到的专门用于环境保护的款项，贷方反映支付的环境保护款项。

2）“应收环境赔偿款”账户。企业受到其他单位排污致使生产经营受到严重影响或遭受财产损失，可以向污染单位提出赔偿，所确认应赔偿的款项，应作为“应收环境赔偿款”进行确认和计量。该账户的借方反映债权，该账户的贷方反映收到的赔款。会计分录如下。

确认债权时，借：应收环境赔偿款

　　　　　　　　贷：环境收入

收到赔款时，借：环保专项存款

　　　　　　　　贷：应收环境赔偿款

3）“环保用原材料”账户。对于保证环保设施正常运行或保证其发挥功能的辅助原料、材料，应设“环保用原材料”账户，该账户的借方反映企业收到的环保用原材料，贷方反映领用或出售的环保用原材料。

4）“环保用固定资产”账户。该账户的借方反映企业取得环境保护与污染处理设备的全部历史成本，贷方反映减少环境保护与污染处理设备的历史成本。购入不需安装的环境保护与污染处理设备时，按取得的全部成本入账。

借：环保用固定资产

　　贷：环保专项存款

购入需要安装的环境保护与污染处理设备时，先通过“在建工程”账户归集购入的成本和安装成本，在设备安装完毕验收合格后，转入“环保用固定资产”账户。

借：在建工程——环境保护与污染处理设备

　　贷：银行存款（或环保专项存款）

借：环保用固定资产

　　贷：在建工程——环境保护和污染处理设备

计提折旧时，借：环境费用

　　　　　　　　贷：累计折旧——环保用固定资产

5）“环境保护技术”账户。该账户反映企业为治理环境污染自行开发、研制或通过交易事项取得的专利与专利技术的增减变动。

外购时：借：环境保护技术

　　　　　　贷：银行存款（环保专项存款）

6）“排污权”账户。排污权是在实行排污许可证制度，同时建立排污许可证交易市场的环境下形成的一项特殊环境资产。这种权利在购买之后，随着企业污染物的排放而逐步减少，具有待摊费用的性质。该账户的借方反映企业取得排污权的全部历史成本，贷方反映每期摊销和出售的排污权。

取得时，借：排污权

贷：银行存款（环保专项存款）

摊销时，借：环境费用——环境保护费用

贷：排污权

出售时，借：银行存款（环保专项存款）

贷：排污权

7）“环境无形资产”账户。该账户的借方反映企业拥有的勘探权、开采权和使用权的价值，贷方反映转出或摊销的价值。有偿取得时，按实际支出记入“环境无形资产”账户的借方；无偿取得时，按评估价入账。贷方反映该项资产产生经济效益的有效年度的摊销额。

取得时，借：环境无形资产

贷：银行存款（环保专项存款）

摊销时，借：环境费用——环境保护费用

贷：环境无形资产

2．环境负债

（1）环境负债的概念

负债是指企业由过去的交易或者事项形成的、预期会导致经济利益流出企业的现时义务。而对环境负债的定义是将负债的概念用于环境领域中，据此，定义环境负债应遵循两条原则：一是应符合负债的一般定义，二是反映环境特点。根据以上原则，环境负债定义为：环境负债是指企业过去的、与环境相关的交易或事项形成的现实义务，履行该义务时会导致经济利益流出企业。

（2）环境负债的分类

根据对环境负债的把握程度，环境负债可以分为确定性环境负债和不确定性环境负债。确定性环境负债是指企业生产经营活动时由环境影响引发的、经有关机构做出裁决而由企业承担的环境负债，主要包括环境罚款、环境赔偿、环境修复责任引发的环境负债；不确定性环境负债是指由于企业过去生产经营行为引起的、由企业承担的、清偿时间和金额不能确定的与环境有关的义务。根据其发生的可能性分为确定负债和或有负债。按其对期间的相关性又可分为现实负债和契约负债。

（3）环境负债的确认流程

按照环境会计的理念，只要企业的生产经营活动对环境或生态造成不良影响，企业就应当承担由此带来的净化环境的支出。

环境负债的确认首先是依据企业未来的环境支出，其特点表现为企业因经营活动或其他事项对环境造成破坏而承担的义务或责任。它主要产生于已经存在或预期可能发生的与环境破坏有关的损失，其多数情况下难以确切地计量，所以经常采用估计方式。环境负债的确认主要经过三层判断，确认流程如图 2-5 所示。

其一，先判断未来环境支出发生的可能性大小，以及是否具有现时义务。因为是否具有现时义务是区别环境负债与或有环境负债的关键。

其二，判断环境负债与期间的相关性。如果是由于过去事项对环境造成影响产生的负债，则可判断其具有负债属性，为现实负债；由未来事项产生的负债，则可判断为契约负债。所谓契约负债指企业承诺未来环境支出履行的现时义务，如承诺对未来环境损害的健康赔偿成本、环境污染治理成本等。

其三，现实负债依据其可否计量作出当期确认或附注揭示的会计处理之分；契约负债依据其可否带来未来收益采取不同的会计处理，根据稳健性原则的要求，对不能带来未来收益的契约负债应作提取环境损失准备金处理，具有未来收益的则可自愿揭示。

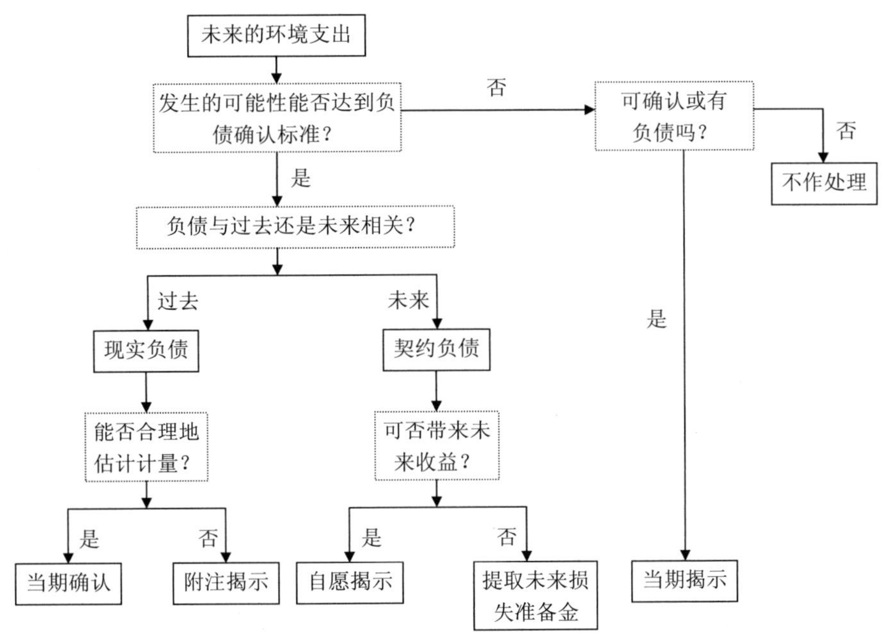

图 2-5　环境负债确认流程

（4）环境负债的计量

1）确定环境负债的计量。对于那些清偿金额和日期已确定的环境负债，如法规执行负债、违反相关法规的罚款与处罚、对第三方支付赔偿金的负债等，通常可根据法院裁决的支付金额和日期计量。对于近期偿还的环境负债采用现行成本法计量，而对于预计支出期限较长远或预计支付的金额相当大的环境负债，则应采用现值法计量。同时企业应每年对环境负债的金额进行审核，并根据发生的变化进行调整以反映货币的时间价值。

2）或有环境负债的计量。主要依据导致或有环境负债的事项发生的可能性的大小来计量或有环境负债及与之相应的环境损失。如果环境负债发生的可能性很大，而且其导致的损失的金额也可以合理地进行估计，那么就可按照最佳估计予以确认，形成或有环境负债。但如果在该或有事项引起的损失的范围内不存在任何最佳的估计，那么至少应按照最小估计金额确认。如果导致环境负债的事项发生的可能性属于有可能，或者发生的可能性虽然较大，但相应环境损失的金额无法合理地进行估计，则可以采用显示但不预计的办法，以补充说明的形式在财务报表或环境报告书中，对可能发生的损失的估计值域或不能作出估计的原因和理由加以说明。如果环境事项发生的可能性很小，那么就可以采用不预计、不显示的办法，既不在会计记录中进行登记，也不以其他形式进行说明。

（5）环境负债的账务处理

核算环境负债应设置的账户主要有以下几类。

1）“应付环保费”账户。该账户用来核算企业环保费用的计算与缴纳情况。可以根据环保费用的种类分别设置以下明细类账户：

①“应付环保费——环境赔偿款”账户，该账户主要核算企业因破坏环境形成的罚款与赔偿义务所产生的负债。应根据执法机构开具的处罚单金额记录。会计分录为：

借：环境期间费用——环境损失费用

  贷：应付环保费——环境赔偿款

②“应付环保费——环境修复费”账户，该账户主要核算履行环境修复义务而形成的负债。环境修复义务按相关规定的提取标准、比例或估计的损失额确定。分录如下：

借：环境期间费用——环境保护费用

  贷：应付环保费——环境修复费

③“应付环保费——环境处理费”账户，该账户主要核算企业因废弃物的处理、废气的净化等发生的费用。根据应付未付金额，编制分录：

借：环境期间费用——环境保护费用

  贷：应付环保费——环境处理费

④“应付环保费——排污费”账户，该账户用来核算企业排污费用的计算与缴纳情况。企业发生排污费时，如与产品生产有关，则计入“环境成本”账户。

借：环境成本

  贷：应付环保费——排污费

若该项负债与产品生产无直接关系，则计入当期损益。

借：环境期间费用

  贷：应付环保费——排污费

⑤“应付环保费——环境资源补偿费”账户。该账户用来核算环境资源效用减少的补偿，它主要是在企业开发、利用资源时征收。该账户的贷方用来登记环保部门核算出来的环境资源因使用而减少效用的补偿费；借方登记实际缴纳给环保部门的金额。

企业收到缴费通知时，

借：环境期间费用——环保税

  贷：应付环保费——环境资源补偿费

实际缴纳时，

借：应付环保费——环境资源补偿费

  贷：银行存款

⑥“应付环保费——环保人员工资与福利费”账户，该账户主要核算企业发生的环保机构工作人员工资、福利费。会计分录为：

借：环境期间费用

  贷：应付环保费——环保人员工资与福利费

2）“预计环境负债”账户。当或有环境负债符合确认并预计的标准时，应在“预计环境负债”账户中记录。会计分录为：

借：环境期间费用或银行存款

贷：预计环境负债

【案例 2-1】 假定某企业 20××年发生下列环境会计事项：①20××年欠交排污费 1 200 元；②未支付的已确定赔偿 3 000 元；③环境损害的未决诉讼一起，尚未能确认赔偿金额；④该企业与社区居委会、当地环保部门各签订一份环保保证协议，承诺在当年 12 月份后不再排放污染物。

企业按照环境负债的确认流程进行环境负债核算分析，先判断未来环境支出发生的可能性能否达到负债确认标准。环境损害的未决诉讼尚处于谈判阶段，尚未能确认赔偿金额，应归入或有负债一类中。会计上不作处理，但需要在会计报表附注中进行披露。其他如，未交排污费 1 200 元、未支付的已确定赔偿 3 000 元以及与社区居委会、当地环保部门各签订的一份环保保证协议，承诺在 12 月后不再排放污染物，未来可能发生的污染治理支出，这些未来环境支出都是可计量的，而且也是符合负债定义的。其中未交排污费 1 200 元、未支付的已确定赔偿 3 000 元都是由于企业过去的交易影响形成的，在当期确认为环境负债。而与社区居委会、当地环保部门各签订的一份环保保证协议，承诺在 12 月后不再排放污染物，企业将要进行污染治理的支出，属于契约负债，可按提取未来治理准备金负债处理。

3．环境成本

（1）环境成本的定义

尽管人们对环境成本已经有足够的认识，但对什么是环境成本却缺乏统一的意见。例如联合国在“改进政府在推动环境管理会计中的作用”有关会议的报告文件《环境管理会计——政策与联系》中，将环境成本广义地定义为“与破坏环境和保护环境有关的全部成本，包括外部成本和内部成本”。荷兰国家统计局（CBS）对环境成本的定义是“企业为防止对环境造成不利影响所采取行为的成本”。目前，比较权威的观点是 ISAR 对环境成本的定义，它认为“环境成本是指本着对环境负责的原则，为管理企业活动对环境造成的影响而采取或被要求采取的措施的成本，以及因企业执行环境目标和要求所付出的其他成本”。

（2）环境成本的分类

北京大学王立彦教授在《环境成本核算与环境会计体系》一文中，对环境成本的分类作了比较深入的研究。它给出的不同环境分类如下：

1）以企业是否承担发生的费用为标准将环境成本划分为内部环境成本和外部环境成本。内部环境成本指由本企业承担的、包括那些由于环境方面因素引致发生的、并且已经明确是由本企业承担和支付的可用货币计量的费用；而外部环境成本是指那些由本企业经济活动所引致的、尚不能明确计量、并由于各种原因而未由本企业承担的不良环境后果的费用。外部成本发生的动因是企业，这部分成本会随着环境法规的完善程度及环境会计标准的可操作程度的不断提高，在一定时期内部分地转化为内部成本，以达到较好的“会计配比”，也就是所谓的外部环境成本的内部化。

2）以时间为标准划分企业的环境成本，依据的是以当期被确认的环境成本所补偿的各期污染损失为对象，体现了成本效果与预防的特性，主要划分为过去环境成本、当期环境成本和未来环境成本三种：过去环境成本的当期支出，是指费用发生在本会计期间，但是基于清理以前造成的环境污染或补偿以前造成的环境损失的；未来环境成本的当期支出，则是指本会计期内发生的环境费用，是基于对将来环境污染和损失进行清理和补偿的经费准备，是以准备金的方式提取的；当期环境成本，是基于清理当期环境污染或补偿当期环境损失的。

3）依据功能将环境成本划分为弥补过去的环境成本、维护现状的环境成本、预防未来的环境成本。弥补过去的环境成本是环境损失已发生，企业支付弥补过去损失的支出；维护现状的环境成本是环境成本发生与不良环境影响是同步的，支付环境成本的目的是为了维持环境现状不至于恶化；预防未来的环境成本是用于预防将来可能出现的不良环境后果的环境支出，发生于环境损失出现之前，属于主动性的预防支出。

（3）环境成本的确认

企业环境成本的确认，首先要判断涉及环境问题所引起成本费用发生的业务和事项是否与环境负荷的降低有关。这种确认一般有法规性确认和自主性确认两种基本类型。

1）法规性确认。指企业依据国家有关环境保护的法律、法规和标准、制度，在环境保护过程中所进行的成本确认。例如，企业按照国家排污费收费标准，在环保未达标时为排放污水所支付的排污费。环保法规的实施，调整了企业的环境行为，并要求其达到一定的标准。企业为此发生费用，在于环保法规的强制性。

2）自主性确认。指企业根据自行确认的环境目标，管理自身活动对环境的影响，为达到环境目标的要求而进行的成本确认。如企业设立环境管理机构的费用等。

具体来说，企业环境成本确认流程如图 2-6 所示。

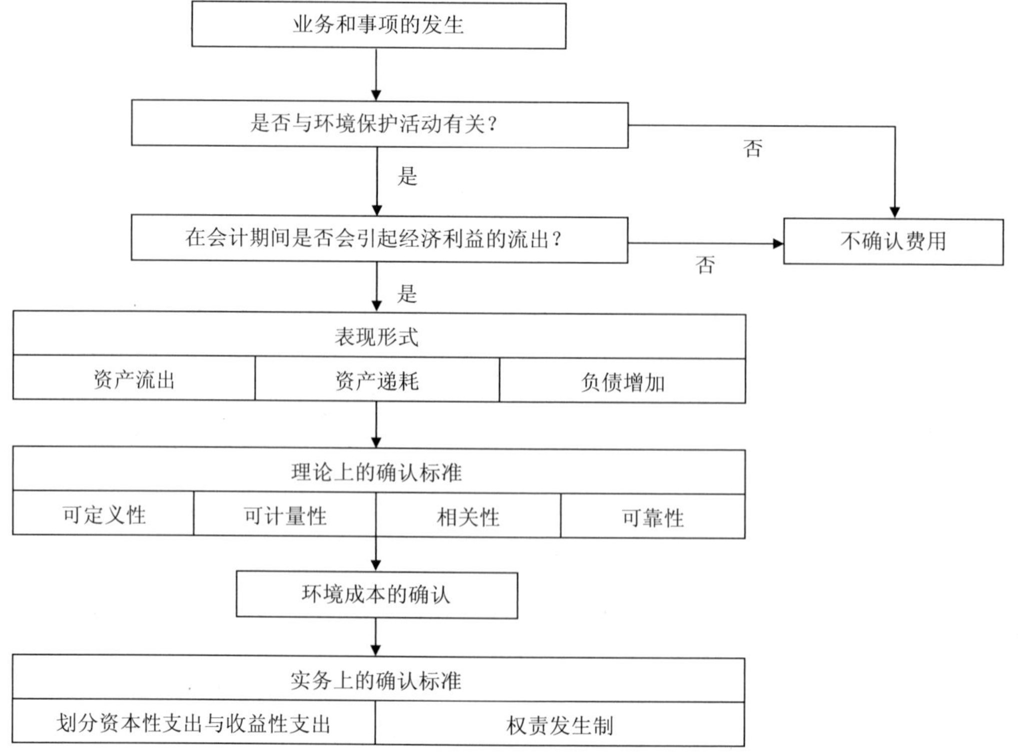

图 2-6　企业环境成本确认流程

（4）环境成本的计量

成本的计量，关键是要遵循配比原则，即企业的成本和取得的收益应相互配合。运用配比原则，就是要判断成本与收益的合理关系。本期的成本只能与本期的收益相配合，如果收益要等到未来才能实现，相应的费用就必须递延分配于未来的收益期间。环境成本的计量也遵循这一原则。环境成本既包括当期已支出的环境成本，也包括预计未来要支出的环境成本。当期支出的环境成本，又分为作为当期费用进行处理的环境成本和资本化的环境成本两类。资本化的环境成本，不作为当期费用处理，而是在以后的使用期间内逐步提取折旧或进行摊销。预计未来支出的环境成本，应依据其发生的可能性和金额的合理预计来进行评估，作为或有环境损失处理，或者作为环境负债处理。企业中大多数环境成本是能够直接以货币形式来计量的，而有些环境成本，如企业造成的环境污染所带来的损失等可能的未来环境支出，则需要采用以下几种方法进行适当货币化。另外，在单纯使用货币难以准确表述的情况下，同时使用实物的、技术的或者经济技术的计量形式也是必要的。

1）防护费用法。这种方法是用为消除和减少环境污染的有害影响所愿意承担的费用来衡量环境污染的损失。例如，出现了噪声污染，就可能需要对建筑物安装消音装置或做出其他处理，这些处理需要的支出就可以看做是环境污染的防护费用。

2）恢复费用法。这种方法是用恢复或更新由于环境污染而被破坏的生产性资产所需的费用来衡量环境污染的代价。例如，有的企业将固体废弃物、有害材料堆放在某块场地或者将液体废弃物、有害材料存放于地下，长期存放势必要影响到土地、地下水，在其危害产生明显影响时，自然会要求企业采取某种措施予以恢复或更新，发生一定的支出。其发生的支出属于环境污染成本。

3）机会成本法。这种方法是使用环境资源的机会成本来计量环境污染所带来的损失。例如，以每公顷土地用于耕种的收益（机会成本）来计算堆放废弃物或被污染物侵蚀的土地的损失。

4）调查评价法。这种方法是通过对专家或环境资源的使用者进行调查来估计环境资源遭受破坏所带来的损失。在具体应用时有许多种做法，如针对专家进行调查的专家评估法、针对环境资源使用者进行调查的投标博弈法等。

（5）环境成本的记录

1）“自然资源耗减成本”账户。

用于核算资源产品耗用的自然资源价值。在自然资源减少时编制会计分录：

借：环境成本——自然资源耗减成本

　　贷：累计折旧——环境资产累计折耗

2）“环境损害成本、费用”账户。

①当企业发生的环境污染损失与某项产品有关时，应将其作为该产品成本的一部分，计入产品成本。

借：环境成本——环境损害成本

　　贷：应付环保费——排污费

②如果企业环境污染损失与产品生产没有直接联系，此时环境污染损害应作为“环境费用”计入当期损益。

借：环境费用——环境损害费用

贷：应付环保费——排污费

③企业因环境问题被罚款或勒令停产而发生的环境污染损失，用作为“营业外支出”，从税后利润中扣除。

借：营业外支出——环境损害费用

贷：其他应交款

④如果企业环境污染损失是今后有可能发生的或有负债，应先将其计入“环境负债准备金”科目，到以后真的发生时，再从该科目中转出。

计提准备金时，

借：环境费用——环境损害费用

贷：环境负债准备——环境损害费用

实际支付时，

借：环境负债准备——环境损害费用

贷：银行存款

3）“环境保护成本、费用”账户。

①购置或建造的环保资产。对此类成本应将其资本化，根据实际交易价格，进行下列账务处理：

借：固定资产——环保用固定资产

贷：在建工程或银行存款

分期计提折旧时，

借：环境费用——环境保护费用

贷：累计折旧——环境资产累计折旧

②当“三废”产品无商业利用价值，需对其进行处置时：

借：环境费用——环境保护费用

贷：银行存款

当“三废”产品有商业利用价值时，往往可以获得一定的经济利益，此时作为“环境收益”处置。

③企业环保人员的工资福利支出。

借：环境成本——人工成本

贷：应付工资

④企业环境支出，如厂区建设，对外环保事业的捐赠等，应分别予以处理。如在厂区建造人造森林、草场等发生的费用，这类费用发生的结果形成了人造环境资产，会计上将此作为环境资产中的培育资产独立核算。对外的环保事业捐赠支出，可以做以下会计分录：

借：营业外支出——环保捐赠支出

贷：银行存款

【案例 2-2】 某企业 20×3 年度环境成本业务如下：①该企业 20×0 年购置一台原值为 8 000 元的治污设备，残值为 600 元，估计使用年限为 8 年。20×3 年由于该设备自身受到环境污染，将预计使用年限由原来的 8 年缩短为 6 年。此类业务已使环保固定资产折旧成本发生会计估计变更，应按会计未来估计法对其进行会计估计变更处理。②20×3 年发生消除过去长期堆积的固体废弃物的费用 500 元；当年支付排污费 2 300 元，又由于超标排污受到环保部门罚款 1 000 元，对周围居民的损害赔偿 2 200 元；环境监测费用每次 200 元，当年共进行了 4 次环境监测；生产过程中发生的废水净化运营费为 1 230 元；当年发生环境公益广告费 4 200 元，厂区绿化费用 5 260 元；当年有两个环境保护建设项目，已进行投资 18 900 元。

先分析这些环境成本业务中有无由于重大会计差错或会计政策变更引起的环境成本。该企业在该年度没有发生这类环境成本，应予以排除。然后根据影响期间的不同，对这些环境成本进行归纳：①影响期间在以前年度的环境成本，即治理过去累积污染的成本：当年发生的消除过去长期堆积的固体废弃物的费用 500 元。由于该环境成本业务会计政策不变，也无重大会计差错，因此这笔费用进行当期消化，记入本期费用。②对当期产生影响的环境成本，即治理当期污染发生的成本：当年支付排污费 2 300 元；当年发生的环境监测费 800 元；生产过程中发生的废水净化运营费 1 230 元。这些环境成本在当期费用化。③影响期间在未来的环境成本，即具有未来治理功能的预防性费用：当年发生环境公益广告费 4 200 元，厂区绿化费用 5 260 元，这些费用的支出在未来不会形成资本，因此在本年度将其进行费用化；而当年对环境保护在建工程进行的 18 900 元投资，这笔预防性支出在未来会形成资产，应该进行资本化。当年由于超标排污受到环保部门罚款 1 000 元和对周围居民的损害赔偿 2 200 元，由于其环境费用支出并不会带来任何收益，它只是企业由于污染环境受到的惩罚，属于无收益类环境成本，记入本期费用。

现列举在补充式报告模式下，企业环境交易和事项的业务处理，以便进一步了解环境会计核算制度的基本内容和基本业务处理方法。

【案例 2-3】资料：某钢铁股份有限公司 2013 年发生环境业务如下（利用大成本概念，成本一级科目下所列为三级科目）：

（1）购买高炉除尘设备、炼废渣处理设备以及相应的环境工程设备，总投入 3 817 675.00 元，全部价款由企业自有资金偿付。对该项固定资产企业按照平均年限法折旧，预计净残值为原值的 4%，折旧年限为 20 年，计算年折旧额为 183 248.40 元。

借：环境资产——环境固定资产　　3 817 675.00
　　贷：银行存款　　3 817 675.00
借：环境成本——环境保护和污染处理　　183 248.40
　　贷：累计折旧——环境设备　　183 248.40

（2）该工程建成后，高炉除尘设备的年运行费用为 385 000.00 元。

借：环境成本——环保设备运行费　　385 000.00
　　贷：银行存款　　385 000.00

（3）该企业当年取得用于环境保护的各项财政拨款 100 000.00 元及捐赠款 80 000.00 元。

借：银行存款——环保专项户　　180 000.00
　　贷：环保专用基金——政府拨款　　100 000.00
　　　　　　　　　　——捐赠基金　　80 000.00

（4）由于公司排污而应交排污费 12 000.00 元。

借：环境成本——环境污染治理费　　12 000.00

　　贷：环境负债——应付环境税费　　12 000.00

（5）某单位以一片经评估作价为 600 000.00 元的森林作为投资，成为企业的合伙人，并办好相关手续。

借：环境资产——资源资产（森林）　　600 000.00

　　贷：环境所有者权益——资源资本　　600 000.00

（6）企业 2012 年进行污水处理，用存款购买活性炭等净水剂、催化剂、购买聚凝剂环保材料 94 300.00 元。

借：环境资产——环境流动资产（环保材料）　　94 300.00

　　贷：银行存款　　94 300.00

（7）进行污水处理，领用上述全部材料 94 300.00 元。

借：环境成本——环境保护和处理原料　　94 300.00

　　贷：环境资产——环境流动资产（环保材料）　　94 300.00

（8）由于企业排放的大气污染物超标，相关部分给予处罚，支付 20 000.00 元罚款，款未付。

借：环境成本——环境污染罚款　　20 000.00

　　贷：环境负债——应付环境污染罚款　　20 000.00

（9）该企业购入一项处理固体废弃物的专利技术，价值 15 000.00 元，有效期为 5 年，并在一定时期内进行摊销。

借：环境无形资产——环境治理专利和技术　　15 000.00

　　贷：银行存款　　15 000.00

（10）摊销当年的处理固体废弃物的专有技术价值 3 000.00 元。

借：环境成本——环境治理专利及专有技术　　3 000.00

　　贷：累计折耗——环境治理专利及专有技术　　3 000.00

（11）由于环境损失而进行的修复费用尚未支付 24 500.00 元。

借：环境成本——环境修复费用　　24 500.00

　　贷：环境负债——应付环境修复费用　　24 500.00

（12）由于附近企业排出的污染物对企业经营造成污染赔偿 2 000.00 元。

借：环境资产——环境流动资产（应收环境赔偿）　　2 000.00

　　贷：环境收益——环境赔款　　2 000.00

（13）为减少污染，该企业将钢铁公司废弃物加工处理以备销售，发生的辅助材料费用 860 000.00 元，并结算工人工资 150 000.00 元和应负担的车间制造费用 80 000.00 元。

借：环境成本——废弃物再利用费用　　1 090 000.00

　　贷：原材料——辅助材料　　860 000.00

　　　　　　应付职工薪酬　　150 000.00

　　　　　　应付账款　　80 000.00

（14）企业利用环保产品实现的收入 5 705 877.80 元存入银行账户（不考虑销项税）。

借：银行存款　　5 705 877.80

贷：环境收益—环保收益（废弃物处理收益）　5 705 877.80

（15）按照生态补偿专用基金管理规定和当年预计实现的利润总额一次性计提生态环境补偿基金 800 000.00 元。

借：环境成本——生态环境补偿成本　800 000.00

贷：环保专用基金——生态补偿基金　800 000.00

（16）该公司当年环境收益共缴纳所得税 616 612.94 元（按照环境贡献的低税率 15% 计算）。

借：环境成本——所得税费用　616 612.94

贷：银行存款　616 612.94

（17）该公司当年因环保减免的所得税收入 50 000.00 元。

借：银行存款　50 000.00

贷：环境收益——环保收益（政府环保奖励）　50 000.00

（18）经中介机构环境损害成本认定并与公司排污的受害一方协商取得一致，按照赔偿协议确认应支付对方生态补偿款项 800 000 00 元。

借：专用基金——生态补偿基金　800 000.00

借：环境负债——应付生态补偿费　800 000.00

（19）期末结转全年发生的环境成本费用。

借：环境利润　3 063 737.78

贷：环境成本——环境污染治理费用　12 000.00

——环境污染赔款　20 000.00

——环境治理专利和技术　3 000.00

——环境修复费用　24 500.00

——废弃物再利用费用　1 090 000.00

——环境保护和污染处理　18 324.84

——环保设备运行费　385 000.00

——环境保护和处理原料　94 300.00

——生态环境补偿成本　800 000.00

——所得税费用　616 612.94

（20）期末结转全年发生的环境收益。

借：环境收益——环保收益（废弃物处理收益）　5 705 877.80

——环保收益（政府环保奖励）　50 000.00

——环保收益（环境赔款）　2 000.00

贷：环境利润　5 757 877.80

根据上述会计处理：该公司环境利润总额为 3 310 752.96，净额为 2 694 140.02 元。

同时，根据上述业务，编制补充报告式的资产负债表（表 2-6）和利润表（表 2-7），对有关环境项目的列示如下：

表 2-6 资产负债表（补充式）

资产	金额	负债与所有者权益	金额
流动资产		流动负债	
环保专项存款	147 289.86	环境负债	230 000.00
应收环境赔款	2 000.00	应付环境治理费	12 000.00
应收环境治理补贴款		应付环境赔偿	20 000.00
固定资产		应付生态补偿费用	800 000.00
固定资产原价		长期负债	
其中：环境固定资产原价	3 817 675.00	应付自然资源恢复费用	24 500.00
环境固定资产净额	3 799 350.16	应付自然资源降级费用	
环境资源资产	600 000.00	环境负债小计	286 500.00
环境资源资产原价	600 000.00	所有者权益	
环境资源资产净值	600 000.00		
无形资产及其他资产:	12 000.00	其中：环境权益	4 890 752.96
无形资产		资源资本	600 000.00
其中：环境无形资产	12 000.00	环保基金	180 000.00
环境资产小计		未分配环境净收益	2 694 140.02
资产总计:	4 560 640.02	负债与所有者权益总计	4 560 640.02

表 2-7 利润表（补充式）

项目	金额
营业收入	
其中：环境收益	5 705 877.80
减：营业成本	
其中：环境成本	2 447 124.84
加：营业外收入	
其中：环保营业外收入	52 000.00
利润总额	
其中：环境收益总额	3 310 752.96
减：所得税	616 612.94
税后利润净额	
环境收益净额	2 694 140.02

二、环境会计管理制度

（一）环境会计法律、法规和政策

环境会计的核心是将环境问题对外部的不经济性纳入企业会计核算体系。所谓外部不经济性，是指那些由企业经济活动引起的，尚不能确切计量，并且由于各种原因而未由企业承担的不良环境后果。这些不良后果是否应该由企业承担以及怎样承担，实际上不是会计能够解决的问题，而是属于法规范畴的问题。因此必须制定相关的环境会计法律法规，以法律法规的形式确定环境会计制度的地位和作用，使环境会计制度有法可依。

我国十分重视环境保护，新中国成立后相继发布了一系列资源管理和环境保护方面的法律、法规，同时还制定了许多行动计划和战略方案，在环境保护实践中形成了“谁污染谁治理、谁开发谁保护、谁利用谁补偿、谁破坏谁恢复”的环境政策。目前环境会计在发达国家已进入操作阶段，污染损失、资源价格等都已列入核算科目。而在我国，从现有文献分析得知，我国对环境会计的研究始于20世纪80年代，最早是作为社会责任会计的一部分提出来的，但当时其在会计学界并不被重视。直到90年代，随着我国政府对环境问题的日益重视以及社会公众环境意识的进一步觉醒，环境会计研究才日益活跃起来。我国现行9部环境保护法律、10多部与环境相关的资源保护法律、30多项环境法规、466项环境标准，已初步形成了符合我国国情的环境保护法律体系，构成了我国环境会计的基础。

首先，现行的《会计法》为环境会计制度的建立提供了基础。在现有的会计法体系中，《会计法》是会计工作的基本法，在其指导下制定的国家统一的会计制度为环境会计法律制度的制定打下了坚实的基础，即统一的会计核算和会计信息报告制度是将环境因素加入会计体系、进行环境会计核算和环境信息报告的重要前提。有了现有的收入、负债、费用、成本的计算模式，才能使环境收入、环境负债、环境费用和环境成本的计算成为可能。而环境信息的披露更是离不开当前的会计信息报告制度作为载体。因此，现有的“会计法”已经为环境会计法律制度的产生做好了准备，在其中加入环境会计要素，就能建立环境会计法律制度。

另外，我国《宪法》规定：“国家保护生活环境和生态环境，防治污染和其他公害。”这一规定表明任何单位，包括企业应该接受国家在环境保护方面的管理和监督。我国《环境保护法》第6条规定：“一切单位和个人都有保护环境的义务，并有权对污染和破坏环境的单位和个人进行检举和控告”。该条规定原则上表明任何单位，包括企业具有环境保护的法律权利和义务。我国环境法所规定的与企业生产经营活动有关的制度有：环境影响评价制度、“三同时”制度、征收排污费制度、污染物总量控制制度、排污许可证制度、限期治理制度、强制淘汰制度和污染集中控制制度等。同时，国家还成立了若干个监督企业行为的权力机构，如环境保护机构、能源研究发展机构和经济监督部门。这些环境法规制度的实施和部门的工作执行都已经为环境会计法律制度的产生和发展奠定了基础。

除此之外，《刑法》中也有与环境相关的规定。《刑法》修订后增加了破坏环境资源保护罪、环境保护监督渎职罪的规定。环境执法不断加强，各级人大和政协分别对各级人民政府环境执法进行了监督检查和视察，在全国范围内开展了“关停十五小”、“一控双达标”等执法行动，司法机关依照《刑法》打击环境犯罪活动，推动了环保工作法制化进程。1998年山西运城天马文化用纸厂违反国家水污染防治法规，将该厂含有挥发酚等有毒有害物质的污水排放到引黄干区，造成特大环境污染事故，其法定代表人杨军武因此被判有期徒刑2年，并处5万元罚金，成为《刑法》修订后首起因污染环境而被追究刑事责任的环境犯罪案件。目前我国存在多种环保经济手段，如由环保部门执行的排污收费制度，由产业部门执行的矿产资源补偿费，由综合管理部门执行的资源税、城镇土地使用税等。这些法律、法规的制定颁布与实施，以及加入国际公约或议定书，都促使了环境会计制度赖以产生和发展的土壤的形成。

尽管我国现有的法律法规体现了对环境的重视，但这些法规的特点是原则性强、概括性强，从会计实务角度看，大多数环境法规对于会计事项处理并不具有可操作性。但这并不意味着会计界就可以因此而忽视环境法规，因为环境法规在不同程度上影响企业经济活动，从而影响企业的经济利益，并且必然或迟或早会落实到会计实务中。因此，我们应该加强制定与企业环境会计关系较密切的法律法规，使企业明确自身在环境保护和可持续发展方面的社会责任和义务，促使企业贯彻实施环境会计。通过相关法规的强制要求，使企业将追求自身经济效益与社会可持续发展统一起来，自觉开展环保工作。除了完善立法，还应加强执法。加大对违法者的惩处力度，不仅要在民事上追究其侵权行为，而且还要追究其刑事责任。

（二）环境会计准则、标准和实施办法

由于目前我国的环境会计发展还不够完善，并没有把环境因素列入会计要素中，这也使得很多企业在发展经济的同时忽视了环境治理的问题，忽视了在报表中披露环境会计信息，使得各个利益相关者的利益在不知情的情况下受到损害。所以，要使政府对我国整体环境资源的使用做出正确决策，制定公平有效的环境政策，就需要清晰合理地核算企业资源的直接消耗和治理环境污染的成本，披露相关环境信息。因此，我们应当在环境法规和会计法规的基础上，根据环境因素的特殊性（比如环境核算），在原有的会计准则之外再制定具体相关的环境会计准则。

首先，任何会计准则的制定都必须以《会计法》为基础。《会计法》是会计工作的基本法，是指导会计工作，制定相应会计法规、规章的基本规范。因此环境会计准则的制定和实施也应该遵循《会计法》规定的基本原则和各项要求，而《会计法》中增加环境会计的一般规定，是环境会计准则健康实施的有力保障。我们可以在现行会计法规中增加环境会计的确认、计量、管理、报告等内容和条款，规范环境会计信息披露行为，强化对企业环境会计的实务指南，明确提供全面、及时的环境财务信息和非财务信息的责任。

其次，关于环境会计准则的制定，从国外的情况来看，环境会计准则有些是会计行业组织制定的，有些是环保部门制定的，有些是由会计行业组织与环保部门共同制定的。在我国，会计准则一般是由财政部制定并发布的，财政部于 1992 年发布了《企业财务通则》和《企业会计准则》后，又于 1995 年相继发布了 8 个具体的会计准则。但是由于环境会计的特殊性，可以考虑由财政部和环境保护部联合制定和发布有关的环境会计准则。环境会计准则应当对企业所直接耗用的自然资源和企业所造成的环境污染与治理这两个方面的核算进行规范、统一、可行的规定，充分披露企业环境会计信息，从而督促企业严格遵守现行环境法规，从意识上和行动上积极应对可预见到的环境法规和潜在的环境法规可能带来的环境风险。

在环境会计准则中，第一，应当规制企业的环境会计因素的核算问题。即明确环境收入、成本、费用的构成和计算方法，环境负债的计算方法，环境收益的计算方法等内容。把资源的耗用，环境污染治理等环境因素给予会计化。第二，应制定环境报告的规则。通过环境会计准则将一般环境信息转变成环境会计信息，以企业环境会计报告的形式披露出

来。企业环境会计信息生成并附载在企业环境会计报告之上后，如公布这些信息，就必须要制定有关的环境会计报告的规则，以规范环境会计信息的披露。环境会计报告要有针对性，因为企业环境信息有不同的信息需求者，政府环境管理机关、企业的投资者、金融机构，甚至企业面向的消费者都是企业环境信息的需求者。他们所需要的企业环境会计信息的具体内容是不完全相同的，不同的信息使用者有不同的信息需求，比如，政府环境管理机关所需要的企业环境会计信息的内容就不同于企业的投资者所需要的企业环境会计信息的内容。

然而，我国目前法律法规只规范企业披露环境影响信息，且信息需求者只局限于政府环境管理部门和企业投资者，因此，有必要扩大信息需求者和环境会计报告的内容。根据不同的信息需求者所需要的信息的不同，未来我国企业的环境会计信息需求者会逐步扩大到包括金融部门和社会公众的发展趋势，有必要相应扩大企业环境会计信息报告的信息种类。

在此，我们可以借鉴加拿大特许会计师协会于 1994 年发布的《环境绩效报告》，该报告是加拿大特许会计师协会会同加拿大特许标准协会、国际可持续发展协会、加拿大财务经理协会等共同完成的，其目的是为各类组织披露环境绩效提供一个指南。该报告首先对环境信息的使用者做了分析，报告认为，不同的信息使用者会有不同的信息要求，企业环境会计报告所选择使用的信息披露工具将取决于不同的报告使用者。基于这种理解，加拿大特许会计师协会详细划分了面对不同使用者所可能采用的信息披露工具。比如投资者作为使用者，他们关心的是财务绩效、负债的全部报告和未来债务的预防等，因此他们需要的环境信息是企业环境风险管理和提高改进所形成的节约。对于他们来说，可能的主要报告方法就是：年度环境报告、季度简报、与财经媒体的会见、检查和新闻发布会。而如果社会公众作为使用者，他们关心的问题就是企业可能造成的对人体健康有害的污染、企业的活动以及企业土地的使用等，因此他们需要的企业环境信息就是企业控制污染的努力、企业做出的负责任的废弃物管理、企业对周围各方面的反映等。对于社会公众来说，可能的主要报告方法是对工厂进行参观、厂区周围简讯（报告）、发言人办公室、新闻发布会、咨询组织。在加拿大特许会计师协会的该份报告中，使用频率最高的是年度报告，其次是环境报告。

关于报告的具体内容，加拿大特许会计师协会的该份报告中并未表示。在此，我们可以参考英国的有关规定。英国环境、食品和农村事务部会同贸易与工业部等于 2001 年发布了《环境报告通用指南》。该指南的目的是指导各类组织编制环境报告，它分为五大部分：①介绍；②报告的制作过程；③报告的内容；④环境绩效的指引；⑤其他事项。其中第 3 部分建议一份环境报告应当包括以下内容：组织主要行政负责人的声明、组织的环境政策、组织的介绍、管理系统的描述、主要的环境影响、环境绩效指标、改善的目标或目标的改进、法律执行的情况等。为了支持和鼓励发展环境报告的制作技术，英国特许会计师协会于 1991 年建立了对环境报告的奖励制度，奖励的目的是确认和承认报告者在环境绩效审核方面的创新努力，推动环境报告的不断完善。

第四节 环境会计制度保障

一、可持续发展战略部署

20 世纪 90 年代以来，可持续发展战略已开始被各国普遍接受和采用。可持续发展战略的核心是将环境保护纳入国民经济和社会发展进程，实现经济、社会与生态环境的协调发展。环境会计是实施可持续发展战略的重要组成部分。根据可持续发展战略的要求，企业应该确立环境管理理念和系统，建立环境成本核算和控制机制，同时，在可持续发展战略下，国家的宏观调控和环境管理都需要企业建立完善的环境会计制度，提供真实、完整的环境会计信息。

保护环境、实施可持续发展战略为环境会计提供了发展条件。1992 年我国参加了联合国在巴西里约热内卢召开的环境与发展大会，承诺将履行大会所通过的各项文件。会后不久，我国政府率先提出了《中国环境与发展十大对策》、《中国环境保护战略》，1994 年 9 月，我国政府发表了《中国 21 世纪议程——中国 21 世纪人口、环境与发展白皮书》，这一系列文件的颁布，使环境保护与可持续发展成为我国经济发展的中心议题。尤其《中国 21 世纪议程》将可持续发展的基本任务与可持续发展的能力建设结合起来，提出了中国经济、社会、环境相互协调发展的战略目标和行动方案，为我国的经济建设指明了方向。党的十七大首次将“生态文明”写入党代会报告，党的十八大更是首次将“生态文明建设”独立成篇，放在了突出的位置，并将其纳入社会主义现代化建设“五位一体”的总体布局，这也为我国经济发展的生态化方向提供了总体上的政策指引。

要贯彻执行可持续发展方针，必须对本国、本地区、本组织内部的经济发展目标和条件、环境状况和经济发展可能产生的环境影响，以及防止破坏和污染环境的可能性具有充分、可靠的把握，以便依据历史记录和相关技术进行确认、计量与控制。保护环境、实施可持续发展为环境会计提供了发展条件，反过来构建并实践环境会计也是对可持续发展战略的贯彻实施。

二、政府监管和支持

要使环境会计制度从理论变为现实，国家实施强制性的监管是极为必要的。实际上，这种监管是指政府有关部门对企业的环境会计信息披露进行监督和管理。这可以从以下几个方面来实现。

（一）政府环境管理部门明确认定企业的环境责任

根据西方经济发达国家的经验，在制订具体的环境法规和环境信息披露规则之前，政府环境管理部门需要做很多工作，其中首要问题是明确企业环境问题的范围和应承担的环境责任。我国地域辽阔，各地区的经济发展状况、自然环境有很大不同，环境方面所产生的问题千差万别，更应当及时明确企业应关注的环境问题的范围，以及企业应承担哪些环境责任。否则，企业就没有实际可遵照的行为准则，所谓的环境保护就成为一句空话。为此，政府环保部门应会同有关专家根据各地的环境状况和经济发展情况以及各行业对环境的影响，预测有可能出现的环境问题，因地制宜地制定环境标准，明确企业环境管理的范围和环境责任。此外，各地区在全面贯彻执行国家相关规定的基础上，应结合本地特点，制定地方性的环境标准体系。环境标准和企业环境责任的确定，既要考虑超前性，又要具有可操作性，应注意与国家经济发展状况和各地区的实际情况相匹配。

（二）政府建立环境会计信息披露准则并加强监管

企业是一个经济利益主体，它的目标就是追求企业最大的价值，这种特性决定了企业是不可能自愿地披露一些对自身有影响的环境信息的。这时政府对企业环境会计信息披露实行监管就显得十分必要了。因此，政府的另一项重要工作就是制定用于指导和规范环境会计信息披露的会计准则。到目前为止，我国既没有建立起环境会计的核算准则，也没有专门的企业环境信息披露的指南性文件。因此，为了保证环境会计真正能够在实践中予以推广，政府监管机构必须尽快制定环境会计和信息揭露准则，并对信息披露进行严格监管。

一般说来，政府应针对以下内容作出完善：①颁布法律、法规，明确规定企业对外披露环境会计信息的要求；②督促企业按照环境会计信息披露的标准和方法进行环境信息的披露；③定期检查、监督企业环境信息披露情况；④指导建立环境会计信息揭露的审计体制，通过政府有关部门的检查和社会性环境审计机构的努力，确保绿色会计信息的可靠性。按照我国目前的情况，实现监管的部门可能是财政部、中国证监会和环境保护部。当然，随着环保意识的加强，以后专门成立一个部门来对企业环境会计信息披露进行监管也是可能的。

（三）政府环境管理机构制定并公布强污染行业的划分标准和企业名单

强污染行业是环境污染的主要肇事者，也是环境监管的重点。为了便于政府监管，首先，应明确哪些企业属于强污染行业。目前我国对于强污染行业一直没有一个权威的、准确的划分标准，实际工作中主要采用总量比重法、万元产值平均法和指标法进行判断。总量比重法是指根据废水、废气、固体废物等污染物排放量占全部污染物排放总量的比重进行综合判断；万元产值法是指根据企业万元产值所产生的废水、废气、固体废物等的排放量与平均排放量对比后进行综合判断；指标法是指按照国家确定的 12 个主要污染物指标中的一个或几个指标来判断。虽然这些方法可以对行业的污染状况进行判断，但是判断基础不够清晰和直观，有待进一步完善。其次，应定期公布强污染行业和企业的名单。具体做法是，由国家环保部门把关，确定强污染行业和企业的名单并定期公布，将其置于公众监督之下。再次，国家环保部门应与财政部、证监会合作，对强污染企业环境信息披露的内容、详细程度和披露方式进行规范。由于环境问题的表现形式千差万别，目前即使是实施环境信息披露比较早的国家，也没有统一的专业标准，造成的直接后果是环境报告中充满了晦涩难懂的专业词汇，指标名称和计量标准缺乏可比性。如果不引以为戒，我国也将会遇到这类问题，因此应先制定规范，以后再随着实施中遇到的问题逐步修改。

（四）政府积极引导企业实施可持续发展战略

随着我国环保法律法规的不断完善、公众环保意识的逐渐加强和信息技术的迅猛发展，企业环境影响所导致的成本已经大幅度上升，而获取管理环境信息的成本却大幅度下降，经营决策也将更倚重于与环境有关的会计信息，更好地为企业及其利益相关者提供更真实可靠的环境会计信息。因此，外部利益相关者尤其是政府和社会要为企业的经营决策做出科学的引导，促进经济与环境的可持续发展，使企业从传统的只以股东价值最大化为目标转变为以经济、环境和社会为总体目标，把提高企业的经济-生态效益作为企业的经营目标，实现经济增长与环境友好的理念，实施可持续发展战略，从而真正达到各方利益均衡。

三、社会公众监督、学术界引领和民间协会推动

（一）社会公众的监督

从社会角度来讲，当环境污染、生态破坏影响到人类的生存环境、危害到人类健康时，越来越多的公众将体会到环境保护的必要性，并自觉地加入保护生态环境的公益活动中来。人们有可能组织起来，对环境污染、生态破坏行为加以批评、阻止。因此，社会舆论、公众监督在环境保护过程中发挥着重要作用。事实上，环境是公共的环境，公众对生态环境具有自由消费权。企业对生态环境的破坏或污染行为，就是对公共物品的剥夺，是对公众消费权的剥夺。因此，公众有权关注企业的环境信息、监督企业的环境行为，避免企业以牺牲生态环境为代价求得自身的快速发展。但事实上，我国公众的环境保护意识并不强烈，据“中国公众环保民生指数”的调查，我国公众“环保意识”、“环保行为”、“环保满意度”指标均“不及格”。由于公众对环境保护缺乏足够重视，使得企业环境信息披露的公众监督缺位，是我国企业环境会计报告制度建设中存在的一大问题。

（二）学术界的引领

充分发挥学术界智囊团的知识引领作用。台湾地区的学者不仅参加了环境会计制度的前期研究，而且具体参加了制度规划和制度实施的全过程，充分发挥了学术界的知识引领作用。与台湾地区的学术界相比，目前我国大陆学术界参与规划和政策制定的机会还不多，且过分重视成果的学术价值，忽视成果的实际应用价值。因此，未来有必要加强学术界的参与深度和广度，通过专家学者到典型企业进行现场调研，总结样本企业的局部管理经验，可以建立更加切实可行的环境管理会计制度框架。

（三）民间协会的推动

充分发挥民间行业学会和协会的推动作用。台湾地区的经验表明，民间团体在推动环境会计制度实施的过程中具有得天独厚的优势。2001 年 6 月，经财政部批准，中国会计学会成立了第 7 个专业委员会——环境会计专业委员会。但是由于中国会计学会不具有政府职能，因此该委员会没能很好地发挥指导企业推行环境会计制度的作用。另外，目前我国

只有个别省份单独建立了促进可持续发展的民间组织，如广东省可持续发展协会，缺少全国性的组织。因此建议在现有学会和协会的基础上，积极开展环境会计的课题研究，加强民间组织对企业建立环境会计制度的辅助工作。

四、环境文化、教育与科技发展

（一）加大对环境保护的宣传力度，强化企业利益相关者的环境意识

环境意识，是人们对自然资源、生态环境保护等问题的基本认识，是人们协调自身行为与外部环境关系的自觉性，是反映国民素质的重要指标。企业环境会计报告的广泛应用，需要各利益相关者的积极推动。培养利益相关者的环境意识，也就成为发展我国环境会计事业的必然选择。环境教育包括学历环境教育、基础环境教育、公众环境教育和成人环境教育等形式和内容。其中，公众环境教育是环境保护中最主要的教育形式，主要通过新闻媒体和公众宣传两种途径进行。关于环境教育形式的优先顺序，在经济发达国家是公众环境教育、基础环境教育、成人环境教育和专业环境教育。在经济较落后的发展中国家，其排列顺序为专业环境教育、公众环境教育、成人环境教育和基础环境教育。这主要是由于发展水平不同的国家面临不同的环境问题以及问题的紧迫性不同所致。不论法律制定得有多完善，以身试法者仍大有人在，要想从根本上规范人的行为必须采用教育手段，通过宣传教育方式改变人的观念和价值取向，逐渐树立起符合环境与经济社会协调发展的价值观念和生产消费行为方式。

因此，培养利益相关者的环境意识，首先要强化对社会公众的环境教育，将环境保护、可持续管理等内容列入会计资格考试等各级、各类专业资格考试之中，在各级、各类学校广泛开展环境教育，树立学生的环境保护意识。其次，要保障、拓展利益相关者的环境权益。通过加大宣传，提高投资者的环保意识，使其在关注企业经营行为的同时，关注其环境会计信息披露情况。因为在当今市场竞争条件下，一个企业只有走可持续发展道路，才有可能带来长久的资本增值，真正具有投资价值。环境信息披露可以满足投资者对企业的此项评估。同时，当大多数投资者都关注企业的环境信息，要求企业进行披露时，也为环境会计信息披露提供了内在动力。鉴于我国环境污染的严重性和普遍性，更应提高广大民众的环境意识，建立社会公众参与机制，使他们能够对投资项目的规划和实施发表看法并施加影响。

如果环境危机和环保理念能够深入人心，投资者、金融机构、商品市场上有关的各方、企业职工、社会公众都来关注环境保护，关心企业环境污染和治理情况，使企业的环境信息披露成为社会的共同要求，使污染环境者成为过街老鼠——人人喊打，那么环境会计的实施也就指日可待了。

（二）加大环境会计的教育

高等院校开设环境会计、环境审计的教学课程在我国并不多见，但也有一些。该课程开设的重要工作就是教学计划、教学大纲和教学方案的设计及教材建设。通过研究，提出现行的环境会计、环境审计教学课程的方案，为中国大学在未来开设这两门课程提供参考

和借鉴资料。研究表明，环境会计和环境审计课程设计必须尊重教育和教学规律，其内容应当实现环境会计与环境审计的教育和教学基本目标，突出会计、审计基础性理论与环境要素之间的基本关系，并随着人类社会经济发展、人们的环境意识的不断提高，在大学教学实践中不断修订和完善，实现环境会计教育为环境保护服务的目的。具体策略是：①侧重企业环境社会责任意识的培养和教育，确立环境会计教育的最终目标是培养面向可持续发展的新型会计人才。②针对各个不同的教育对象“因材施教”，将环境会计真正落实到各个阶层，使会计环保意识深入人心。③将环境会计结合到传统会计课程中进行渗透式传授，建立环境会计的后续、终身教育体系。④运用灵活多变的教育方式，逐步实现环境会计教育的系统化、专业化。

（三）加强企业环境会计报告体系建设

企业环境会计报告体系包括企业环境资产负债表、企业环境利润表、企业环境污染报告、企业环境绩效报告等几个方面。“环境资产负债表”按“环境资产＝环境负债＋环境权益”编制，用于反映企业利用环境资源、处理环境污染引起的资产、负债情况的变化；“企业环境利润表”主要反映企业特定时期内采取环境保护措施所获得的成本节约、收益增加及费用支出。其中，采取环境保护措施的收益，包括直接收益（如处理“三废”收益等）和间接收益（如改善企业形象所带来的消费群体增加、市场份额扩大的收益等）；“企业环境污染报告”主要采用叙述方式，结合相关统计数据，对企业经营活动的环境影响进行定性的、表外的、非货币性的信息披露，并对环境损失计量方法加以必要的附注说明，以提高环境信息的可理解性和可比性；“企业环境绩效报告”通过环境政策内容、实施计划、环境污染治理情况、环境保护预防情况等，披露企业行为的环境绩效，包括公司财务业绩和环境质量业绩两个方面。

（四）不断完善我国的环境科技

环境技术（environment technology）是指研究人类生存的环境质量及其保护与改善的科学。它是指能节约或保护能源和自然资源、减少人类活动产生的环境负荷，从而保护环境的生产设备、生产方法和规程、产品设计以及产品发送的方法等。环境技术不仅包括硬技术，如污染控制设备、环境监测仪器及清洁生产技术等；还包括软技术（操作及运营方法），如废物管理和那些旨在保护环境的工作与活动（如环境规划、环境评价、环境标志设计、环境信息系统的研制与维护等一系列管理活动与智能活动）等。进入 21 世纪后，全球环保产业开始进入快速发展阶段，逐渐成为支撑产业经济效益增长的重要力量，并正在成为许多国家革新和调整产业结构的重要目标和关键。美国、日本和欧盟的环保产业成为全球环保市场的主要力量。

随着中国经济的持续快速发展、城市进程和工业化进程的不断加快，环境污染日益严重，国家对环保的重视程度也越来越高。特别是“十一五”以来，由于国家加大了环保基础设施的建设投资，有力拉动了相关产业的市场需求，环保产业总体规模迅速扩大，产业领域不断拓展，产业结构逐步调整，产业水平明显提升。

五、环境会计专业人员的培养

环境会计的技术性很强，多以定量分析为主，且涉及多种交叉科学知识，如会计学、环境经济学、环境保护学、环境管理学等，另外，还要具备社会学、统计学等方面的知识。技术性、专业性和综合性均较强，这对会计人员提出了较高的要求。而我国现有会计人员和审计人员又大多缺乏这方面的知识，这就要求我们必须科学地组织培训，为会计从业人员补上这些知识，培养一批训练有素的环境会计人员队伍，使其熟悉环保法规、政策和专业技能，否则将无法适应环境会计的发展要求。为此建议从现在开始，一要加强全国人民的环保意识教育；二要在大中专学校增设环境会计、环境审计等课程，努力培养会计专业学生环境保护知识与专业技能；三要着重加强在职会计人员和审计人员的环境会计培训工作；四要加强会计人员与企业内部环境工程技术人员的沟通与协作，取长补短，形成合力，共同探索建立环境会计的有效途径。

六、内部环境监控约束机制的健全

对于企业来说，各个利益相关者对企业经济发展和利益目标能否实现起着至关重要的作用。所以就环境问题而言，他们与董事会及经理层之间应形成一种环境监控约束机制，他们要求企业管理者提供真实、完整、及时的环境会计信息，监督管理者的经营管理行为，要求企业管理层做出正确的决策且充分考虑环境风险因素，实现各自的既定目标。因此，内部各利益相关者应积极要求企业对潜在的环境风险做出适当的识别、处理和控制，并积极实施相应的环境保护措施，以利于提高企业的环境风险意识和防御措施，满足内部利益相关者对环境信息的需求。

企业应加强“环境形象与责任”自身建设。良好的环境意识和强烈的社会责任感是企业披露环境信息的动因，更是企业自愿披露的关键因素。建议从企业文化建设入手，培养企业披露环境信息的自觉性，通过对现有从事环境会计工作的会计人员的专业培训，增加环保知识的学习，改善会计人员知识结构，加强环境会计人员后续教育，保证其胜任环境信息披露工作。从而使其更好地为企业及其利益相关者提供更真实可靠的环境会计信息，为企业的经营决策做出科学的引导，从企业的内部着手来实现整体利益的最大化。

【本章小结】

环境会计制度有广义和狭义之分。狭义的环境会计制度主要指环境会计核算制度，是一种对企业环境保护的投资或支出和由此而获得的经济效益进行确认、计量、记录和报告的制度，也可以称为微观环境会计制度。环境会计制度设计顺应了可持续发展的战略要求，突破了传统会计制度的局限性，不仅对整个社会环境的改善具有积极意义，也有利于企业实现长期发展的目标。因此，加快环境会计制度的建立具有必要性。

环境会计制度的建立和不断完善仍然是各国共同关注的课题，需要进行不断的探索。从各国环境会计制度现状的回顾中可以看出，欧美等国家在环境会计制度方面已经取得了不少的成果。但另一方面，国外目前还只集中于环境绩效的信息披露上，而且披露的形式、披露的内容也未能统一，在披露的方法上也多采用描述性的，不够准确。我国在这方面的研究也和国外存在很大差距。

构建环境会计制度应满足完整性和系统性的要求。所谓“完整性”是指会计制度应包括和覆盖全部会计实务，每一会计行为、每一会计事项都有相应的制度予以规范；所谓“系统性”是指会计制度应是在会计目标统一约束下，由相互联系、相互依存的多分支、分层次的会计制度构成的有机体系。环境会计制度框架的构建，要从三个方面入手，即会计数据输入、会计业务处理和会计信息输出。

环境会计制度包含环境会计核算系统和环境会计管理系统两部分。其中，组织系统、核算系统和业务系统构成了环境会计核算系统，这三部分互相协调、相辅相成，使整个会计核算体系规范、完整。另外，完善的法律法规和会计准则支撑起了环境会计管理系统，管理系统的建立保障了核算系统的实行。

环境会计制度的有效颁布与执行需要有很多的外部保障，比如，可持续发展战略部署，政府的监管和支持，社会的监督与推动，相应的文化、教育、科技的发展，对应的环境会计专业人才的培养等。

【讨论思考题】

（1）本章对环境会计制度是如何定义的？它有哪些存在的必要性？
（2）环境会计制度设计的原则有哪些？
（3）环境会计制度国内外发展现状及存在的问题有哪些？
（4）中外环境会计制度发展存在哪些差距？其原因是什么？
（5）环境会计核算制度具体包括哪些？
（6）什么是环境会计核算的组织机构？
（7）请分别阐述环境资产、环境负债和环境成本的定义及分类。
（8）环境会计制度保障系统具体包括哪些？

【案例分析题 1】

富士通公司环境会计制度的成功实施

富士通是日本第一个实行“由第三方认证评价环境保护”的企业，于 1996 年开始公示《环境经营报告书》，1998 年导入《环境会计制度》，执行环境会计的第一年，富士通公司就取得了瞩目的成绩，环境收益超过环境成本 31 亿日元。富士通公司在环境保护管理及环境会计体系等方面多次受到社会及日本政府的高度评价。

富士通公司成功借鉴了美国环境保护局和日本环境省制定的环境成本确认和计量指南，并进行自我创新，制定了本公司的环境会计指南——《环境成本和环境收益对照指南》，牢牢贯彻会计中的“成本—效益原则”，以此来开展环境会计核算和披露工作。富士通公司非常重视环境成本的分类，根据环境成本发生的部门和原因，把环境成本分为六大类：企业运营成本、上下游成本、管理活动成本、研究开发活动成本、社会活动成本和环境损伤对策成本，将管理活动成本又细分出3个明细科目，分别是：防止公害成本、地球环境保护成本、资源循环成本，从而完善了环境成本的子科目。富士通公司积极探寻环境会计信息披露模式，采用独立的环境报告书这一信息披露模式，在原有的三大报告的基础上编制了独立的环境会计报告，以反映企业环境信息的全貌，提供环境资产负债表、环境损益表、环境现金流量表。作为独立报告信息披露模式，企业还提供有关的环境资产减值明细表，以之作为三大环境会计报表的附表。富士通公司尤其重视企业利益相关者的需求，把绿色理念很好地引入了企业日常会计管理中，坚持与环境保护、顾客价值挂钩，为企业保护环境树立了良好的形象，从而实现了企业形象的提升，最终达到既保护环境又提升企业价值并实现顾客价值的三重功效。

富士通公司之所以能够取得如此大的成功，不仅仅是自身努力的成果，而且与政府的大力支持密不可分：第一，日本政府不断健全本国的环境法律、法规，并将这些法规和环境会计进行有效的对接，同时加大执法力度，支持环境会计的有效实施；第二，日本政府十分重视对环境会计人才的培养，在日本各高校均设有专门的环境会计课程来培养本国的环境会计人才，以满足各单位对环境会计人员的需求。

根据该案例资料，分析以下问题：

（1）富士通公司环境会计制度的成功实施得益于哪几方面？

（2）结合案例，分析我国环境会计制度发展缓慢的主要原因有哪些？

（3）你认为完善我国环境会计制度可以从哪几个方面入手？

【案例分析题2】

基于环境考量的传统会计核算制度的改进

乙公司2012年发生的环境支出与收入业务如下：

1. 购置治理污染设备一台，原值500万元，可使用5年，年折旧额100万元，由于产销平衡而全部体现在营业成本中；

2. 交纳排污费30万元，已计入到管理费用中；

3. 为购置治理污染设备从而取得利息为2%的低息贷款400万元，目前银行周期贷款利息为10%。利息已计入到财务费用中，此项贷款节约利息32万元；

4. 利用“三废”生产某种产品，少缴流转税及教育附加费 80 万元，少缴所得税10万元；

5. 因某些烟筒排污超标被罚款40万元，列入管理费用；

6. 因某项目污染治理成效显著，获得政府补助收入80万元，已经列入营业外收入；

7. 出售排污权获得收入28万元已计入营业外收入；

8. 因雾霾造成设备氧化腐蚀，减值损失 10 万元而计提减值准备；

9. 花费 5 万元进行污水处理，列入制造费用；

10. 添加购置垃圾分类回收工具 4 万元，作为一次性消耗计入管理费用；

11. 计提当年售出产品环境质量保险 6 万元，计入预计负债；

12. 应收未收当年应计的环境事故受损的货币性补偿款 45 万元。

请仔细分析乙公司发生的各项环境业务内容，分别计算乙公司当年环境收入、环境支出和环境利润。比较传统会计，请你提出环境会计核算制度的设计方案。

第三章 环境资产会计

【案例引导】

特定的外部环境对企业组织的影响是直接的、迅速的，企业管理不能脱离企业的外部环境而存在，而应在健全的商业道德基础上追求企业的持续利润。

工商银行（601398）争做绿色信贷的积极践行者，探讨企业如何履行社会责任，如何正确履行环境责任，探讨在现行体制下的绿色金融。

对于工商银行来说，“绿色信贷”包含两层含义：一是严格限制向高耗能、高污染、环保不达标企业提供融资；二是大力支持绿色环保、清洁能源和循环经济等行业、企业的发展。

工商银行在信贷业务的经营管理中严把“绿色”阀门，确保信贷资源的绿色配置。在实际操作中，将国家的环保标准镶嵌到信贷管理的全过程中，摸索出“一二三四”的绿色信贷实践模式。

一票否决：“环保一票否决制”是指以符合环保标准为基础，严格信贷市场准入条件，对不符合环保要求与本行绿色信贷标准、可能对环境造成重大不利影响的项目一律予以否决。

双高标准：在信贷业务发展中，工商银行遵循“双高标准”，即在选择信贷支持的企业和项目时，严格信贷准入标准，不仅要满足国家产业政策标准，还必须满足节能环保标准，形成符合“绿色信贷”理念、体现绿色信贷要求的决策机制。

三类行业：三类行业指“两高一剩”行业，即高污染、高能耗行业及产能过剩行业。强化行业信贷政策中的环保要求，对“两高一剩”行业实行客户名单制管理和行业限额管理。

四级信贷：工行对有融资余额的公司客户展开环保检查，对客户环保信息进行动态管理，按照所面临的环境风险将客户进行分类，并在业务操作系统（CM2002）中添加客户环保信息标志；将企业环保信息逐户录入CM2002系统中，初步建立了客户环保信息的识别、监控、反馈和处置机制；细化企业环保风险分类标准，完成全行贷款项目分类，并采取差别化的授信和管理要求；根据绿色信贷分类，工商银行全部的公司类贷款都按照贷款的“绿色”程度（即贷款投向的企业或项目的环境影响程度及其面临的环境风险大小）分为四级、十二类，对于不同的绿色信贷分类类别，规定了对应的信贷原则与管理要求。此外，工行根据国家环境保护、资源节约、减少碳排放等相关政策，先后制订了《关于加强绿色信贷建设工作的意见》、《关于进一步做好信贷支持节能减排工作的意见》、《关于对境内公司贷款实施绿色信贷分类及管理的通知》等多项制度，进一步明确了绿色信贷的内涵、工作目标与原则，进一步加强了高耗能、高排放行业信贷风险管理，进一步提升了潜在环保风险的识别和防控能力，进一步增强了贷款绿色信贷属性的区分度，明确了贷款调查、审查、审批、合同签订以及贷后管理阶段的管理要求与关注重点，实现了绿色信贷管理对整个信贷流程的全覆盖，引导全行积极培育节能减排新兴信贷市场，推动信贷结构“绿色”调整。

绿色信贷是指银行将促进环境保护、资源节约、减少碳排放、历史文化遗迹保护、居民与职业健康、生物多样性等作为信贷决策的重要依据，通过合理有效配置信贷资源，加大对低碳经济、循环经济、节能减排等绿色经济的支持力度，严格控制对高污染、高能耗和高排放行业的信贷投放，利用信贷手段引导全社会最大限度地控制、减少资源损耗和环境污染，在促进经济社会与资源环境协调、可持续发展的过程中，实现自身的健康、可持续发展。

第一节　环境资产

环境资产是环境会计的重要会计要素之一，其确认、计量与报告构成了环境会计的一个重要组成部分，环境资产的确认是最重要的基础工作。

一、资产的一般认识

资产是会计要素中最基本的概念，许多会计学家和会计文献都试图对资产加以定义并阐述资产的性质。会计上对资产的解释主要分为三类：第一类，资产是未来的经济利益。这种解释以美国财务会计准则委员会的定义为代表，包括 Sprague 和 Canning 所说的未来服务和未来的经济利益。第二类，资产是成本。即资产是交易中已经付出的成本。第三类，资产是物。资产是人们可以看到的物质实体。将资产定义为预期未来经济利益，比较客观地反映了企业持有资产的目的。因为，资产所代表的服务潜力和未来受益权，体现了资产的共性。因此，会计意义上的资产应该具有如下五个方面的特征：

第一，从本质上看，资产是一种经济资源，企业能够通过运用它在未来获得经济利益，即它蕴藏着可能的未来利益。它单独或与企业其他要素结合起来具有一种能力，这种能力将来能直接或间接地产生净现金流量。

第二，从所有权的特征上看，资产是由某个企业实体所拥有或控制的资财。在这里拥有和控制并不属于法律的术语，前者可以解释为“持有”和“占有”，而后者则含有“操纵”、“支配”和“处置”的意思。因此，一项资源能否视为经济实体中的资产，关键是对该资源是否具有自主支配的权利，而非法律意义上的“所有”。因此，有些资财虽然不被企业拥有，但企业在一定期间对其具有控制使用权，如拥有的租赁设备，也属于企业资产的范畴。

第三，从资产所具有的服务潜能上看，它在利益上具有一种排他性。即资产在为特定主题提供未来经济利益和服务的潜力时，具有排他性，因为当资产为某一主题所控制或拥有时，其他主体就不能再分享它所提供的未来经济利益和服务的潜力。

第四，从资产形成的方式上看，它是交易或事项的结果。即特定个体有权取得或控制该利益的交易或其他事项业已发生。

第五，从资产的存在形态上看，资产可以是有形的，也可以是无形的。如存货具有实物形态，是企业的资产，但是预付费用、应收账款及专利权也能在未来给企业带来经济利益，也应该作为资产。

二、环境资产的含义

环境资产的内涵和外延应当与一般资产相同，但又具有特殊性。首先，环境资产也应当是由过去交易或事项形成的，是企业现实存在的、与环境有关的资源，包括人工资源和自然资源；其次，环境资产是企业拥有或控制的，即企业有自主使用资源、享受资源所带来的经济利益的权利；再次，对于一般企业而言，环境资产主要是指用于环境治理或防止环境污染的投资，这些投资可能为企业带来直接或间接的经济利益，也可能仅仅表现为社会效益。

据此，环境资产可以定义为：环境资产是指由过去的、与环境相关的交易或事项形成的，并且由企业拥有或控制的资源，该资源能够为企业带来经济利益或社会利益。

应当强调的是，环境资产为企业带来的利益是不确定的，可能是经济利益，也可能仅仅表现为社会利益。其带来的经济利益可能是直接的，但更多情况下是间接的，即通过改善其他资产状况获得。

三、环境资产的主要特征

尽管环境资产具有一般资产的性质，但与一般资产比较，环境资产有其独有的特征，这些特征具体表现如下。

（一）天然形成与人工投入相结合

虽然环境资源是由自然因素形成的，并处于自然状态，但随着人类对自然认识能力的加强，环境资源中越来越多地包含了人类的劳动，人工投入与天然形成的结合是环境资产的特征。这一特征给环境资产的计价带来了一定的困难，环境资产的计价是环境会计的一个难点。

（二）可利用性

可利用性是指环境资源不仅具有使用价值，还具有经济利用价值。如太阳的辐射资源具有使用价值，但如果太阳能转变为储存资源，它就构成环境资产，具有经济价值。

（三）总量有限性

首先，环境资产的开发利用具有不可逆性。不可逆性是指开发利用环境资产的行为破坏自然资源的原始状态以后，再将其恢复到未开发状态，在技术上不可行，或者必须经过一段相当长的时间（上百年甚至上千年）的特性。其次，由于人类可以认识、利用和改造的环境资源在数量上的限定性，造成环境资产总量上的有限性。

（四）变化要符合生态平衡机制

环境资产的变化要符合生态平衡机制，是指在一定限度内的环境资产消耗，可以通过生态资源系统的自我调节机能和再生机能得以补偿。如果不符合这种平衡规律，就会引起生态系统的退化和失衡，因此，环境资产的增减变化必须遵循生态平衡规律。

（五）计量的复杂性

环境资产是一种动态资产，每时每刻都处于变化中，具有很大的不确定性；同时，环境资产又属于不规则产品，生产具有分散性，这些都给环境资产的计量带来很大的困难。

（六）产权归属的国有性和收益的垄断性

由于环境资产大多数是天然形成的，通常只有国家以所有者的形式占有。因此，环境资源的开发，存在着两种产权的收益：一方面是资源所有权收益；另一方面是经营开发投资的所有权收益。前者主要表现为税收，以征收资源税的形式确认，这是国家对资源的垄断性的收益；后者表现为投资者的投资报酬。

四、环境资产的内容

环境资产是被赋予特定含义的企业资产，是对企业生产经营活动和环境活动发挥有效作用的资产。企业环境资产的核算主要是拥有环境资产使用权的企业核算本企业所使用的环境资产。对其包含的范围，应当掌握两个标准：①环境资产的所有权或使用权归企业所有；②环境资产在企业中的存在是必要的。

只针对以上提到的两个界定标准，企业的环境资产从形态上大致可以分为自然资源性资产及生态资源性资产。

自然资源性资产又可以分为人造资源性资产及非人造资源性资产。非人造资源性资产主要包括土地资源、地下资源、生物资源、水资源等；人造资源性资产是指人类通过各种手段对自然资源的恢复和补偿，如人造森林、人造河流等。

生态资源性资产是一定范围内各种自然资源包括生物在内和谐共存的集合体。生态资源的价值体现在通过自身的良性循环为人类提供的生态效用上。它主要包括大气环境资源和生态环境资源。其中，生态环境又可分为土地生态环境资源、森林生态环境资源和水生态环境资源等。

第二节　环境资产核算

一、环境资产的确认

（一）环境资产确认的基本条件

联合国国际会计和报告标准政府间专家工作组认为，如果发生的环境成本符合资产定义并通过下列途径之一，直接或间接地为企业带来经济利益，那么就应当将其资本化为环境资产：①能够单独或者结合其他资产提高生产能力、效率或安全性；②能够降低未来经营导致环境污染的可能性；③能够保护环境。

因此，在符合资产定义的条件下，环境资产的确认还应当具备其独有的条件，综合起来有以下 6 个方面：一是现实性，即环境资源是现实存在的，而且是已经发生的经济活动的结果，如已开发的矿山；二是控制性，指某一主体已经具有环境资源的控制权，可以直接使用和支配，并有分享收益的权利；三是有效性，是环境资产的自然属性，意味着可以带来收益和盈利；四是稀缺性，是经济资源的社会属性，也是环境资源的社会属性；五是合法性，环境资源受法律保护，因此，所有者和经营者能够合法地受益；六是地域性，环境资源按地域划分所有权和使用权，会计主体只能将主体地域范围内的资源确认为资产，而对多个主体有价值的资源也必须将是否拥有或控制作为确认标准。如一条河流为多个企业共同受益，但任何企业都没有所有权或控制权，不能成为任何企业的环境资产。

正是依据上述 6 个方面的理解，环境资产可以指特定会计主体从已经发生的事项取得或控制的、能够以货币计量的、可能带来未来效用的环境资源。其中：①可能带来未来效用是指它蕴含着可能的未来效用，它单独或与其他资产结合起来具有一种能力，这种能力能够直接或间接地产生或有助于产生未来效用；②从已经发生的事项取得是指特定个体通过某种行为获得环境资源的所有权或使用权；控制是指特定主体可能不拥有环境资源的所有权，但能够对其行使使用权；③环境资源是指人类以土地、草原、水域和矿藏等作为劳动对象的自然资源和由自然资源派生的生态资源，其数量和质量对人类的经济活动有重大影响。

（二）环境资产确认的主要标准

1．未来效用的可能性

指环境资产蕴藏着可能的未来效用，它单独或与其他资产结合起来具有一种能力，这种能力将直接或间接地产生或有助于产生未来的效用。在确认标准中采用可能性概念，是为了指出与项目有关的未来效用存在的不确定程度。由于环境资产能否为开发利用的企业带来实际的效用具有相当大的不确定性，如同无形资产一样，需待将来才能明确。

2．计量的可靠性

由于会计计量方法和反映技术的局限性及环境资产的特点和复杂性，要对其进行准确的计量是既不可能也不现实的，其所反映的事实具有模糊性的特点，这不属于偏向，仍可认为其具有可靠性。因此，只要会计资料没有重要差错和偏向，并能如实反映其拟反映或理当反映的情况而能提供会计信息使用者作为决策的依据时，该会计核算资料就具有了可靠性。

3．环境资产的地域范围

环境资产是属于人类的共同“财产”，在国家对地域进行划分的同时，也划分了环境资产的所有权和使用权，环境会计只对本会计主体内的环境资源进行确认。

一项环境资源要作为环境资产加以确认，应符合环境资产要素的定义和确认标准，并具有相关的属性，而且能够合理地对它进行可靠的计量。

二、环境资产的计量

环境资产的计量就是对环境资产确认的结果予以量化的过程，即在环境资产确认的基础上，按照一定的程序和方法，对环境资产的数量与金额进行认定、计算与确定的过程。

（一）环境资产的计量方法

根据环境资产的定义，按照环境资产的形态，可将环境资产分为自然资源和生态资源，这两种资源的计量都可以根据具体情况而定，其计量方法主要有两类：一类是自然资源的计量方法，另一类是生态环境资产的计量方法。为了保护环境和满足经济活动的需要，人类不得不追加投资以维持自然资源和生态资源的现状，此时的环境资产已包含了劳动量的因素，环境资产中包含的这部分价值，仍可用传统会计的方法计量。由于自然资源和生态资源中，有相当大的一部分是无法对其直接计量的，因此环境资产的计量要依靠合理估计的方法，也就是说环境资产的计量通常具有模糊性，对于未探明储量的自然资源，一般不作为环境资产确认。

1. 自然资源性环境资产的计量

（1）市场法

是指以自然资源交易和转让市场中所形成的自然资源价格乘以自然资源的储备量然后减去预计开采成本而确定自然资源价值的方法。如用市场法计算矿产资源的价格，其公式为：矿产资源价值 = 已探明的矿藏资源储备量 × 现行市场价格 − 预计开采成本。市场法必然以自然资源市场发育成熟并且有序规范化，以及市场价格能够反映资源的稀缺程度为前提。

（2）现值法

根据替代与预测原理，着眼于未来的预期收益，并考虑货币的时间价值，以适度的折现率把未来各年的预期收益折为现值，以此作为资源的价值予以计量。如土地一般不宜以市价直接计量，而应以它提供的收入为计量基础，以土地未来各年的净收入的现值加总作为土地的价值。

（3）成本法

对于一些不存在市场价格的自然资源，可以用自然资源成本构成因素来推算该自然资源的价值。以森林资源价值的计算为例，其计算公式为：森林资源价值 = 森林培育成本费用 + 预期利润 + 预期税金。此方法一般适用于森林资源、渔业资源等可再生资源的价值确定。由于其培育费用、预期利润、预计税金等资料相对来说比较容易得到，所以此方法实用性较强。

自然资源可分为可再生自然资源和不可再生自然资源。不同的自然资源在属性上有很大差别，在计量时可区别情况，分别采用以上介绍的几种方法。

2. 生态环境资产的计量

生态环境资产由于其本身的特点，不存在市场或市场不完全，没有现存的市场价格作为计量的基础，只能采用间接的方法对其服务的经济价值进行计量。

（1）市场价值法

把生态环境质量看成是一种生产要素，认为环境质量的变化是导致生产率和生产成本变化的因素，通过市场上观测到的产量和价格的变化，计量生态环境损失。

（2）疾病成本法和人力资本法

疾病成本法计算所有由疾病引起的成本，例如缺勤造成的收入损失和医疗费用；人力资本法计算生态环境损害对人体健康和劳动能力损害。两者都要考虑生态环境质量的变化对人体健康的损害，主要包括三方面的内容：①人生活在受污染的环境中过早死亡和生病造成的收入损失；②看病的医疗费用开支；③人们精神和思想上的损害。

（3）机会成本法

利用环境资源的机会成本来计算环境质量变化所造成的生态环境损失。当某些非价格形态的环境资源的生态社会经济效益不能直接估算时，采用反映资源最佳用途价值的机会成本也是一种可行的方法。

（4）预防性支出法

为了避免环境危害而作出的预防性支出，可作为环境危害的最小成本。这一方法假定人们为了避免危险会支付货币来保护自己，因此，可用其支出预测他们对危害的主观评价。预防性支出法给出的是最低成本，因为实际支付可能受收入的约束，预防性支出可能不包括全部效益损失。

（5）替代工程法

是恢复费用法的一种特殊形式，当环境破坏后，用人工方法建造一个新工程来替代原来生态环境系统的功能，然后用建造新工程所需的费用估计环境污染（或破坏）造成的经济损失。

（6）旅行费用法

旅行费用法是一种计算无价格商品损失的方法，该方法是用旅行费用作为替代物来计量人们对旅游景点或其他娱乐物品的评价。通常旅游景点的门票较低，游客从旅游中得到的效益往往大大高于门票支出。为了估计游客的支付意愿，可以使用旅行费用作为替代物来估计旅游景点的价值。

（7）意愿调查法

意愿调查法是直接询问调查对象对减少环境危害的不同选择所愿意支付的价值，它不是基于可观察到的或预设的市场行为，而是基于调查对象的回答。他们的回答告诉我们在假设的情况下他们将采取什么行动。

环境资产的确认、计量与传统会计相比，有着鲜明的特点，如计量单位的多元性、确认和计量中的社会性、模糊性和多样性。对自然资源和生态资源的计量存在多种计量方法，在实际操作中可以根据具体情况选用。

（二）环境资产的计量依据

环境资产的计量是以货币来衡量环境资产的价值，虽然环境资产的计量具有模糊性的特点，但从资源稀缺的角度来分析，资源分为自由取用资源和经济资源，而且经济资源的范围有越来越大的趋势，取得、使用它都要花费代价并形成资源的价格；从资源的补偿角度来分析，如果经济活动中环境的利用超过自然资源的更新速度，就会导致自然资源的短缺、生态资源的经济利用价值下降。为了满足经济活动的要求，人类不得不追加投资以维持自然资源和生态资源的现状，此时的环境资产已包含了劳动量因素，并以货币形式表现为环境资产的价格。从资源配置的角度分析，环境资产有限，不能充分满足经济活动的需要，为了有效地开发、利用和保护环境资产，需要确定资源的价值。

环境资产计量的依据主要是：①由人工投入形成的资源性资产，应以累计历史成本作为计量依据。对无法取得历史成本资料的，可以近几年实际成本水平估价入账；②由产权变动购入资源性资产的，应以购入价格或评估价格计价入账；③已入账的资源性资产，如有后期投入，应按实际成本入账；④资源性资产的消耗、转让、非常损失和其他损失，应按实际数额或平均数额削减资源性资产存量。

三、环境资产的会计处理

（一）自然资源性资产

1．自然资源性资产的资本化

自然资源资本化是指自然资源的经营者，将为取得自然资源的经营权向资源的所有者（国家）支付的款项作为资产入账的会计处理。如矿产资源的整体价值，就是支付的采矿权价格；森林资源的价值，则是支付资源所有权权益的价格。对经营企业来说，应将这些支出记作一项资产——递耗资产（或自然资源资产）入账。当前西方国家对矿藏、油田、森林等自然资源，在会计上均作为递耗资产入账。之后随着资源开发和使用，递耗资产的价值分期折耗计入成本，使自然资源得到合理补偿，实行自然资源和生态环境的有偿耗用制度。

在自然资源开发利用过程中，有两种情况可以增加自然资源的储量。一种是新探明的自然资源储量，另一种是人造环境资产，也称培育资产，如人工造林。新探明储量的自然资源所有权仍然属于国家。人造环境资产时间长、费用高，一般由国家投资的。但也有企业投资，如山林由企业承包后所培育的林木。这一部分应根据投资主体，确定环境资本的所有权。

2．自然资源性资产相关业务的会计处理

自然资源性资产的会计核算，可以设置“递耗资产”、“土地资源”、“牧地资源”、“旅游资源”等账户。譬如，递耗资产核算通过开掘、采伐、利用而逐渐耗竭，以致无法或难以恢复、更新或无法按原样重置的可耗竭自然资源和其可持续性受人类利用方式影响的可再生自然资源，如矿藏、油井、森林等。为了与国民经济核算指标衔接，还可设置“培育资产”账户，归集培育资产的实际成本，待培育资产成熟后，再转入环境资产，同时将国家拨入的专项资金转入环境资本。

由于企业取得递耗资产的方式不同，其账务处理也不相同。主要有以下几种方式：

1）国家投入。国家可将其拥有的环境资源作为投资形式加入微观会计主体，形成国家资本——环境资本，或者国家对其所拥有的环境资源不作为投资的形式进入微观会计主体，而是通过形成相应的补偿基金的形式让企业有偿使用。由于国家对环境资源拥有所有权，因此，企业取得的自然资源应视为国家投入的资本，设置“环境资本”账户。借记递耗资产，贷记环境资本。

2）购买形式。即经营企业直接向资源所有者（国家）购买资源的使用权，这种方式

下，所支付的买价和购买时的相关费用全部资本化为递耗资产。借记递耗资产（支付的价款和相关费用），贷记银行存款（支付的价款和相关费用）。

3）租赁方式。即经营企业以租赁的方式从资源所有权者手中取得资源的使用权。这种方式下，应将将来每期支付的租赁款的现值资本化为低耗资产的数额，而所支付的租赁款总额与以上现值和之间的差额作为利息费用分期摊销。

这种方式下，资源资本化时做分录为：

借：递耗资产（以后各期支付租赁款的现值和）

　　贷：长期应付款——应付资源租赁款

定期支付租赁款时做分录为：

借：长期应付款——应付资源租赁款（每期支付租金的本金）

　　财务费用（每期支付租金的本金的利息）

　　贷：银行存款（每期支付的利息）

4）债务式。即经营企业以欠款方式向资源所有者借得资源使用权。所有权和使用权并未真正转移，经营企业只是暂时拥有了资源的所有权。资本化时可做分录为：

借：递耗资产（资源的价值）

　　贷：长期应付款——国家

5）递耗资产的增值。自然资源资本化为递耗资产后，可能会因为整个自然资源的不合理开发，使不可再生资源减少而形成自然增值。而可再生资源由于人工再造使递耗资产增值。增值额的会计处理如下：

借：未实现增值

　　贷：留存收益

6）缴纳有关费用。不管以什么方式取得资源的使用权，经营者经营自然资源时，均应向政府缴纳环境资源补偿费。在缴纳时，这些费用直接列作当期费用，可以单独设立“环境费用”账户核算，也可以从管理费用列支，会计处理如下：

借：管理费用——资源环境补偿费

　　贷：银行存款

3．递耗资产折耗相关业务的会计处理

递耗资产折耗的计算技术是递耗资产的价值，即上述资本化的价值减去预计残值后的余额。递耗资产折耗的计提方法主要采用工作量法（或产量法），即用预计可采掘或采伐的总产量除以折旧折耗的基数，以确定单位产品的折耗费用；然后用每期实际采掘或采伐的产量乘以单位产品的折耗费用，计算出每期应提折耗额，并计入当期销售成本或存货成本中。递耗资产折耗的核算可设置“递耗资产累计折耗”账户。

提取折耗分录如下：

借：折耗费用

　　贷：递耗资产累计折耗

如果本期采掘或采伐的产品全部售出，则期末将折耗费用全部转入销售成本；如果本期采掘或采伐的产品只有部分售出，则将售出部分的折耗费用转作产品销售成本，而将其余部分转作存货成本处理。

其会计分录为：

借：产品销售成本（已售出部分的折耗费用）

　　存货（未售出部分的折旧费用）

　　贷：折耗费用

　　　　有关生产费用

若以矿产资源为例，属于递耗资产核算的相关业务即有：

1）根据勘探的矿藏计价入账。其会计分录为：

借：递耗资产——矿山

　　贷：环境成本

2）开采出矿产品时，按耗用的资源价值计量。其会计分录为：

借：折耗费用

　　贷：递耗资产累计折耗

3）开采过程中造成环境降级，需支付生态环境破坏补偿费，该费用应计入期间费用。

未缴纳时的会计分录为：

借：管理费用——资源环境管理费

　　贷：应付环境补偿费

缴纳时的会计分录为：

借：应付环境补偿费

　　贷：银行存款

（二）生态资源性资产

1．生态资源性环境资产相关业务的会计处理

生态资源性资产按其性质应设置“生态资产”和“生态资产累计折耗”账户，核算生态资源的价值增减变化及生态资产的价值减少。

【案例 3-1】 某企业乡政府申请一片森林 20 年的使用权，开设国家森林公园。通过相关的非市场价值评估法确定该森林环境资源价值为 1 亿元。国家森林公园有自然保护区性质，其实物资源（林木、动物等）不能采用和破坏，因此企业付出的 1 亿元，相当于该片森林的环境资源（森林景观所提供的游览服务、生物多样性、生态系统服务等）价值。企业对取得的森林使用权以 20 年期限分期摊入成本。

（1）支付 1 亿元取得森林使用权时，会计分录为：

借：生态资产　　　　　　　　100 000 000

　　贷：银行存款　　　　　　100 000 000

若国家以投资的方式投入，则：

借：生态资产　　　　　　　　100 000 000

　　贷：环境资本　　　　　　100 000 000

（2）生态资产的折耗。年折耗为 100 000 000/20 = 5 000 000 元

借：森林生态旅游成本　　　　5 000 000

　　贷：生态资产累计折耗　　5 000 000

2．对区域生态成本的评估

譬如，对森林公园即可采用“盘存计耗法”，先对某地、某一时间人们认可的生态环境状况下的生态资源存量进行全面的多方位的评估，并作为该区域或流域的生态资产和社会权益，同时计入生态资产和生态权益账户。然后，再对现已破坏的资源状况进行估价，确认其现存的存量价值，并计入该区域或流域现在拥有的生态资产和生态权益账户。将以上两者相减，其差额就是被破坏所损失的价值，这正是应对其进行补偿的重置成本价值，以此可以确定以多少财政转移支付来进行生态成本的补偿和以何种方式进行补偿。

根据盘存成本，确定区域生态成本价值，可做会计分录如下：

借：生态资产

　　贷：环境资本

（三）环境问题对企业资产价值的影响及相关会计处理

1．环境问题对企业资产价值的影响

（1）对固定资产价值的影响

首先，固定资产的运转使用对环境所产生的影响（污染）是最为主要的，相应地固定资产的价值也自然会因其反作用而受到影响，这种影响主要体现为固定资产价值的减损。如产生含有污染物的废水、废渣、废弃物及辐射物的机器设备的运转会对环境造成损害，由此会产生一系列的问题。其次，企业会因排放污染物而缴纳排污费、对受害者予以赔付或招致罚款，形成这样或那样的代价，从而使得企业在法律、政府和社会公众的压力下，从经济利益的角度对排污缴纳的排污费和罚款与改变固定资产的现存状态的支出进行比较。在作决策时，企业可能会面对这些选择：有些固定资产已经不能继续使用，需要购买新型设备，或者是为使现有的固定资产继续使用也会考虑将对环境有危害的固定资产进行更新或者技术改造，或者是另外购置新的专门用于降低污染物的设备。所有这些支出的发生，都会相应地使固定资产在价值总额和结构上发生变动。

（2）对无形资产价值的影响

无形资产也会出现同固定资产类似的资产变动的情况。一方面，有些企业存在着一些有污染问题的专利权、专利技术或商标、商誉等，这些都会因为其内在的对环境的损害而使其使用价值降低甚至报废，并进而使其价值发生一定的减损。但另一方面，有些企业也可能会开发或购买一些有助于减少污染或专门治理污染的新型的专利或技术，或由于不断改进现有的产品和服务取得了环保标志，而使得原有的商标或广告价值提高。

（3）对递延资产价值的影响

一般而言，环境问题不会对已经入账的递延资产形成影响。但是，环境问题可能引发新的递延资产项目。例如，当地政府建立一个污染物处理中心以集中治理污染，要求各企业共同出资，然后在一个相当长的时间里企业可以免费将污染物交付中心处理。于是，一个新型的递延资产项目就出现了。

（4）对长期投资中股权投资价值的影响

如果企业对外股权投资的受资方存在严重的环境问题，那么受资方将会由此而产生某种支出、承担某种债务甚至是停产或关闭，其结果也将会导致投资方在受资方所拥有的权

益受到损害。

（5）对库存商品和其他资产价值的影响

如果一个企业的产品被列为非绿色产品，这样的产品将会给企业带来更大的成本支出，因为企业为之所付的保管费、监测费等都要比其他产品多得多，而且这样的产品如果处理不好，完全有可能变成处于诉讼中的其他资产。

2. 环境问题引发的与企业资产价值变动相关业务的会计处理

“环境保护资产”是核算企业投资构建的用于环境保护的长期资产。这些环保长期资产按照财务会计制度的分类可以划分为固定资产、无形资产、递延资产等。因此，“环境保护资产”账户还应设置固定资产、无形资产、递延资产等明细账户，并设置“环境保护资产累计折旧”账户。

（1）环境保护固定资产的核算

环境保护固定资产的核算方法与财务会计的固定资产核算方法一样，不同的是，环境保护固定资产的核算领域仅仅局限于环保固定资产；与此相对应，环境保护资产累计折旧也仅局限于环保固定资产累计折旧。为核算企业对环境保护的资金投入，还应制定环保类固定资产的分类折旧制度，以优惠的折旧率或折旧方法区别于经营用固定资产。

（2）环境保护无形资产的核算

环境保护无形资产的核算方法与财务会计的无形资产核算方法相同。该账户的借方登记从“环境支出”账户转入的金额；贷方一般登记环境保护无形资产的摊销；借方余额表示企业环境保护无形资产的摊余价值。

（3）环境保护递延资产的核算

环境保护递延资产账户的核算也局限于环境保护递延资产领域，核算方法与财务会计的递延资产相同：借方登记自“环境支出”转入的相关金额；贷方登记环境保护递延资产的摊销；借方余额表示尚未摊销的环境保护递延资产余额。

（4）长期环保投资的核算

长期环保投资账户核算政府或企业为减少和防治环境污染及恢复环境质量而进行的长期投资。借方登记投资项目的金额，贷方登记完工项目的结转金额。

四、资产弃置的处理①

资产弃置义务是指企业因获得构建开发和正常使用长期有形资产，根据法律法规或契约而承担长期有形资产在未来弃置阶段的拆除清理和环境修复等义务（FASB，2001）。对于特殊行业的特定固定资产，确认其初始成本时，还应考虑因履行弃置义务而发生的弃置费用。弃置费用通常指根据国家法律和行政法规、国际公约等规定，企业承担的环境保护和生态恢复等义务所确定的支出，如核电站设施等的弃置和恢复环境义务。美国于 1957 年建设了世界上第一个核电站，并在随后的 20 年得到迅速发展，其核装机和发电量稳居世界第一位。作为美国法定的核电监管机构，联邦核监管委员会（NRC）依据美国原子能法，要求企业必须承担核反应堆的废弃拆除污染治理等弃置义务，并强制企业在核电站

① 关于资产弃置义务的详细论述，详见本书第四章环境负债相关内容。

运行开始时即估计核电站资产弃置成本，以确保当工厂拆除时有足够资金用于履行弃置义务。

然而，弃置费用的金额与其现值比较通常较大，需要考虑货币时间价值，对于这些特殊行业的特定固定资产，企业应根据《企业会计准则13号——或有事项》，按照现值计算确定应计入固定资产成本的金额和相应的预计负债。在固定资产的使用寿命内按照预计负债的摊余成本和实际利率计算确定的利息费用应当在发生时计入财务费用。一般工商企业的固定资产所发生的报废清理费用不属于弃置费用，应当在发生时作为固定资产处置费用处理。

【案例3-2】 光华公司经国家批准于20××年1月1日建造完成核电站核反应堆并交付使用，建造成本为2 500 000万元，预计使用寿命40年。该核反应堆将会对当地的生态环境产生一定的影响，根据法律规定，企业应在该项设施使用期满后将其拆除，并对造成的污染进行整治，预计发生的弃置费用为250 000万元。假定适用的折现率为10%。

核反应堆属于特殊行业的特定固定资产，确定其成本时应考虑弃置费用。账务处理为：

（1）20××年1月1日，弃置费用的现值＝250 000×（P/F，10%，40）=250 000 × 0.022 1＝5 525（万元）

固定资产的成本＝2 500 000＋5 525＝2 505 525（万元）

借：固定资产——××核反应堆　　25 055 250 000

　　贷：在建工程——××核反应堆　　25 000 000 000

　　　　预计负债——××核反应堆弃置费用　　55 250 000

（2）计算第1年应负担的利息费用＝55 250 000 × 10%=5 525 000（元）

借：财务费用　　5 525 000

　　贷：预计负债——××核反应堆弃置费用　　5 525 000

以后年度，企业应当按照实际利率法计算确定每年财务费用，账务处理略。

第三节　环境资产减值

环境资产的主要特征之一是必须能够为企业带来经济利益的流入，如果该资产不能够为企业带来经济利益或者带来的经济利益低于其账面价值，那么，该资产就不能再予以确认，或者不能再以原账面价值予以确认，否则将不符合资产的定义，也无法反映资产的实际价值，其结果会导致企业资产虚增和利润虚增。因此，当企业资产的可收回金额低于其账面价值时，即表明资产发生了减值，企业应当确认资产减值损失，并把资产的账面价值减记至可收回金额。

环境资产与普通资产相比，能够带来的未来经济效益更加具有不确定性，因此，其发生减值损失的可能性更大。对此，ISAR提出建议："当一项环境成本作为另一资产的价值的一部分时，应对这一资产进行评估，确认其有无减值，如果已减值，则应将其减记至可回收价值。"同时，ISAR还对某些特定情况及独立环境资产作了进一步阐述："在某些情况下，资本化了的环境成本计入相关资产后会导致资产的成本高于其可收回价值，所以，应对这项资产是否减值进行评估。"

环境资产减值的确认原则与其他形式的减值相同，一般均采用准备金核算方法。但还应引起注意的是，环境污染对环境资产所产生的“减值”影响，也应考虑纳入会计核算。这种由于环境问题导致的资产减值主要包括3个方面：第一，因某些资产已遭受环境污染，为使这些资产以后恢复其使用价值，企业通常需要对它进行污染清除和环境质量恢复，导致其价值降低；第二，因某些资产的使用会产生较多的污染物，进而带来较多污染治理支出或罚款，而新出现的同类性质新资产的使用可大幅度降低污染产生量，或没有污染，使得原有资产价值减值；第三，因某些资产与环境污染问题相关联而使其价值降低。这些都须计提减值准备。

为了正确核算企业确认的资产减值损失和计提的资产减值准备，企业应当设置“资产减值损失”科目，反映环境资产在当期确认的资产减值损失金额；同时，设置“环境资产减值准备”科目。企业根据资产减值准则规定确定资产发生了减值的，应当根据所确认的资产减值金额，借记“资产减值损失”科目，贷记“环境资产减值准备”。在期末，企业应当将“资产减值损失”科目余额转入“本年利润”科目，结转后该科目应当没有余额。各资产减值准备科目累积每期计提的资产减值准备，直至相关资产被处置时予以转出。

【案例 3-3】 某公司在某国开矿，该国法律要求矿产的业主必须在完成开采后将该地区恢复原貌。恢复费用包括表土覆盖层复原的费用，因为它在矿山开发前必须移走。表土覆盖层一旦移走，就应确认一笔表土覆盖层复原准备。该准备计入矿山成本，并在矿山使用寿命内计提折旧。为恢复费用提取的准备金额为500元，等于恢复费用的现值。

企业正在对矿山进行减值测试。矿山的现金产出单位是整座矿山。企业已收到愿以约800元的价格购买该矿山的出价，该价格已考虑了复原表土覆盖层成本。矿山的处置费用可忽略不计。矿山使用价值约为1 200元，不包括恢复费用。矿山账面金额为1 000元。

现金产出单元销售净价为800元，该价格考虑了恢复费用。现金产出单元的使用价值在考虑恢复费用后估计为700元（1 200 – 500）。现金产出单位的账面价值金额为500元，即矿山的账面价值（1 000元）减去复原准备（500元）。

此例告诉我们，因环境问题而产生的恢复费用500元构成原矿山价值的减值准备。那么，其会计处理为：

借：资产减值损失　　　　　　500

　　贷：环境资产减值准备　　500

资产减值损失确认后，减值环境资产的折耗费用应当在未来期间作相应调整，以使该环境资产在剩余使用寿命内，系统地分摊调整后的资产账面价值（扣除预计净残值）。考虑到环境资产发生减值后，一方面价值回升的可能性比较小，通常属于永久性减值；另一方面从会计信息谨慎性要求考虑，为了避免确认资产重估增值和操纵利润，资产减值准则规定，资产减值损失一经确认，在以后会计期间不得转回。以前期间计提的资产减值准备，在资产处置、出售、对外投资、以非货币性资产交换方式换出、在债务重组中抵偿债务等时，才可予以转出。

【本章小结】

环境资产是指由过去的、与环境相关的交易或事项形成的，并且由企业拥有或控制的资源，该资源能够为企业带来经济利益或社会利益。环境会计具有天然形成与人工投入相结合、可利用性、总量有限性、变化要符合生态平衡机制、计量的复杂性及产权归属的国有性和收益的垄断性等特征。

如果发生的环境成本符合资产定义并通过下列途径之一，直接或间接地为企业带来经济利益，那么就应当将其资本化为环境资产：①能够单独或者结合其他资产提高生产能力、效率或安全性；②能够降低未来经营导致环境污染的可能性；③能够保护环境。环境资产确认的主要标准：未来效用的可能性、计量的可靠性、环境资产的地域范围。

按环境资产的形态，可将环境资产分为自然资源和生态资源，其计量方法主要有两类：一类是自然资源性环境资产的计量方法，另一类是生态环境资产的计量方法。其中自然资源性环境资产的计量方法有市场法、现值法、成本法；生态环境资产的计量方法主要有市场价值法、疾病成本法和人力资本法、机会成本法、预防性支出法、替代工程法、旅行费用法、意愿调查法。

环境资产的主要特征之一是它必须能够为企业带来经济利益的流入，如果该资产不能够为企业带来经济利益或者带来的经济利益低于其账面价值，那么，该资产就不能再予确认，或者不能再以原账面价值予以确认，否则将不符合资产的定义，也无法反映资产的实际价值，其结果会导致企业资产虚增和利润虚增。因此，当企业资产的可收回金额低于其账面价值时，即表明资产发生了减值，企业应当确认资产减值损失，并把资产的账面价值减记至可收回金额。

【讨论思考题】

（1）与一般资产比较，环境资产具有哪些基本特征？环境资产的含义是什么？
（2）环境资产的确认依据与标准有哪些？
（3）环境资产的计量方法有哪些？具体含义是什么？
（4）企业不同形式的环境资产的会计处理是怎样的？
（5）如何对企业环境资产减值准备进行会计处理？

【案例分析题】

1. 光华矿业公司以 50 000 000 元购入一矿山的使用权，估计该矿山煤的蕴藏量有 10 000 000 t。开采前该公司另外支付了下列费用：

地质勘探费	814 000 元
法律手续费	60 000 元
建筑矿坑入口和排水设备	450 000 元
建造地面设备和装载设施	800 000 元

在所有煤矿开采完后，该矿山估计尚能按 900 000 元出售，运输及装载设备尚能售得 200 000 元。煤矿开采后造成周围生态环境破坏而带来的生态降级，需缴纳环境资源补偿费 500 000 元。

根据上述材料：

（1）计算煤矿的取得价值，并做相关会计分录。

（2）计算每吨煤应计提的折耗费。

（3）设每期开采煤 800 000 t，其中销售 750 000 t，计算应摊提的折耗，并做有关会计分录。

（4）将售出部分的折耗费用转作产品销售成本，而将其余部分转作存货成本处理。

（5）做应交环境资源补偿费的会计分录。

2. 贵州茅台酒股份有限公司（600519）是国内白酒行业的标志性企业，主要生产销售世界三大名酒之一的茅台酒，同时进行饮料、食品、包装材料的生产和销售，防伪技术开发，信息产业相关产品的研制开发。茅台酒历史悠久，源远流长，是酱香型白酒的典型代表，享有“国酒”的美称。目前，公司茅台酒年生产量已突破 1 万 t，43°、38°、33°茅台酒拓展了茅台酒家族低度酒的发展空间，茅台王子酒、茅台迎宾酒满足了中低档消费者的需求，15 年、30 年、50 年、80 年陈年茅台酒填补了我国极品酒、年份酒、陈年老窖的空白，在国内独创年代梯级式的产品开发模式。公司产品形成了低度、高中低档、极品三大系列 70 多个规格品种，全方位跻身市场，从而占据了白酒市场制高点，称雄于中国极品酒市场。

茅台镇位于贵州省仁怀市城西赤水河东岸，在寒坡岭下，依山傍水，平均海拔 400 多 m。赤水河流域地处高原和盆地接壤地带，冬干旱夏湿热，属于大陆气候，最高气温为 39℃，最低气温为 −5℃。年平均气温 15 ~ 20℃，降雨大多数集中在 6—9 月，占年降水量的 60%，其中微生物环境是保证茅台酒质量的关键。2 次投料、7 次取酒、8 次堆积入窖发酵、9 次蒸煮，周期为 1 个月。一般来说，酒精酵母的最佳温度为 39℃，但茅台的发酵温度在 59℃以上，是高温制取、高温发酵。水分、温度、土壤对微生物环境缺一不可。茅台酒之所以在风格上独树一帜，除了具有独特的酿造工艺以外，很大程度上是源于茅台镇得天独厚的地理环境。

据考证，这一地区的地理环境有三大特点：一是仁怀市特殊的地质和地貌结构能够生产出茅台酒所用的高粱，侏罗系砂泥岩、二叠系煤系地层的岩-土剖面，元素淋溶微弱，总量极其丰富，组合良好，能正常进行岩-土-高粱系统的物质转化与元素迁移，能充分供应高粱生长所需的磷等元素，是茅台酒高粱的最宜种植区；二是冬暖夏热且雨量少，最适宜酿酒微生物生存与繁衍，由于茅台镇地处地势低矮的赤水河边峡谷地带，温差小，干热少雨，日照丰富，这种特殊的气候最适宜酿酒微生物生成与繁衍，再加上特殊的紫砂页岩地质结构，紫色土壤使这一地区的空气中漂浮着无数的微生物群，正是这些活跃又独特的微生物群形成了茅台酒的主体香型——酱香；三是良好的水质为酿造酒提供了先决条件。流经茅台镇的赤水河集灵泉秀水于一体，河上滩滩相峙，两岸崇山峻岭，赤水河镇断面 1981—1993 年水质监测结果表明：除干流水质外其余水质指标均达到 I 类水标准。赤水河水质优良，无色透明且微甜爽口，含有很多种对人体有益的成分，pH 值为 7.5 ~ 8.1，硬度为 8.46 ~ 7.8。也正因为如此，赤水河沿途广产名酒，酒香四溢，赋予她美酒河的美称真是恰如其分。

赤水河沿岸地区的自然环境，包括气候、地质、土壤、水质乃至微生物区系等环境因素，是生产茅台酒必不可少的条件，而修建水电站会使水质等自然因子发生变化，进而影响酒的质量，茅台酒所用的原料高粱只产于低山河谷区，修建水电站将大量淹没这些最适宜的种植区。还有赤水河中下游一些造纸厂，对赤水河也有一定的污染。中国科学院水生生物研究所曹文宣院士曾经说过，“茅台酒要用赤水河的水，五马河电站修建后，气候、水温都要发生变化，茅台酒还是茅台酒吗？”

根据该案例资料，分析以下问题：

（1）环境资产确认的标准及条件是什么？贵州茅台的水资源资产及土壤资产是否应当确认为环境资产？

（2）假设贵州茅台企业环境遭受破坏，应当如何对其环境资产进行会计处理？

第四章　环境负债会计

【案例引导】

埃克森·瓦德滋号轮原油泄漏事件

随着环境法规的复杂化以及环境技术的迅速发展，企业因为生产经营活动产生的环境污染导致不良后果而承担的环境负债日渐增加。这些环境负债不仅对企业的财务状况和经营成果产生显著影响，还将导致一定的环境风险。与此同时，财务报告的使用者希望了解企业环境负债对于财务状况和经营成果的影响程度以便评价环境负债导致的环境风险。

1989 年 3 月 24 日，石油巨轮埃克森·瓦德滋号轮（Exxon Valdez）在阿拉斯加西海岸的威廉王子海湾（Prince William Sound）触礁，导致 4 000 万 L 原油泄漏，对海洋动植物造成了巨大破坏。

1994 年 7 月 13 日阿拉斯加法院的陪审团裁定该巨轮船长是个粗心大意的人，嗜好饮酒。而拥有巨轮和石油的埃克森（Exxon）公司同样粗心大意，允许船长指挥埃克森·瓦德滋号轮。案件审理经过四个阶段。法院在第一个审理阶段公布的决定导致埃克森公司的股票价格下跌 4%，(在短期内）吞噬了该公司 3.1 亿美元的资本市值。而在当时，该公司已为清理被石油泄漏污染的 2 400 km 海岸花费了 2.5 亿美元，而且还动用了 1.1 亿美元支付刑事诉讼费。

案件审理的第二个阶段确定了有关环境、渔业和其他受到影响的行业的赔偿。例如，埃克森公司被指控给渔民造成损失。法院裁定埃克森公司必须支付渔民原先请求赔偿的 8.95 亿美元中的 2.688 亿美元。但是，这个数字还是比埃克森公司原先估计的高出两倍。

在案件审理的第三个阶段，法院判处对埃克森公司进行罚款。11 000 位渔民和其他居住在威廉王子海湾的居民（包括一大批土生土长的居民）要求判处埃克森公司罚款 15 亿美元。在花费了 3.5 亿美元的清理费用之后，埃克森公司必须面对一份达 16.5 亿美元的账单：清理费用 3.5 亿美元、赔偿费用 1.5 亿美元，剩余的金额属于罚款。

第一节　环境负债的定义与分类

一、环境负债的定义与特征

美国环境保护局将环境负债定义为“由于过去或持续制造、使用、排放或危险排放某一特定物质，或其他不利于环境的活动导致的在将来支出的法定义务”。ISAR 认为，“环境负债指企业发生的，符合负债的确认标准，并与环境成本相关的义务”。美国环境保护局的定义强调环境负债的法律特征，仅限于引起环境负债的法定义务。ISAR 的定义则较为宽泛，不仅包括引起环境负债的法定义务，还包括引起环境负债的推定义务。

我们认为，在企业财务会计系统中确认的环境负债的定义既要符合企业一般负债的定义，又要考虑到环境事项的特殊性。

我国《企业会计准则》中对负债的定义是："企业过去的交易或事项形成的，预期会导致经济利益流出企业的现时义务。现时义务指企业在现行条件下承担的义务。未来发生的交易或者事项形成的义务，不属于现时义务，不应当确认为负债。"

将负债的定义延伸至环境事项，则环境负债可以定义为：企业由于过去与环境活动有关的交易或事项形成的、预期会导致经济利益流出企业的现时义务。现时义务指企业在现行条件下承担的法定义务或推定义务。

根据这一定义，环境负债应具备以下基本特征：

1）环境负债是以企业生产经营活动产生的污染排放对环境和人类的健康造成破坏或损害为前提的，这是环境负债在发生的动因上与一般负债的区别。例如，企业将含有对人体有害的六价铬的废渣长期堆放在土地上导致土地污染。污染清理负债发生的动因是废渣污染土地。

2）环境负债必须存在于现在，即它是企业过去的生产经营活动或事项引起的现时义务。未来发生的交易或者事项形成的义务，不属于现时义务。该义务可能产生于获取物品或服务的交易，也可能产生于应对之负责的且已经存在或预期可能发生的环境损失。

3）环境负债必须是一项强制性的义务，即不存在避免未来经济利益流出企业的可能性。这种强制性的义务可以是法定义务（Legal obligation），也可以源自推定义务（Constructive obligation）。法定义务指依照合同、法规或法律的其他司法解释产生的义务。例如，企业承担预防、减少或补救环境损害的合同或法定义务。推定义务指因企业的行为而产生的义务。例如，企业通过政策或计划公开声明或过去已建立的实务惯例向第三方表示将承担预防、减少或补救环境损害的责任，因此，可以推定企业已就预防、减少或补救环境损害做出承诺并且没有不履行这项承诺的意愿。这种承诺使企业免除该义务的可能性很小或不存在。

4）环境负债通常是能够用货币确切地计量或合理地估计的义务或责任；应有确切的受款人，或其债权人是已知的，因为在大多数情况下，环境负债产生于法律或合同，其金额和支付时间均已由法律或合同的条款所规定。

5）环境负债具有相对滞后性。与企业一般负债相比，环境负债的确定不是发生在废弃物排放或污染发生的那一时间，而往往会在排放或污染行为之后的某一时间被确认或提出。例如，在 20 世纪 60 年代生产的石棉产品到了 20 世纪 80 年代才被确定为对人体健康有害的产品。因赔偿形成的负债具有明显的滞后性。由于其具有相对滞后性的特点，环境负债的金额、清偿时间、受款人在现行条件下具有不确定性，需要通过合理估计加以确定。

6）环境负债具有较强的追溯性、连带性和个别性。具体表现为某个主体现在对一个或多个其他主体承担的义务或责任。这种义务或责任预期在特定的或可确定的日期，或在具体未来事项发生时，通过交付或使用某些其他资产来履行。例如，美国的《超级基金法案》规定，那些造成危害物质泄漏的肇事者要承担全部的清理和复原原状的责任，其中，第 106 条和 107 条明确指出，环境责任的主体是：①已经产生废弃物质的现有所有者和经营者；②在处置有害废弃物质时产生的泄漏的所有者或经营者；③处置有害物质的安排者；④选择处置有害物质的运输者。甚至在某些贷款业务中，贷款人也有可能成为连带责任人。

二、环境负债的分类

环境负债代表着企业的未来环境支出。这种支出将对企业的财务状况产生影响。环境负债的分类有助于信息使用者分析和预测企业的财务状况和偿债能力。环境负债可以按照不同的分类标准进行分类：

1）按照负债的清偿期限，环境负债可以分为短期环境负债和长期环境负债。前者为清偿期限短于 1 年或一个经营周期的环境负债，后者为清偿期限长于 1 年或一个经营周期的环境负债。

2）按照清偿义务是否确定，环境负债可以分为确定性环境负债和或有环境负债。前者指清偿期限和清偿金额可以预期确定的环境负债，后者指义务的存在与否或清偿时间和金额须由某些未来事项的发生或不发生才能确定的环境负债。

3）按照计量形式，环境负债可以分为货币性环境负债与非货币性环境负债。前者指用货币计量形式表达的环境负债，后者指无法用货币计量形式表达的环境负债。

4）按照环境负债产生的原因，美国环境保护局将环境负债划分为法规遵循义务、补救义务、罚款与处罚支付义务、赔偿义务、惩罚性损害支付义务、自然资源损害赔偿义务①。

第二节 环境负债的确认

一、环境负债的确认条件

根据我国《企业会计准则》，符合负债定义的义务，并同时满足以下条件时，确认为负债：①与该义务有关的经济利益很可能流出企业；②未来流出的经济利益的金额可以可靠地计量。

ISAR 和欧盟都对环境负债的确认条件做出了具体规定。ISAR 规定，如果企业有支付环境费用的义务，则应将其确认为负债。这种义务可以是具有法律强制性的法定义务，也

① 法规遵循义务是指遵循涉及化学物质的制造、使用、处置和排放，或其他不利于环境的活动的环境法规的义务，例如根据法规要求，企业预期发生的环境管理支出、预防废弃物排放支出、关闭废弃物处理场地支出等；补救义务是指与被污染的不动产有关的当期或未来承担的补救义务，补救措施导致的未来支出往往数额巨大，补救义务可以进一步划分为当期污染的补救义务和未来污染的补救义务；罚款与处罚支付义务是指因违反环境法规导致的民事和刑事罚款和处罚的支付义务；赔偿义务是指因人身伤害、财产损害以及经济损失导致的对个人、团体的赔偿，在美国，由于对于雇员的赔偿已包含在劳工赔偿法律以及雇主义务法律中，对于雇员的赔偿也就不确认为环境负债；惩罚性损害支付义务是指对于严重疏忽行为导致的惩罚性损害的支付义务，与赔偿义务不同，惩罚性损害与造成的实际伤害没有直接关联，惩罚性损害支付的金额通常超过赔偿成本的数倍；自然资源损害赔偿义务是指对于私有财产以外的公共自然资源的污染导致的赔偿义务。节选自美国环境保护局（EPA）：Valuing Potential Environmental Liabilities for Managerial Decision-making：A Review of Available Techniques，1996：8.

可以是推定义务。根据欧盟的规定，环境负债的确认应同时满足以下条件：由于清偿过去的事项引起的环境性现时义务导致包含经济利益的资源流出的可能性很大；且清偿的金额可以可靠地计量。欧盟规定所指的现时义务也包括法定义务和推定义务。

ISAR 和欧盟的规定表明：环境负债的确认条件既要与一般负债的确认条件保持一致，又具有其自身的特点，即一项义务或责任如果符合环境负债的定义，且同时满足以下条件，就应在资产负债表中将其确认为环境负债：①与该义务或责任有关的经济利益很可能流出企业；②未来流出的经济利益的金额可以可靠地计量。

第一个确认条件在于保证环境负债发生的可能性。如果法律已经就企业的未来环境支出义务做出明确规定，或企业管理层已就履行未来的环境义务发表正式承诺，就可以判断环境负债发生的可能性很大。第二个确认条件在于保证环境负债会计信息的可靠性。例如，企业超标排放污染河流。根据法律规定，企业将因此受到当地环保部门的罚款。企业未来罚款的支付将导致企业银行存款或现金流出。如果罚款的金额可以可靠地计量，那么，企业应当将未来支付罚款的义务确认为环境负债。相反，如果罚款的金额无法可靠地计量，则该义务不能确认为环境负债。根据充分披露原则，企业应在财务报表附注中披露其存在环境负债这一事实。

二、确定性环境负债的确认

确定性环境负债是指具有如下特点的环境负债：①企业产生环境负债的事实已经存在；②环境负债的未来清偿金额、清偿日期和受款人都是相当明确的。确定性环境负债的例子包括法规遵循性负债、违反相关法规的罚款与处罚、对第三方支付赔偿金的赔偿负债等。根据环境负债的确认条件，确定性环境负债应在发生时及时确认为环境负债，并同时确认相应的环境费用。

三、或有环境负债的确认

（一）或有环境负债的定义

美国环境保护局将或有环境负债定义为：由于目前或将来制造、使用、排放或危险排放某种特定物质，或其他对环境产生不良影响的活动引起的在将来发生支出的潜在法定义务。所谓潜在义务是指其存在与否取决于或有事项的义务。该定义由于强调负债的法律特性，将或有环境负债的范围限定在潜在的法定义务，而忽视了潜在的推定义务，导致其所提供的信息缺乏完整性。从环境保护的角度考虑，企业不仅要承担潜在的法定义务，还可能要承担潜在的推定义务。例如，根据当地的法规，企业没有法定的义务去治理某一特定区域的粉尘污染。但是企业自经营活动一开始就公开承诺要为当地的环境保护作出贡献。如果企业不开展治理活动，企业的声誉以及未来在当地的生产经营活动将受到重大影响，出于这种考虑而产生的治理义务就成为推定义务。考虑到信息的完整性，或有环境负债可以定义为“企业由于当前或未来与环境有关的交易或事项形成的，预期可能会导致经济利益流出企业的潜在义务。潜在义务包括潜在法定义务和潜在推定义务。”

（二）或有环境负债的基本特征

根据或有环境负债的定义，或有环境负债的基本特征表现为其存在与否以及发生的金额、收款人、清偿日期主要取决于“或有事项”。所谓“或有事项”是指“过去的交易或者事项形成的、其结果须由某些未来事项的发生或不发生才能决定的不确定事项”。如果“或有事项”确定发生，或有环境负债就成为一种实际的环境负债，反之，如果“或有事项”不发生，环境负债就不存在。因此，或有环境负债是与或有事项相关的义务，该义务发生的时间或金额在资产负债表日存在不确定性。与或有环境负债有关的“或有事项”包括：①土地污染（如地下储藏或泄漏引起的土地污染）；②地下水污染（如地表水污染或土壤污染引起的地下水污染）；③地表水污染（如工业生产过程产生的地表水污染）；④废气排放（如不定期排放和运输活动以及声音、噪声和光线产生的废气排放）；⑤能源排放（如暖气、无线电或电磁排放、噪声）等。

（三）或有环境负债的确认条件

我国《企业会计准则第 13 号——或有事项》规定，与或有事项有关的义务同时满足下列条件的，应当确认为预计负债：①该义务是企业承担的现时义务；②履行该义务很可能导致经济利益流出企业；③该义务的金额能够可靠地计量。

在上述确认条件中，第一个条件在于确定现实义务发生的可能性。只有当企业所获得的证据表明在资产负债表日多半会（即很可能）存在与企业未来行为（或未来经营活动）无关的，并由过去事项产生的现时义务时，企业应确认一项预计环境负债。第二个条件在于确定履行现时义务导致资源流出或其他事项发生的可能性。只有当履行现时义务很可能要求含有经济利益的资源流出时才能确认一项预计环境负债。第三个条件在于保证计量的可靠性。根据该准则，如果企业的或有环境负债能够同时满足上述条件，或有环境负债应当在资产负债表中单独确认为预计环境负债。但是，如果履行现时义务不是很可能导致经济利益流出企业或不能对该义务的金额做出可靠的计量，企业就不应当确认预计环境负债，而应在财务报表附注中披露一项或有环境负债。例如，某企业因涉嫌向河流排放有害化学品正在接受当地环保部门的调查。企业是否应对环境污染事件承担责任在资产负债表日还难以预料。如果调查结果显示该企业应对环境污染事件承担全部责任，企业将受到高额罚款，或被要求清理污染物。由于无法确定是否应对环境污染事件承担全部或部分责任，企业无法预计罚款金额和清理污染物的成本。在这种情况下，企业不应确认任何预计环境负债。但是，由于存在未来含有经济利益的资源流出企业的可能性，企业应在财务报表附注中披露有关当地环保部门调查企业的信息。

（四）长期资产报废义务的确认

在某些环境敏感行业，根据环保法规的要求，企业必须承担在正常的生产经营活动结束后长期资产报废和场地复原的法定义务。例如，石油开采公司在石油开采结束时必须拆除钻井设备以复原生态环境。又如，《中华人民共和国水土保持法》规定，因采矿和建设使植被受到破坏的，必须采取措施复原表土层和植被，防止水土流失。企业长期资产报废义务和场地复原义务具有履行该义务所需要的金额与时间不确定的特点。我国《企业会计准则第 27 号——石油天然气开采》以及《国际会计准则第 16 号——固定资产》都对企业长期资产的报废义务的确认做出了规定。根据我国《企业会计准则第 27 号——石油天然气开采》，"企业承担矿区废弃处置义务，满足《企业会计准则第 13 号——或有事项》中预计负债确认条件的，应当将该义务确认为预计负债，并相应增加矿井及相关设施的账面价值。不符合预计负债确认条件的，在废弃时发生的拆卸、搬移、场地清理等支出，应当计入当期损益。"根据《国际会计准则第 16 号——固定资产》，为了存货生产以外的目的取得的或由于一定期间的使用而导致的固定资产的拆除、转移以及固定资产所在场地复原义务的初次估计成本应确认为企业的固定资产的取得成本，同时要求根据《国际会计准则第 37 号——准备、或有负债和或有资产》确认与这些成本相关的义务，即将这些义务确认为准备。

《企业会计准则第 13 号——或有事项》和《国际会计准则第 16 号——固定资产》均规定与长期资产报废义务或场地复原义务有关的成本应确认为预期应报废的长期资产的成本。这是因为：长期资产报废和场地复原的法定义务通常在企业经营活动开始或相关长期资产投入使用的时候就已存在。预期发生的长期资产报废成本或场地复原成本是企业使用长期资产获利的必要成本。因此，在相关长期资产的使用期间内，根据配比原则，资本化的资产报废成本或生态环境复原成本应按照一定的方法系统而合理地确认为相关长期资产的折旧费用；长期环境负债账面价值的增长部分应确认为财务费用计入当期损益，并同时增加长期环境负债的账面价值。

根据美国财务会计准则委员会（FASB）发布的《财务会计准则公告第 143 号——资产报废义务》（FAS 143）以及《财务会计准则解释公告第 47 号——有条件资产报废义务》（FIN 47）[①]，当资产报废义务的公允价值可以合理估计时，企业应在资产报废义务发生时将该义务确认为一项负债，同时将估计的资产报废成本予以资本化，计入相关资产的账面价值。FAS 143 的规定表明：当企业存在资产报废的法定义务且资产报废义务负债的公允价值可以合理估计时，企业应当将资产报废义务确认为负债。可见，FASB 并没有把与资产报废义务有关的未来经济利益流出的发生的可能性作为确认条件，而是把资产报废义务公允价值的合理估计作为资产报废义务的确认条件。资产报废义务作为一项法定义务，产生于相关固定资产的取得、建设、开发或其正常使用过程中，企业无法推卸履行该义务的责任，这一确认条件对于法定的资产报废义务乃至生态环境复原义务是恰当的。由于环境负债涉及未来的现金流出及企业的变现能力，相对于我国以及 IASB 的规定，根据 FASB 规定的确认条件确认的环境负债将增加财务报表的信息量（即将资产报废义务确认为一项负债并预计发生的资产报废成本资本化不仅增加负债余额，也增加了资产的账面价值以及相关资产的使用期间的经营费用），从而有助于向报表使用者提供更多与未来现金流出和变现能力有关的信息。

---

① 报废指"出售、废弃、循环使用及其他处置方式"，引自 FASB Interpretation No.47：Accounting for Conditional Asset Retirement Obligations，an interpretation of FASB Statement No.143（2005）.

第三节 环境负债的计量

一、确定性环境负债的计量

（一）确定性短期环境负债的计量

确定性短期环境负债是指清偿期少于1年的确定性环境负债。根据确定性短期环境负债的特点，现行会计实务中适用于企业流动负债的计量方法仍然适用于确定性短期环境负债的计量。按照我国《企业会计制度》的规定，“各项流动负债应当按实际发生额入账”。因此，法规遵循性负债、违反相关法规的罚款与处罚、对第三方支付赔偿金的赔偿负债、惩罚性罚款负债等确定性短期环境负债通常可以根据法规规定或法院裁决的支付金额计量，即确定性短期环境负债可以按照未来应付或实际支付的金额计量。

（二）确定性长期环境负债的计量

确定性长期环境负债是指清偿期超过1年的确定性环境负债。确定性长期环境负债包括污染清理、污染导致的损害赔偿、自然环境的复原等。确定性长期环境负债由于清偿期限较长，未来清偿的金额容易受到技术水平、连带责任、补救期限等因素的影响，在计量时需要依据合理的判断和估计，并且考虑货币的时间价值。

根据ISAR的观点，在相当长的一段时间内不用清偿的环境负债，可以采用现行成本法或现值法计量。根据欧盟的观点：“对于不准备在近期清偿的环境负债，如果义务、支付的金额和时间是确定的，允许但不要求采用现值法计量；同时允许采用现行成本法计量[①]。”

由此可见，ISAR和欧盟的观点是一致的，即确定性长期环境负债应按照现行成本法或现值法计量。所谓现行成本法，是指按照现在偿付环境负债所需要支付现金或现金等价物的金额计量环境负债的方法；所谓现值法，是指按照预计期限内需要偿还的未来现金净现金流出量的折现金额计量环境负债的方法。

现行成本法和现值法均要求根据现有的条件（如技术水平、反诉、通货膨胀等）和法律要求估计环境负债的金额，即估计现行成本[②]。在现行成本法下，环境负债按照估计的

① EU：Commission Recommendation of 30 May 2001 on the recognition，measurement and disclosure of environmental issues in the annual accounts and annual reports of companies.

② 企业可以应用复原费用法、置换成本法、防护费用法、意愿调查法估计环境负债的金额，其中：a．复原费用法是指企业采用复原或更新由于环境污染而被损害的生产性资产所需要的费用来衡量环境污染的代价。例如，企业将有害固体废弃物堆放在某个场地。该场地土壤由于长期堆放有害固体废弃物被严重污染，企业被要求承担被污染土壤的复原责任。在这种情况下，企业可以采用复原费用法对土壤污染导致的环境损失以及预期发生的环境复原支出进行计量。b．置换成本法是指由于环境危害而损坏的生产性物质资产的重新购置费用。与此类似的是重新选址成本法。即由于环境质量的变化而重新安置某一物质设备的地理位置的实际成本。c．防护费用法是指企业用为消除和减少环境污染的有害影响所愿意承担的费用来衡量环境污染导致的损失。d．意愿调查法是指通过直接询问一组调查对象对减少环境危害的不同选择所愿意支付的价值来确定环境损失。具体而言，人们为了避免观察到的环境的数量和质量变化所愿意支付的货币数额，与现行消费活动有关的开支和改变活动有关的开支之差额，即为环境质量损失的价值（环境成本）.

现行成本金额在资产负债表中反映。在现值法下，环境负债根据清偿该义务所需的估计未来现金流出净额的现值列报。按照现值法计量环境负债时，计量现值所用的折现率通常是无风险利率，例如期限相同的政府债券利率。在估计确定性长期环境负债的金额时，如果被计量的环境负债可能涉及不同的结果，根据可靠性的要求，应选择最佳估计。所谓最佳估计，是指“企业在资产负债表日履行该义务，或将该义务转让给第三方而合理支付的金额。”

由于现值法要求有关货币的时间价值和影响履行清偿义务所需的估计现金流量的时间和金额的因素的信息来估计未来事项的结果，从而增加了计量的不确定性。与现值法相比，如果不存在未来事项的不确定性，现行成本法更具有可靠性。然而，随着环境负债初始确认与最终偿还的时间距离的加大，现行成本法的决策有用性将下降。在这种情况下，现值法的相关性超过现行成本法的可靠性。因此，从可靠性和相关性角度考虑，现行成本法适用于计量近期需要清偿，支付的义务、金额和时间是固定的或可以可靠地确定的短期环境负债；现值法则更适用于计量金额相当大，且该支出的时间相当遥远，货币时间价值具有重大影响的确定性长期环境负债。在应用现值法计量确定性长期环境负债时，企业应每年对环境负债的账面价值进行复核，并根据发生的变化进行调整以反映货币的时间价值。

二、或有环境负债的计量

当与或有事项相关的义务被确认为预计环境负债后，接下来就应考虑预计环境负债的计量问题。

作为一项已确认的环境负债，现行成本法和现值法同样适用于预计环境负债的计量。相对于一般环境负债，预计环境负债具有更大的不确定性。为了保证计量的可靠性，预计环境负债“应当按照履行相关现时义务所需支出的最佳估计进行初始计量。”当为清偿预计环境负债所需要发生的支出存在一个连续范围，且该范围内各种结果发生的可能性相同时，最佳估计数为该范围内的中间值；而当为清偿预计环境负债所需要发生的支出不存在一个连续范围时，最佳估计数可以按以下两种方法确定：①当或有事项涉及单个项目时，最佳估计数按照最可能发生的金额确定。②当或有事项涉及多项目时，最佳估计数按照对各种可能结果进行加权估计后的金额确定（即预期价值法）。

企业在确定预计环境负债的最佳估计数时应综合考虑以下主要因素：

1）现行的法律法规。在计量预计环境负债时，企业应考虑引起预计环境负债的事项和交易涉及相关法律法规的程度；如果存在相当客观的证据，表明新法规基本肯定会颁布，那么在计量预计环境负债时应考虑新法规的潜在影响。

2）相关责任主体的数目。由于环境负债具有连带性，企业在计量预计环境负债时，不仅要考虑本企业应承担的份额，而且还要考虑在其他潜在责任方无力偿付时，偿付超过自身份额的风险。

3）现有的技术水平以及技术经验。企业在计量预计环境负债时应以现有的技术水平来估计履行预防或清除环境污染等义务的成本，同时，还应考虑与应用现有技术过程中积累的经验有关的预计支出的减少额。

4）货币的时间价值。因货币时间价值的影响，与资产负债表日后不久发生的现金流出有关的预计环境负债，比较后发生的同样金额的现金流出有关的预计环境负债负有更大的义务。如果货币时间价值的影响重大，预计环境负债的金额“应是履行义务预期所需要的支出的现值”。

5）补偿。在某些情况下，企业清偿预计环境负债所需支出的一部分金额或全部金额将由第三方补偿（例如，通过保险合同）。“除非法律规定可以抵，否则对于收到的第三方的补偿，不应从环境负债中扣除”。但是，如果第三方未能支付且企业对涉及的费用不负有责任，在这种情况下，企业对这些费用不承担义务，因而不应将其包括在预计环境负债中。

如果在或有事项引起的损失的范围内不存在任何最佳估计，则至少应按照最小估计金额确认，以避免低估预计环境负债。例如，某企业接到当地环保局的通知，被告知其废弃物处理场地不符合环保法规要求。但该企业既不知道需要何种补救技术，也无法确定所需的补救成本。在这种情况下，企业至少应将或有环境负债按最低的补救成本予以确认和计量。

由于预计环境负债反映的是初始计量时的最佳估计，企业应在每个资产负债表日对预计环境负债的账面价值进行复核，如“有确凿证据表明该账面价值不能真实反映当前最佳估计数的，应按照当前最佳估计数对该账面价值进行调整”。如果企业使用现值法计量预计环境负债，则应在各期增加预计环境负债的账面价值，“以反映时间的流逝，增加的金额应作为借款费用予以确认”。

根据美国FASB发布的FIN 47，企业在长期资产的取得、建设或开发，和（或）正常运行过程中发生的长期资产报废义务，如果有充分的信息证明公允价值可以合理估计，则应按照公允价值计量。资产报废义务负债的公允价值是指自愿的而不是被迫或处于清算的双方在当前交易中据以结算负债的金额。活跃市场中的开列市价是公允市价的最佳证据，可以作为计量的基础。如果无法获得开列市价，公允价值的估计应依据可以获得的最佳信息。计量公允价值所需要的最佳信息包括：①有证据表明该义务的公允价值包含在该资产的取得价格中；②存在转让该义务的活跃市场；③存在运用现值技术所需要的充分信息。如果企业无法依据前述①和②类信息估计该义务的公允价值，企业应当运用③类信息现值技术对该义务进行合理估计和计量。运用现值技术所需要的信息包括义务的结算时间和方法已经由其他方确定或企业已经获得与义务结算的时间或结算的时间范围、义务结算的方法或潜在的结算方法和潜在结算时间或结算方法的可能性有关的信息。在初始计量后的期间里，企业应在各期期初确认和计量因时间的流逝和未贴现现金流量的最初估计的时间或金额的修订导致的资产报废义务负债的变化。

第四节　环境负债的记录

一、环境负债记录应设置的主要账户

（一）确定性环境负债

确定性环境负债代表企业未来确定发生的环境支出。在复式记账系统中，根据确定性环境负债的特点，企业可以通过设置“环境负债”账户记录和核算确定性环境负债。“环境负债”账户的贷方核算已发生、尚未支付的环境负债，借方核算已支付的环境负债，期

末贷方余额表示尚未支付的环境负债余额。企业还可以根据确定性环境负债管理的需要，按照环境负债的具体分类设置明细账，如“应付环境预防费”账户、“应付环境污染治理费”账户、“应付环境资源循环利用费”账户、“应付环境管理费”账户、“应付环境赔偿费”账户。当企业确认环境负债时，应借记相关资产类或费用类账户，贷记环境负债类账户。当企业清偿环境负债时，应借记环境负债类账户，贷记“银行存款”账户或“现金”账户。在现值法下，企业应每年对相关环境负债类账户的账面价值进行复核。因此，在每个资产负债表日，企业应根据复核的结果调整相关环境负债类账户的账面价值。

（二）或有环境负债

1. 已确认或有环境负债（预计环境负债）

当企业将符合确认条件的或有环境负债确认为预计环境负债后，企业应在复式记账系统中单独设置“预计环境负债”账户对其进行记录与核算。同样，企业还可以根据预计环境负债管理的需要，按照预计环境负债的具体分类设置明细账，如“预计废弃物清除费”账户、“预计环境修复费”账户、“预计资产报废义务”账户、“预计环境赔偿费”账户等。“预计环境负债”账户的贷方核算已确认尚未支付的预计环境负债，借方核算预计环境负债的支付，期末贷方余额表示已确认尚未支付的预计环境负债的余额。当企业确认预计环境负债时，应借记相关资产或费用账户，贷记“预计环境负债”账户。当企业清偿预计环境负债时，应借记“预计环境负债”账户，贷记“银行存款”账户或“现金”账户。企业使用现值法或公允价值法计量预计环境负债时，应在每个资产负债表日，对预计环境负债的账面价值进行复核并予以调整，以反映当前的最佳估计或公允价值。因此，企业应在各期增加预计环境负债的账面价值，即借记相关环境费用（或财务费用）账户，贷记“预计环境负债”账户。

2. 未确认或有环境负债

未确认的或有环境负债代表因无法同时满足预计环境负债的确认条件而无法在复式记账系统中确认的或有环境负债。对于这部分或有环境负债，企业应根据重大性原则，通过设置“或有环境负债”单式记账账户予以记录。由于环境负债具有相对滞后性的特点，或有环境负债可能不会按照最初预料的方式发展。以前作为或有环境负债确认的事项的未来经济利益流出的可能性也许变为很可能或不可能。以单式账户记录的未确认或有环境负债信息有助于管理层对未确认或有环境负债进行持续的跟踪与评价，以确定未来经济利益流出的可能性是否会变为很可能或不可能，以便及时采取相应的风险防范措施，避免或减少或有环境负债的发生。

二、环境负债核算示例

以下以麦田化工公司于 2012 年发生的涉及环境负债的业务为例说明环境负债的记录与核算。

【案例 4-1】 企业常年将生产废料直接堆积于地面，造成严重的土地污染。当地环保部门已开出环保罚款通知单，罚款金额为 20 万元，并责令该企业在一年内完成对污染土地的修复。根据最佳估计，预计土地修复费用为 1 000 000 元。

这笔业务应做如下会计分录：

借：环境损失——环保罚款　　　　　　200 000
　　环境污染治理费　　　　　　　　1 000 000
　　贷：环境负债——应付环保罚款　　200 000
　　　　预计环境负债——环境污染治理费　　1 000 000*

注：* 由于义务事项（土地污染）在接到环保罚款通知单时已经发生，企业对土地污染修复承担现时义务，履行该义务时很可能导致含有经济利益的资源流出。因此，企业将土地修复费用确认为一项预计环境负债。

【案例 4-2】企业直接将有毒废水废液排入临近的河流，污染下游绿色农场的灌溉水源。绿色农场通过法律程序要求企业赔偿损失 5 000 万元。企业的律师认为企业很可能要承担赔偿义务。

这笔业务应做如下会计分录：

借：环境损失——环境赔偿　　　　　　　　50 000 000
　　贷：预计环境负债——应付环境赔偿费　　50 000 000

【案例 4-3】企业附近小区的居民因不堪忍受企业在生产过程中产生的大量烟尘，遂向当地电视台投诉该企业。当地电视台接到投诉后到居民小区进行现场报道并采访了企业负责人。该企业负责人公开承诺企业将安装烟尘过滤器解决烟尘扰民问题。最佳估计显示安装烟尘过滤器的费用为 900 万元。截至 2012 年 12 月 31 日，该企业尚未安装烟尘过滤器。

由于义务事项（安装烟尘过滤器）尚未发生，所以对安装烟尘过滤器的费用仍不承担义务。因此，企业不必将安装烟尘过滤器的费用确认为一项预计环境负债。

【案例 4-4】企业因生产排污而污染环境。根据环保部门的标准，本年应交排污费 300 000 元。

这笔业务应做如下会计分录：

借：环境管理费用——排污费　　　　300 000
　　贷：环境负债——应付排污费　　300 000

【案例 4-5】企业本月向经营地点所在城市垃圾处理场倾倒生产废料，应缴纳生产废料处理费 20 000 元。

这笔业务应做如下会计分录：

借：环境污染治理费　　　　　　　　　　　　20 000
　　贷：环境负债——应付生产废料处理费用　　20 000

【案例 4-6】根据 2012 年 1 月 1 日新颁布的法律，企业将于 3 年后拆除不符合环保要求的生产设施。该项设施的拆除费用的最佳估计为 120 万元。按照 4%的折现率计算，该项设施的拆除费用的现值为 1 066 800 元（即 1 200 000 × 0.889 00）。

这笔业务应做如下会计分录：

2012 年 1 月，预计环境负债时：

借：固定资产　　　　　　　　　　　　　　　1 066 800
　　贷：预计环境负债——预计固定资产拆除费　　1 066 800

2012 年 12 月 31 日，按直线法摊销预计生产设施拆除成本：

借：折旧费用（1 066 800/3）　　　　　　　355 600

　　贷：累计折旧——固定资产　　　　　　　　355 600

2012 年 12 月 31 日，计提利息费用：

借：财务费用（1 066 800 × 4%）　　　　　　　42 672

　　贷：预计环境负债——预计固定资产拆除费　　42 672

第五节　环境负债的披露

环境负债披露的目的在于为信息使用者提供企业承担的与环境活动有关的现时义务和潜在义务，以便预测和评价环境负债产生的财务影响和环境风险。企业可以根据重大性原则，选择在表内或表外披露环境负债信息。

一、环境负债的表内披露

环境负债的表内披露是指通过在财务报表内负债项目下增设环境负债项目单独披露已经确认的环境负债信息。如果企业环境负债对于信息使用者的决策具有重大影响，企业应选择在财务报表表内单独披露环境负债信息。例如，在流动负债项目下增设短期环境负债项目；在长期负债项目下增设长期环境负债项目；在预计负债项目下增设预计环境负债项目。环境负债的表内披露使企业的未来环境支出透明化，有助于信息使用者了解和评价企业环境负债的财务影响和环境风险。

二、环境负债的表外披露

环境负债的表内披露只涉及已确认的环境负债的汇总信息。由于环境负债的金额和时间通常具有较大的不确定性，许多重大的环境负债无法通过表内披露的方式予以充分反映。因此，环境负债的表内披露无法使信息使用者全面了解企业的环境负债的具体构成，从而影响信息使用者判断企业未来现金流动的性质、时间及未来财务资源的保证。

环境负债的表外披露是指在财务报表以外的部分（例如报表附注、董事会报告、管理层讨论与分析等）提供企业已确认的环境负债以及或有环境负债的明细信息。环境负债的表外披露将有助于弥补环境负债表内披露的不足。

（一）已确认的环境负债的表外披露

为了帮助信息使用者充分了解已确认的环境负债，ISAR 就企业应在财务报表附注部分披露的信息做出规定，具体包括：①环境负债的会计政策；②环境负债的计量基础（现值法或现行成本法）；③各类环境负债的期初、期末余额和本期变动情况；④各类重大环境负债项目的性质、清偿环境负债的时间和条件；⑤任何与已确认环境负债的计量有关的重大不确定性及可能后果的范围；⑥如果采用现值法作为计量基础，企业还应披露对估计未来现金流出和在报表中确认环境负债起关键作用的所有假定，包括清偿环境负债的现行成本的估计金额、计算环境负债所使用的预计长期通货膨胀率、预计的清偿负债的未来成本及折现率；⑦估计环境负债所依据的现有法律和技术的简要说明；⑧与环境负债相关的预期补偿金额和当期已经确认的预期补偿金额。

针对资产报废义务，美国 FASB 发布的 FAS 143 规定企业应披露的信息包括：①资产报废义务以及相关长期资产的基本情况；②法律规定的用于清偿资产报废义务负债的资产的公允价值；③资产报废义务期初与期末账面价值调节表，该表分别列示在报告期间内发生的与以下四项中的一项或多项重大变动有关的变动信息：当期发生的负债；当期清偿的负债；财务费用以及估计现金流量的修订。

（二）未确认的或有环境负债的表外披露

对于因不符合预计环境负债确认标准而无法确认的或有环境负债，企业应在财务报表附注部分或财务报告的其他部分披露的信息包括：①或有环境负债的种类及其形成原因；②或有环境负债金额或偿还时间方面存在的重大不确定性的说明；③或有环境负债预计产生的财务影响；④获得补偿的可能性。

在极少数的情况下（例如未决诉讼、未决仲裁），当披露上述环境负债信息可能会对企业造成重大不利影响时，企业可以选择不披露上述环境负债信息，但应在财务报表附注中披露未决事项的性质以及没有披露该信息的事实和原因。以【案例 4-2】为例，如果麦田化工公司管理层认为公司可以成功地拒绝索赔，在资产负债表附注中披露预计环境负债信息将严重影响诉讼结果，因此将选择不披露预计环境负债信息。但是麦田化工公司必须在财务报表附注中披露未决诉讼的性质以及没有披露该信息的事实和原因。

表 4-1 列示了荷兰皇家壳牌公司在 2005 年度财务报告中的“经营与财务回顾：风险因素与控制”部分以及“合并财务报表附注”部分披露的环境负债会计信息。

表 4-1　荷兰皇家壳牌公司环境负债信息的披露

披露位置	披露内容
经营与财务回顾：风险因素与控制	环境与拆撤成本 …… 至 2005 年年底，环境清理负债账面总额为 87 800 万美元（2004 年为 81 700 万美元）。2005 年，支付环境负债 19 000 万美元，环境负债准备增加 24 300 万美元。拆撤以及场地修复（包括石油与天然气钻井台）支出义务 2005 年 12 月 31 日的公允价值为 592 500 万美元（2004 年为 539 700 万美元）
合并财务报表附注	3．会计政策 厂场设备及无形资产 （a）合并资产负债表中的确认 合并资产负债表中的厂场设备（包括主要勘探支出）以及无形资产在很可能产生未来经济利益时按照成本进行初次记录。这些成本包括资本化的与资产报废准备有关的拆撤与修复成本（参见财务报表附注“准备”）以及开发成本（参见财务报表附注“研究与开发”）…… 准备 准备是指未来支出的时间和金额具有不确定性的负债。准备按照在资产负债表日清偿现时义务所需要支出的现值的最佳估计记录。非流动准备贴现使用无风险利率。以下说明有关拆撤和复原成本以及环境修复成本的具体内容。 预计主要与石油与天然气生产设施相关拆撤和复原成本的依据包括现行要求、技术和物价水平，按照公允价值列报。与资产报废相关的成本资本化并构成相关厂场设备账面价值的组成部分。当一项义务（无论是法定的还是推定的）很可能发生并且其公允价值可以合理估计时，即将其确认为一项负债，并同时确认相同金额的厂场设备。

<table>
<tr><th>披露位置</th><th colspan="3">披露内容</th></tr>
<tr><td rowspan="16">合并财务报表附注</td><td colspan="3">公允价值等于相关资产经济使用寿命期间贴现的金额。最初估计的准备的时间与金额的变动导致的变化影响将予以具体反映。
当一项对第三方承担的法定或推定义务发生且其金额可以合理估计时，本公司将其确认为持续或过去经营活动或事项导致的环境修复准备。负债的计量依据是当前的法律要求以及现有技术。
共同或多项负债依据壳牌集团对其所承担的负债份额予以确认。所确认的负债不包括预期保险补偿。补偿作为单独的事项予以确认和报告而且只有在其完全可以实现时才予以确认。本公司复核与调整准备的账面价值以反映法律或技术的新情况或变化</td></tr>
<tr><td colspan="3">4．主要会计估计与判断
……
准备
石油与天然气生产设施和输油管道在其经济寿命结束时的未来拆撤与修复义务被确认为准备。预计成本按照产量法在已批准开发的油田的寿命期内计入各期损益。预计成本、已批准开发的油田或生产率的变化将在石油及天然气资产的剩余寿命期内对损益产生影响。
其他准备确认的时间为过去的经营活动或事项导致未来资金的流出很可能发生并且可以合理地估计的时候。确认时间的确定依据对现有事件和可能发生变化的情形的判断。
估计已确认的准备金额的依据包括现行的法定和推定要求、技术以及物价水平。由于法律、法规、公众期望、技术、物价以及条件的变化可能导致实际的支出不同于估计的金额，而且这种差异可能在许多年之后才发生，准备的账面价值将进行定期的复核与调整以反映这种变化。
对用于贴现与拆撤和修复成本有关的现金流量的估计利息率至少每年进行复核。用于确定 2005 年 12 月 31 日资产负债表上的义务的利息率为 6%。
附注 23 列示了 2004 年和 2005 年准备及其变化的信息。
……</td></tr>
<tr><td colspan="3">23．其他准备</td></tr>
<tr><td colspan="3">（a）流动准备</td></tr>
<tr><td colspan="3">百万美元</td></tr>
<tr><td>拆撤与环境修复　……</td><td colspan="2">环境修复成本</td></tr>
<tr><td>2004 年 1 月 1 日</td><td>73</td><td>296</td></tr>
<tr><td>增加的准备</td><td>—</td><td>32</td></tr>
<tr><td>转出的准备</td><td>（60）</td><td>（227）</td></tr>
<tr><td>重新分类及其他变动</td><td>148</td><td>135</td></tr>
<tr><td>外币折算差异</td><td>6</td><td>7</td></tr>
<tr><td>2004 年 12 月 31 日</td><td>167</td><td>243</td></tr>
<tr><td>增加的准备</td><td>34</td><td>68</td></tr>
<tr><td>转出的准备</td><td>（63）</td><td>（163）</td></tr>
<tr><td>重新分类及其他变动</td><td>109</td><td>115</td></tr>
<tr><td>外币折算差异</td><td>（10）</td><td>（8）</td></tr>
<tr><td></td><td>2005 年 12 月 31 日</td><td>233</td><td>259</td></tr>
</table>

披露位置	披露内容		
合并财务报表附注	……		
	（b）非流动准备		
	百万美元		
	拆撤与环境修复 ……		
		环境修复成本	
	2004 年 1 月 1 日	3 527	573
	增加的准备	277	121
	转出的准备	（18）	（18）
	增值	265	22
	重新分类及其他变动	929	（130）
	外币折算差异	250	6
	2004 年 12 月 31 日	5 230	574
	增加的准备	34	68
	转出的准备	（63）	（163）
	增值	109	115
	重新分类及其他变动	156	（114）
	外币折算差异	（378）	（8）
	2005 年 12 月 31 日	5 692	619
	……		
	2004 年根据当时的经验与技术对拆撤和复原成本准备估计进行了复核。经过复核，准备和相关厂场设备同时增加 1 亿美元。增加的金额在“其他变动”项下报告。为了计算拆撤和复原成本，2005 年 12 月 31 日估计负债总额为 10.5 亿美元（2004 年为 9.1 亿美元）。估计的依据是各种法规和技术发展水平		

资料来源：http://www.shell.com。

第六节　环境负债与企业管理

随着环境法规的完善和环境技术的发展，企业的各种经营活动均可能导致环境负债。环境负债对于企业的负面影响主要表现在两个方面：①对企业财务状况的影响。由于环境负债具有强制性、滞后性、追溯性、连带性等特点，当企业违反环境法规时或者当新的环境法规颁布实施时，企业将可能承担许多环境负债，例如人身伤害赔偿负债、自然资源破坏赔偿负债、修复清理负债、巨额民事或刑事处罚等。如果企业因资金周转困难而无法偿还，债权人的求偿权可能迫使企业破产清算。因此，环境负债的存在将影响企业的财务灵活性，从而给企业带来较大的财务风险。②对于经营成果的影响。企业环境负债代表由于过去的环境污染导致企业目前承担的一定金额的未来支出。因此，环境负债又代表着这种未来支出被支付之前确认的环境费用。环境费用的增加将减少企业的经营收入，影响企业的投资收益。例如，在企业收购交易中，如果忽略被收购方企业存在的环境风险，企业收购交易可能导致收购方企业承担隐藏在目标资产中的环境负债：被污染的土地的清理、环境法规要求的生产程序或设备的更新。由于缺乏对目标资产的全面估价，收购方企业将为目标资产支付更高的价格。而忽略环境风险以及目标资产导致的环境负债将导致收购方企业在未来经营过程中发生持续性的环境遵循成本和经营成本，最终将严重影响收购方企业的投资报酬率，甚至使收购方企业陷入严重的财务危机。又如，假设某造纸厂正在考虑购置一台新型设备以截留生产过程中产生的废水、提取流失到废水中的原材料，从而提高原材料和废水的循环利用率。设备投资的可行性报告显示使用新型设备后未来5年的年内含报酬率将提高 1%。然而，通过对新型设备投资的进一步分析显示，新型设备的使用将使企业避免发生污染清理、环境赔偿与罚款等环境负债。根据估计，因避免环境负债而节约的与环境负债有关的环境支出相当于未使用新型设备时发生的类似环境支出的3倍之多。由于考虑了未来环境负债的财务影响，未来 5 年内因使用新型设备将使内含报酬率提高37%[①]。

可见，忽视环境负债管理将导致企业成本增加，甚至可能耗尽企业经营活动所需的宝贵资源。相反，重视环境负债管理则可以为企业节约成本，提高投资收益。企业应将环境负债因素纳入经营决策体系和风险评价体系，在制定决策和风险评价过程中充分利用环境负债会计信息预测决策对于环境的负面影响以及这些负面影响隐含的环境负债，对于可能发生的环境负债及时采取防范措施，避免或减少环境负债导致的财务风险和财务影响，从而使企业的决策结果兼顾经济利益和环境效益。

【本章小结】

在本章中，讨论了环境负债的定义、确认、计量、记录和报告问题。

由于预计环境负债较一般环境负债具有更大的不确定性，预计环境负债的确认条件更加严格。企业可以选择现行成本法、现值法或公允价值法计量环境负债和预计环境负债。企业应设置“环境负债”和“预计环境负债”账户分别记录和核算环境负债和预计环境负债。考虑到信息的重大性，企业可以选择在表内和表外披露环境负债和预计环境负债信息。从财务管理的角度而言，由于环境负债会计提供了有关环境负债的金额、时间、特征等信息，环境负债会计信息对于企业了解环境负债对于企业的负面影响、评价企业的环境风险以及企业管理者及时预留偿还环境负债所需要的资金准备，避免财务危机具有重要的意义。

【讨论思考题】

（1）请定义环境负债。环境负债与一般负债的区别是什么？

（2）环境负责的确认条件是什么？环境负债的确认标准与一般负债的确认标准是否一样？为什么？

（3）或有环境负债的确认条件是什么？或有环境负债的确认标准与一般或有负债的确认标准是否一样？为什么？

（4）如何披露环境负债？

（5）简述环境负债信息对于企业管理的意义。

---

① 该例子改编自 IFAC（2005），“International Guidance document：Environmental Management Accounting”，69.

【案例分析题】

重庆双喜农化股份有限公司（以下简称“双喜农化”）是一家发起设立的股份有限公司，注册资本为人民币 15 500 万元，1999 年 9 月在深交所上市交易。双喜农化的主要经营范围包括制造与销售铬盐系列产品、农药系列产品及农药中间体。

双喜农化自成立以来发展迅速，铬盐（又称红矾钠）年生产能力达到 5 万 t（其中老生产线年生产能力为 3 万 t，引进新技术的生产线年生产能力为 2 万 t），年销售收入 5 亿多元，每年上缴利税上千万元。至 2003 年已成为规模居亚洲第一、世界第五的铬盐生产企业。

双喜农化的铬盐老生产线位于重庆市主城区饮用水水源上游的嘉陵江边。在铬盐老生产线排污口下游 1 km 处是一家制药厂的取水口，2 km 处是一家饮料厂的取水口，8.8 km 处是沙坪坝高家花园水厂。铬盐老生产线长期以来将有毒含铬废渣、废水直接排入嘉陵江。铬盐老生产线每生产 1 t 主要铬盐产品红矾钠产生 3～4 t 铬渣。自 2000 年以来，近 30 万 t 铬渣堆积于地面，被污染土壤达 100 多万 m^3。铬渣是生产铬盐后的固体废弃物，其中残留有不同程度未完全提取的铬盐，铬盐在雨水的浸泡下溶解出六价铬，形成有毒的黄色含铬废水，废水中含有的六价铬进入人体后，易引发癌症等多种疾病，严重污染环境、危害人体健康。重庆环保部门的监测表明，铬盐老生产线河边及回收废水的截水沟的铬渣浸出液的六价铬和总铬浓度，分别超标 3 159 倍和 1 112 倍。1995—2003 年，在每年的重庆市“两会”上，人大代表、政协委员关于彻底治理双喜农化污染嘉陵江水域的议案、提案多达 10 份。位于铬盐老生产线排污口下游的 3 家企业曾多次因水源污染问题向重庆市环保局投诉双喜农化。重庆市环保局先后 13 次予以行政处罚，并要求其关闭老生产线。但由于铬盐老生产线每个月的毛利高达 300 万元，双喜农化宁愿每年支付 20 万元的污染罚款，也不愿关闭工艺落后、污染严重、民怨很大的铬盐老生产线，对于环保局的要求置若罔闻，屡查屡犯。

迫于政府的压力，双喜农化不得已于 2002 年投入 9 000 万元用于污染治理，兴建了中转渣场、污水处理厂、用于截流废水的防渗沟等，每月治污设施运行费 100 万元。由于治污设备运行成本较高，双喜农化和环保部门玩起了“捉迷藏”：废水处理设施停运，防渗沟跑冒滴漏，铬渣中转场无防扬散、防流失、防渗漏的“三防”措施。治污设备几乎成了“聋子的耳朵”。

2003 年 8 月 13 日，就在双喜农化公布其略有盈利的半年报的当天，国家环保总局等六部门召开新闻发布会，通报了“十大环境违法案件”，双喜农化污染案赫然在列，成为社会关注的焦点。

双喜农化污染案的曝光给双喜农化带来了始料不及的巨大经济损失。2003 年 8 月 26 日，重庆市政府召开专题会议，研究双喜农化的污染整治问题。会议最终决定：处以双喜农化罚款 40 万元的行政处罚，限其 2 年内清理被铬渣污染的土地，双喜农化关闭铬盐老生产线，兴建日处理 800 t 含铬废水的污水处理厂，修建用于污水防渗的挡水墙。按照要求，两项治理工程将于 2005 年 12 月 31 日完工，同时关闭已服役 46 年的铬盐老生产线。

根据估计，土地清理费用约为 300 万元，拆除铬盐老生产线的费用约为 2 000 万元，为安置铬盐老生产线的 1 000 多名职工，大约需要 1 000 万元，两项治理工程投资预算为 3 600 万元。

双喜农化污染案的曝光亦动摇了英国合资方的投资信心。在到位了 15%的注册资本金 300 万美元之后，英国合资方提出，如果不妥善解决相关事宜就要撤资，而且不愿兑现以前承诺的工艺和设备投入。虽然在重庆市政府的协调下，合资双方后来达成谅解，决定继续推进合资进程，并约定对国泰颜料的出资期限给予适当延长。但合资进程的暂停，对急需资金扶持的双喜农化来说，打击无疑是巨大的。与此同时，企业的银行信用下降，各个银行天天追着催还贷款；原材料供应商害怕企业破产丧失支付能力，也不再赊欠货款；客商开始寻找其他生产企业，企业销售总量开始下滑；企业职工思想波动大，部分职工欲另谋他路。

受上述系列负面因素影响，双喜农化的股价出现大幅重挫。至 2003 年 12 月 31 日，资产缩水约 3 000 万元。

根据该案例资料，分析以下问题：

（1）双喜农化环境负债的成因及其财务影响。

（2）双喜农化环境负债的会计处理。

（3）双喜农化的环境风险。

（4）双喜农化的环境负债管理策略。

第五章　环境成本会计

【案例引导】

企业环境污染事故与环境成本：相关信息摘编

- 河北省沧州大化集团公司：原国家环保总局督察组到沧州市对公司排污口进行抽查，发现公司未经环保部门批准试生产的三聚氰胺装置，造成排水中氨氮含量达366 mg/L，严重超标，对其追缴排污费1.78万元，并处5万元罚款。
- 川化股份：该公司节能技术项目试运行时，二化肥厂尿素系统水解塔污水处理装置出现故障，造成沱江水域发生污染事件，直接经济损失上亿元，生态环境恢复需5年时间。公司支付350万元用于赔偿天然鱼死亡的损失，829.8万元用于对沿江合法渔民和渔业养殖户的赔偿。四川省环保局处以行政处罚罚款100万元。
- 武汉晨鸣纸业:公司控股经营的汉阳纸业公司被曝光污水排放中的悬浮物和COD超标，晨鸣一厂停产改造。
- 中石油吉林石化公司：双苯厂发生爆炸，苯类污染物流入第二松花江，100多t致癌物质流入松花江，祸及长达939 km的松花江沿岸居民，造成重大水污染。松花江重大水污染事件发生5年来，国家已为松花江流域水污染防治累计投入治污资金78.4亿元。爆炸事故发生后，中石油向吉林省政府捐助500万元，向原国家环保总局缴纳100万元罚款。
- 匈牙利：西部一家铝厂泄漏的有毒废水流入多瑙河，成毒红泥污染。河里出现死鱼，灾难管理部门紧急将废水中的碱性物质中和，以减少这条欧洲主要水道所受的冲击。最先受废水污染的河段，生态系统已经全毁。
- 康菲石油：康菲石油公布成立渤海湾赔偿基金和环境基金，以体现其对蓬莱19-3溢油事故的责任承担。赔偿基金意在向2011年6月渤海湾蓬莱19-3油田事故影响的公共和个人索赔者提供公平、迅速和简便的赔偿，避免所有赔偿均经由诉讼程序。康菲石油在此次沟通会上表示，该基金将由独立机构进行管理，并设立专家顾问团以裁定相关赔偿事宜。康菲石油强调，该基金将由独立的第三方进行定期审计，以确保赔偿金发放到索赔者手中。
- 厦门百亿PX（对二甲苯）化工项目：对于市政府来说，一年增加800亿元GDP的项目，诱惑非常大。但是因环保重压，备受民间争议，最后缓建。
- 守法成本远远高于违法成本：原国家环保总局官员曾向《中国青年报》记者讲过一个故事：基层环保执法人员到一家发电厂检查，发电厂负责人拒绝检查，当场甩出120万元说，法律规定环保部门例行检查1个月只能1次，每次罚款不得超过 10 万元，我给你 120 万元，把一年可能因超标排污被罚款的钱一并交清，环保局以后也不用来了。后来有基层环保部门也一直在呼吁，要让违法成本大大高于守法成本，让违法企业买不起单。

➢ 违法成本偏低最典型的例子是 2004 年发生在沱江的污染事故。事故带来的损失是 2 亿元，但环保部门对企业最高的处罚额度才 100 万元。

环境污染问题的本质在于市场失灵，而解决环境问题的关键在于将由社会负担的环境成本转为企业的成本，即实现外部成本的内部化，从而使企业为了追求利润最大化而努力约束自己的污染物产生与排放行为，降低环境成本。

不论是政府环境管理政策的制定，还是企业实施成本管理，都需要相应的、足够的有关信息作为其信息输入。例如，排放物的标准、税负水平的高低都需要获得相关的成本与收益等经济信息。而政府环境管理手段的实施，也将不断增加经营的成本。例如，企业需要增加在建立回收体系并实行废弃物处理方面的成本，同时也增加了重新进行产品设计的成本，此外还包括企业承担信息责任，在包装上使用绿色产品标志或提示消费者回收产品而增加的成本。企业面临着成本结构和水平的不确定增大。生产者必须考虑创新，包括产品创新、技术创新和组织管理创新。企业必须考虑如何面对宏观政策的变化，调整成本管理手段，不断增强竞争力。在这些经济信息中，最重要的当属环境成本与环境收益（可视为负的或节约的环境成本），即以专门的会计方法加以确认并加以货币计量的环境信息。这是因为只有这样的信息才可以被纳入现行的企业会计信息系统中，使企业了解其经营中由于低效使用资源、排污排废等带来的巨额环境成本对其利润的负面影响，并促使企业重视改变环境行为，并采取措施控制这部分成本。推广环境成本核算，最终能够影响到企业（对内和对外的）会计信息报告与披露，即实现将企业生产经营活动所形成的环境影响内部化为企业的经营成果和财务成果。然而，这类信息的处理也正是目前企业环境管理信息系统中需要加以解决的重大难题。由此可见，建立环境成本核算体系，对于企业应对外部经营环境的变化、提高竞争力具有重要意义。环境成本是以专门的会计方法加以确认并加以货币计量的环境信息。可以帮助企业了解其不良环境行为带来的巨额环境成本对其利润的负面影响，促使企业重视改变环境行为。

针对环境成本核算的特殊需要，20 世纪 90 年代至今，各国各地区的会计与环境管理专家学者们进行了持续不懈的探索，形成了一批可喜的成果，如美国环保局所主持的环境会计系列研究项目就归纳出来一整套与环境成本核算相关的成本概念框架以及一整套包括生命周期分析（LCA）、全成本法（FCA）和作业成本法（ABC）在内的综合性环境成本系统。又如 20 世纪末，德国工程师协会在其推出的企业环境成本管理系统中，介绍了由其首创的物料流量成本法（MFCA）。目前这些方法在发达国家的有关体系中都得到了较为普遍的认可与采用，成为其通过 ISO 14001 认证的“杀手锏”之一。环境成本信息的提供，将使企业得以发现不良环境行为导致的成本，远高于其当前会计处理所揭示的金额，环境成本的存在耗用了企业大量的资源，进而激发其改善行为，通过实施环境管理，使用清洁生产技术，提高资源的回收利用率，减少排废、排污等以降低环境成本，提升企业价值，并进而提高其应对未来环境风险的能力，同时也在行业内树立其绿色（或对社会负责）形象，提升其竞争力。

从政府角度看，推广环境成本与费用会计，既可以为政府在国民经济层面所制订的各类环境管理政策，如绿色税收、排污许可证的发放等提供经济依据，又可以帮助企业对环境投资、环境保护行为进行科学理性的分析评价，发现推广环境管理技术给其带来的经济利益，有效发挥宏观经济手段引导企业环境行为的作用。个别企业的成功，将有利于促进行业态度的转变，从而满足减少废物、降低环境成本、提升企业价值的需求。国家将受益于减废、减排所带来的整体环境状况的好转。同时，企业环境成本的核算，也为国家推行绿色 GDP 核算提供了基础数据。

第一节　环境费用、环境成本的界定

在经济学意义上，环境费用和环境成本基本上是同义语，泛指经济活动的环境代价。

会计学意义上的环境费用和环境成本，首先要强调经济活动环境代价的可计量性，进而将可以归结到具体核算对象的部分称为环境成本，将不能归结到具体核算对象的部分按会计期间汇集，称为环境费用。加以区分的目的，在于分别设立会计科目账户，得到分类会计信息，进而开展具有针对性的分析和控制。

本章讨论中，为了行文方便，一般采用环境成本表述，只是在涉及会计实务处理时，加以特别区分环境费用和环境成本。

一、环境成本的定义和分类

关于环境成本的定义，联合国国际会计和报告标准政府间专家工作组第 15 次会议文件《环境会计和财务报告的立场公告》中提出，“环境成本是指本着对环境负责的原则，为管理企业活动对环境造成的影响而被要求采取的措施成本，以及因企业执行环境目标和要求所付出的其他成本”。这一定义，以明确企业的环保责任为中心，将企业对环境的影响负荷费用和预防措施开支列入核算对象，提出环境成本的目标是管理企业活动对环境造成的影响及执行环境目标所应达到的要求。

应该说，对环境成本很难给出精确的定义。从国内外文献资料看，讨论环境成本时，往往有特定立足点。然而在会计领域讨论成本项目，又不能不给出较为明确的界定，所以本节首先从不同角度对环境成本概念加以阐释，进而讨论其确定与计量。

环境成本可以理解为为达到环境保护法规所强制实施的环境标准以及在国家实施经济手段保护环境时所发生的费用。

当前我国的环境标准包括环境质量标准、污染物排放标准、环保基础标准、环保方法标准和环保样品标准。企业要达到这些标准的要求，必然要发生一些增加环保设备投资及营运费用。有些国家实施的环境税、环境保护基金的征收和对超标准排污企业征收的排污费等，均属于国家运用经济调节手段而发生的企业费用。此外，也有企业与企业之间通过市场交易行为而发生的环境成本费用，如“排污权市场交易制度”，企业与企业之间可以通过排污权的市场交易买卖排污权，从而发生环境成本费用或环境保护收益。

（一）以企业生产经营活动与环境影响之间关系为基础的成本类型

（1）事前的环境保全预防成本

指在生产活动中回避、减少、管理环境负荷而追加的成本。诸如在生产过程中选择影响环境负荷低的替代材料成本，水循环处理系统的建造、营运成本和为提高产品耐用性及再生处理程度的成本。

（2）事后的环境保全成本

即企业生产完工后对废弃物的处理成本，包括企业生产过程中的废弃物挑选装置、排水过滤处理设施等的建造、营运、管理成本和产品使用后废品、包装物回收成本。此类成本具有一种向环境排出废弃物的“把关”作用，有助于达到向环境的达标排放。

（3）过程中的残余物发生成本

指被投入的物质、能源未构成产品实体或是为了生产产品创造条件而未完全消耗掉的物质，通常以废品、废渣、废水、废气等形式出现。此类残余物的产生由于需耗用一定的物质和能源，所以它们也就形成了成本费用。

（4）不含环境成本费用的产品成本

指从构成产品的物质能源消耗成本费用中扣除环境费用后的有关成本。这包括构成产品实体的材料、零件和直接与生产有关的人工费、管理费用等。从严格意义上来说，它可能并不属于环境成本的组成内容，但从环境资源流转平衡的总成本理论和实务中建立环境成本制度方面看，也可将其纳入环境成本的范畴。尤其是当前提倡的“绿色产品”生产、营销趋势增强，更有必要将其纳入环境成本。

（二）以降低环境负荷影响因子为基础的成本类型

以降低环境负荷、提高环保效果为目标，需要采用一些环境改善措施，进而发生了环境成本。依据环境成本各组成部分在不同阶段对环境负荷降低的功能作用，可将其作如下分类。

（1）生产过程直接降低环境负荷的成本

指企业生产过程中直接降低排放污染物的成本。包括产品废弃物的处理、再生利用系统的运营、对有环境污染影响的材料替代、节能设施的运行等方面的成本。

（2）生产过程间接降低环境负荷的成本

即生产过程环境管理成本，是指在生产过程中为预防环境污染而发生的间接成本。包括职工环境保护教育费、环境负荷的监测计量、环境管理体系的构筑和认证等方面的成本。

（3）销售及回收过程降低环境负荷的成本

指企业对销售的产品采用环保包装或回收顾客使用后的污染环境的废弃物、包装物等所发生的成本。包括环保包装物的采购、产品及包装物使用后的回收利用或处理等方面的营运成本。

（4）企业环保系统的研究开发成本

指在对环保产品的设计、生产工艺的调整、材料采购路线的变更和对工厂废弃物回收及再生利用等进行研究、开发的成本。包括绿色产品的开发、增加原生产产品环保功能的研究、企业生产工艺路线的调整及材料采购的选择等方面所需的成本。

（5）企业配合社会地域的环保支援成本

指有助于企业周围实施环境保全或提高社会环境保护效益的成本。包括企业周边的绿化，对企业所在地域环保活动的赞助，与环境信息披露和环境广告有关的成本支出，以及在开征环境税的国家里，支付的环境税成本。

（6）其他环保支出

指在上述范围以外的各种环境保护费用支出，包括由于企业活动而造成的对土壤污染、自然破坏的修复成本及公害诉讼赔偿金、罚金等方面的支出。

二、环境成本的多视角识别

（一）不同空间范围的环境成本

不论怎样界定环境成本，从一个企业看，环境成本总是可以区分为内部环境成本和外部环境成本。将环境成本区分为内部与外部，是基于当期（会计期间）是否由本企业承担可计量环境成本的。这里的“是否应当由本企业承担”，并不是一个会计问题，而是一个法规问题。

1. 内部环境成本与外部环境成本

内部环境成本指应当由本企业承担的环境成本，包括那些由于环境方面因素而引致发生并且已经明确是由本企业承受和支付的费用。比如排污费、环境破坏罚金或赔修费，购置环境治理或环境保护设备投资等。内部环境成本相对于外部环境成本的一个显著特点是对其已经可以作出货币计量（尽管并非一定合理和精确），只有如此才可能作为内部成本。

外部环境成本是内部环境成本的对称。顾名思义，外部环境成本是指那些由本企业经济活动所引致的、但尚不能明确计量并由于各种原因而未由本企业承担的不良环境后果。正是由于对这些不良环境后果尚未能作出货币计量，所以尽管已经被认识，却不能追加于始作俑者，因而还不能称为会计意义上的“成本”。但不可否认的是，环境质量确实已经受到了影响甚至破坏，即事实上已经发生了环境成本。

2. 内外部环境成本之间的关系

环境成本的“内部”、“外部”之分，并不是绝对的，对此可从以下几点理解。

第一，在某些情况下，内部和外部环境成本同时并存。譬如排污费，是由于本企业向外部排放有害气体、污水或废弃物质而向环境管理机构交纳的费用，由本企业负担，因而属于内部环境成本。但是外部环境成本亦同时存在，从数量上说，交纳的排污费是按照环境管理机构制定的标准计算的，在实务中，这种标准往往偏低，不足以弥补环境污染引致的各种损失。从性质上说，即使全部排污费都用于治理环境，也存在环境被污染和恢复之间的一段滞后期。在这段时间内，环境污染的破坏作用已经蔓延开来。可见，内部和外部环境成本有时是并存的。

第二，某些情况下内部环境成本会早于或晚于外部环境成本而发生。譬如本企业考虑到某经济事项对环境的潜在损害可能性而提取准备金，在会计处理中先发生了内部环境成本，而外部环境成本此时尚未发生。再譬如对环境污染受害者的赔偿金，往往由于法律程序而延长一段时间，而会计处理总是要等到实际赔偿时才将其作为内部环境成本，这时显然已经晚于外部环境成本。

第三，从会计配比原则讲，外部环境成本最终都应当转为内部环境成本。但是在会计实务中，两种环境成本之间既存在“转化时间差”，还存在“转化数量差”。而且像空气污染导致酸雨以及生态破坏等引发的社会环境成本，很难确切做到“会计配比”。因此，究竟外部环境成本在多长时间内和有多大比例可以转化为内部环境成本，取决于环境法规的完善程度及环境会计标准的可操作程度。从这个意义上说，环境法规的建设固然重要，环境会计体系的建立也具有同样的重要意义。

（二）不同时间范围的环境成本

着眼于对环境成本的会计处理与其实际发生的时间吻合性，可以将环境成本分为三种：过去环境成本、当期环境成本及未来环境成本。换句话说，在会计期间内作为环境成本而确认处理的有关费用支出项目，其所补偿的可能是过去的环境损失，也可能是当期的环境损失，还可能是预见到的将来的环境损失。

1. 对过去环境成本的当期支出

指本会计期间内发生的环境性费用是基于清理以前造成的环境污染或补偿以前造成的环境损失。当具有追溯效力的法规或会计法规生效时，这种会计事项就会增多（有时也可能是法律诉讼的结果）。也就是说，企业过去的经济活动在当时并未与环境（会计）法规不符合，或者在当时的环境检测水准下企业经济活动对环境造成的不良影响并不明显，但是在今天的新条件下情况有了变化，企业不得不为过去的负面“产出”承担后果。

在会计处理中，这就引出了两个问题：第一，会计盈亏是分期计算的，当期因为过去若干年的经济活动之不良环境影响而增加了环境性费用，事实上的结果是当期的和过去的会计盈亏都不完全符合现实，那么怎样评价企业的财务业绩才算合理？第二，企业当期的经济活动及产品都可能与过去年份有所不同，如产品已升级换代，甚至已转产完全不相同的产品，这在实务中会出现千差万别的状况。那么在实施会计配比原则时，当期的环境支出怎样与以前的活动及产品相对应？

可见，对过去环境成本的当期支出，既引发了财务会计方面的经营业绩计量甚至税负疑问，也引致了管理会计方面的业绩考评疑问。

2. 对当期环境成本的当期支出

指本会计期间内发生的环境性费用是基于清理当期环境污染或补偿当期环境损失的。从一般意义上说，在会计实务中不会对此产生认识上的疑问，可能存在的难点是怎样在测定环境影响的基础上合理地分配和归集环境性费用。这就要求企业成本会计工作必须具备较好的基础。

3. 对将来环境成本的当期支出

指本会计期间内发生的环境性费用是基于对将来环境污染和损失进行清理和补偿的经费准备的。就会计处理特点而言，这使我们联想到了各种会计准备（如坏账准备），因而或许可以为了叙述方便而称其为环境成本准备。

在会计处理中，环境成本准备引出了两个问题。第一，由于环境成本准备是以对将来不良环境影响的估计为基础的，当期并没有发生真正意义上的会计支出，而环境成本准备被列为费用成本项目会影响当期盈亏，进而影响纳税，所以需要有可操作的法规作为依据。第二，如果企业是以纳税以后净利润中的一部分作为环境成本准备，则需要以企业内部法规制度（如章程、董事会或股东会决议等）为依据。

可见，对将来环境成本的当期支出，并不仅仅是一个会计问题，还涉及环境法规和企业规章制度，并且与如何判断将来的环境事务趋势有关。

（三）不同功能的环境成本

着眼于企业所发生的环境性支出的功能，可以将环境成本分为三种：弥补已发生的环境损失、维护环境现状、预防将来可能出现的不利环境影响。这种功能分类也可以表达为基于环境支出动因的分类。

第一种弥补已发生的环境损失所引致的环境性支出，所弥补的可能是过去时期的环境破坏后果，也可能是当期的环境破坏后果。两者的一个共同特点是环境损失已经发生。企业支出环境性费用，其目的仅在于或只能用于弥补已经发生的损失（现实中往往不足以弥补），而不可能形成任何资产增量或收入增量。针对实物的支出只是对因污染而导致的物质耗损的弥补，针对人力的支出只是对因污染而导致的健康耗损的补偿。可见其明显具有被动性支出的特点。

第二种用于维护环境现状的环境性支出，与不良环境影响是同步发生的，用以维持环境现状而不致恶化。以会计处理看，应当认识到这样两点：其一，这类环境支出虽然不会形成企业的生产能力增量，但是会形成其他资产增量或收入增量：用于环境保护设施或环境治理设备时增加了资产存量，用于环境保护人员的工薪支出则增加了人员收入。其二，当支出是针对环境保护或治理措施时，本会计期间承担的应当只是其中一部分，即会计处理中的费用化与资本化的区分问题。总体来看，这类环境支出仍然是被动性支出，但已经具有了一定程度的主动性。

第三种用于预防将来可能出现的不良环境后果的环境性支出，是发生在环境损失出现之前的，并不是专门的弥补性项目，所以属于主动性支出。会计处理中需要考虑到这样三点：一是，这类环境支出不但会形成资产增量或收入增量，而且可能会增加或改善生产能力（比如购置了有助于改进产品环境属性的设施或设备）。二是，对于形成的物质资产增量的会计处理显然会有分期摊销或折旧计提，这时会与环境法规及会计法规有关。三是，总体来看这类环境性支出是一种投资行为，只是其目标具有特殊性，既不属于生产能力投资，又不属于非生产性设施投资。

三、环境法规与会计规范

由前所述可以联想到，在现行的会计准则框架下，对环境成本的会计处理会遇到许多疑问，而且不能不涉及会计界以外的环境法规。毋庸置疑，环境成本的追踪与分配应当作为成本会计与管理会计的一个主题，从而对环境管理提供有价值的信息。

从成本会计角度考虑环境成本的会计处理，目前需要着重讨论环境法规和会计法规两方面问题。

在很大程度上可以说，没有环境法规就不会有会计意义上的环境成本（这正是一个社会在工业化初期的现实）。在经济社会中，利润是企业经济活动的第一导向作用力或内在基本动力。没有来自社会的环境法规压力，环境会计不可能在企业内部自然形成。回顾环境会计在欧美发达社会的产生，就是这样一个过程。即使是许多自觉计量环境影响后果和披露环境信息的大型跨国公司，也是在其长远经济发展战略的指导下行事的。绿色（环境保护）形象与企业长远经济利益是紧紧联系在一起的。

随着环境问题日益受到国际社会的重视，各个国家的环境法规都将逐渐增多。在这种背景下，企业内部的高层管理人员及财务会计部门主管人员必须对环境法规予以足够的重视，关注其对本企业长期发展战略的影响，关注其对本企业远期及近期财务业绩的影响，并制定相应的措施。

从务实的角度看，立足于环境法规对企业会计核算的影响，可以作这样三种判断：①现行环境法规。这是指那些已经由立法机构或政府部门公布并生效的环境法规，当然应当不折不扣地遵守。②可预见到的环境法规。这是指那些已经由立法机构或政府部门提出的草案文本（征求意见稿），其实施之日已经可以预见。企业对此应当做积极主动的准备。③潜在的环境法规。这是指那些虽然尚未有正式的草案文本，但是已经被人们广泛注意到，并且在专业部门、实务界及各种媒介（如广播、电视、报纸、刊物）成为讨论内容的环境法规题目。企业对此尚不需要在行动上有所准备，但是在企业长远战略中不能不予以考虑。

从会计实务角度看，大多数环境法规对于会计事项处理并不具有可操作性。但这并不意味着会计界就可以因此而忽视环境法规，因为环境法规在不同程度上影响企业经济活动，从而影响企业的经济利益，并且必然会或迟或早落实到会计实务中。在会计实务初始阶段，对各种环境事项的处理可能做法不一，久而久之无论从企业内部还是外部，都会提出对会计法规及会计原则的需求。

四、环境成本的会计处理

从前面所述，环境成本的会计处理在会计方法论上主要集中在两个方面：一是由会计期间引出的资本化与费用化的划分；二是由配比性（可追踪性）引出的直接费用与间接费用的划分。

1．环境成本的资本化与费用化处理

这个问题一般比较清楚。企业用于环境有关项目的支出，从受益期间看总会有短期性与长期性之分，从而引出环境成本的资本化与费用化处理的划分。但是切莫过于简单地考虑这个问题，因为其复杂性在于不同会计处理的后果不同。后果有对当前及未来财务业绩的影响，以及对企业持什么态度开展环境管理活动的影响，换句话说，环境成本的资本化或费用化处理之分，其核心问题并不在于会计技术，而是在于后果的比较。对此，只要回顾一下研究与开发支出在会计处理中的资本化与费用化的几十年的争议，就不难理解。

2．环境成本的追踪

在环境成本核算中，如何针对不同的环境费用起因去追踪环境成本，即针对不同的环

境成本核算对象，对已发生的（会计）环境成本鉴别直接费用与间接费用，并加以分配归集，是一个会计技术问题，也是环境会计中的主要难题。

从设计思想看，立足于环境费用的可追溯性，对已经发出的环境费用作这样四种判断：①很确切地属于直接费用，即费用发生动因很清楚，譬如在某种产品生产过程中排污量超标引发的环境费用，又譬如针对某种产品生产过程而增加的环境保护设备投资。②在很大程度上属于直接费用，但不很确切，即若干种费用发生动因有所交错。譬如某种材料使用于若干种产品生产，在该种材料初加工阶段发生的环境费用，就具有这种特点。③在很大程度上属于间接费用，但也与直接生产有关，譬如仓库等建筑物改建工程引致的环境费用。④很确切地属于间接费用。

对于上述四种情况，会计处理中，①和④很清楚，②和③则比较复杂。特别在环境费用金额比较大时，怎样处理，直接关系到企业财务业绩和内部责任业绩评估。这时应当提出的问题是：什么时候发生的费用？与哪些产品或设备有关？有没有相关的生产作业记录？解决这些问题，最重要的是建立和健全成本会计管理工作，特别是各种基本记录。有了完整详细的工作记录，对成本费用的追踪、计量及分配归集才会有根据。

第二节　建立中国环境成本会计制度

一、建立中国环境成本会计制度需循序渐进

环境成本信息是环境会计中最重要的信息，对企业财务业绩影响最大，也是目前环境经济政策制订过程中最需要的信息。先行建立环境成本会计制度，可采取分步走的方式。

第一，以现有的成本会计信息系统为依托，对企业内部成本进行分析加工，以提高企业环境成本信息的可视性。为此，首先要研究现有的国际准则，在此基础上，先在一部分企业试点，开展环境成本核算，从中总结经验，形成我国的环境成本（内部成本）核算制度（草案）。在本步骤执行中，可以先参考日本指南的做法，重点先披露企业内部的环境成本。对于环境成本的分类和收集方式，则可以借助联合国指南进行。

第二，在条件成熟的情况下，收集企业外部成本和环境影响的财务信息，由于这类成本信息的不确定性大，可以先提供实物信息，在财务信息提供上，可以提出多种可供选用的计量方式，方便企业选择。

第三，经过试验总结经验后，正式确立环境成本核算制度，并在符合条件的企业内推广。同时，探索开发有关环境成本信息的收集和整理软件，为中小企业实施环境会计提供技术支持。

为了发挥环境成本信息的作用，提高企业开展环境成本核算的积极性，可以同时建立企业向利益关系人（如金融机构、政府部门等）报告相关环境成本信息和环境业绩信息的制度。为此，还需要建立环境业绩指标披露制度。

第四，为提高试点方案的可操作性，应本着“先易后难，先试点后推广，先部分后全面，分产业分地区”的原则，将以上设想付诸实施。

所谓先易后难，是指先进行方法比较简单的环境成本核算报告方法的应用试验，待取

得经验后，加以制度化然后再引进更加先进、更加复杂的方法。目前可以做到的是要求部分企业，起码是上市公司在披露财务信息的过程中，将现行会计核算系统中已经确认、记录和报告的（可以按一定表中确认的）各种成本费用中所包含的环境成本，专门重新归类，并以对外财务报告附表的形式公开披露。

所谓先部分后全面，是指对于企业生产经营过程中所产生的重大排污及其所造成的内部环境成本，可以优先设计有关方法进行成本核算与报告。具体来讲，可以组织专家（其中包括环保专家与会计专家）对试点企业的二氧化碳、二氧化硫、废水以及固体工业垃圾等的排放量及其所造成的环境成本加以测算并形成较为成熟的分析模型。之后，逐步以相似的方式，对企业的各种污染物的排放及其他社会、生态与环境影响的计量与成本核算进行研究，确定相应的模型。具体的环境成本核算方法既可以采用美国环境保护局提出的ABC、TCA和LCA相结合的方法，其优点是相对简单而且与既有的成本会计系统相吻合；也可以采用由德国工程师协会开发，并由德国环境与核安全部以及UNDSD等颁布推行的物量流成本法（material flow cost accounting），其优点是能够更精确地确定各种排放的数据，从而为环境成本提供坚实的基础，但由于该技术更为复杂，试点的困难以及推广实施的成本相对更大。前一种方法，清华大学经济管理学院的华如兴教授、徐瑜青教授，中国政法大学的王燕祥教授以及广东顺德职业技术学院的陈曦副教授等曾经分别在内蒙古元宝山电厂、华能北京高碑店热电厂及科龙集团等企业进行过尝试性研究，并取得了有益的研究成果。这些研究成果可以为试验提供技术与方法方面的借鉴。

所谓分产业分地区，是指根据不同地区、不同产业的特点，分别选择不同的试点企业。对于污染严重或者高耗能的产业以及能源与重化工基地所在地区应优先加以选择。以北京大学王立彦教授为首的课题组已经分别选择了北京、广东、辽宁、福建等地的若干石油、化工、发电等企业作为拟议中的调研试点，一旦得到必要的经费支持，工作即可启动。

为了克服当前财务会计系统的不足，各国政府致力于研究以计量和报告使用环境成本为主的环境管理会计系统的建立，并出台了多种指南，在一些国家，环境成本信息和环境效益信息的报告已卓有成效。

但是，管理会计对会计主体不存在强制性约束。因此，要促使会计主体主动采纳该会计体系，需要政府有关部门的大力推动，同时要阐明推动该体系对于企业主体的重要意义，而不是将其作为企业自觉承担社会责任的一种自律行为。

环境成本信息可以从三个方面帮助企业：第一，提高符合性的效益。企业可以了解其遵守环境法规的成本效益，从而更好地确认环境方针，支持环保。例如对污染控制投资进行计划和实施，向执法部门报告废弃物和排放物。第二，在内部经营中有效使用资源、水、材料，为降低成本和减少环境影响而提供支持。第三，为符合成本效益的环境敏感项目的评价和实施提供支持，以保证企业长期战略地位。例如与供应商合作设计绿色产品和服务，评估未来法规的可能成本，向顾客、投资者、社区等报告业绩等。

二、现行会计核算系统中各种成本费用重新归类

事实上，环境成本信息已经掩藏在会计系统中。需要现行会计核算系统中已经确认、记录和报告的（可以按一定表中确认的）各种成本费用中所包含的环境成本专门重新归类，

并以对外财务报告附表的形式公开披露不能引起管理部门关注、无法充分追踪物料使用和流量及成本的信息。表 5-1 就是一种尝试。

表 5-1 从现行会计体系识别环境成本（总表）

环境成本项目	合规性支出（按功效分类）			自愿性支出（按功效分类）		
	预防	当期环境影响消除	事后治理	预防	当期环境影响消除	事后治理
生产成本中的环境成本						
营业（销售）费用中的环境成本						
财务费用中的环境成本						
管理费用中的环境成本						
其他业务支出中的环境成本						
营业外支出中的环境成本						
排放权购买（出售）						
环境投资						
环境损失						
总　计						

对于表 5-1，在会计处理实务中可以对其中每个项目设计次级细表。

生产成本中的环境成本指所生产的产品在原材料采购、生产、储存等环节中发生的、并已计入存货成本的，且与环保相关的各种成本。

营业（销售）费用中所包含的环境成本，指产品销售过程中所发生的与环境保护和当期环境影响消除与补偿相关的各项费用。

管理费用中所包含的环境成本，指企业为组织管理生产经营过程中所发生的与环境保护和当期环境影响消除与补偿相关的各项费用。

财务费用中所包含的环境成本，指企业为筹集用于与环保相关的各种资金而发生的各项费用。

其他业务支出所包含的环境成本，指企业在销售产品以外的经营活动中所发生的支出中与环保相关的部分。

营业外支出中所包含的环境成本，指企业在与主营业务和其他业务无关的各种作业中所发生的各种费用。

第三节　生命周期成本与社会责任成本

一、产品生命周期成本

产品生命周期是指从产品最初的研发到不再向顾客提供技术支持和服务的期间。对于机动车，这一期间可能要 12～15 年；对某些药品，这一周期为 15～20 年。相应地，生命周期成本制度追溯并归集分配给每一种产品的单独的环境成本（从最初的研发到最后的为顾客提供服务与支持）。

为了控制产品的环境成本，需要对产品的生命周期进行评估，据此确认产品在整个生命周期中对环境的影响，并采取控制和改善措施。例如，环境保护法（如美国的 Clean Air Act、Superfund Amendment 等）已经引入了严格的环境标准，加强对污染空气、地表土壤和地下水的罚款和其他惩罚。因此，往往在产品和流程设计阶段，环境成本已经被锁定。要避免这些环境责任，公司就必须实行价值工程并对产品和流程进行设计，以防止和降低整个生命周期的污染，如从事炼油或化学制品加工的公司。便携式电脑的生产制造商（如 Compaq 和 Apple）已经引入了昂贵的再循环系统，以保证镍镉电池在产品生命周期的最后能够以对环境安全的方式进行处理。

除了在环境成本上的运用以外，预算的生命周期成本可为定价决策提供重要的信息。

生命周期预算与目标价格及目标成本密切相关。以汽车产业为例，产品生命周期很长，在设计阶段，总生命周期成本的很大部分都被锁定了。设计决策影响到多年的成本。一些公司，如 Daimler Chrysler、Ford、General Motors、Nissan 以及 Toyota 均在所预计的数年内收入与成本的基础上确定其各种车型的目标价格和目标成本。

以昌源有限公司为例，该公司是一家软件公司，它的主要产品是名为“算得清”的会计软件包。表 5-2 是“算得清”在 6 年的产品生命周期内的预算：

表 5-2 “算得清”6 年的产品生命周期内的预算

单位：元

第 1 年和第 2 年		
研发成本	240 000	
设计成本	160 000	
第 3 年至第 6 年		
	一次性安装成本	每套软件的变动成本
生产成本	100 000	25
营销成本	70 000	24
分销成本	50 000	16
顾客服务成本	80 000	30

为获得盈利，昌源公司要产生足够的收入以弥补所有 6 个业务职能中的成本，尤其是其较高的非生产成本。表 5-3 列示了昌源公司的“算得清”软件包三种可选择的价格-产量组合的生命周期预算。

表 5-3 昌源公司“算得清”软件包生命周期收入及成本的预算*

单位：元

项　目	各种可选择的价格-销量组合		
	A	B	C
每套软件销售价格	400	480	600
销售量/套	5 000	4 000	2 500
生命周期收入	2 000 000	1 920 000	1 500 000
生命周期成本			
研发成本	240 000	240 000	240 000
产品流程及设计成本	160 000	160 000	160 000

项　目	各种可选择的价格-销量组合		
	A	B	C
生产成本	225 000	200 000	162 500
营销成本	190 000	166 000	130 000
分摊成本	130 000	114 000	90 000
顾客服务成本	230 000	200 000	155 000
生命周期总成本	1 175 000	1 080 000	937 500
生命周期营业利润	825 000	840 000	562 500

注：* 表中数字在计算生命周期收入和生命周期成本过程中没有考虑货币的时间价值。

二、生命周期成本预算

运用生命周期预算，管理者可以估计分配给每一种产品的收入和单独的价值链成本（从最初的研发到最后的为顾客提供服务与支持），其中包括环境成本。生命周期预算的重要性，可以从下述特征看出。

1）非生产成本很大。产品的生产成本在大多数的会计制度中一般是可以看得出来的。但是，一些与研发、设计、营销、分销和顾客服务相关的成本在以产品为基础时可视性很差。当非生产成本很大时，就像在“算得清”例子里，确定这些成本对目标价格、目标成本、价值工程和成本管理是很重要的。

2）研发和设计的过程很长且代价很大。在“算得清”例子里，研发和设计的时间跨度为 2 年，占价格-销量三个组合中每个组合总成本的 30%以上。在开始生产之前或获得收入之前发生的成本占总生命周期成本的比例越高，企业就越需要更为精确的收入和成本预测。

3）许多成本被锁定在研发和设计阶段——特别是当研发与设计成本很小时。在“算得清”例子里，如果设计的会计软件包很差，既不方便安装，又不方便使用，这将会带来更高的营销成本、分销成本和顾客服务成本。如果产品没有达到所承诺的性能水平，这些成本将会更高。生命周期收入与成本预算可以避免在决策中忽略这些成本之间的相互联系。生命周期预算更强调产品生命周期内的成本，更注重在成本被锁定前在设计阶段运用价值工程。表 5-2 中所列示的数据是价值工程的结果。

4）以生命周期为基础的定价策略。例如昌源决定将“算得清”软件以每套 480 元的价格卖出，因为这个价格可以使公司的生命周期营业利润最大化。表 5-2 假定每套软件卖出的价格在整个生命周期中是一样的。出于战略考虑，昌源可能决定对市场撇脂——当产品第一次生产时，对于急于购买“算得清”软件的消费者索要更高的价格（就像你从牛奶中撇去乳脂一样），随后再降低价格。生命周期预算包括这种战略。

许多会计系统，包括在一般会计准则下财务报表的编制都以公历年度为基础（按月、季、年），但产品生命周期报告不以公历年度为基础。公司每种产品的生命周期报告往往跨越多个公历年度，因此应以产品为基础来追溯其收入和成本。当在整个生命周期中追溯价值链中的业务职能成本时，我们可以计算分析单个产品的总成本。将预算的生命周期成本和发生的实际成本进行比较，可以提供反馈和学习，并运用在以后的生产中。

生命周期成本的另一种提法是顾客生命周期成本。顾客生命周期成本把重点放在顾客从获得产品或服务到该产品或服务被取代这一期间之内的总成本。一部汽车的顾客生命周期成本包括该车的买价，加上运行及维护费用，减去最后的处理价格。顾客生命周期成本在价格决策中是一个重要的考虑因素。例如，Ford 汽车公司的目标是设计一种汽车，它在 100 000 英里[①]行程内维护费用最小。Ford 希望索取一个较高的价格，并且（或者）通过销售这种汽车获得更高的市场份额。同样地，洗衣机、干衣机和洗碗机的制造商为其这些可以减少用电量和有较低的维修费用的模型索要更高的价格。

专栏 5-1 环境预算

在管理会计领域，预算是对经营活动规划的货币计量，反映经济组织在一定时期内怎样获取并运用财务资源，以实现预期营运成果和达到预定目标。这就是说，预算是将目标和策略表达为营运方案的一种管理手段。由此引申，环境预算就是将预算手段运用于环境管理问题。例如，企业为了实施环境管理体系（国际标准 ISO 14000）认证，就必须在管理制度、技术设备、材料耗用、工艺流程、成本核算、作业控制、现场管理等许多方面制定改进策略，并编制相应的财务预算。预算的一般原则和方法亦适用于环境预算，只是要对环境问题的特定因素加以特别考虑。

三、生命周期成本计算与生命周期评估

1. 生命周期成本计算（Life Cycle Costing，LCC）

LCC 是环境会计领域的一个特定概念。LCC 的基本思想是，对环境成本加以确认、计量、记录和报告时，应当立足于产品的生命周期全过程，对产品设计材料加工、仓储、销售、使用、废弃等各个阶段所有内部和外部环境费用加以会计处理。LCC 概念最初出现于 20 世纪 60 年代中期，是一种针对产品生命周期的会计方法，后来被用于分析环境问题，对产品或工程的环境影响进行货币化计量与分析评估。

鉴于环境费用发生起因的复杂性，将作业制成本计算（Activity-based Costing，ABC）和作业制管理（Activity-based Management，ABM）引入环境成本核算和环境管理中具有重要的意义。以作业或活动作为成本动因，作为成本会计基础，有利于更具体地识别环境成本动因，更准确地对环境费用进行分析和归集，更有效地追溯环境成本的来龙去脉并实施控制。

2. 生命周期评估（Life Cycle Assessment，LCA）

环境 LCA 是在经济问题研究中建立起来的一个特定概念，它是指这样一种环境分析体系：对一种产品，一种作业加工或一种作业活动的全过程中对环境施加的负面影响作全面分析和评析，目标在于将其减小到最低限度。与 LCA 类似的一些概念也常在相关文献资料中看到，包括 Life Cycle Analysis、Cradle to Grave Analysis/Assessment、Eco-balance

① 1 英里=1 609.344 m。

Assessment、Environmental Impact Assessment 等。

作为一种环境影响评估体系，LCA 包括设立目标、存量分析、影响分析、改进分析。作为一种实施系统，LCA 由三个阶段组成，也称三阶段方法论，如图 5-1 所示。

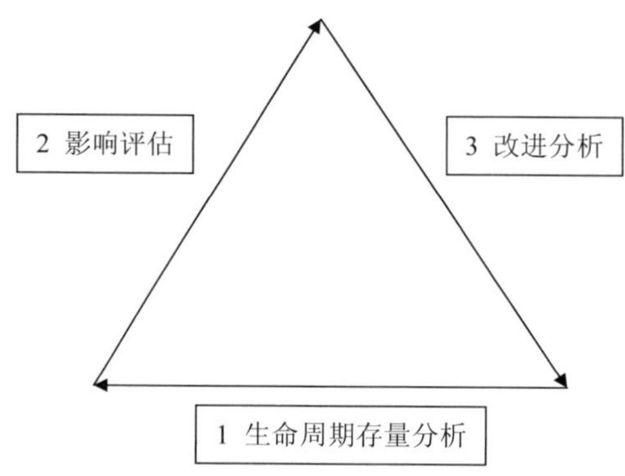

图 5-1 LCA 方法论示意图

注：引自 *Accounting for the Environment* 第 9 章。

第四节 环境成本会计制度的国际借鉴

成本会计系统是所有企业都必须建立的信息系统，通过对企业流程、产品、服务等实物信息和财务信息的共同输入，加工整理而取得满足企业管理需求的各类信息，为企业的实现内部管理控制、创造价值奠定基础。这是许多企业在经营管理中都非常重视的成本信息系统。

环境成本核算制度可以依托企业现有的成本会计系统进行，具有相应的基础。

一、国际借鉴：UN 和 IFAC 指南中的环境成本构成

联合国（United Nations，UN）的环境会计指南区分成本和支出这两个概念，一般用成本代表实际成本，而支出则隐藏了外部成本。该指南称环境成本包括外部成本和内部成本，与环境损害和保护有关的所有成本都在此列。环境保护成本为环境保护的所有支出，或者是其为了预防、处置、计划、控制和记录环境方面的影响而发生的危害、处置、治理、清理等成本。不过，在 UN 指南中，详细列举的是内部成本（称为公司环境成本）。公司环境成本包含环境保护成本（废弃物处理成本 + 预防和环境管理成本）、废物采购成本和废物加工成本。会计人员按成本内容确定分类成本，环境管理人员将其分配至环境介质。

国际会计师联合会（IFAC）的指南回避了关于环境成本的定义问题，但是用列举的方式说明了环境成本的构成：产品产出的材料成本、非产品产出的材料成本、废弃物和排放物控制成本、其他环境管理和预防成本、研发成本和无形成本 6 个项目。

表 5-4 UN 与 IFAC 对于环境成本构成或含义的大类对比

UN	IFAC
UN 不将产品产出物的材料成本列入环境成本范畴	产品产出物的材料成本： 包括原材料和辅助材料；包装材料；水；能源（物料消耗的包装材料、水、能源等不在此列）
产品以外产出物的材料成本： 废弃物等所消耗的主要材料成本； 原材料、辅助材料、包装、经营材料、水、能源。 UN 则将此项目一分为二，突出材料成本和加工成本两个部分。加工成本应通过专门的分配方法分配到产品和废物及排放物上	产品以外产出物的材料成本： 包括产品以外产出物（主要是废物和排放物）所耗费的材料和在企业各个流程中消耗的加工成本
产品以外产出物的加工成本： 废弃物等经过经营流程而消耗的工资、折旧、辅助材料、财务成本等； 按废弃物和产品原料价值比例分配加工成本	
废物和排放物处理成本： 包括处理处置和清理废物和排放物的成本 相关设备的折旧（*不能带来未来经济利益，而是处理过去排放的，做费用） 维护、经营物料和服务 相关人工成本 会费、税收、诉讼费 罚款、罚金 环境责任的保险费 清洁、治理用的准备金	废物和排放物控制成本： 包括处理、治理和处置排放物的成本。环境损害的修复和补偿成本、将污染物排放物控制到法律允许水平之下的合法性成本等。 设备折旧（*对哪些属于环境设备做了解释） 物料材料成本（详细列举构成） 水和能量成本（UN 将其列入非产品的购买成本） 内部人工成本 外部服务成本（增加区分的一项） 费用和税收 罚款 保险费用 调解和赔偿成本
预防和环境管理成本： 包括环境成本的成本，如绿色采购清洁生产技术的额外成本等，但只包括实际成本而不包括所形成的节约。研究和开发成本也列在这里。 用于环境管理的外部服务、从事一般环境管理活动的人员成本、研究和开发、运用清洁技术的额外支出和其他的环境管理成本 （突出了清洁生产设备的成本计算方法）	预防和其他环境管理成本： 包括预防废弃物和排放物产生的一系列活动，如事前生态系统管理、区域循环、清洁生产、绿色购买、环境管理供应链和生产者长期责任等的成本。也包括与执行废弃物和排放物无关的环境管理活动的成本，包括：环境计划和系统（如环境管理系统、环境财务会计、环境管理会计）、环境计量（如监督、业绩审计、业绩评估）、环境交流（如环境业绩报告、社区组织会议、政府游说）和其他相关活动（如环境项目的财务支持等）。 设备折旧 经营材料成本 水和能量成本 内部人工成本 外部服务成本 其他成本

UN	IFAC
研究和开发成本不单列，放在预防和管理成本中	研究和开发成本： 包括了涉及环境相关问题和环境创新的研发活动的成本。如原料可能毒性的研究，提高能源效率的产品的开发，对可提供原料使用效率的设备的测试等
相对无形成本不列此，而是列在预防和管理成本中的生态赞助、环境报告的公布等涉及公司形象和投资者关系的项目。原因在于UN更重视考虑的是账面的成本的识别。另外，在废弃物控制成本中所提取的相关诉讼准备也近似于无形成本部分	相对无形成本： 包括诸如生产率（工人因环境污染产生疾病而缺勤）、潜在的未来负债（自然资源破坏产生的法律诉讼）、未来的规章制度（温室效应引起的未来更加严格规章的成本）、公司形象和投资者关系（因消极的环境影响使项目融资成本提高）等无形的成本
环境收入： 废弃物的出售和补贴收入	环境收入不单独列出，但是，收入的类别可以和环境成本的类别相似，为上述各类与环境有关的收益或节约

IFAC的框架图，实际上是UN框架图在组织层次的一个截面。而UN的框架图，则更为详细地说明了环境管理会计与现行会计工具的联系，以及环境管理会计的可能应用范围。

二、国际借鉴：环境管理会计

欧洲国家和日本的环境会计实务，特别注重企业内部核算和管理控制，即环境管理会计（Environment Management Accounting）。见表5-5、表5-6。

表5-5表明环境管理会计（区分为货币环境管理会计和实物环境管理会计）与传统会计和环境管理评估工具的联系，同时也阐明了企业层次的环境管理会计、国家宏观统计之间的边界。

表5-6是日本环境会计指南对于环境成本的分类。

表5-5 环境管理会计（EMA）

货币单位会计		实物单位会计	
传统会计	环境管理会计		其他评估工具
	货币环境管理会计	实物环境管理会计	
公司层次的数据			
传统簿记	从簿记、成本会计中转移出环境部分	公司层次上材料、能源和水材料流量平衡表	生产计划系统，存货会计系统
生产过程/成本中心和产品/成本对象层次的数据			
成本会计	作业基础材料流量成本会计	生产过程和产品层次上的材料流量平衡表	其他环境评估、计量和评价工具
业务层次应用			
内部应用于统计、指标、计算节约、预算和投资评价	环境成本的内部应用于统计、指标、计算节约、预算和投资评价	内部应用于环境管理系统和业绩评价、标杆管理	其他内部应用于清洁生产项目和生态设计

货币单位会计		实物单位会计	
外部财务报告	环境支出、投资和负债的外部披露	外部报告（EMA 报表，公司环境报告，可持续报告）	向统计机构和地方当局等提供的外部报告
国家层次应用			
统计部门的国家收入会计	关于投资和行业年度环境成本，外部性的国家会计	国家资源会计（国家、地区和部门材料流量平衡表）	

表 5-6　日本环境会计指南对于环境成本的分类

项　目	内　容
A．经营业务范围成本	为了控制企业主要经营活动所产生的环境影响而发生的环境保护成本。包括污染预防成本、全球环境保护成本和资源循环利用成本
B．上下游成本	为了控制经营活动的上下游所产生的环境影响而发生的环境保护成本（采购过程的各种成本，如包装的节约、采购方式的改变等，使用后产品的回收等）
C．管理成本	管理活动产生的环境保护成本（EMS、监控、员工培训、自然保护、绿化等），要与社会活动成本区分，后者改进公众整体认识
D．研究开发成本	研究和开发活动所产生的环境保护成本：开发有助于环境保护的成本、减少生产阶段环境影响的开发项目等
E．社会活动成本	社会活动所产生的环境保护成本
F．环境恢复成本	治理环境退化而产生的成本：保险费、恢复自然生态等
G．其他成本	与环境保护有关的其他成本

资料来源：Ministry of the Environment JAPAN，Environmental Accounting Guidelines 2005，2005.

【本章小结】

环境成本是指本着对环境负责的原则，为管理企业活动对环境造成的影响而被要求采取的措施成本，以及因企业执行环境目标和要求所付出的其他成本。

为了实现对环境成本的控制，可以利用产品生命周期成本预算作为手段。产品生命周期是指从产品最初的研发到不再向顾客提供技术支持和服务的期间。运用生命周期预算，管理人员可以估计分配给每一种产品的收入和单独的价值链成本。

会计实务必须有操作依据。因此有必要专门设计“环境成本会计制度”。

【讨论思考题】

（1）什么是环境成本？可以分为哪些类型？

（2）为什么产品生命周期成本对企业决策非常重要？举例说明它的应用。

（3）谈谈对公司社会责任成本的理解。

（4）基于章后两个案例研讨上述问题。

【案例分析题】

案例1：福建通报紫金矿业污染事件初步调查结果

新华网：福建省环保厅新闻发言人向新华社记者介绍“紫金山金铜矿湿法厂‘7·3’污染事件”初步调查情况。

一、关于事件原因调查及披露

新闻发言人说，7月3日下午15点50分左右，紫金矿业集团股份有限公司紫金山金铜矿湿法厂岗位人员发现污水池待中和处理的污水水位异常下降，且有废水自废水池下方的排洪涵洞流入汀江干流。

事件发生后，福建省各级政府和环保部门按照“属地管理、分级响应”的原则，在第一时间启动应急预案，立即组织专业人员展开调查和应急处置工作，同步实施了汀江沿途水体的加密监测。根据水质监测结果，下游部分河段pH偏酸性，超过国家地表水Ⅲ类水质标准，铜浓度升高但未超过国家地表水Ⅲ类水质标准。依照有关规定，省政府和环保部门在第一时间向国家及相关部门及时上报了有关情况。

经组织专家和执法人员深入调查，该事件发生原因已基本查明，主要是：受近期强降雨影响，紫金山铜矿湿法厂存放待中和处理的含铜酸性污水池区域内地下水位迅速抬升，造成污水池底部压力不均衡，形成剪切作用，使防渗膜多处开裂，导致池内污水泄漏到废水池下方的排洪涵洞，流入汀江。

泄漏事故发生后，汀江下游河段网箱鱼类出现异常、死亡现象。据当地政府初步统计，至11日事件所造成的损失已累计达到重大环境事件级别，且事故原因已初步查明。依照有关规定，上杭县政府于12日召开新闻通报会，向社会公布事件有关情况。

二、关于水质监测情况

新闻发言人说，事件发生后，在福建省环保厅专家的指导下，龙岩市、上杭县环境监测站启动了应急监测机制，在第一时间开始对泄漏点下游汀江河段进行连续的加密采样应急监测，从泄漏点开始到棉花滩水库坝下共布设监测断面12个，监测指标主要为泄漏废水的特征指标pH、铜。

经检测判定，泄漏点下游的汀江上杭段部分河段出现pH偏酸性、铜浓度升高的现象，pH 4.34～6.33，超过国家地表水Ⅲ类水质标准（6～9）；铜的浓度在0.11～0.98 mg/L，未超过国家地表水Ⅲ类水质标准（1.0 mg/L）。泄漏事故得到控制后，各断面水质逐步改善，pH逐步升高，铜浓度逐步降低。至7月11日，各断面pH已符合地表水Ⅲ类水质标准。

事件发生以来，棉花滩水库坝下峰汀大桥断面（与广东省交界）pH、铜监测结果均未发现异常。7月12日pH为6.34～7.37，铜浓度小于0.010 mg/L，水质符合地表水Ⅲ类水质标准。

三、关于网箱鱼类处置情况

新闻发言人说，泄漏事故发生后，汀江下游河段网箱内鱼类出现异常、死亡现象。经有关专家分析，此次污染泄漏是流域网箱鱼类死亡的主要原因，同时高密度的网箱养殖方式和近期连续异常天气也有一定影响。库区网箱外目前未发现鱼中毒现象。

死鱼现象出现后，当地党委、政府立即作出紧急部署，及时采取了措施，对死鱼进行打捞和无害化处理，对可能受到威胁的网箱养鱼有序破网放入水库。为维护群众利益，当地政府决定对死鱼和放生鱼按略高于市场收购价格全部进行收购，所需资金由事故责任单位承担。同时，当地政府还切实加强了食品安全管理，杜绝死鱼流入市场销售或腌制食品，确保人民群众健康安全。

四、关于后续处置工作

新闻发言人说，事件发生后，省委、省政府高度重视，主要领导多次作出批示，省政府分管领导及时带领省直有关部门负责人和专家赶赴现场，指导、帮助当地开展应急处置工作，责令紫金矿业集团股份有限公司紫金山金铜矿湿法厂立即停产，对已发现的环境安全问题迅速进行整改，同时全面排查整治环境安全隐患。目前，省政府已正式成立联合调查组，全面调查事故原因，查清事实、分清责任，并将根据调查结果依法依规对政府及职能部门相关责任人进行行政问责，对有关企业也将严肃依法追究责任。

（资料来源：2010 年 7 月 15 日 新华网）

案例 2："十大环境违法案件"之重庆民丰农化股份有限公司污染案

重庆市民丰农化股份有限公司有着耀眼的光环：铬盐产业亚洲第一、世界第五。可这家企业历年来竟然将有毒含铬废渣、废水直接排入嘉陵江，造成严重污染。之前曾多次被地方环保机构查处、通报和处罚。

原国家环保总局公布"十大环境违法案件"，民丰农化污染案位列其首，成为社会关注的焦点。重庆市政府下决心关闭造成污染的老生产线。民丰农化开始为"环保债务"还债：银行催着还贷；英国合资方投资信心动摇；生产销售下滑。

人大代表、政协委员 9 年呼吁：不能"要钱不要命"

民丰农化年销售收入 5 亿多元，但生产 1 t 主要铬盐产品红矾钠就要产生 3 ~ 4 t 废渣。近 30 万 t 铬渣堆积于地面，被污染土壤达 100 多万 m^3。更让人揪心的是：民丰农化位于重庆市主城区饮用水水源上游的嘉陵江边，在老生产线排污口下游 10 km 处是沙坪坝中渡口水厂，8.8 km 处是沙坪坝高家花园水厂，4.5 km 处是梁沱水厂，2 km 处是红雪饮料厂的取水口，1 km 处是红光制药厂的取水口。

从 1995 年至今，在每年的重庆市"两会"上，人大代表、政协委员关于彻底治理民丰农化污染嘉陵江水域的议案、提案都不下 10 份。1996 年 6 月，50 名人大代表就此联合质询市政府，称"不能要钱不要命"。

正是为解决污染问题，民丰农化被批准重新选址兴办新的生产线，市政府曾发文要求"新线建成后就必须关闭老线"。但新线在 2000 年就已建成，可其老线却一直没有关闭，源源不断的有毒废水废液，依然每天流入嘉陵江。环保部门的监测表明，老线河边及回收废水的截水沟的铬渣浸出液的六价铬和总铬浓度，分别超标 3 159 倍和 1 112 倍。而废水中含有的六价铬进入人体后，易引发癌症等多种疾病，危害很大。

民丰农化为何宁愿每年支付约20万元的污染罚款，也不愿关闭工艺落后、污染严重、民怨很大的老生产线呢？人大代表、重庆大学教授丁小中一语中的："老线每个月的毛利高达300多万元，而新线由于前期环保投入费用较高，目前还未赢利，所以他们是能拖则拖，不愿舍弃利润丰厚的老线。"

污染大户与环保部门"捉迷藏"：废水处理设施停运

近年民丰农化也相继投入了9 000多万元用于污染治理，兴建了中转渣场、污水处理厂、用于截流废水的防渗沟等，虽有一定效果，但不足以解决整个污染问题。更耐人寻味的是，环保部门的调查表明，由于治污设备运行成本较高，民丰农化和环保部门玩起了"捉迷藏"：废水处理设施停运，回收沟跑冒滴漏，铬渣中转场无防扬散、防流失、防渗漏的"三防"措施。市政府秘书长周慕冰在暗访民丰农化时，亲眼目睹了污水直排嘉陵江，可厂里人却谎称这是因为进行污水处理的添加剂没有了。

在采访中，民丰农化公司副总经理竟这样告诉记者："我们也十分重视治污，但有些事管不了。像废水回收池停电或跳闸、废水回收管道破裂、堡坎垮塌，都有可能造成污染事故。特别是雨季，一遇洪水每天都会发生渗漏事故。"

2000年至今，环保部门共对民丰农化环保违法行为进行了13次行政处罚，督促其治理污染，但收效不大。原国家环保总局副局长指出："重庆民丰农化是规模大、效益好的上市公司，完全有能力、有实力做到达标排放，但却为追逐经济效益而置人民利益于不顾，忽视污染治理，擅自停运污染治理设施，偷排偷放、违法排污。"

民生农化最终决定三管齐下根治污染：关闭的老生产线，兴建日处理8 000 t含铬废水的污水处理厂，修建用于污水防渗的挡水墙。

今日偿还"环保债务"，企业面临"四面楚歌"

民丰农化开始为污染"还债"。公司负责人算了一笔账，老生产线的1 000多名职工安置，大概需要1 000多万元，企业资产缩水约3 000多万元。此外，重庆市财政还将投资3 500万元用于污水处理厂和挡水墙的建设。

"其他的损失更加不可估量。"民丰农化副总经理说，"自从企业污染被曝光后，英国合资方提出，如果不妥善解决相关事宜就要撤资，而且不愿兑现以前承诺的工艺和设备投入；企业的银行信用下降，各个银行天天追着催还贷款；原材料供应商害怕企业破产丧失支付能力，也不再赊欠货款；客商开始寻找其他生产企业，企业销售总量开始下滑；企业职工思想波动大，另谋他路的不少。"

时至今日，"四面楚歌"的民丰农化才真正开始意识到，自己将为环境污染付出怎样沉重的代价！

根据以上案例资料，分析以下问题：

（1）基于上市公司公开披露的财务信息、环境信息，能否对其环境负债与环境成本进行会计确认、计量、核算？

（2）以上面两个上市公司的资料为基础，讨论环境成本的不同口径计量，以及环境负债与环境成本之间的转换关系。

第六章　环境会计信息披露

【案例引导】

美国康菲国际石油有限公司是一家综合性的跨国能源公司。公司以雄厚的资本和超前的技术储备享誉世界，与 30 多个国家和地区有着广泛的业务往来，并与中海油合作开发蓬莱 19-3 油田。2011 年 6 月，该合作项目发生溢油事故，康菲被指责处理渤海漏油事故不力。12 月，康菲公司遭到百名养殖户的起诉。2012 年 4 月下旬，康菲支付 10.9 亿元用以赔偿溢油事故。

是谁放纵了康菲中国？中南大学商学院教授肖序告诉《中国会计报》记者，康菲事件再一次证明，石油钻井平台等高污染风险企业必须履行"合理审慎作业"的义务。由此，这类企业的信息披露要更加充分，环境风险的揭示也要更加全面。恰恰相反的是，康菲事件后，漏油事件的具体情况及善后处理等问题却始终处在迷雾之中。国务院针对康菲事件召开的专门会议中，提出的五项措施中有"要全面及时准确发布事故信息，真诚回应社会关切"这么一句话。在肖序教授看来，这也反映出了国家层面对环境信息披露的诉求。而由于目前缺乏相关的信息披露制度，在披露事故的预防、处置及赔偿等方面信息的有关规定都是空白，使得社会和公众很难获得一手资料。康菲事件给环境会计信息披露提出了一个新的课题。企业不仅需披露资产弃置义务负债，还应承担及时揭示环境风险防范、诊断、控制、评估信息的义务，以告知与此利益相关的社会公众。

第一节　环境会计信息披露的理论基础：环境受托责任

一、受托责任的内涵

在资源所有权与资源经营管理权分离的背景之下，受托责任是一个非常重要的观念，它要求资源经营管理者必须对受托运用管理的资源承担管理职责并妥善地向委托人说明和报告职责的完成情况。受托责任是一个从国外引进的概念，虽然人们在具体描述上可能有些差别，但是，国内外学者对它的理解基本上是相近的。我们经常见到的一些广为引用的说法如下。

美国会计总署认为，受托责任是指受托管理并有权使用公共资源的政府和机构向公众说明它们全部活动情况的义务。

加拿大审计长公署认为，受托责任是指就授予的某项职责履行义务、做出回答。

英国学者 R.格瑞、D.欧文和 K.蒙德斯在《公司社会报告：会计与受托责任》一书中写道："受托责任系指对所负责的行为事项提交账目（不一定是财务账目）或计算的义务、要求和责任。”

日本学者片野一郎在《新版会计学大辞典》中对受托责任解释为：“一定的经济主体赋予其财产管理者保管和运用所有财产的权限，并要求他们负起管好、用好这些财产的责任，从而产生了一系列会计事实。簿记和会计作为财产的管理计算制度，其使命在于：记录和计算这些会计事实，把记录和计算的结果同当时的财产实况进行核对，并对其全部过程做出详细说明，以解除财产管理人受托管理财产的责任。”

著名的《科氏会计词典》中对受托责任所下的定义为：“雇员、代理人或其他人定期报告其行动或行动上的成败，以继续行使委托权利的责任。因此，指定出纳总管责任金额或账目，以货币、财产单位或其他预先确定的基础表达的对他人责任或义务的计量，法律、规章、协议或惯例所强加的证明良好管理、控制或其他业绩的义务。”

杨时展教授作为对受托责任有着深入研究的国内著名会计学家，在其发表于《财会探索》（1990 年第 2 期）的一篇文章中写道：“受托责任是由于委托关系的建立而发生的，委托关系建立以后，作为一个受托人，就要以最大的善意、最经济有效的办法、最严格地按照当事人的意志来完成委托人所托付的任务。受托人在完成任务之后，向委托人提出报告，经过托付人同意之后，责任才能解除。”在此基础之上，他提出“受托责任的存在，是人们之所以需要会计的根本原因。”

王光远博士在《管理审计理论》中基于前人对受托责任的认识，谈了自己对受托责任的理解。他认为，“受托责任概念含有以下几层意思：第一，一般受托责任关系涉及两个当事人，一个是委托人，一个是受托人或代理人。委托人将资产的经营管理权授予受托人，受托人接受托付后即应承担所托付的责任。第二，受托人所承担的责任可依据法律法规、合约和惯例等来加以规范，亦即要有衡量受托责任完成情况的标准。第三，受托责任的内容具有可计量性。由此产生的计量指标既有财务指标，也有非财务指标；既有定量指标，也有非定量指标；既有经济指标，也有社会指标。第四，由审计师独立地审查各种受托责任报告，并就受托责任的完成情况发表一个客观性意见。第五，现代受托责任关系中的委托人可以是投资者、债权人、股东、纳税人、消费者，也可以是高一级的政府和高一级的管理部门；受托人可以是公司的董事会、总经理、部门经理，也可以是不同级别的政府部门及其官员。”

受托责任的发展历史表明，“人类社会的发展，反映为托付人和受托人不断因阶级势力的消长而发生的更替；反映为托付人从寡头而逐步大众化；反映为对受托责任完成情况愈来愈严密的监督；反映为受托责任越来越充实的内容”。格蕾·托儿在研究受托责任的发展理论时指出：“公司受托责任随着公司在社会中的能量的增加而扩大，从原来的只对股东负责，发展为对股东、雇员、债权人、供应商、顾客、政府及一般公众负责；从只负责诚实经营和合法使用资金扩大到有效使用资金和承受社会责任”。

由此可见，受托责任包括责任或义务，即开展一定活动的责任（或抑制某些活动的责任）以及提供有关那些活动的记录的责任。以股东和公司而言，公司的管理层不仅负有管理股东委托给他们的（财务或非财务）资源的责任，同时还负有提供有关这一管理活动的记录的义务。公司管理层与股东之间的这种受托与委托的关系取决于《公司法》所赋予股东的知情权。

以上讨论表明，受托责任是一个动态的概念，“受托责任的关系可因宪法、法律、合同、组织的规则、风俗习惯甚至口头合约而产生。公司管理层对股东、债权人、雇员、客户、政府或有关联的公众承担受托责任”。美国著名会计学家 A·C·科特尔顿认为，“在企业的经营管理中，管理层担负着间接的社会责任”。在生产和经营的过程中，必然与周围的环境发生联系，影响环境并改变环境，同时也受环境的影响和制约。企业伦理学认为，真正的企业价值或股东价值最大化，是要求企业生产不单纯地从自身经济利益和短期效益出发，而是同时考虑社会效益和环境效益，考虑企业与社会以及环境的长远利益，从企业内部解决污染的产生与扩散问题着手，同时促进环境保护工业的发展，从整个社会的角度出发治理污染，改善环境，为社会提供优质的无污染、无损于环境的产品，使企业效益、社会效益、环境效益共同达到最优。这才是符合伦理要求的、真正的企业价值最大化，也是企业所应追求的最高目标。

二、企业的环境受托责任

按照受托责任理论的要求，受托人必须向委托人和资源所有人报告责任的履行情况。受托责任观念也是不断发展的，它所考虑的内容不仅仅是经济意义上的，而是在此基础上向更广泛的领域不断拓展。如果把传统的受托责任理解为经济受托责任，那么，站在环境问题的角度来看，受托责任概念中完全可以分解出一个环境受托责任的子概念。可持续发展理论也要求，企业应按照“经济性、效率性、公平性和环保性来使用和管理受托资源”。由此可以认为，企业的环境受托责任即是指企业作为环境资源的受托人必须对受托运用和管理的环境资源承担起良好的受托责任并“妥善地向委托人说明和报告职责的完成情况的责任”。理解这一问题，需要把握以下几个要点。

1. 如同传统的受托责任一样，环境受托责任的直接关系人包括委托人和受托人

委托和受托代理关系的建立原因来自于两个方面：一是环境方面的考虑，也即环境资源的所有者（包括国家、社会公众等）要求作为环境资源使用者的企业必须承担起管好和用好环境资源并做出报告的职责。二是经济方面的考虑，主要是指企业财务资源的提供者（投资者、债权人等）特别是企业投资者基于惯常的投资目的而要求企业在环境方面应该具有良好的表现。环境事务已经越来越体现出其内在的经济性，环境问题一般都需要资金投入来解决，环境问题正在或已经成为一个经济问题。此外，还要指出的是，由于某些财务资源的提供者可能具有道德投资和绿色投资意识，那么，这些投资者自然会在顾及经济指标的同时注重企业的环境业绩，于是，环境受托责任的委托和受托代理关系的建立就具有了更坚实的基础。对于环境受托责任来讲，在委托受托关系上的一个重要特点就是：委托人可能是多重的和多方面的，包括各类环境信息使用者。

2. 环境受托责任的建立依据来自于多方面

首先，企业管理层所承担的环境受托责任可以由某种惯常的契约来加以约定，这种契约既可以是专门就环境问题确定的，也可能是由经济性的契约所附带的。无论如何，契约总会是存在的。例如，按照我国大多数地区的做法，企业管理层必须与所在地的政府首长就环境污染治理和生态环境改善签订责任书。其次，企业管理层所承担的环境受托责任还可以由国家、地方立法机关和政府制定的有关法律和法规中予以约定，实际上，一般国家都在环境问题上制定了一系列的法规，我国也不例外。各种法律法规及其实施细则大多对企业的环境责任做出了严格的规定。最后，企业管理层承担的环境受托责任还可以通过惯例、道德义务等更为广泛的方式建立，虽然这些方式的约束力较弱且有弹性。

3．环境受托责任的体现形式是多样化的

环境受托责任按照其形式可以分为程序性受托责任和结果性受托责任两个基本类别。其中，程序性受托责任是指受托代理人按照规定的程序所应履行的受托责任，实际上是遵守有关契约和法律法规的责任；结果性受托责任是指委托人要求受托人对其业绩所应实现程度的责任，也即对管理运营结果所承担的责任。进一步看，结果性环境受托责任应该包括环境质量方面的绩效和与环境有关的或者说是由环境问题导致的财务绩效两个方面。

4．环境受托责任以对所管理和使用环境资源情况进行说明和报告为基本要求

由于受托责任的最基本的要求就是要做出说明和报告，受托责任和会计是密切地联系在一起的。我们在此所分析的环境受托责任也蕴含了同样的要求，环境受托责任最基本的含义就是建立环境信息披露或者报告制度。

5．受托责任履行情况的报告必须由第三方进行独立的审核和验证

这一点可以由人们对经济受托责任的认识而推知。不过，这里有两点需要说明；一是审核和验证的方法将会较传统财务审计发生较大的变化，需要开发新兴的审计技术；二是从事审核验证的第三方可能是由具备审计知识和技能的环境技术专家为主的人员构成，也可能是由具备足够的环境技术和经验的、高素质的新型审计师群体所组成。

三、企业环境受托责任的内容

根据上述认识，企业的环境受托责任具体包括以下四个方面的内容：

第一，环境资源的有效利用。企业应通过改进工艺、节约原材料及能源、减少生产过程的消耗、更替消耗量大的旧设备等途径，提高资源的有效利用率。

第二，污染控制。污染对人类及整个环境的危害极大，因此，企业应改进技术，控制生产过程中产生的污染，如废水、废气、废渣等，同时大力发展“清洁生产”工艺，对于生产过程中所产生的废物及污染物应积极投入设备予以净化，将污染对环境的损害控制在最小范围内。

第三，环境保护。企业不仅要从自身做起，搞好本企业的环境保护工作，如劳动条件的保护、企业环境美化、员工环保教育等，同时还应积极参与社会性的环保公益活动，如对社会性环境治理提供服务与捐赠、积极参与对公众的环保方面的教育等，为人类拥有洁净的生存空间和促进社会、经济、环境的协调发展作出自己的贡献。

第四，环境信息报告。现代企业是多边契约关系的总和，涉及股东、债权人、管理层、雇员、供应商、政府、社会公众等不同的关系人。财务报告的目的在于保证财务利益相关者群体继续向公司提供财务资源。股东和债权人只有在他们获得用于评价他们是否获得满意报酬的有用信息时才愿意继续提供他们的资源。同样，环境信息报告也必须满足提供资源的利益相关者群体的信息需求，这些资源包括劳动力、最佳规章制度等。企业应公开披露环境受托责任的履行情况，以便环境利益相关者及时了解这方面的信息，并对企业的环境绩效进行评估。企业环境信息报告应成为企业管理层解除企业环境受托责任的一种有效途径。

第二节　国际上主要的环境信息披露实践

在过去的几十年中，环境信息披露成为国际上各个国家环境保护活动以及国际环境保护协议经常使用的一种手段。国际上，环境信息披露的形式有多种，主要有：企业污染物排放及转移登记制度、环境影响评价报告、政府环境信息公开和产品环保标志。

一、企业污染物排放及转移登记制度

企业污染物排放与转移登记制度（Pollutant Release and Transfer Register，PRTR）是覆盖范围最广泛的一种环境信息披露工具。PRTR 是多种污染源排放或转移至环境的潜在有害污染物的一览表或登记簿，是一个国家或区域的环境数据库。PRTR 既包括向空气、水和土壤的排放或转移的相关信息，也包括运送至处理场或废物处理场的废物信息。该登记制度还包括关于特定物质的相关报告，如苯、甲烷或汞，它们与广大污染物形成对比，如挥发性有机化合物、温室气体或重金属。

PRTR 提供了地方、区域、国家和国际的信息。根据适当的污染物排放与转移登记系统，地方或区域政府评估地方环境的状况并根据 PRTR 的结果提供对人类健康和环境危害的评估信息。用 PRTR 数据提供此类危害评估的关键信息，使得国家机构或国际组织可在一致性和普遍性的基础上评估和比较环境问题，如考虑多种 PRTR 所涵盖的污染物环境的暴露和运动途径。换言之，污染物排放与转移登记结果可通过分散模式提供信息，以实现按时间和地点对环境状况进行评估的目的。PRTR 可作为政府总体环境政策的一个重要工具，它鼓励报告人减少污染，使广大公众支持政府环境政策。实际上，政府希望建立长期的国家环境目标，以促进可持续发展，并将 PRTR 作为重要的工具来客观地验证这些目标的实现情况。

美国 1986 年版的有毒物质排放清单（Toxic Release Inventory，TRI）是 PRTR 登记制度的首创。此后，20 多个国家都建立了 PRTR 制度。2000 年欧洲委员会根据关于污染防治一体化的 2000/479/EC 指令，通过了“关于实行欧洲污染排放登记的决定”，要求欧共体各国政府部门收集、储存各个工业污染源的污染排放信息，并报告给欧洲委员会。该决定从 2003 年开始实施。污染排放登记制度是欧共体自里约会议以来在信息公开方面做出的一个重要举措，它旨在形成一个污染物排放及转移记录体制。联合国欧洲经济委员会官员评价，对污染物进行登记是将排放信息公之于众的一个有力的且极具成本效益的手段，这有助于给企业形成压力，迫使其主动减少污染。到 2004 年，欧洲污染物排放登记制度涵盖了欧盟 25 个成员国和挪威约 12 000 座工业设施的排放数据。

PRTR 在削减污染方面的作用显著。1988—1999 年，TRI 报告的 340 种化学品的排放量下降了 45.5%。这个成绩的取得部分是因为清洁大气法的修改、TRI 报告的更改以及其他原因，但是大家认为取得这个成绩的主要功臣是 TRI 披露。印度尼西亚采用的 PROPER

系统用分别代表不同级别的五种颜色来对企业的环境表现进行评级，这个系统公开 18 个月后使得污染水平降低了 40%。PRTR 制度发挥作用的机制在于以下三个方面：①PRTR 成为许多企业减少污染的主要驱动力。污染信息的透明在很多情况下能够促使企业进行自我纠正，减少污染。这部分原因是因为企业以前从未注意到其污染水平，而当 PRTR 要求他们做出排放报告的时候，他们才意识到问题的存在。许多企业领导人正确地认识到污染是一种浪费，会增加企业成本。通过信息披露，企业能够把自己的环境表现与竞争对手进行比较，因而激励他们削减污染。公开某公司的污染情况会让公司蒙羞、损害名声和公司品牌，企业通常都不愿意让公众知道他们比竞争对手的污染程度更高。例如，在美国第一次发布了有毒物质排放数据之后，孟山都公司自愿承诺削减 90%的有毒化学品排放，美国其他的许多公司也都纷纷做出承诺，拟把有毒物质污染水平降低至 TRI 最初报告水平的 50%～90%。②PRTR 赋予公众权利，加强政府监管。PRTR 的污染信息使得地方社区、环境组织和媒体能够锁定污染者，并针对污染者导致的风险采取行动。地方社区往往对企业行为的监督最为严格，大力地协助环境监管部门的工作，因为后者的工作往往遭遇人手不足、资源紧缺的局面。企业了解公众已获得污染信息这个事实本身就可以促使企业在公众采取行动之前就纠正自身的污染行为。对政府而言，PRTR 有助于实现防治污染、减轻控制管理的负担。没有产生废物，就不需要废物处理设施；没有产生水污染物，也就不需要废水处理设施。PRTR 所涵盖的特定化学品或化学品种类可按固有危险性进行区分，总排放/转移量较高的特定污染物未必都非常危险。相反，排放/转移水平较低的污染物产生的危险可能更大。PRTR 可提供意外排放的数据，如因工业企业生产设备失火而产生的外溢或排放。此外，PRTR 的数据有助于讨论各种类型的潜在污染源（从大型机构至中小型公司）的用地计划和许可决定。与国际一致的注册系统也有助于设定和监控国际目标和承诺。数据的分享可帮助各国最大限度地降低危险。③PRTR 将市场和其他利益相关方引入削减污染的行动中来，包括资本市场、银行、购买者以及消费者。在资本市场上，污染数据的披露会导致股票价格下降；在实施“绿色证券”政策的地方，资本市场可以影响企业行为，限制那些未能满足某些环境标准的公司进入资本市场；银行在某些情况下会限制环境记录差的公司获取贷款；消费者可以抵制环境污染严重的公司所生产的产品；在当今世界，“绿色供应链”的作用相当强大，信息公开使得公司购买者能够找出在他们的供应链中违反环境法规的供应商，并采取相应行动。

二、环境影响评价报告

环境影响评价（Environmental Impact Assessment，EIA），简称环评，是指对规划和建设项目实施后可能造成的环境影响进行分析、预测和评估，提出预防或者减轻不良环境影响的对策和措施，进行跟踪监测的方法与制度。通俗地说，就是分析项目建成投产后可能对环境产生的影响，并提出污染防止对策和措施。在世界各国，EIA 被视为一种成功的手段，对环保作出了直接的贡献，因为它防止了破坏环境的项目上马，缓解了对环境造成的消极影响，增加了公众对未来项目或者行动的认同。

1969 年，美国制定了《国家环境政策法》（National Environmental Policy Act，NEPA），在世界范围内率先确立了环境影响评价制度，依据该法设立的“国家环境质量委员会”

（Council on Environmental Quality，CEQ）于 1978 年制定了《国家环境政策法实施条例》（Regulations for Implementing the Procedural Provisions of the National Environmental Policy Act，CEQ 条例），又为其提供了可操作的规范性标准和程序。受美国这一立法的影响，日本、澳大利亚、加拿大和欧洲各国也纷纷建立了环境影响评价制度。欧盟在 2001 年颁布了《战略环评指令》（2001/42/EC 指令）。我国在 2002 年 10 月 28 日由第九届全国人民代表大会常务委员会第三十次会议通过《中华人民共和国环境影响评价法》，自 2003 年 9 月 1 日起施行。

1970 年美国《清洁空气法》第 309 条对联邦环保局审查环境影响评价的职责做出了与《国家环境政策法》相应的规定。第 309 条赋予环保局的具体权利如下：①环保局公开披露对环境影响报告的评审意见。由于《国家环境政策法》的解释条款没有详细的公开披露的要求。国会通过起草《清洁空气法》解决了这一问题。因此赋予了环保局公开披露其对环境影响报告的评论结果的职责和权利；②环保局审查环境影响报告的职责；③环保局广泛地审查提议的联邦行动；④除了要指导环境审查外，联邦活动办公室还需要为环保局地区职员制定指导材料、提供培训课程，并促进环保局和其他联邦部门之间的协调。

从 EIA 制度的实质内容上看，EIA 制度具体涉及环评对象、环评范围、公共参与、替代方案等。从程序环节上看，其核心是编制环境影响报告（EIS）。从法定的编制程序来看，环境影响报告主要包括项目审查、范围界定、EIS 草案的准备、EIS 最终文本的编制等阶段。充分征求和考虑公众意见贯穿于编制环境影响报告书的整个过程。

专栏 6-1

环境影响评价制度是指在进行建设活动之前，对建设项目的选址、设计和建成投产使用后可能对周围环境产生的不良影响进行调查、预测和评定，提出防治措施，并按照法定程序进行报批的法律制度。

环境影响评价制度，是实现经济建设、城乡建设和环境建设同步发展的主要法律手段。建设项目不但要进行经济评价，而且要进行环境影响评价，科学地分析开发建设活动可能产生的环境问题，并提出防治措施。通过环境影响评价，可以为建设项目合理选址提供依据，防止由于布局不合理给环境带来难以消除的损害；通过环境影响评价，可以调查清楚周围环境的现状，预测建设项目对环境影响的范围、程度和趋势，提出有针对性的环境保护措施；环境影响评价还可以为建设项目的环境管理提供科学依据。

EIS 的披露、公众对 EIS 的审查和评论都是 EIA 发挥作用的关键。公众在环境影响报告书制作过程中的监督作用被认为是《国家环境政策法》大获成功的关键因素。公众在国家环境政策中的作用在于对纳入 EIA 的环境因子提出建议，并对国家环境政策性文件发表看法。公众能够参与环境政策相关的听证会或参加公开集会，甚至能够将自己的看法直接提交到相关领导机关，而这些机关必须考虑公众在提交限期内提出的对环境政策的看法。由于 EIA 制度的实施，联邦计划必须接受公众审查，强化了联邦政府的责任和透明度。公众的评价能使联邦政府机关意识到本来可能会被忽视的信息，其监督能在不知不觉中推动联邦政府机关做出更好的决策。公开披露制度让利益相关团体可以影响环评中包含的信息的种类和质量。环境质量委员会要求政府机构在开始准备环境影响报告之前，必须提供一个供非政府组织（Non-Governmental Organization，NGO）和其他利益相关团体“通知和评论”的时期，以在提议的调查范围内进行评论。另一个“通知和评论”时期是在草案报告公布后，允许评论家对机构搜集的信息进行补充或提出质疑。政府机构必须在最终的草案报告或风险转移后的司法审查中对这些质疑做出回应。因此，《国家环境政策法》实施过程的透明度和渗透性，被司法监督强化，可以迫使该机构考虑到相关的私人团体所掌握的信息。《国家环境政策法》规定的公开披露制度有助于保持更高的透明度和更广泛的政府问责制的建立。

三、政府环境信息公开

2009 年 1 月 21 日，奥巴马在其“致各行政部门和机构负责人的备忘录”中写道：“民主国家需要建立问责机制，而问责机制要求政府实现透明度。美国联邦最高法院大法官路易斯·布兰迪斯（Louis Brandeis）曾说过，‘阳光是最好的防腐剂’。在我们的民主进程中，《信息自由法案》是为建立公开政府所作的意义深远的国家承诺的最著名表述，该法案旨在通过透明度建立国家的问责机制，其核心理念是问责机制符合政府以及全体公民的利益。”

1946 年，美国国会为了平衡信息公开与国家安全之间的关系，通过了《行政程序法案》（Administrative Procedure Act，APA），其中制定了一个信息公开的条款。按照这个法案，如果某一信息事关公共利益而美国政府将其保密，“那么这种信息是机密的”；如果信息不在该规定范围之内但又构成“官方档案”，那么该信息只能提供给“合适和直接相关的人”。人们普遍认为《行政程序法案》根本没有实现信息公开的目标，而且这项法案逐渐地被视为一项限制信息而非公开信息的法律。为了改变这一形势，美国国会在 1966 年通过了《信息自由法案》（Freedom of Information Act，FOIA）。《信息自由法案》大幅增加了可以对公众开放的信息量，赋予公众获取“长期以来不必要向公众隐瞒的”信息的权利。联邦政府部门持有的信息从《行政程序法案》下限制公开变为向公众开放，并且接受公众的监督。《信息自由法案》也包括了九项豁免，以避免涉及国家安全、商业机密以及隐私的某些信息公开所造成的伤害。

《信息自由法案》确立了美国政府所持有信息公开的规定，适用于美国联邦政府行政部门持有的记录，包括环境保护局。公众可以依据该法案获取不可自动取得的记录。根据该法案，一些信息和数据必须主动披露给公众。这类“主动”提供的信息包括了污染排放和废气释放数据，以及有毒物品排放清单（TRI）。这要求环保局每年收集私人企业有毒物体排放的某些数据并将其公开，使得公众可以从互联网上找到 TRI 数据。《信息自由法案》促使环保局不断改革和改进信息公开，如迅速建立文件系统和记录、1996 年 11 月起将联邦档案在网上向公众无偿开放、制作已披露文件的目录并于 1999 年年底前在网上公布等。结果，有关环保局政策、实践和决定的大量信息都可以通过网络或者其他电子形式在网上查到，并且不需要启动《信息自由法案》的信息请求程序。

在美国《信息自由法案》之后，政务信息公开体制开始在 90 多个国家建立。各国会主动公开与公众和其他利益相关方的利益最密切的信息，包括环境信息。例如，积极公开PRTR和EIA数据能够提供给公众其所需的信息，用以锁定可能造成健康和财产风险的重污染源。在这种情况下，申请公开的相关法律法规更多的是作为一种备用选择，以保证公众获取应公开而未公开的环境信息。

1992年《关于环境与发展的里约宣言》提出："环境问题最好是在全体有关市民参与下，在有关级别上加以处理，在国家一级，每一个人都应能适当地获得公共当局所持有的关于环境的资料，包括关于在其社区内的危险物质和活动的资料，并应有机会参与各项决策进程，各国应通过广泛提供资料来便利及鼓励公众的认识和参与，应让人人都能有效地使用司法和行政程序，包括补偿和补救程序。"

1990年6月，欧共体理事会通过了《关于自由获取环境信息的90/313/EEC指令》（以下简称"90/313/EEC指令"），并要求所有成员国在1992年12月31日之前实施贯彻该指令的必要的国内法律、法规和行政规定。"90/313/EEC指令"第1条即明确其目标在于"确保获取、传播公共部门所持有的环境信息的自由，并规定获得此类信息的基本条件和情形"。1998年6月，欧洲环境第四次部长会议通过了《关于在环境事务中获取信息、公众参与决策和获取司法救济的公约》（以下简称《奥胡斯公约》）。《奥胡斯公约》被誉为"欧洲环境决策"中的里程碑。在《奥胡斯公约》中，环境信息公开制度被作为与环境决策中公众参与以及环境司法并列的三大支柱之一。继《奥胡斯公约》后，欧盟又通过了《〈奥胡斯公约〉执行指南》（2000年）。根据《奥胡斯公约》的要求，欧洲议会和欧洲理事会于2003年1月28日通过了《关于公众获取环境信息和废止90/313/EEC指令的2003/4/EEC指令》（以下简称"2003/4/EEC指令"）。"2003/4/EEC指令"于2005年2月13日取代"90/313/EEC"指令发生效力。"2003/4/EEC指令"依《奥胡斯公约》制定，其中不少规定是对《奥胡斯公约》有关条文的具体化，个别规定几乎是《奥胡斯公约》条文的翻版，但"2003/4/EEC指令"在立法目的、技术和内容上都较《奥胡斯公约》有所超越。加拿大（1983）、韩国（1996）、英国（1999）、日本（1999）等国也制定了政府信息公开法，这些法律都涉及环境领域的信息公开。1994年，德国公布并实施的《环境信息法》是有关环境信息公开的专门性法律，对其他国家环境信息公开制度的开展与运行具有重要的借鉴价值。

专栏6-2

《奥胡斯公约》（有时也翻译为《阿尔胡斯公约》。英文全称为：Convention on Access to Information, Public Partification in Decision-making and Access to Justice in Environmental Matters；简称Aarhus Convention；1998）。

1992年，联合国环境与发展会议（UNCED）发表《里约热内卢宣言》，其中第10项原则为，"环保问题必须由有关心的民众针对各种城市问题积极参与，才能有效解决。国内部分，国民在有害物质、地区环保活动信息以及公共机关所持有的环境相关信息方面，都必须能充分取得，并且参与各种决定过程。各国也必须广泛交换相关情报，启发国民，奖励、促进其参与。政府更应协助民众建立寻求赔偿与救济等的完善的行政手续，提供民众参与环保维护健康的有效管道。”换言之，为了实现地球可持续发展的理想，国际社会要求各国政府建立完善环保制度，确保各国民众能获得环保相关信息，并且有充分机会参与环境问题有关事业的决定过程。

欧洲方面为了实现该项原则，由联合国欧洲委员会（UN/ECE）制定了《奥胡斯公约》，2001 年生效。其条约宗旨在于，为了解决环境污染与破坏问题，保护人类的环境健康权，有必要将民众获得环保相关情报、参与行政决定过程与司法等措施制度化。当初之所以通过这项条约，某种程度是为了进一步促进东欧各国民主化，但成为 NGO 运动之后，在特别热心环保工作的北欧各国，更是引起民众强烈回响。于是，联合国欧洲经济委员会进一步建立申诉制度，成立“奥胡斯公约遵守委员会”，提供各国民众与 NGO 团体对未履行《奥胡斯公约》的政府机构提出正式异议的机会。这项制度于 2003 年 10 月 23 日开始实施，凡是认为各国政府未履行条约的民众与 NGO 团体，可以根据事例的详细状况，向该委员会提出控诉。虽然该委员会的权限只有对相关国家提出劝告，但在极端不获正面响应情况下，也不排除向《奥胡斯公约》的批准国提出要求。在此情况下，该会议很可能就会对怠忽履行条约义务的国家发出警告或者宣布各种制裁。

另一方面，欧盟确实履行这项条约而发布“情报开放指令”，于 2003 年 2 月 14 日生效。该指令强调，各国政府应强化一般民众取得环保相关信息的权利（access right），并要求各加盟国政府必须于 2005 年 2 月 14 日之前，根据该指令的精神完成国内相关立法工作，并且各国政府有义务在四年之后向欧盟报告该国实施该指令的工作进度与现状。

2009 年，奥巴马政府进一步改变了布什时代对《信息自由法案》的限制性解释方式，并命令美国总检察长颁布适用于《信息自由法案》的新指导方针，重申对于问责制和透明度的承诺。美国总检察长在《联邦政府公报》上公布的该指导方针中写道：“我们在执行《信息自由法案》时应秉承这样一种明确的推定，即对相关信息是否公开存有疑虑时，应优先使用公开原则。政府不应仅仅因为一旦信息披露将令政府官员尴尬，或可能会暴露政府的错误和疏失，或因为一些假设或抽象的顾虑，而不公开信息。各行政部门不得出于保护政府官员利益的考虑，而以牺牲公众利益为代价不公开信息。在答复根据《信息自由法案》的申请时，各行政机构应本着合作的精神，立即行动起来，并清醒地认识到自己是为美国人民服务的。所有行政机构均应采用信息公开的推定，就如何遵循和具体执行《信息自由法案》中的原则所承诺的内容进行更新，以此迎接公开政府的新时代。信息公开的推定应适用于涉及《信息自由法案》的所有决定。信息公开的推定也意味着各行政机构应采取积极措施努力实行信息公开。各行政机构不应坐等公众提出具体的信息公开申请，而应主动向公众公开信息。所有行政机构应运用先进技术，告知公众政府的所知、所为。信息应及时公开。”

四、产品环保标志

按照我国国家技术监督局 1997 年制定的《产品标志标注规定》中的定义，产品标志是指用于识别产品及其质量、数量、特征、特性和使用方法所做的各种表示的统称，可以用文字、符号、数字、图案以及其他说明物等表示。《产品标志标注规定》要求：使用不当，容易造成产品本身损坏或者可能危及人体健康和人身、财产安全的产品，应当有警示标志或者中文警示说明；剧毒、放射性、危险、易碎、怕压、需要防潮、不能倒置以及有其他特殊要求的产品，其包装应当标注警示标志或者中文警示说明，并标明储运注意事项。

在国际上，产品标志机制在削减污染方面行之有效。最好的例子之一是 1986 年加州《安全饮用水与有毒物质执法法案》，也就是常说的第 65 号提案。第 65 号提案有一系列目标，包括：防止有害化学品和物质进入饮用水与消费产品；给有可能暴露于这些化学品的个人发出警告；促使州政府官员告知公众有害和非法排放；鼓励公民通过法院进行执法。法案要求加州州长每年发布一份致癌物质与有毒物质监管计划清单。第 65 号提案采取的方法有三种：①直接禁止某些有毒物质的使用；②通过产品警告标志产生的潜在的市场消极影响来改变私有企业行为；③公民诉讼执法。其中一个主要机制的要求是在某物质被列入名单 12 个月后，企业或行业不应故意让任何人暴露于被识别的致癌或生殖有毒物质中，“除非首先发出了明确和合理的警告”。用于履行这些义务的警告和标志根据暴露类型（消费者、职业性、环境）而异，因此市场的竞争促使这些企业着手削减、代替和消除产品中的有害物质。第 65 号提案也包括了一个强大的公民诉讼执法机制，用于补充执法。由于第 65 号提案的要求，有些产品的配方已经更改。因为公司更愿意排除这些产品中所含的有毒成分，而不愿意看到他们的产品被贴上含有有毒成分的标志。

欧共体关于建立消费品使用中危险增加的情报快速交换体制的 89/45 决议、欧洲理事会在其 1989 年关于未来优先发展消费者保护政策的决议，以及 1993 年 4 月 5 日欧洲理事会关于基于消费者利益的产品标签未来行动的决议，目的都是通过标签方式为消费者提供更多信息和透明度，促进环境信息公开与消费者保护政策的结合，确保国内市场的协调功能。欧共体的产品标签制度包括强制性标签制度和自愿性标签制度。其中，强制性标签的具体规定广泛应用于危险物品、化妆品、家电电器、电器电子设备等许多产品，如 67/548/EEC 号指令。自愿性标签的具体规定，如关于共同体生态标志授予计划的 EEC/880/92 理事会条例。该条例建立了一个对比替代产品对环境的损害小的产品授予生态标志的自愿性制度，通过引导消费者的消费决策达到环境保护目的。

第三节　我国的环境信息披露政策与实践

我国对环境保护的重视始于 1978 年，邓小平同志首先提出我国应制定环境保护政策；1984 年，中央将环保提到了“基本国策”的地位；1994 年，我国确立“可持续发展战略”；1997 年，《刑法》增加了“破坏环境资源保护罪”；1999 年，我国将“国家保护和改善生活环境和生态环境、防治污染和其他公害”写入了《宪法》；2003 年，中央提出以人为本，全面、协调、可持续的科学发展观，提出城乡、区域、经济社会、人与自然和谐、国内发展和对外开放五个统筹发展，环境保护越来越占有重要的战略地位。2008 年 5 月 1 日，国务院的《政府信息公开条例》和环境保护部的《环境信息公开办法（试行）》于同日起实施，较为详细地规定了环境保护行政部门公开政府环境信息的行为和企业公开环境信息的要求，是我国环境信息公开的主要法律依据，标志着我国较全面的环境信息依法公开新阶段的开始。无论是在此之前还是之后，我国还出台了众多与环境信息披露相关的政策规定。《环境信息公开办法（试行）》第 2 条明确规定："本办法所称环境信息，包括政府环境信息和企业环境信息。"下面，分别从政府环境信息公开和企业环境信息披露两方面回顾我国相关政策的演变历程。

一、我国的政府环境信息公开

（一）《政府信息公开条例》和《环境信息公开办法（试行）》的主要内容和影响

首先，《政府信息公开条例》拓展了政府环境信息公开的主体范围。我国《环境保护法》第十一条第 2 款规定："国务院和省、自治区、直辖市人民政府的环境保护行政主管部门，应当定期发布环境状况公报。"依据这一原则，只有国务院和省一级政府的环境主管部门才有义务定期公开环境信息。这样的法律规定使得政府环境信息公开的主体范围狭窄，不利于保障公民的环境知情权。而《政府信息公开条例》第十条明确规定："县级以上各级人民政府及其部门应当依照本条例第九条的规定，在各自职责范围内确定主动公开的政府信息的具体内容，并重点公开下列政府信息"其中（十一）条为环境保护"。

其次，《环境信息公开办法（试行）》界定了政府环境信息公开的主要内容。虽然我国环境信息公开在此前已取得了不错的成绩，但从政府环境信息公开的内容来看仍存在着不足。一是我国政府环境信息公开主要集中在水、大气、噪声等环境要素，对于非环境要素的环境状况，拟定用来保护这些要素的措施及影响环境要素的各种因素等未做规定。二是环境信息公开的范围模糊，政府在环境信息中必须公开什么、可以公开什么、不能公开什么缺乏明确的范围。《环境信息公开办法（试行）》第十一条明确规定了环保部门应当在其职责权限范围内向社会主动公开 17 项环境信息。

再次，《政府信息公开条例》和《环境信息公开办法（试行）》确立了政府环境信息公开的多种方式。实践中我国政府环境信息公开只采用主动公开形式，政府完全掌握环境信息公开的主动权。由于政府机关本身行政利益的存在，政府不可能完全抛开自身利益，这样的政府信息公开必然有局限性。依据《政府信息公开条例》第二十条和《环境信息公开办法（试行）》第十六条规定，公民、法人和其他组织可以采用信函、传真、电子邮件等书面形式或口头形式申请相关部门提供政府环境信息。另外，鉴于有的政府机关在环境会计基础信息公开方面随意性较大。《政府信息公开条例》第十五条和第十六条还规定，行政机关应当将主动公开的政府信息，通过政府公报、政府网站、新闻发布会以及报刊、广播、电视等便于公众知晓的方式公开。各级人民政府应当在国家档案馆、公共图书馆设置政府信息查阅场所，并配备相应的设施、设备，为公民、法人或者其他组织获取政府信息提供便利。行政机关可以根据需要设立公共查阅室、资料索取点、信息公告栏、电子信息屏等场所、设施，公开政府信息。行政机关应当及时向国家档案馆、公共图书馆提供主动公开的政府信息。

最后，《政府信息公开条例》和《环境信息公开办法（试行）》设定了政府环境信息不公开的救济途径。救济手段十分重要。因为只有法律得到实施并以一定方式进行，法律权利才能被尊重，然后名义上的权利才能变成实际存在的权利。此前，在环境行政领域，当政府不公开应当公开的政府环境信息时，或者公民认为政府应当公开相关的环境信息而政府不予公开时，我国法律、法规并没有明确规定公民可以通过司法救济途径保障自己的权利。《政府信息公开条例》第三十三条和《环境信息公开办法（试行）》第二十六条规定，公民、法人和其他组织认为政府部门在政府环境信息公开工作中的具体行政行为侵犯其合法权益的，可以依法申请行政复议或者提起行政诉讼。

（二）其他有关政府环境信息公开的规定

除《政府信息公开条例》和《环境信息公开办法（试行）》之外，在其他环境法律法规中，也零散地规定了政府环境信息公开的内容。如 1989 年《环境保护法》第十一条第二款、2002 年《清洁生产促进法》第三十一条等，这些信息公开限定在超过污染排放标准的主要污染者的情况，但不够全面。2003 年 4 月，国家环境保护总局发布了《环境保护行政主管部门政务公开管理办法》，规定了政务公开应遵循的原则、内容和形式、程序及要求、组织领导、监督检查等，要求各地环保行政主管部门应公开以下内容：环境质量状况，环保部门规章、标准等规范性文件，环境保护的规划和计划，建设项目环境影响评价的审批等。2004 年 6 月，国家环境保护总局又发布了《环境保护行政许可听证暂行办法》，对所在地居民生活环境质量的建设项目及可能造成不良影响并直接涉及公众环境权益的有关规划，环境保护行政主管部门可以举行听证会，征求有关单位、专家和公众的意见。2007 年 5 月，国家环境保护总局公布了《关于加强全国环保系统政务公开工作的意见》，强调要加强全国环保系统政务公开工作，加快推进环境保护历史性转变。按该项政务公开要求，应公布环境质量状况、环境影响评价制度执行情况、排污费征收情况、环境监察执法情况、突发环境事件和污染物排放情况。2010 年 7 月，环境保护部印发了《环境保护公共事业单位信息公开实施办法（试行）》的通知，要求全国环境保护公共事业单位公开提供社会公共服务过程中制作或获取的信息，以保障公民、法人和其他组织依法获取与自身利益密切相关的信息。

2011 年 6 月，环保部为保护环境、防止污染、规范企业环境信息公开行为，认真贯彻落实《环境保护法》、《清洁生产促进法》和《环境信息公开办法（试行）》，制定了《企业环境报告书编制导则》，对企业环境报告书的框架结构、编制原则、工作程序、编制内容和方法进行了规范。编制内容包括环境管理状况、环保目标、降低环境负荷的措施及绩效、与社会及利益相关者关系等诸多与环境相关的信息。编制方法则对指标的含义、计算和来源进行了详细说明。

2012 年 10 月 30 日环保部发布的《关于进一步加强环境保护信息公开工作的通知》（环办[2012]134 号）中，突出强调了各级环保部门应主动公布违法排污和环保不达标生产企业的名单，扩大主动公开环境信息的范围，依法督促企业公开环境信息，并把环境信息发布情况作为重要的工作考核指标。

表 6-1 列出了我国政府环境信息公开的相关政策。

表 6-1 我国政府环境信息公开的相关政策

时间	发文单位	文件名称	文件编号
1989.12	全国人民代表大会常务委员会	环境保护法	主席令第 22 号
2002.6	全国人民代表大会常务委员会	清洁生产促进法	主席令第 72 号
2003.4	国家环境保护总局	环境保护行政主管部门政务公开管理办法	环发[2003]24 号
2004.6	国家环境保护总局	环境保护行政许可听证暂行办法	国家环境保护总局令第 22 号
2007.5	国家环境保护总局	关于加强全国环保系统政务公开工作的意见	环发[2007]68 号
2008.5	国务院	政府信息公开条例	国务院令第 492 号
2008.5	环境保护部	环境信息公开办法（试行）	国家环境保护总局令第 35 号
2010.7	环境保护部	环境保护公共事业单位信息公开实施办法（试行）	环发[2010]82 号
2011.6	环境保护部	企业环境报告书编制导则	HJ 617—2011
2012.10	环境保护部	关于进一步加强环境保护信息公开工作的通知	环办[2012]34 号

（三）我国政府环境信息公开情况

公众环境研究中心（IPE）与美国自然资源保护委员会（NRDC）共同开发了污染源监管信息公开指数，简称 PITI 指数，按照《环境信息公开办法（试行）》的要求，对我国 113 个城市 2012 年度污染源监管信息公开状况进行了初步评价。PITI 指数通过对当地政府所作的超标违规记录公示、信访投诉案件处理结果公示、依申请公开等 8 个指标的系统性、及时性、完整性和用户友好性进行定量和定性分析，对每座城市的污染源监管信息公开状况进行了评价，给出了细项得分和总体排名，以系统地评估各地政府部门《环境信息公开办法（试行）》的执行情况。自 2009 年以来，公众环境研究中心与美国自然资源保护协会连续 4 年对 113 个城市的污染源监管信息公开状况进行了评价。2012 年，两家环保组织第四次对 113 个环保重点城市污染源监管信息公开情况进行了评价，评价结果如表 6-2 所示。

从 2012 年度的 PITI 报告可以看到，我国政府环境信息公开的情况可概括为以下几点。

1．环境信息公开制度建设稳中有进

2012 年是《政府信息公开条例》和《环境信息公开办法（试行）》颁布的第 5 年，对于环境信息的发布、公示的重点等具体内容，国家及地方环保部门新增了有关规范性文件，同时，在环境执法上也小有突破。可以说，经过 4 年的实践，“在一些地区，公众已经可以获取到部分环评信息，以及环境质量、排放数据和污染源监测数据。”

PITI 4 年来的评价结果也显示，环境信息公开制度在中国已经初步确立，113 个城市的平均分逐年上升。尤其是一些地方环保部门开始利用微博等新媒体平台与公众沟通。如重庆市环保局率先印发了全国环保系统首个政务微博管理办法——《重庆市环保系统政务微博暂行管理办法》，要求针对灾害性、突发性环境事件，环保系统的官方微博必须确保 1 小时内权威发声。

表 6-2 2012 年度我国污染源监管信息公开状况评价

排名	城市	PITI 指数	排名	城市	PITI 指数	排名	城市	PITI 指数
1	宁波	85.3	39	湖州	49.1	77	长沙	32
2	东莞	74.9	40	郑州	49.1	78	株洲	31.9
3	青岛	74.4	41	太原	48.7	79	保定	31.2
4	深圳	73.1	42	成都	47.8	80	曲靖	30.9
5	扬州	73	43	绍兴	47.8	81	九江	30.7
6	北京	72.9	44	南宁	47.7	82	大庆	30.7
7	广州	71.4	45	本溪	46.2	83	攀枝花	30.6
8	杭州	70.8	46	湛江	45.6	84	珠海	30.2
9	重庆	70.7	47	徐州	45.2	85	赤峰	30
10	温州	70.4	48	马鞍山	44.9	86	齐齐哈尔	29.4
11	宜昌	67.9	49	连云港	42.9	87	金昌	28.6
12	福州	67.4	50	威海	42.7	88	秦皇岛	28.4
13	嘉兴	66.9	51	盐城	42	89	哈尔滨	28.2
14	上海	65.6	52	湘潭	41.8	90	延安	27.7
15	南京	65.5	53	抚顺	41.5	91	包头	27.4
16	泉州	65.4	54	邯郸	40.8	92	安阳	27.2
17	南通	63.8	55	淄博	40.2	93	遵义	27.2
18	苏州	63.8	56	宝鸡	40	94	厦门	27
19	中山	63.8	57	大连	39.7	95	临汾	26.8
20	常州	60.3	58	银川	39.4	96	呼和浩特	26.3
21	台州	58.1	59	日照	39.1	97	兰州	26
22	无锡	57.7	60	长治	39.1	98	泰安	25.6
23	天津	57.5	61	济南	38.7	99	鞍山	25.2
24	洛阳	57.1	62	唐山	38.3	100	铜川	24.5
25	合肥	57.1	63	南昌	38.2	101	济宁	24.2
26	柳州	55.7	64	乌鲁木齐	37.6	102	潍坊	24
27	韶关	54.6	65	桂林	36.6	103	宜宾	23.6
28	西宁	53.6	66	汕头	36.5	104	鄂尔多斯	22.6
29	佛山	53.5	67	岳阳	36.4	105	锦州	22
30	焦作	52.6	68	西安	35.8	106	阳泉	21.8
31	武汉	52.5	69	贵阳	35	107	张家界	21.6
32	沈阳	52	70	芜湖	34.6	108	吉林	20.2
33	牡丹江	51.9	71	北海	34.2	109	长春	20
34	荆州	51.4	72	开封	33.8	110	克拉玛依	19
35	烟台	51.3	73	平顶山	33.4	111	咸阳	19
36	绵阳	50.8	74	泸州	33.1	112	大同	12.2
37	石家庄	50.4	75	常德	32.5	113	枣庄	12
38	昆明	49.6	76	石嘴山	32.4			

资料来源：公众环境研究中心（IPE）和美国自然资源保护委员会（NRDC）的“2012 年 PITI 报告瓶颈·突破”报告第 6 页。

2. 环境信息公开与公众参与之间的对应性不强、矛盾凸显

什邡、启东、宁波相继发生市民聚众反对新建项目的群体性环境事件后，当地政府及司法机关的处理结果虽略有不同，但是，都是对在建或拟建项目紧急叫停，使争议进入暂时的平静或等待中。争议尚待最终解决的同时，引发了法律问题的思考，在环境影响评价实施过程中存在哪些违反环评信息公示、公众参与的环节，致使公众生发出激烈的反抗？建设中的环境信息公开制度在多大程度上能够满足公众参与的需要？二者之间还存在哪些矛盾与问题？

"事先预防"本是环境影响评价目的，"社区友好"、"公众参与"则是环境利益考量和环境影响评价的核心。尽管这几起事件都具有典型的"邻避效应"的特征（所谓邻避效应（Not in my backyard）是指居民或单位因担心建设项目对身体健康、环境质量和资产价值等带来不利后果，而采取强烈和坚决的、有时高度情绪化的集体反对甚至抗争行为），但是，毫无疑问，建设项目环评信息公开程度不够、信息的友好性不够、公众参与不充分等都是助力邻避冲突的原因。

我国正处在环境敏感时期，不断爆发的环境污染事件使公众对环境安全的警觉与预防心理日益增强，环境知情及参与的权利意识空前提高。当公众通过现有环境信息公开的途径所能获得的有效的、友好的、满足需求的信息非常有限，甚至是滞后的、错误的、前后不一致时，就会自觉不自觉地更加注重从自身的生活经验、环境管理的现状，以及更广泛的社会媒介（包括微博等新媒体）途径去搜集和捕获一些零星的有关生活环境的信息，当一项可能危及身体健康的新建项目将要在自己身边出现时，很容易从自我主观感受出发表现出焦虑和担心，进而受"邻避效应"的影响作出否定和反对的判断。

那么，如何破解邻避难题，使环境效益的各方诉求能够通过制度化、有序化的途径得以表达和沟通呢？公众需求与政府信息供给的缺口在哪儿？

日常监管信息和环评信息是关于污染源监管的最重要的信息，集中体现了环境信息公开的价值。切实落实该制度对公众树立环境保护信心具有重要影响作用。然而，4 年来的 PITI 评估发现，环境信息公开水平虽然逐年提升，但日常监管信息和环评信息的公开始终是短板。日常监管信息，包括企业超标、超总量排放信息和环保行政处罚记录，涉及企业是否能遵守环保法规，是最为重要的信息。在 2008 年开始的历次评价中，113 个城市这方面的平均得分都十分有限。2012 年度 PITI 评价显示，113 个城市的日常监管信息平均分仅仅为 10.20 分，3 年内提升不到 2 分。

环境信息公开不是单向、零散的信息分享，重要的是提供获取信息的途径，并在此基础上实现公众参与。只有确立主动积极的沟通理念、建立畅通的沟通渠道、打破封闭式的管理，才能给各方利益者一个博弈的平台，建立监管决策与公众之间的信赖关系，平衡发展和保护等各方的诉求。完善全面的环境信息公开制度及成熟的实施体系，能够加强监管者和公众的交流，促进公众对于环境管理的正确认识和参与，形成对政府部门的环境管理的有益补充。

3. 应加强法律保障的制度建构与完善

2012 年度 PITI 报告提出了污染源监管信息"全面公开"的概念，期待环境信息公开

在稳步前进的局面下有所深化和突破，这不仅是在观念上要树立沟通互动的环境服务意识，还需要进一步细化法律制度的相关规定，夯实公开参与的制度基础，使信息公开和公众参与有法可依，并在无法实现时能够获得司法救济。同时，2012 年 PITI 报告凝聚了更多环保 NGO 的关注和参与，我们期望国家和地方政府更加扶持环保 NGO 的建设与成长，使环保 NGO 能够充分发挥其缓和社会矛盾、促使公众参与的更加理性、更加专业的积极作用。

二、我国的企业环境信息披露

我国于 20 世纪 90 年代末在世界银行的帮助下，在镇江市和呼和浩特市试点研究和探索企业环境信息公开化制度，主要是进行企业环境行为信誉评级和公开。它的设计是按照浓度达标→污染治理→总量达标→环境管理→清洁生产这一思路进行的。考虑到反映企业环境行为等级的评价标志应当简单明了和易于记忆，同时考虑到大众对环境问题的认识和习惯，该制度将企业的环境行为分为 5 类，分别用绿色、蓝色、黄色、红色和黑色表示，并在媒体上公布。江苏省镇江市于 2000 年实施这一制度，在市区主要媒体上公布了 91 家企业 1999 年度环境行为评级结果。2001 年 6 月，镇江市第二次公布了 105 家企业 2000 年度环境行为评级结果。2002 年，企业环境行为评级在江苏省逐步推广。

从 2003 年起，我国陆续出台了一系列环境法律、法规和政策，对企业环境信息披露进行了不同程度的保障和规范。2003 年的《清洁生产促进法》以及 2004 年的《清洁生产审核暂行办法》对被列入强制清洁生产审核名单的第一类重点企业规定了强制性的信息披露义务。2003 年的《环境影响评价法》和 2006 年的《环境影响评价公众参与办法》，对于公众在获得有关信息基础上正式参与环评的程序进行了较为详细的规定。

2003 年，国家环境保护总局发布了《关于企业环境信息公开的公告》，以促进公众对企业环境行为的监督。该公告要求，被省级环保部门列入超标准排放污染物或者超过污染物排放总量规定限额的污染严重企业名单的企业，应当按照公告要求在指定期限公布上一年的环境信息，没有列入名单的企业可以自愿参照本规定进行环境信息公开。公告规定了 5 类必须公开的环境信息和 8 类自愿公开的环境信息。

2005 年国务院《关于落实科学发展观　加强环境保护的决定》明确要求企业公开环境信息，并提出应健全社会监督机制，通过实行环境质量公告、公布环境质量不达标的城市、以及听证会、论证会或社会公示等形式，听取公众意见，并鼓励检举和揭发各种环境违法行为，强化社会监督。

推动我国企业环境信息披露的主要举措有：环境影响评价、产品环保标志和上市公司环境信息披露。

（一）环境影响评价

我国是最早实施建设项目环境影响评价制度的发展中国家之一。1978 年通过的《关于加强基本建设项目前期工作内容》提出了环境影响评价，使之成为基本建设项目可行性研究报告中的重要篇章。1979 年，第五届全国人大常委会第十一次会议通过了《环境保护法（试行）》，规定实行环境影响评价报告书制度。以后陆续制定的各项环境保护法律法规，如《海洋环境保护法》、《大气污染防治法》、《水污染防治法》、《建设项目环境保护管理办法》等均含有环境影响评价的原则规定。1998 年国务院审议通过的《建设项目环境保护管理条例》是我国对建设项目实施环境影响评价制度的基本法律依据。环境影响评价制度在控制新污染源、保护生态环境、实施可持续发展战略方面发挥了重要作用。2003 年 9 月 1 日，《环境影响评价法》正式开始实施，该法的颁布和施行是我国环境影响评价制度发展史上的一个新的里程碑。我国由原来只单纯针对建设项目进行环境影响评价扩大到对发展规划等战略性活动进行环境影响评价。我国的环境影响评价制度由此向全局性的战略环评方向逐步展开。

我国的项目环评同样倡导公众参与。2006 年的《环境影响评价公众参与办法》，对于公众在获得有关信息基础上正式参与环评的程序进行了较为详细的规定。但与美国的 EIA 中的公众参与本意不同。我国环评公众参与主要是一种信息获知，其参与意义远不如美国的公众参与对法律、规划、决定等的影响广泛、灵活。以政府活动为环评对象还是企业活动为环评对象这一根本性的差异，决定了我国的环评制度与美国 EIA 在保护环境的力度、评价作用的空间、EIA 次级制度的发挥上存在很大差异。

（二）产品环保标志

我国对利用产品环保标志削减生产过程中的污染也进行了一定的尝试，如设立环境标志、有机食品标志、绿色食品标志等。原国家环境保护局组建的“中国环境标志产品认证委员会”于 1994 年 5 月 17 日成立，标志着我国环境标志产品认证工作的正式开始。该认证委员会由环保部门、经济综合部门、科研院校、质量监督部门和社会团体等方面的专家组成，是代表国家对环境标志产品实施认证的唯一合法机构。同时，《中国环境标志产品认证委员会章程（试行）》、《环境标志产品认证管理办法（试行）》、《中国环境标志产品认证证书和环境标志使用管理规定（试行）》、《中国环境标志产品认证收费办法（试行）》等一系列工作文件的出台，为环境标志产品的认证奠定了基础。2008 年 9 月 27 日环境保护部发布《中国环境标志使用管理办法》。中国环境标志由环境保护部确认、发布，并经国家工商行政管理总局商标局备案，环境保护部指定的中国环境标志产品认证机构负责中国环境标志的发放以及标志使用的日常管理工作。目前，中国环境标志在家电、办公设备、日用品、纺织用品、建筑装修材料等领域开展 46 类产品的认证，8 000 多个品种规格的产品获得了中国环境标志。通过环境标志，鼓励公众购买和使用安全、健康、节能、节水、废物再生等有利于环境与资源保护的产品。此外，还有一些行业性的规定，如 2007 年由工信部等七部委联合颁布的《电子信息产品污染控制管理办法》。该办法自当年 3 月 1 日起正式实施，主要内容就是限制与禁止电子信息产品使用 6 种有毒有害物质，以立法方式推动中国电子信息产品污染控制工作。根据该办法，需要加贴电子产品环保标志的电子信息产品涉及手机、笔记本电脑、台式电脑等多达 1 800 多种电子产品。如果产品中任何一个组成部分的有害物质（指铅、汞、镉、六价铬、多溴联苯、多溴二苯醚）都低于此前信息产业部颁布的行业标准，那么这个产品使用“绿标”进行标志。如果产品中任一组成部分的有害物质含量高于限量要求，那么这个产品必须采用“橙标”进行标志。2010年，工信部组织修订《电子信息产品污染控制管理办法》并公开征求社会意见。

但到目前为止，我国的产品环保标志还没有达到美国第65号提案那样的效果。

（三）上市公司环境信息披露

为督促上市公司严格执行国家环保法律、法规和政策，避免由于上市公司环境保护工作滞后或募集资金投向不合理对环境造成严重污染和破坏而带来的市场风险，保护广大投资者的利益，监管部门专门出台了针对上市公司环境信息披露的一系列规定。

1997年，中国证监会发布了《公开发行证券公司信息披露内容与格式准则第1号（招股说明书）》，要求上市公司阐述投资项目环保方面的风险。

2001年，中国证监会在《公开发行证券公司信息披露内容与格式准则第9号——首次公开发行股票申请文件》、《公开发行证券公司信息披露的编报规则第12号——上市公司发行可转换公司债券申请文件》中明确要求，股票发行人对其业务及募股资金拟投资项目是否符合环境保护要求进行说明，如最近3年是否违反环境保护方面的法律、法规等。

2001年，国家环境保护总局发布了《关于做好上市公司环保情况核查工作的通知》，2003年将其修改为《关于对申请上市的企业和申请再融资的上市企业进行环境保护核查的规定》，规定要求对申请上市的企业和申请再融资的上市企业的环境保护情况进行核查，并将核查结果进行公示。

2005年，国务院颁布的《关于落实科学发展观　加强环境保护的决定》要求企业应当公开环境信息，引导上市公司积极履行保护环境的社会责任，促进上市公司重视并改进环境保护工作，加强对上市公司环境保护工作的社会监督。

2006年，深圳证券交易所发布了《上市公司社会责任指引》，在第五章“环境保护和可持续发展”中，就上市公司环保政策的制定、内容和实施等方面提出了指导。该指引指出，公司应按照指引要求，积极履行社会责任，定期评估公司社会责任的履行情况，自愿披露公司社会责任报告。自此，在深圳证券交易所上市的部分公司相继开始披露社会责任报告，并在其中披露环境信息。少数在上海证券交易所上市的公司也开始尝试在社会责任报告中披露环境信息。

2008年，国家环境保护总局发布了《关于加强上市公司环境保护监督管理工作的指导意见》，要求当发生可能对上市公司证券及衍生品种交易价格产生较大影响且与环境保护相关的重大事件，投资者尚未得知时，上市公司应当立即披露，说明事件的起因、目前的状态和可能产生的影响。国家鼓励上市公司定期自愿披露其他环境信息，推动企业主动承担环境责任。

2008年，上海证券交易所公布了《上市公司环境信息披露指引》，以指导上交所上市公司的环境信息披露。指引规定，上市公司发生文件中的6类与环境保护相关的重大事件，且可能对其股票及衍生品种交易价格产生较大影响的，上市公司应当自该事件发生之日起2日内及时披露事件情况及对公司经营以及利益相关者可能产生的影响。指引还规定，上市公司可以根据自身需要，在公司年度社会责任报告中披露或单独披露国家环境保护总局令第 35 号文中提及的 9 类自愿公开的环境信息；被环保部门列入污染严重企业名单的上市公司，应当在环保部门公布名单后 2 日内披露主要污染物情况、环保设施情况、环境污染事故应急预案以及公司为减少污染物排放所采取的措施及今后的工作安排等 4 类环境相关信息。

2009 年，中国证监会在《公开发行证券的公司信息披露内容与格式准则第 29 号——首次公开发行股票并在创业板上市申请文件》公告中，除了要求发行人提交公司财务会计相关资料外，还要提交关于与环境保护的其他文件，包括生产经营和募集资金投资项目符合环境保护要求的证明文件，其中重污染行业的发行人需提供符合国家环保部门规定的证明文件。

2010 年，环境保护部出台《上市公司环境信息披露指南》（征求意见稿），明确规定：上市公司应当准确、及时、完整地向公众披露环境信息。上市公司信息披露对象不再局限于有关政府部门而扩大到公众，以满足公众的环境知情权，敦促上市公司积极履行保护环境的责任。《上市公司环境信息披露指南》（征求意见稿）同时要求，火电、钢铁、水泥、电解铝等 16 类重污染行业上市公司应当发布年度环境报告，定期披露污染物排放情况，环境守法、环境管理等方面的环境信息；对于非重污染行业的上市公司，则鼓励披露年度环境报告；依法应开展强制性清洁生产审核的企业且已被环保部门公布的上市公司，其年度环境报告应披露主要污染物的名称、排放方式、排放浓度和排放总量等环境信息。在定期环境报告之外，《上市公司环境信息披露指南》（征求意见稿）还规定临时环境报告制度，要求发生突发环境事件的上市公司，应当在事件发生 1 日内发布临时环境报告。《上市公司环境信息披露指南》（征求意见稿）首次规定向公众披露环境信息、明确突发环境事件下的环境报告制度，首次要求下属企业中有国家重点监控企业的应公布一年 4 次监督性监测情况。

表 6-3 列出了我国上市公司环境信息披露的相关政策。

表 6-3 我国上市公司环境信息披露的相关政策

时间	发文单位	文件名称	文件编号
1997.1	中国证监会	公开发行证券公司信息披露内容与格式准则第 1 号（招股说明书）	证监[1997]2 号
2001.3	中国证监会	公开发行证券公司信息披露内容与格式准则第 9 号——首次公开发行股票申请文件	证监[2001]36 号
		公开发行证券公司信息披露的编报规则第 12 号——上市公司发行可转换公司债券申请文件	证监[2001]37 号
2001.9	国家环境保护总局	关于做好上市公司环保情况核查工作的通知	环发[2001]156 号
2003.6	国家环境保护总局	关于对申请上市的企业和申请再融资的上市企业进行环境保护核查的规定	环发[2003]101 号
2005.12	国务院	关于落实科学发展观加强环境保护的决定	国发[2005]39 号
2006.9	深圳证券交易所	上市公司社会责任指引	
2008.2	国家环境保护总局	关于加强上市公司环境保护监督管理工作的指导意见	环发[2008]24 号
2008.5	上海证券交易所	上市公司环境信息披露指引	监管[2008]18 号

时间	发文单位	文件名称	文件编号
2009.7	中国证监会	公开发行证券的公司信息披露内容与格式准则第 29 号——首次公开发行股票并在创业板上市申请文件	中国证券监督管理委员会令第[2009]18 号
2010.9	环境保护部	上市公司环境信息披露指南（征求意见稿）	
2011.6	环境保护部	企业环境报告书编制导则	HJ 617—2011
2012.10	环境保护部	关于进一步加强环境保护信息公开工作的通知	环办[2012]34 号

第四节　企业环境会计信息披露的内容与方式

一、企业环境会计信息披露的内容

我国有较多学者对环境会计信息披露的内容提出了建议，但并没有形成一个具体的框架，因此也就没有成文的法规来规范。孟凡利（1999）认为企业对外提供的环境会计信息主要有两个方面：一是环境问题的财务影响，二是环境绩效。王凤羽（2001）认为绿色会计财务报告中披露的环境会计信息应分为两部分：一是环境政策及其实施情况，二是与环境有关的收益性支出和资本性支出。耿建新和焦若静（2002）认为对外披露的环境会计信息主要包括 3 个方面：企业发生的环境问题及其影响、采取的环境对策，以及环境支出和环境负债（在报表及附注中披露）。李正和向锐（2007）则建议把环境会计信息分为 6 小类，包括污染控制、环境恢复、能源的节约、废旧物资的回收、环保产品以及其他。卢馨等（2010）则根据《上海证券交易所上市公司环境信息披露指引》的规定和当今学术界对环境会计信息内容的分类，将我国上市公司环境会计信息的内容确定为 10 种信息，分别为环保风险提示、环保措施、环保奖励、环保绩效、环境管理体系认证、环保违法违规的说明、环境指标、环境投入、环境拨款与补贴和其他。

根据环境保护部环境规划院和中国会计学会环境会计专业委员会编制的《中国环境会计指南（2012 年）》，企业环境会计信息披露一般包括如下内容：

1）企业基本情况。主要描述企业基本的生产经营活动，生产的产品，企业的生产经营活动和产品对周边环境的影响（包括对所在社区和居民生活的影响等）。

2）环境保护政策。主要介绍企业环境保护基本方针、政策、目标、计划；企业环境管理系统；企业对环境法规的遵守情况，企业对环境保护事业的态度；企业降低环境污染和负荷的对策以及所做出的努力等。

3）环境会计核算信息。包括环境资产、环境负债、环境权益和环境成本、环境收益的确认、计量标准、计量方法及数额。

4）环境绩效情况。包括企业环境保护活动所产生的环境效益、经济效益和社会效益，并通过一些环境绩效指标对所造成的环境影响进行分析，说明企业环境治理情况。

5）其他需要披露的环境会计信息。企业认为需要披露的其他方面的环境会计信息，包括对环境损害事项的说明，要求企业对环境损害做出补救的法律法规的说明，以及可能赔偿的金额，企业已采取或即将采取的环境保护措施及其实施效果等，企业在环境公益事业方面的活动等。

二、企业环境会计信息披露的方式

近年来，编制和发布独立的社会责任报告，披露环境会计信息成为越来越多企业的选择。目前环境会计信息披露的具体模式有两种：一种是补充报告模式，另一种是独立报告模式。

（一）补充报告模式

补充报告模式包括表内披露和表外披露两种。表内披露就是在现有的财务报表内增加新的会计项目，对与环境有关的指标进行单独揭示。如资产中增加环境固定资产、环保无形资产等，负债方增设应交环境税、环境污染预计负债等。在利润表中，增设环境预防成本、环境治理成本、排污费等专门项目以反映全部或部分的环境支出、政府补贴收入等。现金流量表中环境会计信息的披露同样可以采取在传统现金流量表中作调整的方式：例如在“经营活动产生的现金流量”中的“支付的其他与经营活动有关的现金”一栏中披露与环境有关的支出，包括企业因环境污染而发生的罚款、赔偿、排污费、绿色费以及环境污染治理成本等。这种披露方式的特点是通过对传统会计报表稍加调整，就可以反映环境会计方面的信息，比较直观，看起来很完美，非常便于财会人员操作。但是这种方法将环境会计信息与财务信息合并在一张报表上，财会人员还要将环境会计信息与原有的财务信息一一区分，工作量十分大，使用者也不便查看，降低了环境会计信息的有用性。

表外披露则是保留原有的会计报表，在年报、招股说明书、报表附注或其他报告（如董事会报告）等方面揭示企业环境方面的信息，包括文字的或数字的，企业主要披露其环境会计政策及目标，环境管理系统，主要的污染物、影响及处理措施，环境保护和废弃物的利用情况等信息。这种方式与表内披露相比，灵活性大，不受会计信息披露期限的限制，不仅可以提供本期环境会计信息，还可以提供环境预测信息，对于使用者有一定的决策帮助。但这种方式也有明显的不足：首先，这种方法提供的环境会计信息缺乏统一的计算基础，很难在不同企业中进行对比；其次，这种方法提供的量化信息少，不能确切反映企业环境活动的支出和环境业绩；再次，这种方法提供的环境会计信息种类与数量全由企业选择，企业往往报喜不报忧，使用者很难了解企业对环境的不利影响；最后，环境会计信息太零散，有时甚至“隐藏”在字里行间，如招股说明书一般都内容冗长，几百页的文书使相关信息使用者望而却步。

（二）独立报告模式

独立报告模式就是企业编制独立的环境报告。编制独立的环境报告书，可以使环境信息的披露更加集中、全面和系统，便于信息使用者对企业的环境活动作出恰当的评价。随着环境会计的发展，伴随着环境资源、环境收益等计量技术的克服与发展，编制独立的环境报告书是环境会计信息披露的发展趋势。尤其是上市公司，公众对环境会计信息的要求增加，企业对于环境会计信息披露的压力也逐渐增大，编制专门的环境报告书将是上市公司信息披露制度的重要一环。

独立的环境报告包括环境资产负债表、环境现金流量表、环境支出明细表和环境业绩指标表。

1．环境资产负债表

环境资产负债表主要是用来反映企业在某一特定日期上的环境资产、因防护和治理环境而发生的负债及所有者权益状况的报表。

表 6-4　环境资产负债表

编制单位：　　　　　　编制时间：　年　月　日　　　　　　单位：元

项　目	行数	年初数	年末数
环境资产：			
环境流动资产			
环境固定资产原价			
减：			
环境固定资产累计折旧			
环境固定资产减值准备			
环境固定资产净额			
环境固定资产合计			
环境无形资产			
环境资产合计			
环境负债：			
应付排污费			
应交环境税			
预计环境负债			
环境负债合计			
环境权益			
环境资本			
环境基金			
环境权益合计			

2．环境现金流量表

环境现金流量表主要是用来反映企业因承担环保责任而使现金及现金等价物发生变动的情况。

表 6-5　环境现金流量表

编制单位：　　　　　　编制时间：　年　月　日　　　　　　单位：元

项　目	年初数	年末数
一、与环境活动有关的现金流入		
销售利用“三废”生产产品收到的现金		
销售排污权收到的现金		
收到的国家环保补助或税费返还		
处置环境资产收回的现金		

项　　目	年初数	年末数
取得环保借款收到的现金		
收到的其他与环境活动有关的现金		
现金流入合计		
二、与环境活动有关的现金流出		
购建环保设备支付的现金		
购买排污权支付的现金		
支付的矿产资源补偿费		
支付的环境税		
支付的环境污染罚款、赔偿金		
偿还环保借款支付的现金		
偿还环保借款利息支付的现金		
支付的其他与环境活动有关的现金		
现金流出合计		
三、汇率变动对现金流量的影响		
四、环境现金流量净增加额		

3．环境支出明细表

环境支出明细表主要是用来反映企业在一定时期内所发生的环境支出情况。

表 6-6　环境支出表

编制单位：　　　　　　　　　　编制时间：　　年　月　日　　　　　　　　　　单位：元

项　　目	上年数	本年数
一、环境污染预防成本		
1．绿色采购成本		
2．环保产品和环保技术的研发成本		
二、环境污染治理成本		
1．排污费		
2．降低污染物排放成本		
3．资源和废弃物回收再利用及处置成本		
三、环境修复成本		
1．环境责任保险金		
2．环境恢复成本		
四、环境管理成本		
1．日常环境治理和保护工作支出		
2．环境管理系统成本		
3．环境教育成本		
4．其他		
环境支出合计		

4．环境业绩指标表

参照传统企业业绩评价指标标准，企业环境业绩指标分为定量指标和定性指标两大部分。定量指标又分为财务指标和非财务指标。财务指标包括治理环境的成本、收益，环境保护活动所形成的环境资产、环境负债等。非财务指标包括资源消耗量、污染物排放量、污染物排放浓度、污水处理率、废物回收利用率等。

定性指标主要是指难以科学方法计量的因素，包括企业对环境法规的执行情况，内部环境管理体系的建立与执行情况，环境投诉，污染事故的发生等。

表 6-7　企业环境绩效评价指标体系

定量指标（权重 80%）		定性指标（权重 20%）
指标类别	基本指标	评价指标
资源消耗指标（权重 30%）	1. 单位产品新鲜水耗系数	1. 新、改、扩建项目环评和“三同时”手续是否齐全 2. 排污许可的合法性 3. 主要污染物总量减排的要求是否得到落实 4. 污染物排放超标率 5. 环保设施稳定运转率 6. 排污费是否按规定缴纳 7. 环境管理体系的建立 8. 环境信息披露情况 9. 年度相关投诉件数 10. 环境事故发生情况
	2. 单位产品综合能耗系数	
	3. 单位产品原材料耗用系数	
污染物排放指标（权重 30%）	1. COD 排放系数	
	2. SO_2 排放系数	
	3. 氮排放系数	
	4. 氮氧化物排放系数	
	5. CO_2 排放系数	
	6. 颗粒物（PM_{10}、$PM_{2.5}$）排放系数	
环境成本与效益指标（权重 40%）	1. 环境成本占总成本的比率	
	2. 环境资产占总资产的比率	
	3. 环境负债占总负债的比率	
	4. 环境收益占总收益的比率	
	5. 环保投资占总投资的比率	

（三）社会责任报告

1. 社会责任报告的概念

社会责任报告起源于企业环境报告，20 世纪 80 年代，环境污染严重的公司开始尝试内部的环境审计。到了 90 年代，环境的计量变得很常见，公司开始支持自愿对外披露环境报告的行动。进入 21 世纪后，全球社会责任报告出现了迅猛增加的势头，其中占主导地位的环境报告已迅速让位于更为全面反映公司与社会关系以及公司相关利益者管理业绩的社会责任报告和可持续发展报告。

对于什么是企业社会责任报告，英国社会与环境会计研究中心的会计学家格瑞教授认为：“企业社会责任报告是沟通的过程，沟通内容是企业经济活动对社会特定利益群体及整体产生的社会和环境影响。它是企业责任的延伸，是对传统上只对投资者特别是股东承担责任的企业角色的超越。责任的延伸基于以下假设：公司不仅要为股东创造利润，还应该承担更广泛的责任”。《可持续发展报告指南》指出：“可持续发展报告是以可持续发展为目标，衡量及披露机构绩效，对内外部利益相关方负责任的实践”。社会责任报告可以作为基准，评价报告机构的可持续发展绩效是否符合相关法律、规范、准则、绩效标准和自愿性倡议的要求；它可以展现机构如何受各方可持续发展期望的影响，以及机构如何影响利益相关方可持续发展的期望；它可以对机构内部各部门、对不同机构之间、对不同阶段的绩效进行比较。

企业社会责任是企业履行社会责任内容和方式的综合，是从企业担负责任的角度对企业与社会关系的全面反映。因此，企业社会责任报告是以正式形式反映企业承担什么社会责任以及如何履行社会责任的载体与工具。报告既是企业社会责任管理的过程，也是企业社会责任绩效披露的工具；报告既是与利益相关方进行沟通的结果，也是利益相关方评价企业社会责任绩效的重要依据。简言之，企业社会责任报告是企业就其经济活动对社会特定利益群体及整体产生的经济、社会和环境影响进行沟通的过程，是企业履行社会责任的综合反映。

2. 社会责任报告的内容及分类

企业社会责任报告需要回答以下 5 个基本问题：一是企业社会责任的内容，即企业对社会承担哪些责任；二是企业履行社会责任的动力，即企业为什么应该而且愿意对社会承担责任；三是企业履行社会责任的方式，即企业以何种方式和过程落实责任；四是企业履行社会责任的业绩，即企业运营对经济、社会和环境所造成影响的行为、过程和结果符合企业履行社会责任的职责、标准和目标的程度；五是企业社会责任的未来计划，即企业在原有业绩的基础上，为更好地实现履行社会责任的愿景而制定的未来目标和行动方案。

社会责任报告类型包括单项和综合性两种，单项社会责任报告以环境报告、环境健康安全报告、社会报告为主；综合性报告以企业社会责任报告、可持续发展报告、企业公民报告、企业社会与环境报告等为主。以反映程度是否全面为标准，可以划分为广义的企业社会责任报告和狭义的社会责任报告两类。广义的企业社会责任报告即非财务报告，包括以正式形式反映企业对社会承担的某一方面或几方面责任的所有报告类型，即包含单项和综合性社会责任报告；狭义的企业社会责任报告，一般特指综合性报告中的企业社会责任报告，它是以正式形式全面反映企业对社会承担的所有责任的报告。

3. 国内社会责任报告编写指南

《中国企业社会责任报告编写指南》(CASS-CSR 2.0)(简称《指南 2.0》)创造了“四位一体”的企业社会责任模型(图 6-1)。

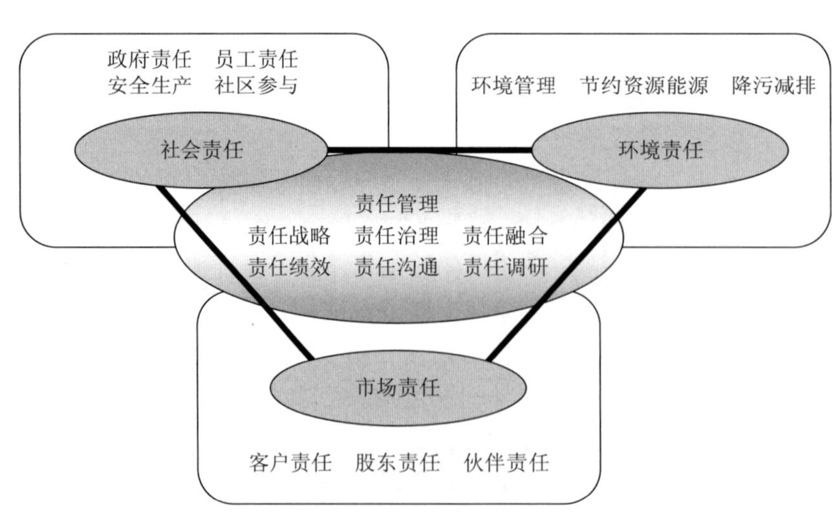

图 6-1 《中国企业社会责任报告编写指南》理论模型

《指南 2.0》规定一份完整的企业社会责任报告包括六大主体部分：报告前言、责任管理、市场绩效、社会绩效、环境绩效和报告后记。其中，环境绩效主要描述企业在节能减排、保护环境方面的责任贡献，主要包括环境管理、节约资源能源和降污减排三大板块。

（1）环境管理

环境管理包括：环境管理体系、环境事故应急机制、环保培训与宣教、环保培训力度、绿色采购、环保公益、环保产品的研发与销售、环保技术设备的研发与应用、环保总投资、新建项目的环境评估、保护生物多样性、环境责任负面信息等内容。

（2）节约资源能源

节约资源能源包括：节约能源政策措施、单位产值能耗及能源节约量、节约用水制度/措施、单位产值水耗及水资源节约量、使用可再生资源的政策措施、可再生资源使用率或使用量、循环经济政策/措施、能源资源循环利用率或利用量、绿色办公措施、绿色办公绩效、减少公务旅行节约的能源、节能建筑和营业网点。

（3）降污减排

降污减排包括：减少废气排放的政策、措施或技术，废气排放量及减排量，减少废水排放的制度、措施或技术，废水排放量及减排量，减少废弃物排放制度、措施或技术，废弃物排放量及减排量，积极应对气候变化，温室气体排放量及减排量，生产噪声治理，厂区及周边生态环境治理。

专栏 6-3

2006—2009 年 3 年的时间内，中国企业发布社会责任报告的数量从 32 家猛增到 582 家，增长了 17 倍，但是我国企业的社会责任信息披露还存在不少问题，很多报告篇幅过短、主线模糊、框架不清、内容随意，企业披露社会责任信息的时效性、客观性、平衡性、可读性亟待改进。出现问题的原因，一是编制、发布企业社会责任报告是一个新生事物，我国企业有个认知、熟悉、掌握的过程；二是我国企业编制社会责任报告欠缺可供借鉴和参考的指导手册。在国际上，全球报告倡议组织（GRI）有 G3 标准，但与我国基本国情和企业发展阶段有较大差异，在指导中国企业编制报告时暴露出不少问题。因此，我们需要一本贴近中国实际的企业社会责任报告编写指南。于是在 2009 年 12 月，中国社科院发布了《中国企业社会责任报告编写指南（CASS-CSR1.0）》（简称《指南 1.0》）。

《指南 1.0》积极借鉴国际通行标准和国外先进企业的最佳实践，立足我国企业实践，遵照我国法律法规的要求，充分考虑我国当前的社会议题，系统总结了领先企业社会责任报告的编制经验，提出了我国企业社会责任报告的编制原则、逻辑架构和内容体系，对规范我国企业社会责任报告编制、推动我国企业履行社会责任，发挥了积极的作用。

《中国企业社会责任报告编写指南（CASS-CSR2.0）》于 2011 年 3 月 31 日在北京发布，这是中国企业社会责任发展史上的又一里程碑，对增强我国在国际企业社会责任运动中的话语权意义重大。该指南由中国社会科学院企业社会责任研究中心、中国企业联合会、中国石油和化学工业联合会、中国轻工业联合会、WTO 经济导刊、中国企业公民委员会联合编著，配套的报告编写软件也同时发布。

4. 可持续发展报告指南

《可持续发展报告指南》包括：报告原则、报告指导、标准披露（包括绩效指标），其中标准披露包括3类不同的披露项：战略及概况、管理方法和绩效指标，而绩效指标又包含了经济绩效指标、环境绩效指标、劳工实践及体面工作绩效指标、人权绩效指标、社会绩效指标、产品责任绩效指标等。

专栏 6-4

全球报告倡议组织（GRI）成立于1997年，是由美国的一个非政府组织——对环境负责的经济体联盟（Coalition for Environmentally Responsible Economies，CERES）和联合国环境规划署（United Nations Environment Programme，UNEP）共同发起的，秘书处设在荷兰的阿姆斯特丹。1997—1998年，CERES逐步形成为可持续发展信息的披露提供一个框架的想法，于是最先发起了"全球报告倡议"项目，并开始招募人员、筹集资金、建设网络。1999年，UNEP加入GRI成为共同的合作方，确保了全球报告倡议组织在全球平台上开展活动。2006年10月5日，GRI在荷兰阿姆斯特丹召开大会，发布了第三代《可持续发展报告指南》（也称2006年版指南，G3）。

《可持续发展报告指南》中对环境指标的描述，包含了以下几点：

（1）物料

所用物料的重量或体积、采用经循环再造的物料的百分比。

（2）能源

初级能源的直接能源消耗量、初级能源的间接能源消耗量、通过节约和提高能效节省的能源、提供具有能源效益或基于可再生能源的产品及服务的计划以及计划的成效、减少间接能源消耗的计划以及计划的成效。

（3）水

按源头说明总耗水量、因取水而受重大影响的水源、循环及再利用水的百分比及总量、生物多样性、机构在环境保护区或其他具有重要生物多样性意义的地区或其毗邻地区，拥有、租赁或管理土地的位置及面积、描述机构的活动、产品及服务在生物多样性方面，对保护区或其他具有重要生物多样性意义的地区的重大影响、受保护或经修复的栖息地、管理对生物多样性影响的战略、目前的行动及未来计划、按濒危风险水平，说明栖息地受机构运营影响，列入世界自然保护联盟（IUCN）红色名录及国家保护名册的物种数量。

（4）废气、污水及废弃物

按质量说明直接与间接温室气体总排放量；按质量说明其他相关间接温室气体排放量、减少温室气体排放的计划及其成效；按质量说明臭氧消耗性物质的排放量；按类别及质量说明氮氧化物（NO_x）、硫氧化物（SO_x）及其他主要气体的排放量；按重量及排放目的地说明污水排放总量；按类别及处理方法说明废弃物总重量、严重泄漏的总次数及总量、按照《巴塞尔公约》附录Ⅰ、Ⅱ、Ⅲ、Ⅷ的条款视为有毒的废弃物经运输、输入、输出或处理的重量，以及运往全世界的废弃物的百分比、受机构污水及其他（地表）径流排放严重影响的水体及相关栖息地的位置、面积、保护状态及生物多样性价值。

（5）产品及服务

降低产品及服务的环境影响的计划及其成效；按类别说明售出产品及回收售出产品包装物料的百分比。

（6）遵守法规

违反环境法律法规被处重大罚款的金额，以及所受非经济处罚的次数。

（7）交通运输

为机构运营目的而运输产品、其他货物及物料以及机构员工交通所产生的重大环境影响。

（8）整体情况

按类别说明总环保开支及投资。

【本章小结】

在资源所有权与资源经营管理权分离的背景下，企业的管理层承担着受托责任，其中就包括环境受托责任，而环境受托责任的解除需要企业披露环境会计信息。

企业披露环境会计的信息应该包括环境保护政策、环境会计核算信息、环境绩效情况等方面，目前越来越多的企业倾向于以发布社会责任报告的方式披露。在国际上，环境信息披露的举措主要有：污染物排放及转移登记制度、环境影响评价报告、政府环境信息公开和产品环保标志，其中环境影响评价以及产品环保标志对于我国企业环境信息披露起到了有力的推动作用。

环境会计信息披露是环境会计工作的最终成果，也是环境会计核算体系中最重要的部分。进行环境会计信息披露、揭示环境资源的利用情况和环境污染的治理情况，已经成为我国治理严峻环境问题的必然要求。

【讨论思考题】

（1）环境会计信息披露的具体内容应当包括哪些方面？

（2）环境会计信息披露的基本方式有哪几种？各有什么具体要求？

（3）企业的环境受托责任与环境会计信息披露之间具体有什么关系？

【案例分析题】

中国A公司是一家生产化工产品的跨国公司。该公司产品的内销与外销比例分别为50%和60%。公司的管理层注意到投资者和社会公众对于公司年报中环境会计信息披露的需求日益增加。在研究了多家外国竞争对手的财务年报之后，他们发现环境会计信息披露的内容具有多样化的特征，具体内容包括：实际和潜在的环境成本与负债；公司的环境保护计划和方针；有关公司环境保护措施与目标的自我评价报告。他们还发现，有的公司直接在公司财务年报中披露环境会计信息，而有的公司则是编制独立的环境报告披露环境会计信息。公司的管理层计划在明年的公司年报中披露环境会计信息，但环境会计信息披露的内容和范围却让他们伤透脑筋。他们聘请你为公司的顾问，为他们确立环境报告方针。

根据该案例资料，分析以下问题：

（1）结合自己的观点分析，在公司年报中披露环境会计信息是否有必要？请解释。

（2）分别选择两家在化工制造行业中的中国公司和外国公司的年报，并根据这些年报，提出你对 A 公司环境会计信息披露的内容和范围的建议。

下　篇
环境管理会计

第七章　环境成本管理

【案例引导】

1984 年 12 月 3 日凌晨，印度中央邦首府博帕尔市北郊，美国联合碳化物公司印度公司农药厂一个储气罐内的压力急剧上升。储气罐装有 45 t 用于制造农药西维因和涕灭威的原料——液态剧毒异氰酸甲酯。3 日零时 56 分，储气罐阀门失灵，罐内的剧毒化学物质开始泄漏，并以气态迅速向外扩散。第二天早晨，博帕尔市好像遭遇了中子弹袭击一样，一座座房屋完好无损，但到处是人和牲畜的尸体，好端端的城市变成了一座恐怖之城。曾在第二次世界大战期间被德国法西斯用来杀害集中营中犹太人的剧毒化合物犹如恶魔般笼罩博帕尔。

这就是震惊世界的博帕尔化学泄漏事件，大灾难造成了 2.5 万人直接致死，55 万人间接致死，另外有 20 多万人永久残疾。受这起事件影响的人口多达 150 余万，约占博帕尔市总人口的一半。现在当地居民的患癌率及儿童夭折率，仍然因这一灾难远比其他印度城市为高。30 年后的今天，那场剧毒残留依旧威胁环境，除了受害者肉体和心灵上的伤口难以平复外，已废弃的化学工厂仍然是危害环境的“毒瘤”。工厂内仍遗留有高达 8 000 t 的有毒物质，绿色和平组织依据事故发生前工厂储存原料的相关资料判断有毒物质数量接近 2.5 万 t。遍布着巨大圆柱体储存罐、生锈管道和容器的厂区内仍散发强烈的刺激性气味，剧毒水银遍地都是。

由于印度博帕尔化学泄漏（1984 年）和 Exxon Valdez 游轮泄漏（1989 年）等重大事件的发生，全球范围内的环境问题已经变得相当重要。环境问题引起人们对全球变暖、可再生资源枯竭和自然栖息地丧失等主要问题的关注，也引发了对企业管理的疑问，要求对企业管理进行变革，将环境问题与企业的产品设计、市场营销和财务管理同等对待，加强和改进内部环境管理系统。恶劣的环境事件已经为企业带来了严重的后果，包括罚款、环境税、销售减少、客户的联合抵制、融资困难、法律诉讼，以及公司形象损失等一系列环境成本的上升。

第一节　环境成本管理概述

一、环境管理会计

环境管理会计是在传统的企业成本会计的基础上，将环境因素纳入管理会计职能的实施过程，以便能够为企业在面临环境挑战的前提下实现可持续发展目标提供依据。因此，环境管理会计不是对传统管理会计的否定，而是一种扩充和补充。

企业范围内的环境事项主要包括两部分：一是企业一般经济活动对环境产生的影响，二是企业出于各种动机对环境产生的反应。对应这两类环境事项进行核算，构成了环境管理会计的两个基本组成部分。

企业环境影响的核算。企业对环境的影响产生于企业生产经营活动的全过程。一方面企业生产要消耗资源，另一方面生产过程要向环境排放残余物，二者合起来形成对环境的压力。传统会计关注企业生产经营流程，从经济投入与经济产出之间寻求对应关系，没有专门关注企业的资源消耗和污染物产生量。环境管理会计沿着企业生产经营链条完整追溯其物质流循环过程，对企业的资源消耗量和废弃物产生量进行核算。企业环境会计管理不仅可以计量消耗与废弃所带来的环境影响，而且可以考察企业的生态效率。

环境反应对企业财务影响的核算。企业在生产经营过程中，会对环境花费经济资源，这些花费构成了企业费用、支出的一部分。传统会计中已经包含对这些费用、支出的核算，但只是简单地将其处理为一般费用和支出，不做专门列式。环境管理会计在环境主题下对这些费用和支出作专门归集分类核算，显示不同费用和支出类别以及各自发生的数额。在此基础上，进行环境实际成本核算，显示其对企业财务状况所造成的影响，并对不同的结果做比较分析。

为实现上述核算，环境管理会计一方面沿用传统会计尤其是管理会计所运用的方法，同时还要从环境科学等领域引入新的方法。其中，企业环境影响核算主要采用基于企业物质流循环的实物量核算方法，环境反应对企业财务影响核算主要运用管理会计中提出的作业成本法以及完全成本法等。在进一步评价、分析过程中，还要更广泛地引入环境评价以及相关方法。

二、环境成本管理

环境成本管理属于环境管理会计范畴，其环境成本又称环境降级成本，是指由于经济活动造成环境污染而使环境服务功能质量下降的代价。环境降级成本分为环境保护支出和环境退化成本，环境保护支出指为保护环境而实际支付的价值，环境退化成本指环境污染损失的价值和为保护环境应该支付的价值。在环境会计中，环境成本是指在某一项商品生产活动中，从资源开采、生产、运输、使用、回收到处理，解决环境污染和生态破坏所需要的全部费用。

环境成本管理是在传统成本管理的基础上，把环境成本纳入企业经营成本的范围，从而对产品生命周期过程中所发生的环境成本有组织、有计划地进行预测、决策、控制、核算、分析和考核等一系列的科学管理工作。企业环境成本管理从组织管理角度看是一系列的预测、决策、控制、核算和分析的过程，同时从生产、技术、经营的角度看，它又是一种成本形成全过程的管理。

三、环境成本管理的形成

20 世纪 90 年代以后，随着可持续发展理论的提出，各国政府的环境管理强调与企业之间的合作，推进预防性的综合环境成本管理手段，企业决策中如何考虑环境因素，如何实施与环境有关的成本管理等问题逐渐为人们所重视。1999 年，联合国“改进政府在推动环境成本管理中的作用”专家工作组，与 30 多个国家的环境成本管理部门及国际组织、会计组织、企业组织和学术界，综合各国实践，首次提出了环境成本管理（environment cost management）的概念，其后各次会议就建立环境成本管理的一般原则和指南，就环境成本管理的必要性、环境成本管理与公司环境报告等方面的联系进行了研究，并讨论了政府在推动环境成本管理中的作用及各种推动手段等，讨论结果形成了几份报告，至此环境成本管理的研究逐渐形成和完善。

随着对环境成本管理研究的不断深入，人们对企业与环境管理的关系、环境管理会计如何服务于企业的环境成本管理已经形成了比较成熟的技术与方法，并且积累了不少企业成功实施的经验。这些研究与经验，为企业有效推行环境成本管理体系、在提高经济效益的同时降低对环境的影响、促进企业的可持续发展等方面提供了有益的借鉴。

四、企业环境成本管理的意义

环境成本管理和控制对企业的意义主要有以下几方面。

1. 有助于企业管理者做出正确决策

环境成本是企业管理者做出正确决策时必须要考虑的相关成本的一部分，与其他成本一样，是流经企业的物质的价值表现。环境成本的投入与企业收益具有密切的关系，为达到环境保护标准而投入的环境成本将对企业的利润产生一定的冲击。因此，对环境成本进行科学合理的管理与控制，将会为企业发展与环境保护进行协调和科学决策以及合理规划生产方案提供有力的支持。

2. 有助于企业进行环境成本效益考核与评价

随着环境问题的日益加剧以及环保法规的强化，企业在环保方面的费用支出越来越大，能否充分发挥环境成本的效率，使得一定的环保支出尽可能多地为企业带来经济效益，越来越引起企业的关注。通过对环境成本进行科学合理的管理与控制，可以实现环境成本与环保效果的最佳配比，从而有助于分析和评价环保工作业绩，满足环境成本效益考核与评价的需要。

3. 有助于企业降低环境风险

世界各国对于环境问题的重视，使得环境风险成为企业风险管理工作中必须要考虑的内容。科学合理的环境成本管理与控制，可以反映企业履行环境责任、预防和治理自身所产生环境污染的资源投入与绩效信息，从而保证企业不受或者少受来自环境风险的威胁，为企业正常有序地生产经营创造良好的条件。

4. 有助于完善现代企业制度

企业作为市场主体，为追求自身利益最大化，往往忽视社会利益。现代企业制度要求企业由生产型向生产经营型转化，要求企业将追求自身效益最大化和社会可持续发展相统一。科学合理的环境成本管理与控制，一方面，使得企业站在自身的角度考虑环境问题，降低资源消耗，减少环境污染，在一定程度上降低产品成本，增加企业利润，增强市场竞争力，从而有利于现代企业制度的建立与完善；另一方面，资源环境的有效利用与保护，必将促进整个社会经济的可持续发展。

五、环境成本管理的内容

（一）环境成本管理的内容组成

1. 企业环境成本管理目标

企业环境成本管理的总体目标是以最优的环境成本取得最佳的环境效益与经济效益。企业既不能盲目地为追求经济效益，忽视了企业经济活动所产生的环境污染及破坏的“外部成本”，不对企业环境污染及环境破坏所带来的“外部不经济成本”进行合理估计、确认和计量，虚减企业成本、虚增经济利益；同时也不能硬性地规定企业增加环境成本的投入，在实践中反而影响企业环境成本管理的效果。企业环境成本的管理目标不是简单地增加与减少的问题，而是一个不断优化的过程。不同的企业在其自身总体目标的基础上，可根据实际情况，选择适合自己的具体的环境成本管理目标。

2. 企业环境成本预测

环境成本预测是建立环境成本对象和环境成本动因之间的适当关系，用以准确预测环境成本的过程。环境成本预测既是环境成本管理工作的起点，也是环境成本事前控制成败的关键。实践证明，合理有效的环境成本决策方案和先进可行的环境成本计划都必须建立在科学严密的环境成本预测基础之上。通过对不同决策方案中环境成本水平的预测与比较，可以从提高经济效益和环境效益的角度，为企业选择最优环境成本决策和制定先进可行的环境成本计划提供依据。

3. 企业环境成本控制

企业环境成本控制是指企业运用一系列的手段和方法，对企业生产经营全过程涉及有关生态环境的各种活动所实施的一种旨在提高经济效益和环境效益的约束化管理行为和政策实施。它以企业环境成本管理目标为前提，以环境成本预测为依据，采用适合的模式与政策，控制环境成本形成的全过程。

4. 企业环境成本核算

企业环境成本核算的目标是向信息使用者提供对决策有用的环境成本信息。它对企业环境成本的发生过程进行反映，描述企业生产经营全过程发生的环境负荷及治理数据信息，并按成本核算原则确认和计量环境成本费用，衡量评价环境成本投入所带来的环境效果与经济效益，编制环境成本报告书并对外公布。接受外部环境评价，为内部决策提供参考依据。

5. 企业环境成本监测预警

企业采取一系列的方法和手段对环境成本进行监测和控制，建立环境成本监测预警系统。运用企业在环境成本控制和环境成本核算中积累的环境成本数据和信息，摸索环境成本的变化规律，预测企业环境成本变化的趋势，当企业环境成本达到临界值时，提供预警。

6. 企业环境成本评价与应用

企业环境成本评价是依据经济效益与社会效益两方面的相互关系，借助两者之间的动态变化，比较得出评价结论。分析出影响环境成本变动的因素，制定或修改新的环境成本控制方案。同时，将企业环境成本信息应用于企业战略管理中，参与企业战略决策。

（二）环境成本管理框架结构间的关系

企业环境成本管理框架是个有机整体，各组成部分之间相互联系、相互制约。企业环境成本管理目标统驭企业环境成本管理框架。企业环境成本预测是企业环境成本管理的起点，预测指导企业环境成本的控制与核算。企业环境成本的控制需要企业环境成本核算的反映与监督，企业环境成本的核算为控制提供相关的成本信息。通过企业环境成本控制和企业环境成本的核算，对环境成本进行监测，若遇预警，调节控制与核算，以避免风险。管理效果通过企业环境成本评价来评析，并为企业战略管理中的应用提供借鉴。如在评价与应用中发现问题，反馈至目标确定部分，如此反复，从而达到优化企业环境成本的目的。

企业环境成本管理是科学发展观的一个微观实现途径，企业环境成本管理是一项复杂的系统工程，其中企业环境成本管理框架的构建是企业环境成本管理的基础和关键，该框架必定会在企业管理的实践中得到日益丰富与完善。

第二节 环境管理成本分类

一、按环境成本控制过程分类

1. 事前环境成本

事前环境成本是指为减轻对环境的污染而事前予以开支的成本。具体包括：环境资源保护项目的研究、开发、建设、更新费用；社会环境保护公共工程和投资建设、维护、更新费用中由企业负担的部分；企业环保部门的管理费用等。

2. 事中环境成本

事中环境成本是指企业生产过程中发生的环境成本，包括耗减成本和恶化成本。耗减成本是指企业生产经营活动中耗用的那部分环境资源的成本；恶化成本是指因企业生产经营恶化而导致企业成本上升的部分，如水质污染导致饮料厂的成本上升，甚至无法开工而增加的成本。

3. 事后环境成本

事后环境成本包括恢复成本和再生成本。恢复成本是指对因生产遭受的环境资源损害给予修复而引起的开支；再生成本是指企业在经营过程中对使用过的环境资源使之再生的成本，如造纸厂、化工厂对废水净化的成本，此类成本具有向环境排出废弃物“把关”的作用。

二、按环境成本的形成分类

1. 企业在生产过程中直接降低排放污染物的成本

主要包括产生废弃物的处理、再生利用系统的运营、对环境污染大的材料替代、节能设施的运行等成本。

2. 企业在生产过程中为预防环境污染而发生的成本

包括环保设备的购置、职工环境保护教育费、环境污染的监测计量、环境管理体系的构筑和认证等成本。

3. 企业有关环保的研究开发成本

如环保产品的设计，对生产工艺、材料采购路线和工厂废弃物回收再利用等进行研究开发的成本等。

4. 有助于企业周围实施环境保护或提高社会环境保护效益支出的成本

包括企业周边的绿化、对企业所在地区环境活动的赞助、环境信息披露和环境广告等支出。

5. 其他环保支出

主要包括由于企业生产活动造成的对土壤污染、自然破坏的修复成本及支付的公害诉讼赔偿金、罚金等。

三、按环境成本分摊期限长短分类

1. 长期环境成本

长期环境成本是指企业因环境问题在一个较长时期内需持续支付的费用，如企业每年向环保局支付的排污费。

2. 短期环境成本

短期环境成本是企业为环境问题一次性支付的费用，如企业的环保设备支出、矿山开采权的一次性支付等。

四、按成本会计核算内容分类

1. 资源消耗成本

企业在生产经营活动中对自然资源的耗用或使用的成本，即将资源产品生产所耗用的自然资源以货币形式加以表现及量化。

2. 环境支出成本

核算企业为维护环境现状或防止出现污染和破坏而发生的环境支出，这部分成本是环境灾害成本会计核算的主要内容，主要包括：①企业在生产过程中直接降低排放污染物的成本，包括产品废弃物的处理、再生利用系统的运营、对造成环境污染材料的替代、节能设施的运行等方面的成本；②企业对销售的产品采用环保包装或回收顾客使用后的废弃物、包装物等所发生的成本，包括环保包装物的采购、产品及包装物使用后回收利用或处理等方面的营运成本；③企业对环保产品的设计、生产工艺的调整、材料采购路线的变更和对工厂废弃物回收及再生利用等进行研究、开发的成本，包括绿色产品的开发、增加原生产产品环保功能的研究、企业生产工艺路线的调整及材料采购的选择等方面所需要的成本；④土壤、水质、空气等污染预防成本、节约资源的成本、采购环保器材所发生的成本。

3. 环境破坏成本

核算企业由于“三废”排放、重大事故、资源消耗失控等造成的环境污染与破坏的损失。

4. 环境补救成本

核算企业对已经发生的环境污染进行补偿而发生的支出，包括整治修复土壤、水质和空气的成本；企业未达到环保指标而需要支付的罚款、环境事故的赔偿金与罚款；为特殊的环境问题缴纳的税款；因环境问题诉讼而发生的费用等。

5. 环境管理成本

核算企业在生产过程中为预防环境污染而发生的间接成本，包括环保专门管理人员和技术人员的工资、职工环境保护教育费、环境负荷的监测计量、环境管理体系的构筑和认证等方面的成本。

6. 环保支援成本

核算企业周围实施环境保全或提高社会环境保护效益的成本，主要包括企业周边的绿化、对企业所在地域环保活动的赞助、与环境信息披露和环保活动广告宣传有关的成本支出，以及在开征环境税时所支付的环境税成本。

7. 其他环境成本

核算企业上述以外的环境支付成本，主要包括资源闲置成本（包括闲置自然资源的补偿价值、保护费用及有关损失等）、资源滥用成本等。

五、国际上的分类

1. 国际会计师联合会

我们知道，在环境会计中，最重要的货币信息就是环境成本信息。尽管不同国家、会计组织乃至企业对环境相关成本的分类各不相同，但比较完善的环境成本分类应以环境业绩、环保经济效益为导向，尽可能与国际惯例保持一致，以此协调各国之间的差异。对此，国际会计师联合会的环境管理会计指南将环境成本划分为 6 大类，如表 7-1 所示。

表 7-1　国际会计师联合会环境成本分类

项　目	内　容
1. 产品输出包含的资源成本	进入有形产品中的能源、材料等成本
2. 非产品输出包含的资源成本	已转变成废弃物、排放物的能源、水、原材料的成本
3. 废弃物和排放物控制成本	对废弃物和排放物处理和处置成本、环境损害恢复成本、受害人补偿成本及环保法规所要求支付的控制成本
4. 预防性环境管理成本	预防性环境管理活动成本。这些活动包括绿色采购、供应链环境管理、清洁生产、生产者社会责任履行等
5. 研发成本	环境问题相关项目的研究与开发费用，如原材料潜在毒性研究费用，研发有效能源产品的费用及可提升环保效率的设备改造费用
6. 不确定性	与不确定性环境问题相关的成本，包含因环境污染造成的生产力降低成本，潜在环境负债成本等

这 6 类成本贯穿于全部资源流程的环境影响中，根据信息的处理过程大体可分为两类：输出环节成本和输入与生产环节成本。其中输出环节成本包含产品耗用资源成本、非产品耗用资源成本和废弃物、排放物控制成本；输入与生产环节成本则包括预防性环境管理成

本、研发成本及不确定性成本。

2．美国证券交易委员会

美国证券交易委员会（SEC）专门就会计与报告问题于 1995 年发表了《企业管理的工具——环境会计介绍：关键概念及术语》的报告，详细列举了企业可能发生的环境成本，并对其进行了分类，同时分析了如何运用环境会计进行成本分配、资本预算、流程和产品设计等。SEC 将环境成本分为传统成本、潜在隐藏成本、或有成本、形象与关系成本。具体分类如表 7-2 所示。

表 7-2　SEC 环境成本分类

传统成本	潜在隐藏成本				或有成本	形象与关系成本
	遵守法规成本	事前成本	事后成本	自愿支出成本		
资本设备	通告、报告	用地研究	终结、搬走	审计	处罚及罚金	与投资者的关系
材料	检测、检查	用地准备	在库处理	监视检查	修复	与保险公司关系
劳动	研究、模型化	工程技术及资金筹措	终结后管理	地域关系保持	将来保持关系的成本	企业形象与顾客的关系
消耗品	修复	研究与开发	用地调查	缴纳行业选择	将来法规的遵循成本	与供应商的关系
公共费用	废弃物管理	认证		其他环境计划	财产损害成本	与债权人的关系
建造物	计划	设施设置		实施可行性调查	个人损害成本	与当地社会的关系
残留价值	税金、手续费			栖息地及湿地保护	自然资源损害	与管理者的关系
	检查			保险	法律费用	与从业人员的关系
	保护设备			修复	经济损失	
	环境保险			再利用		
	财务保证			环境调查		
	训练			研究开发		
	泄漏处理			美化风景		
	雨水管理			报告书		
	污染治理			对环保团体支援		

资料来源：EPA，An Introduction to Environmental Accounting as a Business Management Tool：Key Concepts and Terms，1995.

第三节　环境成本管理方法

如同成本会计具有双重目标——既为财务会计计算盈亏也为管理会计考证责任业绩提供基础（成本）数据一样，环境成本信息也是既服务于财务会计也服务于管理会计，并且应当为企业环境管理提供尽可能充分的信息。有效管理建立于信息充分性基础之上，由此可以理解环境成本会计与环境管理的关系。

一、作业成本法

作业成本计算的思想形成于 20 世纪 30 年代末 40 年代初，直到 80 年代中期才得到西方会计界的普遍关注和深入研究，它是通过对所有作业活动追踪进行动态反应、计算作业成本、评价作业业绩和资源利用情况的方法。它根据资源耗用的因果关系进行成本分配，首先依据作业的资源消耗将成本分配给作业，然后再按成本对象将作业成本分配给成本对象。

作业成本法（Activity Based Costing，ABC）是依据作业制管理建立并运行起来的。作业制管理（Activity-Based Management，ABM）是一个更为广泛的范畴，它是建立在作业分析基础上的一种管理体系。一般认为，作业制管理包括：①关于作业种类、作业过程及成本动因的分析；②作业制成本计算；③作业过程的持续改进；④管理重组。由此可见，ABC 是 ABM 的一个重要组成部分，为作业制管理提供最基础的数据信息。

鉴于环境费用发生起因的复杂性，将 ABC 和 ABM 引入环境成本核算和环境管理中具有重要的意义。以作业或活动作为成本动因，作为成本会计基础，有利于更具体地识别环境成本动因，更准确地对环境费用进行分析和归集，更有效地追溯环境成本的来龙去脉并实施控制。

二、全部成本会计

全部成本会计（Full-Cost Accounting，FCA）将产品带给环境的未来成本纳入会计核算范围，并追溯分配给各产品。作为一种全新的成本跨级架构，在处理成本时，全部成本会计不仅考虑企业的私人成本，而且延伸到了社会成本的领域。它是将产品带给环境的未来成本（如废弃后的处理）纳入会计核算范围，并追溯分配给各产品，是一种全新的成本会计架构。

就功能而言，FCA 的作用有：①从远期看，为公司发展战略提供完整的成本信息基础，让企业管理者对本企业生产经营活动的现时成本和未来成本有清醒的了解和认识；②从近期看，为企业产品定价及生产经营调整，提供成本信息基础。

在企业会计实务中，尽管已有企业接受全部成本概念（如英国石油公司年度报告），但是显然还看不到全面运用 FCA 的案例。因为企业在产品定价中以 FCA 信息为基础，显然不利于自身的竞争地位。所以 FCA 作为企业制定长期发展战略中的一种信息工具可能更为现实。这时全部成本可以从几个角度分析：内部成本和外部成本、现时成本和未来成本、生产成本与环境成本。

作为 FCA 的一种替代，遗留物成本计算（Legacy Costing，LC）出现在了成本会计领域。LC 是对企业产品及生产经营活动的环境影响（后果）的专门核算。遗留物成本包括：①为了将负面环境影响降低到最小程度而发生的预防性费用；②评估环境影响程度的评估费用；③修复环境损失的费用。这里，涉及的环境损失，又可以分别为两种情况，一种是本来可以通过产品设计、生产、工艺使用等环节的预防措施而避免的损失（但未能避免）；另一种是由意外因素导致的损失。

三、物质流量成本会计

物质流量成本会计（Material Flow Cost Accounting，MFCA）是由德国的经营环境研究所（IMU Augsburg）开发的，目前已在数十家不同规模和不同行业的企业中试行，并积累了一定的成功经验。流量成本会计通过对物料运动从实物标准和金额标准两个方面的把握，将物料成本和系统成本分配到物流中，显示哪些成本可以通过减少或更有效使用原材料及能源的方法来降低，以开发需要更少原料的产品及产品包装，并减少物料损失和最后废物的排放，促使企业活动更加全面。为提高物流的透明度，便于成本效果的计算和评估，流量成本会计将整个流程中存在的物流价值与成本分为 3 类：①原料价值与成本；②系统价值与成本；③传递及处理成本。如图 7-1 所示。

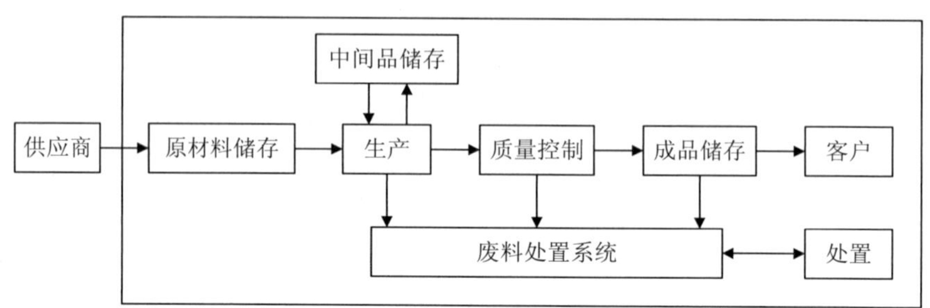

图 7-1 流量成本会计

四、总成本评价

总成本评价（Total Cost Assessment，TCA）是在 1989 年 EPA 和 Tellus 研究所合作完成的《预防污染效益手册》中首次提出的。这种方法主要是对清洁生产、能源消耗等内部环境成本与节约进行分析，企业在进行资本预算分析时就可通过该方法将环境成本纳入其中。TCA 中通常涉及 4 个层次的环境成本：①直接成本包括基建费用、原材料、运行和维护费用等；②例行成本，如检测、报告和审批费用等；③偶发负债，如企业所在的被污染场地的恢复费、相应的罚款等；④不明显成本和效益，如企业的市场形象因环境改善而提高所带来的无形资产等。

五、清洁生产成本

要求企业在经营活动中不消耗自然资源、不排放污染物是不可能的。但要求企业少消耗自然资源、少排放污染物，则有可能实现。因此，企业在环境保护方面的第一选择，不应该是终端治理，而是清洁生产（Clean Production）。

治理环境污染会增加企业的生产成本，而清洁生产有可能既减少企业的生产成本，又满足消费者的环保需求，实现企业经营和环境保护的双赢。

中国企业建设中实行“三同时”（主体设施与污染治理设备同时设计、同时施工、同时投产）是必要的，但这毕竟是终端治理。更积极的做法，是在企业的选址、工艺和原材料的确定，以及企业运营过程中，就考虑到环境保护问题，这是清洁生产理念的体现。

六、企业的社会责任成本

（一）企业社会责任投资

什么是企业的社会责任？有专家认为，汽车企业的社会责任最重要的一个方面就是在为大众提供产品和服务的同时，主动承担人与资源环境的和谐和可持续发展的责任，真正造福于人类。

生产任何产品都需要耗能、耗材，影响环境、影响生命安全。尤其高额耐用的特殊商品，投入使用以后还需要庞大基础设施支撑，在创造财富、提高人类生活环境质量的同时，也可能成为消耗资源、污染环境、威胁生命的罪魁。

在西方发达国家，通常用 CSR（Companies' Social Responsibility）代表企业社会责任，用 SRI（Social Responsible Investment）代表社会责任投资。它们的定义比较笼统，CSR 是指企业要成功，不仅应当遵守法律规定，而且应当以有利于市民、本地区以及全社会的形式，在经济、环境、社会问题等方面做到不失衡，在此过程中促使企业走向成功。SRI 则指能够以股票投资、融资等形式为那些承担了社会责任的企业提供资金支持。

在努力实现组织业绩目标的同时，管理者应该时刻意识到他们的环境和道德责任。破坏环境（如水和空气污染）和不道德的、不合法的行为（如贿赂和腐败）都会受到法律的严厉罚款和处罚。但环境责任与道德行为超出了法律的要求范围。

注重社会责任的公司如 BP 确立了进取型的环境目标，并度量和报告了反污染的绩效。德国、瑞士、荷兰和斯堪的纳维亚公司将环境绩效作为更宽泛的社会责任公布内容（如雇员福利和社区发展活动）的一部分。某些公司，如杜邦洛克希德（Lockheed）公司，将环境指标的完成情况登载在每个雇员的工资单上。杜克电力公司（Duke Power Company）则在对雇员降低固体废物、减少和清除辐射、完成环境计划等方面进行表彰。结果是，杜克电力公司实现了所有环保目标。

管理者角色的道德行为是极其重要的。特别是下属单位管理者报告的数目决不应该打上“篡改账本”的污点——例如，他们不应受到虚添资产、压低负债、虚构销售和低报成本的玷污。

某些组织中的行业行为规范，指明了正当与不正当行为。下文引自某公司的“行业行为和经营原则规范”：法律是最低标准。行业道德行为通常应远高于法律要求的最低行为标准。公司员工不能接受来自经销商、供应商和其他与企业有业务往来的人员的昂贵款待或礼物（廉价的纪念品和新奇品除外）。我们不能容忍这样一种情况，它会导致产生雇员个人利益与公司利益的冲突。

部门管理者经常会以最高管理层“制定预算”的压力作为违反会计道德政策和程序的借口或理由。良好的激励压力并非坏事——只要“来自上层的声音”同时传达了所有管理者在所有时候的行为都应合乎道德的绝对需要。管理层应及时而严厉谴责那些不道德行为，而不管这类行为是否为公司牟取了利益。一些公司，诸如洛克希德公司，定期参照行业道德准则来评估雇员行为，从而强调合乎道德的行为。

（二）社会责任成本

什么是企业的社会责任成本？这可能不像一般成本项目那样容易给出定义和界定。但我们有理由认为，一个有社会责任感的企业，必然会在节能、替代能源、环保、安全等方面进行大量科研投入，主动承担起企业的社会责任。

（三）建立"三重底线"理念

长时间以来，作为经济人的企业往往只注重财务报表的"底线"，就是企业的财务利润；后来有人提出财务状况、环境表现以及社区表现并重的"三重底线"（triple bottom line）理论，再后来甚至扩展为财务、顾客、雇员、环境及社区"五重底线"理论。简言之就是综合衡量企业的业绩。

第四节　环境成本内部化

中国是一个环境灾害多发的国家，每年由此造成的损失不计其数。据世界银行发展报告，中国 20 世纪 90 年代中期的经济增长中有 2/3 是以资源投入和环境代价换取的，中国发展成本明显高于世界平均水平 25%；中国绿色国民经济核算研究报告表明，近 10 多年来因环境因素造成污染损失，国内生产总值平均要作 3%～5%的扣除（牛文元，2007）。上述情况表明：改革开放以来，我国经济持续快速增长，但增长方式仍然粗放，重发展轻环保，严重违背了自然规律，出现了"燃烧资源、生产 GDP、产生废物、排放污染"、"不同程度地牺牲环境质量和环境福利，换取经济增长，以满足群众的基本物质需求"的现象（王金南，2006），由经济发展带来的环境污染蔓延越来越严重，环境灾害事件频发，经济发展已受到资源有限、环境污染等因素的制约。环境问题从本质上说还是经济问题，用经济手段解决环境问题无疑是最重要也是最有效的途径。

一、环境灾害成本管理系统的架构

环境灾害因其特性需要进行环境风险管理。环境灾害具有的被动诱发性、群聚性、突发性与影响的持续性、多样性和差异性、可控性与不可完全避免性，表明了这种灾害存有较大风险，需要我们从探索环境灾害的发生、发展与演变的客观规律出发，研究其成因机理与致灾过程，并据此确定科学有效的防灾、减灾和抗灾对策，建立和应用包括价值手段在内的规避、防范和控制环境风险机制，最终达到减轻环境灾害所造成的损失、造福人类的目的。

环境灾害外部成本的内部化需要进行环境灾害成本核算。通过灾害成本的会计核算，最终实现以保护环境为目的环境成本的内部化，以刺激企业为了追求利润最大化而努力约束自己的污染物产生与排放行为，控制环境灾害损失，降低环境成本。可见，环境灾害成本的预防性、补偿性、治理性、约束性作用十分明显，其实物量和价值量的计量属性又为环境灾害成本核算和成本分析提供了前提条件。另一方面，绿色 GDP 是价值量核算，需要从微观层面的各实体环境成本会计入手，循具体路径和方法，有根有据，循序渐进，水到渠成，汇总为绿色 GDP 总量。宏观层面的社会成本内部化，也需要微观层面的企业环境成本会计支持。

管理决策和控制需要环境灾害成本信息以帮助管理者改善其环境行为。提供环境灾害成本信息是环境灾害成本会计的目的，通过灾害成本核算，将使企业得以发现不良环境行为导致的成本远高于其当前会计处理所揭示的金额；环境成本核算系统中反映企业大量的资源耗用事实，并进而激发其改善环境行为。企业通过实施环境管理，使用清洁生产技术，提高资源的回收利用率，减少排废、排污等以降低环境成本，提升企业价值，并进而提高其应对未来环境灾害风险的能力，同时也在行业内树立其绿色形象，提升其竞争力，从而使外部信息使用者了解企业环境业绩并确信社会责任的切实履行。

总之，环境风险管理、环境成本内部化和环境管理决策与控制，是环境灾害成本核算的理论依据，从而构成环境灾害成本核算的基础性理论体系，并通过环境灾害成本核算，以实践和验证环境灾害成本核算具体方法与步骤，补充、完善、丰富和发展这一理论系统的框架。

二、环境灾害成本内部化管理路径

（一）微观环境会计核算与宏观绿色 GDP 核算：环境成本是关键

与经济发展相联系的资源环境的核算研究，分为宏观和微观两个层面。由此，按照会计核算的对象特点和核算范围，通常将环境会计划分为宏观环境核算和微观环境核算。

在宏观核算领域，体现为建立环境核算指标体系，集中体现在联合国“国民经济账户体系 SNA”上，以及与之相应的统计方法的发展，并最后集中体现为“绿色 GDP”。核算绿色 GDP，就是要既能看到 GDP 增长数据，又能看到这一数据背后的资源与环境成本。

在微观核算领域，联合国国际会计和报告标准政府间专家工作组对跨国公司环境报告进行了多年的考察。从 20 世纪 90 年代起，环境成本会计问题就成为其每届会议的主要议题之一。在每一个社会单位，环境成本会计又分别融入财务会计和管理会计两个分支。在企业的业绩报告中既能看到财务指标，又能看到环境业绩指标。这其中，环境成本是核心和焦点。绿色 GDP 是价值量核算，需要从微观层面的环境成本会计入手，循具体路径和方法，汇总为绿色 GDP 总量。

（二）环境成本内部化路径的选择

当今企业经营活动中因污染物排放过量所造成的经济损失成为了社会大众的共同成本或政府的负担，即所谓的外在化环境成本或社会环境成本。如果能够有效地将外部环境成本由社会负担转为企业的成本，即实现外部成本的内部化，则能够刺激企业为了追求利润最大化而努力约束自己的污染物产生与排放行为，降低环境成本。另一方面，由于环境成本的内部化，使得其生产过程中造成污染的各种产品的生产成本相对于其他产品的生产成本增高了，从而降低其相对于其他产品的市场竞争力。对此，政策制定者也必须考虑。

1. 内部化外部环境成本的行为主体是企业

要想使企业承担环境责任，可行的路径只有两条：

1）对企业进行有关的知识传播与社会道德的启迪，使其在自觉自愿的基础上，主动承担其约束规范自身造成环境影响的行为的责任。目前在主要发达国家，很多企业尝试实施社会责任会计。然而并非所有国家、所有企业对于社会责任的承担都具有高度自觉性。

在广大发展中国家的企业，往往有意逃避所应承担的各种社会责任（包括环境保护责任）。现阶段在我国，教育宣传的手段难以成为规范企业环境行为的主要手段。

2）通过法律、法规、行政规章制度等对企业的环境行为进行强制性规范。包括我国在内的世界各国都从各自的实际出发制定了各种相应的法规体系。这样做的确较前一种做法更能收到立竿见影的效果。为执行这种强制性的环境行为规范，企业纷纷建立起各种环境管理系统。而这种环境管理系统必不可少的子系统之一就是环境信息系统。环境管理系统的正常有效运行，需要有足够的有关信息作为其信息输入，而这些信息中最重要的当属环境成本与环境收益（可视为负的或节约的环境成本），即以专门的会计方法加以确认并加以货币计量的环境信息。只有这样的信息才可以被纳入现行的企业会计信息系统中，使企业了解其经营中由于低效使用资源、排污排废等带来的巨额环境成本对其利润的负面影响，并促使企业重视改变环境行为，并采取措施控制这部分成本。推广环境成本核算，最终能够影响到企业（对内的和对外的）会计信息报告与披露，即实现了将企业生产经营活动所形成的环境影响内部化，作为企业的经营成果和财务成果。

2. 内部环境管理会计要先行

由于在财务报告体系中推广成本会计，存在着种种理论和现实的障碍，因此，各国将推广环境成本核算的突破点放在内部会计上，以促进企业在经营决策和控制中考虑经营行为带来的环境影响和环境成本问题。环境管理会计通过确认、收集、计量、分析和报告实物流动（如水、能源、材料等）信息、环境成本信息和其他货币信息，为组织管理者提供环境决策和其他决策的相关信息。各国开展环境成本会计研究，以及制订的环境管理会计或环境成本会计指南，都是指管理会计（内部会计）这一层面，因此，都不是由其外部的会计准则制订机构来颁布的，而是由环境管理部门为了促进企业重视控制污染、保护环境、削减环境成本而帮助企业制订的，以促成有关环境保护措施的落实。也有的是通过管理会计协会（即内部会计协会）等制订的。这类准则的制订，不会影响对外财务报告的收益确认和国家税收。

（三）环境成本内部化核算注意事项

1. 具备综合素质的专业核算队伍的组成

成本核算本身就是一种带有综合性和技术性的管理工作，更何况环境成本核算。为此，环境成本内部化具有更高的综合性、专业性和实践性，因此需要组成有多种专业背景的学者、企业管理人员以及管理部门官员参加的综合性队伍，进行成本的核算和实验准备工作。

2. 主动借鉴发达国家的经验

由于我国环境成本会计制度的确立属于探索性课题，原有的基础十分薄弱。所以在尝试环境成本内部化核算前，应对有关的专业问题进行必要的研讨，这些问题包括：美国、日本、欧洲、联合国等国家及国际组织既有的环境成本会计系统，如何借鉴并在此基础上整合成适合我国环境成本会计的试行规范；在我国企业中建立怎样的环境成本会计制度；环境成本会计如何与现行的会计体系相结合（或配合），对外披露的形式应是怎样的，以及对披露和报告信息的审计鉴证；环境成本会计的要素应包括哪些项目、环境成本与环境收益的概念定义及确认计量的方法。

3．多层面选点实证分析和试点

在理论研讨、理清问题和建立分析逻辑的基础上，选择试点建立环境成本会计制度的试点单位。选择包括：①区域选择。为了获得较好的效果，选择的试点单位应当具有较好的代表性，比如我国可在东、中、西部选点，以东部为主。中西部地区也可以选择，但不应过多。因为中西部地区经济发展较为落后，目前所面临的首要任务是发展经济、增加GDP，到这些地区的企业中试行环境成本会计制度，在短期内无法给企业带来收益、给政府增加税源，反而会起到相反的作用，容易引起不必要的抵触、抵制或消极应付。②行业选择。由于产生环境影响最重大的企业是制造业企业。因此，主要选择制造业企业进行试点推广，对于取得较高的效率是有益的。因此建议大部分试点（65%～85%或更高）应为制造业企业。其他的企业应为采掘业、能源工业或交通运输业。商业、服务业由于所产生的环境影响较小，可不包括在试点内（但也有例外，如酒店也是用水大户，所以在严重缺水地区，也可以选择个别酒店业企业作为试点）。③企业的选择。确定了进行试点的行业后，在各行业中如何选择作为试点的企业也十分重要。为了能够充分调动所涉及的企业的自觉参与积极性，除进行必要的宣传、教育、解释工作之外，应主要选择环保成效显著的企业作为试点。其结果可以彰显其环境保护工作的成就，提高其知名度，从而有利于提高其市场竞争力。④企业规模的选择。初次尝试，缺乏经验。故应首先选择中小规模、工艺流程比较简单、产品品种比较单一、投入产出要素种类较少的企业，以便能够更好把握。这样做并不意味着完全排除大型企业，但大型企业的比重不应过高。

第五节　环境成本效益与风险管理

一、环境成本效益

随着人们环境意识的提高，企业开始承担环境责任。为了使信息使用者更好地把握企业的财务状况和经营成果，企业有必要对外提供环境成本效益方面的信息，并进行环境成本效益评估。由于缺乏对环境成本效益的全面评价，忽视环境管理对企业运营能力的影响和作用，很多企业把环境管理看作额外的负担，难以主动地进行环境管理。构建全面有效的企业环境成本效益评价体系，有利于激励企业把环境保护纳入企业核心运营和战略管理体系，明确今后改进的方向，实施环境管理的技术创新和管理创新，减少环境污染和环境破坏，促进企业获得更多的环境效益，实现企业、社会、经济、生态的可持续发展。因此，研究建立科学客观的环境成本效益评价体系，具有重要的理论意义和实际应用价值。

（一）环境成本效益内涵

广义的环境成本效益包括社会环境成本效益和企业环境成本效益。基于企业社会价值衡量，两者应该是一致的。当企业实现了环境外部成本内部化，企业的环境成本效益就是外部环境成本效益，也即环境成本的社会效益，因为环境成本会计建立的目的就是达到企业效益和社会效益均衡。不过，社会环境成本效益首先是通过微观层面的环境成本效益反映出来的。在此我们只对狭义层面的企业环境成本效益评价进行阐述。

从直观上来看，若直接将企业环境影响的测量值（如污染负荷率、排污量、单位产品能耗等）中的一个或少数几个指标的组合作为环境成本效益的衡量指标，能够在一定程度上较为准确地度量企业环境管理对自然环境的影响及企业环境合法性程度，是环境成本效益的外部表现（显性绩效），基本符合环境主管部门及企业外部利益相关者的要求，但是这没有考虑企业环境管理的隐性绩效，揭示企业环境管理对企业运营能力的影响，从企业环境管理的终极目标——企业的生存和发展来进行分析，不能满足企业内部利益相关者的要求，因此具有片面性、不完整性。很多企业把环境管理看作额外的负担，并没有把企业环境管理作为提高自身竞争力、增强竞争优势的一种手段，缺乏环境管理的动力，关键是缺乏对环境成本效益的全面评价，忽视了环境管理对企业运营能力的影响和作用，这样当然难以激励企业主动地进行环境管理，实施环境管理的技术创新和管理创新，减少环境污染和环境破坏，实现企业、社会、经济、生态的可持续发展。因此，构建全面的企业环境成本效益评价指标体系，从对自然环境的影响与对企业运营能力的影响两个维度才能对企业的环境成本效益进行全面的评价，符合企业环境管理的最终目标要求。尽管环境成本效益现今具有较强的隐形性，但今后可以通过环境成本会计制度，以及环境信息披露规范的建立和实施，实现外部信息使用者对企业环境成本效益的全面了解。

（二）环境成本效益评价的评价指标与方法

可以采用下列 5 个指标直接进行企业内部环境成本效益的评价，进而达到环境绩效的考核目的。

1. 环境支出占营业成本的比例

环境支出是指从事与环境有关的活动势必发生的支出。这类支出的形态多种多样，从现有的环境法规和目前企业的环境活动实践来看，由环境问题导致的支出的具体形态至少包括以下项目：企业专门的环境管理机构和人员经费支出及其他环境管理费用；环境监测支出；政府对正常排污和超标排污征收的排污费，政府对生产可能会对环境造成损害的产品和劳务征收的专项治理费用；超标排污或污染事故罚款；对他人污染造成的人身和经济损害赔付；污染现场清理或恢复支出；矿井填埋及矿山占用土地复垦复田支出；污染严重限期治理的停工损失；使用新型替代材料的增支；现有资产价值减损的损失；目前计提的预计将要发生的污染清理支出；政府对使用可能造成污染的商品或包装物收取的押金；降低污染和改善环境的研究与开发支出；为进行清洁生产和申请绿色标志而专门发生的费用；对现有设备及其他固定资产进行改造、购置污染治理设备支出等。

2. 环境收入占营业收入的比例

环境收入是指企业积极参与保护和改善生态环境有可能会直接或间接产生某种经济收入。可能的收入主要有：因通过了环境认证而成功打入某个市场，从而扩大了销售额，增加收入；利用“三废”生产产品将会享受到流转税、所得税等税种免税或减税的优惠政策；从国有银行或环保机关取得低息或无息贷款而节约利息所形成的隐含收益；由于采取某种污染控制措施而从政府取得的不需要偿还的补助或价格补贴；有些情况下，企业主动采取措施治理环境污染所发生的支出可能会低于过去缴纳排污费、罚款和赔付而赚取机会收益等。

3．环保净收益占营业利润的比例

环保净收益是企业发生的与保护环境有关的净收益。环保净收益指标可以根据它的特征加以认定。主要体现在：环保净收益应该能够使企业当期的净收益增加，并增加所有者权益；环保净收益当然是与环境保护和污染治理密切相连的；环保净收益的形式不仅体现为资产的增加和负债的减少，还由于问题的特殊性而体现为资产减少数额的降低，如少缴的利息、税金。在环境投资方面可以考察环境保护项目资金投入的使用效益、环境保护的能力建设、环境保护管理的监督和社会效益等方面。

4．所耗用各种类型能源的成本占营业成本的比例

5．排放废物总量与销售净额的比值

为了准确评判环境成本效益，需要对各项指标进行量化，而具体的环境成本效益评价（如好、中、差）又是一个带有模糊性的问题，因此可以用模糊数学的方法加以解决。现行的环境成本效益评价体系中对于各项评价指标的权重比例分配都缺乏令人信服的理论基础，而运用模糊聚类分析的方法来进行环境成本效益评价可以在一定程度上避开这一问题。而且，评价标准值可以根据各个地区的实际情况分别制定，充分考虑地区差异，这使整套评价体系具有更好的地区适用性。基于上述原因，我们可以设立基于模糊聚类分析方法的环境财务绩效与环境成本效益评价体系。

【案例 7-1】 案例分析——环境成本管理分析

奥地利 SCA 林产品公司从 1999 年起就一直使用环境管理会计跟踪实物和货币信息，现已构筑了一个良好的环境成本管理系统，收集的相关信息被用于与环境管理及产品有关的内部决策。它每年均要在环境报表中计算环境相关成本，如表 7-3 所示。

表 7-3　SAC 公司环境成本表

环境相关成本种类	大气	废水	废弃物	土壤 地下水	其他	合计
产品的原材料采购成本	—	—	—	—	—	
NPOs 的原材料采购成本						
原材料			15.2%			15.2%
包装物			0.1%			0.1%
辅助材料			2.7%			2.7%
经营性材料	0.1%	42.2%	0.5%			42.8%
能源	19.8%					19.8%
水		0.0%				0.0%
NPOs 的原材料处理成本		0.2%	1%			1.2%
总计	19.9%	42.4%	19.5%			81.8%
废弃物、排放物控制成本						
设备折旧	0.1%	2.8%	0.4%			3.3%
经营性材料和服务	0.2%	5.5%		0.1%		5.8%

环境相关成本种类	大气	废水	废弃物	土壤 地下水	其他	合计
内部员工	0.7%	1.0%	0.1%			1.8%
佣金、税收和罚款	0.9%	2.7%	6.0%			9.6%
总计	1.9%	2.0%	6.6%	0.1%		20.5%
预防性环境成本						
环境管理的外部服务					0.4%	0.4%
环境保护的内部员工	0.1%				0.3%	0.4%
总计	0.1%				0.7%	0.8%
研发成本	—	—	—	—	—	
不确定性成本	—	—	—	—	—	
环境相关的成本总额	21.9%	54.4%	26.0%	0.1%	0.7%	103.1%
环境相关的收益总额			–3.1%			–3.1%
环境相关的成本与收益总额	21.9%	54.4%	22.9%	0.1%	0.7%	100.0%

注：—为该项不考虑；空格表示无数据。

如上表所示，SAC 公司环境成本采用追踪分配法，并按上述成本分类，划分对应百分比，如 NPOs 的原材料平均成本为 81.1%，而后再将这种百分比内容分别按照环境污染的污染物物质项目进行分配，以揭示成本与其比例的对应关系。这种以百分比来追踪环境成本的分配，不仅可以反映各成本大类所占比重，而且每一类成本相对于污染物物质项目也有比例，便于企业发现环境成本管理中的缺陷。如与废弃物、排放物所消耗的原材料采购成本比重 81.8%相比，公司预防性环境管理成本所占比重实在太低，有必要调整这两者之间的关系；另外从各废弃物所占成本比重分析，废水成本高居不下，占到成本总额的 54.4%，显而易见其应是下一期环境管理的重点。相对于此类分析，可广泛采用。

二、环境风险管理

（一）会计信息系统中环境风险的分析

环境会计信息及其信息管制政策为环境风险评价提供了基础性数据和标准，也为环境风险控制提供了前提条件。企业环境风险评价首先建立在评价者充分理解和掌握环境信息政策与标准的前提下，在对企业环境风险认知的基础上，运用恰当的评价方法，对企业环境状况实施评价分析，并提出公正或公允的评价结论和评价意见。本书设计了环境信息风险评价的基本线路（图 7-2），并就微观层面预防性环境风险评价方法的 3 个重点问题：识别风险、风险判断、风险评价进行讨论。

一般认为，预防性环境风险评价一般都涉及定性和定量两个方面，其依据的资料无非源于财务会计报告中环境价值量和经济量信息，以及与财务会计报告有密切关联的环境管理控制质量性和技术性信息。当然，基于我国现行的会计报告还没有改进含有公允环境信息内容框架的缺陷，更没有在会计系统内或系统外独立且统一的环境会计报告系统，这就需要环境风险评估者以会计和非会计的两重视角去利用环境会计信息，以便做出恰当的判断并保持应有的职业谨慎，这也正是本书构建两大环境信息系统的主要理由。其实，现代工业文明带来的有害污染物的存在是一个不争的事实，“零承受”和“零存在”事实上是不存在的，而评价者合理关注的应该是未被有效控制就容易发生重大灾害或产生严重污染事故的环境风险的会计信息。一个完整的风险定量和定性分析和评价应当由 4 个阶段组成：风险识别、事故频率和后果计算、风险计算和分析、风险减缓管理控制，由此设计出了风险评价步骤框图（图 7-3）。从中，我们不仅可以对环境风险评价与控制内容和程序有一个清晰的了解，更能从中了解到环境风险信息源（环境会计信息和环境管理信息）、控制要素（信息、方法、控制、对象）和控制主体（政府、企业、评价者）三者之间的相互关系。

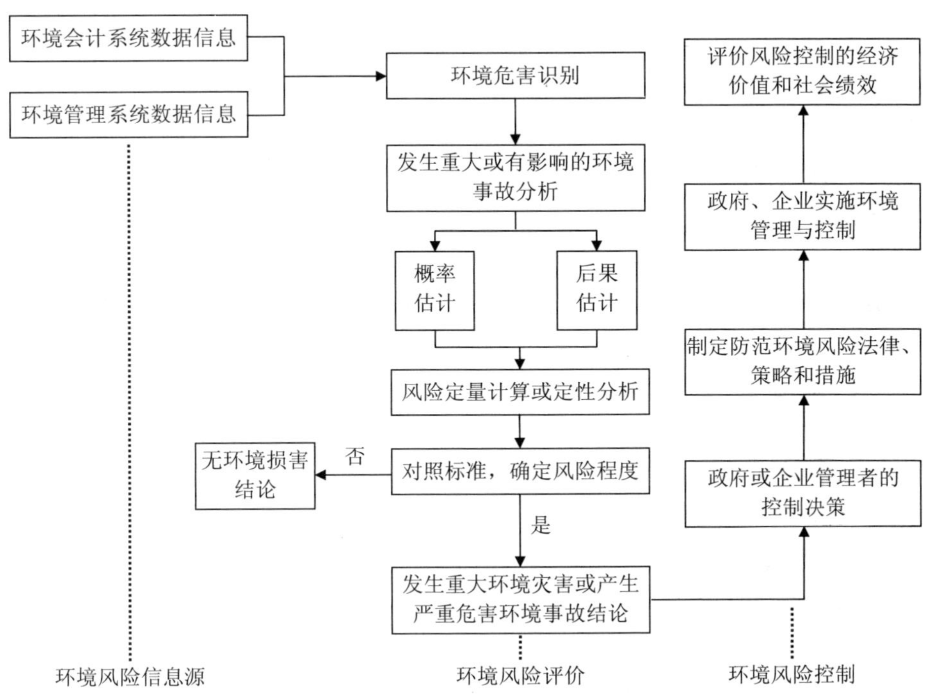

图 7-2 环境风险评价基本路线

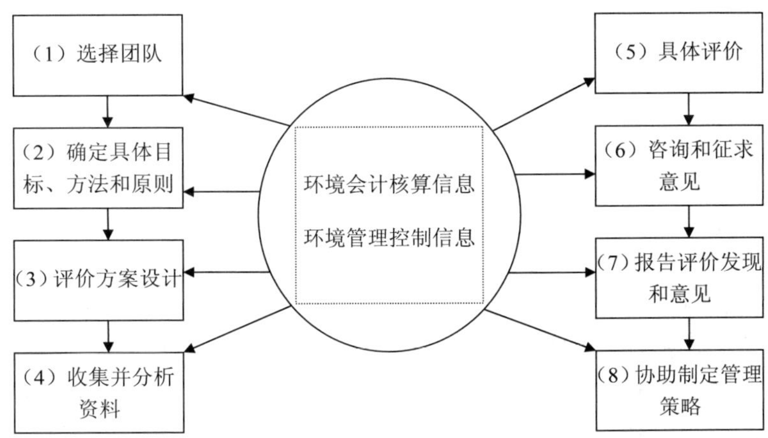

图 7-3 环境风险评价的步骤

（二）与环境会计信息相关的环境风险控制

所谓环境风险控制，是指根据环境风险评价结果，按照恰当的法律、政策与方法，选用有效的管理技术，进行削减风险的费用和效益分析，确定可接受风险度和可接受的损害水平，进行政策分析和执行可能，并考虑社会经济和政治因素，决定适当的控制措施并付诸实施，以降低或消除风险，保证人类健康和生态系统安全。就本书而言，环境风险控制就是指与环境会计信息相关联、为达到环境风险预防和避免而采取和实施的系统的控制政策、控制方法和控制程序。一个好的环境管理控制系统要求能够成功地预测到影响环境会计信息的因素，并能使之得到有效的控制。预测是一种事前的管理，控制是贯穿始终的制度安排和控制手段、技术、方法的统一。基于这种认识，本书将影响会计信息的环境风险控制涉及的内容规定为控制政策、控制方法（控制程序）和控制环境 3 个层面，就政府和企业双方在应对微观环境风险事前预防性控制主要方面提出基本设想。

1. 控制政策

（1）政府层面的环境信息标准的建立与执行系统

这里的信息标准包括信息本身和信息标准两个方面。①环境风险控制离不开基础性信息，这些信息是环境风险控制的最基础性材料，也是实现环境管理现代化的保障和前提条件。为此，政府应要求企业建立企业环境管理的信息系统，包括环境数据的统计和分析、情报文献的检索和分析、环境预测和决策等方面的系统；②要明确统一该系统环境信息的标准，包括企业环境核算标准、评估标准、绩效考核标准、信息披露标准等方面在内的强制执行标准并形成体系，以保证不同企业的环境信息在内容上一致，在质量上可比、在表达格式上规范。比如，上市企业最基本限度强制环境信息披露，以及在利用投资和购买决策方面有明确表示对环境信息需求的信息均应公开。标准执行系统主要包括信息评价、公布、监管 3 个方面。①建立环境会计信息事前风险评估制度，明确规定由职业评估师对照相应的标准，对企业尚未公布的环境会计信息进行评估，以鉴定信息风险程度并形成书面报告，督促企业按照规定的标准化水平，表达企业的生产经营对环境影响的真实状况和公正见解，陈述企业对环境所负的责任；②搭建公平的环境会计信息市场平台，包括：环境信息中介组织及职业评估师的资格准入市场、政府环境信息政策公布市场、企业环境信息披露市场、社会信息需求市场等，使不同利益主体地位平等；③监督到位。要真正实现环境风险管理目标，监督是不可忽视的关键环节。一方面要对企业环境管理者应做到的政策透明和信息对称进行监督，对职业评估师评估的执行程序和手段合法合理性进行监督；另一方面应建立和健全环境管理监督机制，从组织、人员、经费和精神上保证环境监督工作的正常开展，同时采取一定的信息披露奖励和惩戒措施，加大对企业信息披露的压力，防范环境道德风险，以实现投资者、消费者、社会公众权利和需求的平衡。

（2）企业层面的环境信息处理政策设计

政策是一种规制和为了达到某个目的的制度安排，包括目标、原则、方法和条件等。体现在环境会计信息的风险管理上，一是要围绕可持续发展总目标，以实现企业环境最大安全效果为主要原则，考虑社会公众可接受的环境风险水平，并尽量客观、公正地记录和分析环境会计信息；二是企业在对自然资源的保存、开发和利用过程中，既要使社会经济发展的物质基础逐步得到巩固和发展，又要使人类的生存环境得以不断改善，在强调不断增加社会物质财富价值总量的同时，更要关心社会财富的价值质量，以优化环境会计信息；三是在企业环境风险客观存在的现实状况下，环境管理者要尽可能采取一切能够采取的降低风险程度的办法，最大程度地减少环境风险对企业造成的负面影响，以管理环境会计信息；四是企业经营者应承担相应的环境保护和环境污染治理的义务，并对其所应承担的环境受托责任的履行情况向社会进行说明和报告，使环境会计信息透明化。

2. 控制方法

（1）政府环境风险管理体制创新

建立环境风险管理的经济组织及市场管理体制，用经济手段和方法来保证环境风险管理目标的实现，能取得事半功倍的效果，这至少是我们未来必须努力的方向和重点，而环境问题的经济性决定了价值手段在环境管理上的重要地位。为此：①建立环境权益代理公司，由那些熟悉环境保护法规、懂得法律诉讼程序、拥有一定环境检测手段的专门人才组成，其业务由企业委托，代为办理环境权益诉讼所需的一切手续，依法进行辩护，既要求环境破坏方停止环境权益侵害，又索取因侵权而造成的经济赔偿，这样可在最大限度上防止和避免“政府失灵”和“市场失灵”。除此之外，环境权益代理公司还可以实施环境风险评价与咨询，而政府和企业进行环境风险管理，从而使评价职能和管理职能相分离，有利于提高管理的公正性和全面性；②建立环境银行，专司发行、经营排污指标，充当排污权交易中介调节者。它将使公司能够依照法律保护的形式，将多余的、可实施的、永久的以及可定量的节能减排量作为减少排污而存入银行，并通过环境银行在排污交易中有偿贷出超标排污公司。环境银行事实上就成为污染减排者的奖励源和超排者的减压地，凸显了环境管理的激励和调节功能；③建立环境责任保险，通过保险业的机制创新，单独设置环境保险组织或在现有的责任险中增加险种，以聚集巨额的保险金，应付环境事故的赔付。随着社会经济的发展和环境风险的加大，现代保险业应当在非自然环境灾害和防治中发挥作用；④完善环境税制，通过设定环境税，以政府的名义刚性地向公司收取环境税收，并可以将单一的排污收费转变成较为综合的税制（杨金田、葛察忠，2000），以减少环境补偿资金因缴纳上的人为障碍而没有保证的困境，并通过环境税收杠杆保护环境，合理使用生态资源；⑤实施环境财政。环境财政是国家为保护生态环境和自然资源，向社会和公众提供环境服务，保障国家生态安全所发生的政府收入与支出活动以及政府对环境相关的公共部门定价。环境资源是稀缺资源，也是公共性物品。环境财政实施就是要协调环境与经济发展的关系，整合环境财政资源和政策资源，建立国家环境财政体系，将环境财政收入和支出以及政府定价纳入公共财政框架，以筹集环保资金，实现保障政府相关部门履行保护生态环境、提供社会公共环境服务、推动循环经济发展、提高环境保护政策的执行效果和效率的目标。同时，通过环境财政制度安排和设计环境税收改革，推进我国税制绿化。

（2）企业环境风险控制方法的采用

一是反映在技术方法设计方面：①风险控制的目的是在发现、评价基础之上，在行动方案效益与其实际或潜在的风险以及降低风险的代价之间寻求平衡，以选择较佳的管理方案。根据环境风险呈现的不同状态，可以选择风险避免、风险减少、风险自留、风险转嫁等不同的风险规避技术，其实质是采用相应方法对风险进行管理的过程；②关注环境风险信息的层级和质量，包括：数量信息和质量信息、内部信息和外部信息、显性信息和隐蔽信息、已有信息和或有信息、管理信息和会计信息、技术信息的量化和价值信息的陈述；③采取恰当的环境管理控制措施，包括以下方面的工作：对可能出现和已出现的风险源开展评价，并事先拟定可行的风险控制行动方案，由专家参与风险管理计划的评判和负责行动计划的执行，对潜在风险的状况及其控制方案和具体措施公之于众，风险控制人员队伍训练及应急行动方案的演习，风险管理计划实施效果的规范化核查。二是反映在成本管理安排方面。一切环境活动都会产生相应的环境费用支付或成本支出，这些环境成本支出发生在企业生产经营的相应环节，我们可以根据这些环境成本的发生源，按照其人流、物流、资金流和信息流加以分类，通过建立企业环境成本库，设立成本控制中心，实施环境目标成本管理来进行程控。对环境风险的管理和控制需要环境成本信息以帮助管理者改善环境行为。①在研发设计阶段，做好企业行为对环境的影响评价和规划。研发设计的行为目的是从源头上合理规划出企业全过程的管理行为的环境成本，锁定生产和销售环节可能发生的成本，使企业在以后环节的环境成本管理的行为有了可以遵循的框架。在此环节，应尽可能地采用资源消耗的减量化、材料及包装的无害化、废弃物的可回收利用化的研发思路，开发和设计出使企业环境成本符合整体社会经济利益和企业经济利益均衡的产品，从而在源头上控制企业的环境成本，并合理规划企业价值链以及各环节的环境成本支出，使企业整体环境成本最小化，最终使企业环境成本管理能够发挥最大的效应。②在生产制作阶段，抓好环境设备与材料采购和清洁生产。在生产环节利用环境材料进行清洁生产的模式是从资源保护、合理利用、持续利用的思路出发，充分考虑生产前、中、后的节能、降耗、减污，寻求资源和能源的废物最小化的一种先进的企业环境成本管理的模式，它将企业的目标很好地导向了可持续发展的方向。③在营销服务环节，企业通过环境成本管理谋求环保效果和效益的最优化。在此环节企业应该树立绿色营销和绿色服务的观念，在整个销售服务活动过程注重产品的环境质量，强调产品本身的无害性，加强产品的环保宣传，合理估计潜在环境损害未来修复成本，并在包装、运输、交易、推销等一切营业活动中注重环保。

（3）控制过程

环境风险评估的先后过程可概括为以下方面：环境风险资讯的了解；环境风险资料的收集与整理；辨识环境风险源，包括整体层级风险和作业层级风险两个方面；分析和判断环境风险，包括发生的概率、危害的程度、损失的大小、耗用的成本等；作出环境评价结论；提出环境保护意见；总结评价过程的工作。环境风险评价的步骤如图 7-3 所示。

3．控制环境

（1）内部控制平台建设

加强环境风险管理的基础性工作，包括：完善公司治理结构，建立有效信息产出机制，为信息披露的充分、客观和及时提供保障；推进环境成本效益多维型（包括管理机制、价值观念和传统的企业文化）体系建设；建立风险责任追究制度、预警系统、巡查体系、事故处理机制、培训制度和环境灾害保险制度。当然，环境风险控制很大程度上会涉及对公司现有既定政策进行调整，对公司制度进行创新，对工艺流程进行再造，对财务运作方法进行改进，对环境管理系统进行开发。这种实际涉及对现有企业所有资源的整合，应当建立在环境边际效用最优状态，理性地关注成本和代价。

（2）企业文化培育

传统的企业文化沿着人统治自然的方向发展，很少涉及人类文化对环境的作用，这方面，在新中国成立后工农业经济建设和发展的教训是相当深刻的。现代工业文明的发展和全球环境议题的推出，自然孕育了一种新的企业文化——环境文化，这种文化应当代表人和自然关系的新价值取向，本质上是一种整体文化理念和环境思维方法，认为自然资源不能在一代人身上穷尽使用，而应当持续利用，人与自然界是一个整体，人与自然应当和谐相处。所以，企业环境文化特别是文化价值的选择，是检验增长和发展目标是否合理的基础。为此，企业环境文化要特别强调人与环境相互关系的优化和人对自然行为的科学化。它包括环境管理的文化价值、科学精神、道德伦理、保护观念、风险意识和公众参与等方面，借以引导企业维护有关保护环境的政策、法律，唤起关心社会公共利益与长远发展，履行企业社会责任，将环境风险意识和环境管理方面的要求变成企业自觉遵守的道德规范。

（3）会计人员素质提高

由于环境会计方法体系的多元化、核算对象的复杂化，尤其是在计量环节上尚未突破，环境或有负债估计难以把握，使得环境会计缺乏与实务相结合的理论支点。会计职业判断的过程可以说是一种比较、权衡和取舍的过程，难免在一定程度上掺杂着会计人员的主观臆断。即使会计人员有着较强的专业素质，严格按准则行事，对相同的原始数据进行处理，不同的会计人员也会得出不同的结果。另外，正确而合理的职业判断是会计人员高尚的品格、正确的行为动机、有意义的价值观念和丰富的理论知识、业务知识的综合结果，职业道德首先依靠人们的信念、习惯以及教育的力量维持存在于人们的意识和社会舆论之中，而这些只发生在法规和准则对会计人员行为限制的边缘地带。同时，职业判断的合理程度也取决于这种以道德为基础的行为自律程度，只有具备高的职业道德，在环境会计信息披露时会计人员才会从全社会未来利益角度上出发，而不单单是企业短期利益。所以，在目前企业及会计环境道德水平还不高的情况下，技术层面的环境核算固然重要，但提高人们的环境意识、社会责任意识更重要。因此，为了有效地制约和防止利用会计职业操纵会计核算、粉饰环境报告，必须加强会计人员的培训，提高会计人员的会计职业判断能力和综合素质，从而保证企业环境会计信息的真实可靠。一方面，应根据时代要求对现有会计人员进行环境会计意识灌输并使之学会环境核算方法，使他们具备良好的环境道德和会计技能；另一方面应对职业会计师进行环境会计和审计知识培训，提高他们从会计系统中识别环境风险并提出评价意见的能力，以保证会计信息披露的“绿色”含量；最后，积极学习美英等西方发达国家人才培养经验，在大学工商管理类专业开设环境会计课程，培养和造就符合可持续发展要求、熟识工商环境管理并能提供公允环境会计信息和进行环境风险管理与控制的人力资源。

以上分析涉及的控制政策、控制方法和控制环境是相互关联、相互影响、相互制约的。

【本章小结】

环境成本管理是在传统成本管理的基础上，把环境成本纳入企业经营成本的范围，从而对产品生命周期过程中所发生的环境成本有组织、有计划地进行预测、决策、控制、核算、分析和考核等一系列的科学管理工作。企业环境成本管理内容主要包括以下方面：企业环境成本目标、企业环境成本预测、企业环境成本控制、企业环境成本核算、企业环境成本监测预警、企业环境成本的评价与应用。

环境成本管理方法主要有：作业成本法（Activity Based Costing，ABC）、总成本评价（Total Cost Assessment，TCA）、全部成本会计（Full Cost Accounting，FCA）、流量成本会计（Flow Cost Accounting，FCA），几种方法各有优缺点。

环境风险管理、环境成本内部化和环境管理决策与控制，是环境灾害成本核算的理论依据，从而构成环境灾害成本核算的基础性理论体系，并通过环境灾害成本核算，来实践和验证环境灾害成本核算具体方法与步骤，补充、完善、丰富和发展这一理论系统的框架。

环境灾害成本核算方法系统主要包括内部环境成本的归集与分配、环境成本确认与计量、环境灾害成本核算内容、环境灾害费用的资本化和收益化、或有环境负债的处理以及环境灾害成本信息的披露。

在尝试环境成本内部化核算前，应对有关的专业问题进行必要的研讨，这些问题包括：美国、日本、欧洲、联合国等国家及国际组织既有的环境成本会计系统，如何借鉴并在此基础上整合成适合我国环境成本会计的试行规范；在我国企业中建立怎样的环境成本会计制度；环境成本会计如何与现行的会计体系相结合（或配合），对外披露的形式应是怎样的，以及对披露和报告信息的审计鉴证；环境成本会计的要素应包括哪些项目、环境成本与环境受益的概念定义及确认计量的方法。

企业在从事生产经营活动的过程中，经常会对生态环境造成这样或那样的影响甚至损害。无论从法律角度还是从道德角度来看，只要对环境产生不利的影响，企业终究要为此付出代价；只要对环境产生有利的影响，企业就会从中受益。企业的环境成本效益分析主要是通过两个方面的对比来反映的：一是环境支出和损失；二是环境收益。

环境会计信息及其信息管制政策为环境风险评价提供基础性数据和标准，也为环境风险控制提供了前提条件。企业环境风险评价首先建立在评价者充分理解和掌握环境信息政策与标准的前提下，在对企业环境风险认知的基础上，运用恰当的评价方法，对企业环境状况实施评价分析，并提出公正或公允的评价结论和评价意见。本书设计出环境信息风险评价的基本线路，并就微观层面预防性环境风险评价方法的3个重点问题：识别风险、风险判断、风险评价进行讨论。

【讨论思考题】

（1）环境成本包含哪些内容？
（2）环境成本管理包含哪几方面？
（3）环境成本管理的方法有哪些？
（4）环境灾害核算系统包括哪些内容？
（5）怎样实现环境灾害成本内部化？
（6）环境风险评价的一般步骤是什么？
（7）企业环境风险控制方法有哪些？

【案例分析题 1】

密尔福得制造公司环境成本管理

密尔福得公司有一项产品为安全牌锁具，该锁具的生产工艺流程如下：首先由工人伐木打磨，打磨时采用液化石油气系统清理金属废屑和冷却伐木器械。然后将金属薄片附上木具模型，结束后在锁具半成品上留下一定量的油脂残余物，为了保证锁具成品的坚固性必须将这些残余物重新脂化并去除。公司采用一种蒸汽式脂化系统（简称 TCE）作为去除工序。TCE 会产生一种废气，该废气被鉴定为有毒废气，相关法规规定产生该废气的生产过程要受到严格的管制以达到一定的安全标准。为达到安全标准，公司发生了一系列环境支出，管理层针对这些支出采用事后规划管理方法进行了分析。

针对事后处理法的支出，公司认为可以实施事前规划以减少环境成本。于是，公司成立了一个独立的环境成本管理部门，该部门负责收集其他部门的生产信息并提出可能的管理方案，并选择最优的方案。方案一：继续每年购买 TCE 原料，但预期原料购买税率的增长会使购买成本逐年增加，其他各项成本也会有变动，未来 5 年的支出预算数据见表 7-4。方案二：考虑采用类似 TCE 工艺流程的碱式工艺流程，其特点是仅产生含碱废料而不释放任何残余物，该含碱废料可以被一定的回收系统转化成肥料和制皂用碱，回收系统的投资成本包含在每年的设备投资中。此外，回收碱辅料及免去原有的培训和监督管理费用会给企业带来现金流入，未来 5 年的支出预算见表 7-5。

表 7-4　TCE 系统的年度支出预算　　单位：美元

年数	TCE 购买	TCE 排污	培训成本	监督成本
基期数	80 000	22 000	8 000	5 000
1	83 000	28 000	8 000	22 000
2	123 000	34 000	10 000	8 000
3	170 000	40 000	12 000	10 000
4	270 000	65 000	20 000	15 000
5	270 000	65 000	20 000	15 000

表 7-5　碱式生产方案支出预算　　单位：美元

年数	追加投资	新原料购买	回收碱辅料收入	直接人工减少
1	185 000	60 000	–3 000	–50 000
2	185 000	63 000	–3 000	–50 000
3	185 000	65 000	–4 000	–50 000
4	185 000	65 000	–4 000	–50 000
5	185 000	65 000	–5 000	–50 000

此外，公司出于清洁生产方案的考虑，进行了相应的无污染规划，受到了绿色主义者的支持。但立即采用清洁生产必须采用非 TCE 原料，也就意味着产品的重新设计，然而有关新产品的研制、检测与投放市场的工作量繁重，加之未来收益的不确定性很大，因此，在没有技术支持的情况下，公司将清洁生产方案摆在公司的长期经营战略上，一旦有了确信程度较高的详细规划时，该方案将被执行。

根据该案例资料，分析以下问题：

（1）结合所学知识，比较事前环境成本控制与事后环境成本控制的优缺点？

（2）假定税前成本的贴现率为 15%，运用净现值法比较方案一、方案二，并进行决策。

（3）什么是清洁生产？你认为如何才能更好地保障清洁生产的实施？

【案例分析题 2】

环境工程项目投资决策

甲公司 2012 年要投资建设某项污水处理工程项目，使用期限为 10 年。基于环境风险考虑，有 A、B 两个方案可供选择：A 方案需投资 1000 万元，在市场好的情况下，可获利 500 万元，概率为 0.7；在市场不好的情况下，要亏损 100 万元，概率为 0.3。B 方案需投资 900 万元，在市场好的情况下，可获利 400 万元，概率为 0.6；在市场不好的情况下，要盈利 250 万元，概率为 0.4。

根据上述资料，请分析为什么甲公司最终选择了 B 方案作为投资？其投资的环境绩效是多少？

第八章　环境绩效管理

【案例引导】

2013 年世界水日到来之际，全球领先的啤酒酿造商百威英博宣布全球环境 3 年目标顺利达成。通过全球 130 座绿色工厂和 118 000 名员工的不懈努力，百威英博在四大环境绩效领域都取得了实质性的成果。①节水：每升产品平均用水量成功降至 3.5 L。对比 2009 年水耗降低 18.6%。相当于节约了约生产 250 亿罐啤酒所需的用水量，约等于年生产总量的 20%。②节能：每百公升能源消耗减少了 12%，超额完成减少 10%的节能三年目标。③减排：二氧化碳减排 15.7%，超出 10%的既定目标。百威英博三年累计减排二氧化碳约 700 000 t，相当于 1 900 hm^2 阔叶林一年所吸收的二氧化碳量。④减少填埋：固体废物回收利用率增至 99.20%，超过 99%的设定目标。百威英博一直遵照国际联盟关于“零废弃”的定义——超过 90%的废弃物不进入废物垃圾填埋厂。

该企业的成功归因于许多因素，特别值得一提的是百威英博全球统一管理体系——工厂最优化管理（VPO）。它根据啤酒行业的具体生产流程量身定制，包含了严格的、可持续性的质量、安全、环境管理等 7 个方面的具体标准要求及管理措施，并将他们融入生产运行中，如同国际通用的 ISO 14001 环境管理体系。截至 2012 年，百威英博 95%的酒厂都通过了该体系认证，中国酒厂全部获得认证，100%的达标率领先于全球。

鉴于此，国内企业也应注重环境绩效的管理，这虽然不能解决所有的发展问题，但企业只有实施环境绩效管理，积极、主动履行其保护环境的社会职责，才能实现经济效益和环境效益的双重最大化，同时对于建设资源节约型、环境友好型社会、实现可持续发展能够起到积极的推动作用。

第一节　环境绩效的定义与分类

一、环境绩效指标设置

绩效是一个比较宽泛的概念，包括“行为和结果”（陈浩，2005）。我国学术界对绩效的定义尚未统一，欧美国家对绩效的理解主要有 3 种观点：第一种观点认为绩效是行为。Campben（1993）认为绩效是行为的同义词，应该与结果区分开。因为结果会受系统因素的影响，它是人们实际的行为表现并能被观察到。就定义而言，它只包括与组织目标有关的行动或行为；第二种观点认为绩效是结果。Bernadin 等指出，绩效应该定义为工作的结果，因为这些工作结果与组织的战略目标、顾客满意度及所投资金的关系最为密切；第三种观点认为绩效包括行为和结果两个方面，行为是达到绩效结果的条件之一。Brumbrach

（1988）定义“绩效指行为和结果”，行为不仅仅是结果的工具，行为本身也是结果，是为完成工作任务所付出的脑力和体力的结果，并且能与结果分开进行判断。第三种观点能够从结果和行为、过程两个方面来全面衡量绩效，而且行为和结果在某种程度上说是互为因果的，因此更符合绩效评价的要求。

这里所说的环境绩效是从外部信息使用者角度而言的，管理是行为过程，财务则是表现形式和结果。因此，环境绩效是指企业应用创新的知识和绿色生产技术、绿色工艺，采用绿色生产方式和经营管理模式，开发生产新的绿色产品，以减少企业生产活动对生态环境的不利影响，进而取得相应的经济效益和社会效益。

企业环境绩效评价指标是按照系统论方法构建的，由一系列反映被评价企业环境管理各个侧面的相关指标组成的系统结构，评价指标是企业环境绩效评价内容的载体，也是企业环境绩效评价内容的外在表现。环境绩效评估指标体系不是大量指标的简单堆砌，其完善与否关键在于所选指标的质量，而非指标的数量。构建科学、合理的指标体系是一项难度较大的工作。在选取环境绩效评价指标时的主要依据如下：

1）环境绩效评价的理论基础。环境绩效指标的选取应该以可持续发展理论、循环经济理论和利益相关者理论等相关理论作为指导思想，将相关理论的思想内涵融入环境绩效评价指标体系中去。

2）环境绩效评价指标选取的原则。环境绩效评价指标的选取应该兼具科学性、可行性、简洁性和适应性等特点，应该遵循客观全面、最大限制性和可操作性、定量与定性相结合、财务与非财务相结合、动态性与静态性相统一、与其他指标体系相结合等原则，在这些原则的指导下，构建环境绩效评价指标。

3）环境绩效评价指标的设置应该满足环境信息使用者对环境信息的各种需求，在充分了解政府部门、行业主管部门、社会公众、投资者、媒体等企业利益相关者的环境信息需求的基础上，构建能够满足这些需求的环境绩效指标。

4）国内外企业环境绩效评价指标体系的经验和做法。在现有国际标准的基础上，结合国家颁布的法律法规、政策，针对我国企业的实际，建立一套规范的环境绩效评价指标体系，对企业加强环境管理具有重要的现实意义。

根据环境绩效评价指标体系建立的理论基础和基本原则，深入研究国内外企业环境绩效评价的经验和做法，本书提出了适应我国企业现状的环境绩效评价指标体系。在建立的环境绩效指标评价体系当中，评价内容一共有 6 部分。首先是 ISO 14031 中的 4 部分，分别是企业的合法性、企业的外部沟通、企业的内部环境管理以及企业的安全卫生。除此以外，还有 2 个新增内容，分别是企业的财务环境以及企业的生产经营绿色度。除此之外，在 6 个准则层下，分别选取了可以衡量准则层状况的基础层。

二、环境绩效基本分类

从内容及范围和环境绩效信息使用者来看，环境绩效有内外之别。社会环境效益通常指的是外部，相反企业称之为内部。前者是指环境管理对自然环境的影响，而后者是指环境管理对企业运营能力的影响。基于企业社会价值衡量，两者应该是一致的，或者说是内外博弈后的一个结果，尽管这种博弈行为还一直会继续下去，但总会在一定时间和空间有个界定。在此，为区别企业环境绩效，我们可将其视为社会环境绩效。

但无论社会环境绩效还是企业环境绩效，它们都应该体现为环境财务绩效和环境质量绩效两个方面。外部环境财务绩效是企业环境管理直接体现的外在结果和成效，是企业对外披露环境影响信息的重要内容，是环境管理的显性绩效，也是环境主管部门及企业外部利益相关者对企业的环境管理及环境影响进行考核的一种手段。内部环境绩效则针对企业环境管理的全过程，不仅包括企业环境管理的显性绩效，也包括环境管理的隐性绩效。

（一）环境财务绩效

企业在从事生产经营活动的过程中，经常会对生态环境造成这样或那样的影响甚至是损害。无论是从法律的角度还是从道德的角度来看，只要对环境产生不利的影响，企业终究要为此付出代价；只要对环境产生有利的影响，企业都会从中受益。总之，在市场经济体制之下，企业只要对生态环境造成某种影响，那就势必会反过来影响到企业的财务成果，虽然这种影响未必能全面地体现出来。由于过去和现在损害生态环境或者是参与保护和改善生态环境而对企业过去、现在和今后的财务成果所产生的影响，就是我们这里所说的环境财务绩效。企业的环境财务绩效主要是通过两个方面的对比来反映的：一是环境支出和损失；二是环境收益。

按照环境责任原则的要求，企业的生产经营活动对生态环境所造成的损害需要以污染后的某种支出作为赔付和补偿；按照预防为主原则的要求，企业也有可能会在生产经营过程中或之前采取积极的措施，在污染发生之前或之中进行主动的治理。无论如何，从事与环境有关的活动，势必导致某种支出的发生，而且支出的形态多种多样。从各国现行法律法规的要求和目前企业的环境活动实践来看，由于环境问题导致的支出的具体形态至少包括以下项目：①企业专门的环境管理机构和人员经费支出及其他环境管理费；②环境检测支出；③政府对正常排污和超标排污征收的排污费，政府对生产可能会对环境造成损害的产品和劳务征收的专项治理费用，政府对使用可能造成污染的商品或包装物的收费；④超标排污或污染事故罚款，对他人因污染造成的人身和经济损害赔付；⑤污染现场清理或恢复支出；⑥矿井填埋及矿山占用土地复垦复田支出；⑦污染严重限期治理的停工损失；⑧实用新型替代材料的增支；⑨现有资产价值减损的损失；⑩目前计提的预计将要发生的污染清理支出；⑪政府对使用可能造成污染的商品或包装物收取的押金；⑫降低污染和改善环境的研究与开发支出；⑬为进行清洁生产和申请绿色标志而专门发生的费用；⑭对现有机器设备及其他固定资产进行改造，购置污染治理设备的支出；⑮政府或民间集中治理污染而建造污染物处理设施和机构的支出等。上述列示的这些支出的发生，势必会影响到当期或者是多期的损益，影响到各期报表所反映的财务状况特别是经营成果。其中：①～⑩会直接影响到当期经营成果，⑪～⑬可能会影响当期经营成果，也可能会像后面的⑭和⑮一样转化为长期资产而在多期影响到企业的经营成果，其中，⑪可能会因及时处理而作为应收款收回而不会成为支出。

企业积极参与治理污染也有可能会直接或间接地产生某种经济收益。就常见的形式来看，这些可能的收益主要为：①利用“三废”生产产品将会享受到对流转税、所得税等税种免税或减税的优惠政策从而增加税后净收益；②从国有银行或环保机关（周转金）取得低息或无息贷款而节约利息形成的隐含收益；③由于采取某种污染控制措施（如环保技术研究、购置设备等）而从政府取得的不需要偿还的补助或价格补贴；④有些情况下，企业主动采取措施治理环境污染发生的支出可能会低于过去缴纳排污费、罚款和赔付而赚取的机会收益等。

在试行排污总量控制和排污权交易的地区，企业之间有可能会以市场手段转移排污权，于是，有的企业可能会因为购进排污权而发生支出，而另外的企业则会因为出售自己所结余下来的排污权而发生收入，因而也会对企业的净损益产生一定的影响，并导致净损益中出现了新兴的构成项目。

（二）环境质量绩效

根据我国关于环境管理方面的法律法规的精神，以及我国各级环保机关对企业的各种要求，特别是对多年来环境统计报表中的要求，反映企业环境质量绩效的内容主要体现在以下 3 个方面。

1. 环境法规执行情况

环境法规执行情况好坏，既是一个环境业绩问题，事实上也是一个涉及财务效果的问题，当然应列为环境质量绩效信息披露的首要内容，主要包括下列九项内容：①“三同时”制度的遵守情况。如果没有遵守，原因何在，已经或将要受到何种惩罚。②环境影响评价制度的执行情况，包括主要环境经济指标和结论。③污染源情况及排污收费的缴纳情况。④环境目标责任制的落实和执行情况，包括责任指标的完成情况和受到的奖励和惩罚。⑤被纳入城市环境综合治理的事项、原因、分配的责任指标及完成情况，以及在城市环境综合整治定量考核工作中的成绩和问题。⑥参与或承担的污染集中控制情况，包括环境与财务效果，以及自身在集中控制之外所从事的分散治理情况。⑦排污申报登记情况，取得的排污许可证情况以及排污许可证的交易情况。⑧如果被列报为限期治理的对象，列入的原因、要求的标准及期限、预计完成时间以及目前的进度。⑨其他国家、地方法规或行业标准要求的有关事项。

2. 生态环境保护和改善情况

对生态环境进行保护，对相对较差的自然环境或受到损害的生态环境进行改善，是企业环境质量绩效中的重要内容。考核并披露这样一些质量指标是外界了解企业的环境质量绩效的关键所在。反映企业对生态环境保护和改善情况的主要内容包括：①主要环境质量指标的达标率，包括环境检测项目的达标率、主要污染物排放达标率等。②污染治理情况，包括污染治理项目完成数、污染物处理能力、污染物治理设施运行状况、主要污染源治理情况等，包括环境指标和经济指标。③污染物回收利用情况，包括对各种污染物回收利用的总量、回收利用的产品产量、产值、收入、利润等指标。④厂区绿化率以及有偿或无偿承担的其他绿化任务。⑤本企业清洁生产的情况；所建立的环境管理制度和管理体系的情况；从事环境治理、检测、研究机构和人员情况，包括有关的开支。⑥其他污染治理措施和事项，如企业制定的重要的环保规定、职工的环保培训、本企业取得的环保技术成果、对污染治理和环境保护及改善的捐助情况。

3. 生态环境损失情况

对生态环境的破坏是企业在生态环境方面不作为和故意损害的结果，因而应该被列为考核企业环境质量绩效的重要内容。反映企业对生态环境损失的主要内容包括：①污染物排放情况，包括废水、废气、废渣、噪声等的排放总量及其所含的污染物质含量，以及这些污染物对环境和经济两方面的危害。②发生的污染事故情况，包括污染性能、对环境和经济的危害、主要的生态环境损失。③环境资源的耗用量，包括水、电、煤、石油等的耗用量。④有毒、有害材料物品的使用和保管情况。⑤其他损害生态环境的有关事项。

除了上述 3 个方面的主要内容外，纳入环境质量绩效报告中的内容还可以有环境审计和未来展望两部分，这两部分在短时间内还难以形成某种模式，企业可以选择对待。

需要特别说明的是：第一，环境质量绩效设计的内容和事项有很多，我们在此只是对主要的事项举例说明；第二，除少数项目外，大多数项目都是可以通过一定的指标量化的，包括环境技术指标、财务（经济）指标和经济技术混合指标（如万元产值排污量、单位产品能耗量等），也包括绝对数指标和相对数指标（如达标率），对环境项目的列报指标化，将大大提高环境质量绩效信息的质量；第三，上述事项并不是每个企业都存在的，因此，我们大可不必担心披露这些内容对企业和信息使用者造成多大的负担。我们的设想是，凡是与企业的环境质量绩效有关的、具备重要性特征的事项都应列入环境质量绩效披露的内容之中，以便信息使用者能够根据这些信息对一个企业的环境质量绩效得出全面和正确的结论。

总之，环境财务绩效是站在财务或者说货币角度来讲的，即企业发生的与环境有关的问题导致的财务影响，或者说是由于环境管理行为导致的财务绩效。它是一个类似于利润的概念，是环境收入和环境支出之间的差额。一般而言，无论从事何种与环境有关的活动，都势必导致某种支出。同时，企业积极参与保护和改善生态环境也有可能会直接或间接产生某种经济收益。比如：环保产品导致的税收减免；因通过了环保认证而成功打入某个市场，从而扩大了销售额；因达到某种环保指标而免于遭受法规惩处或经济制裁的机会收益抵除支出，这些就是环境财务绩效。环境质量绩效是站在环境质量角度来讲的，即企业由于对生态环境的保护和改善作出贡献或者对生态环境造成损害所形成的绩效。

环境绩效的分类如图 8-1 所示。

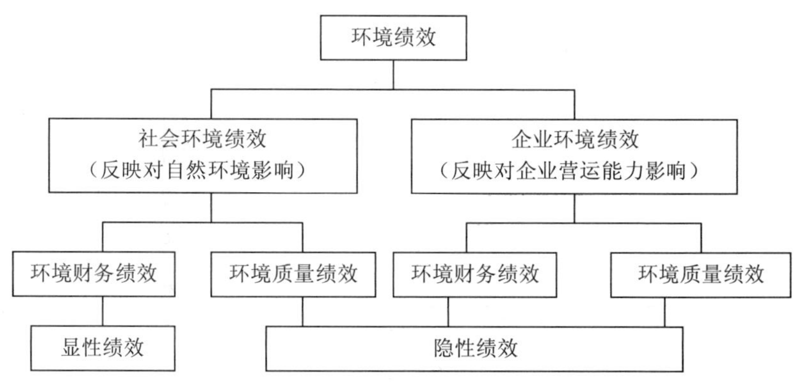

图 8-1 环境绩效的分类

三、环境绩效层次指标

企业环境绩效评价体系具体内容见表 8-1。其中，目标层、准则层、基础层是环境绩效指标的逐渐细化，以从不同层面反映企业的基本环境绩效。

目标层：企业环境绩效评价体系的总目标是在企业经营模式下环境绩效效果水平的量度，也就是说在一定的经营期间内，企业的经济效益和环境效益相协调。即在实现经济发展和环境保护“双赢”的基础上，企业环境绩效能达到的水平。

准则层：目标层的细化，也就是能够反映目标层的基本方面，从准则层可以看出企业从哪几个方面实现自己的环境绩效。

基础层：企业绩效评价的基础层指标是指影响企业环境绩效的最基本因素形成的指标，它提供了收集信息的基本框架，一般不需要综合，反映的往往是影响企业环境绩效的某一方面的基础信息。

表 8-1 企业环境绩效评价体系

目标层	准则层	基础层
企业环境绩效评价体系	合法性	排污超标频率
		新改扩建项目的制度执行率
		排污费用交纳
		工业固体废物和危险废物安全处置率
		行业行规达标情况
	外部沟通	环境报告公开形式与信息量
		政府环境信息的接收情况
		资助社会环保活动经费
		相关投诉件数
	内部环境管理	环境教育培训情况
		建立环境管理系统情况
		环保奖项数目
		环境产品标志个数
	安全卫生	环境事故发生次数
		环境事故赔偿金额
		员工职业病的人数
		员工受辐射程度
	财务环境	环境支出/营业成本
		环境收入/营业收入
		环境收益/营业收益
	企业生产经营绿色度	原材料的利用率
		生产过程的单位耗能
		单位产出的废弃物量
		运输过程的单位耗能
		产品包装的单位废弃物量
		剩余物料的回收利用率

1．合法性指标

原国家环保总局制定的环发[2003]101 号文中有关针对重污染行业申请上市的企业的

八项核查规定，是所有上市企业必须达到的最基本要求。因此，可以根据这八项要求制定合法性指标。

国家和地区都会对企业的排污设置标准，企业的排污最起码必须符合国家和地区制定的标准，不然，就是违反了相关的法律法规，企业的环境绩效必然受到影响；新、改、扩建项目的制度执行率是指政府规定的新建、改建、扩建、停产、复建的制度执行情况，在这里，特指与环境相关的新、改、扩建的制度的执行率，这些项目都是经过有关部门商议得出的制度，都是有助于具体地方环境的制度，企业必须严格执行，执行率低下代表了企业的环境绩效不佳；排污费是政府直接向环境排放污染物的单位和个体工商户收取的规定费用，排污费收缴以后，主要用于环境保护的相关工作，企业如果没有按规定缴纳排污费用，就阻碍了环境保护工作，环境绩效评价就会受到不良影响；工业固体废弃物需要按照政府的指引进行处置，这样才能最大限度地减少对周边环境的影响。工业固体废弃物安全处置率可以衡量企业这方面的完成情况。危险废物之所以被列为危险废弃物，肯定存在某些破坏环境的隐患，这些废弃物必须按照指引处置；国家或者地区规定的法律法规，都需要顾及所在实施区域以内的所有企业，制定的标准不可能很高，同时制定的标准不一定足够细致，此时就需要行业行规的辅助。行业行规的达标情况，可以很好地衡量企业在行业当中的绩效水平，如果不能达到行业的标准，就证明环境绩效还有待改进。

2. 外部沟通指标

外部沟通主要衡量两方面，分别是与政府的沟通以及与公众的沟通。沟通的效率体现在信息的发送与信息的接收两方面。因此与政府的沟通当中，环境报告公开形式与信息量充当信息的发送，政府环境信息的接收情况充当信息的接收，两者共同衡量外部沟通当中与政府的沟通情况。同样，衡量与公众的沟通情况也是通过体现信息发送的资助社会环保活动经费以及通过体现信息接收的相关投诉件数共同评价的。

环境报告公开形式与信息量是指企业环境报告的发布情况，针对特定的企业，例如严重污染行业当中的企业以及上市公司，政府都会需要其提供环境报告，以评价其对周边环境的影响状况，根据环境报告的公开形式、获取的方便性、公开的信息量等进行综合评估，就可以得出企业环境报告的发布情况；政府环境信息的接收情况包括接收速度以及接收内容的全面性；政府向企业发布信息，由于各个企业对环境的重视程度或者信息接收技术水平的差异，企业接收政府环境信息的速度以及内容的全面性都会有所差异，接收信息的速度越快、接收的内容越全面，就越有利于企业进行环境管理工作，环境绩效也会有所提高；资助社会环保活动经费是指企业以资金或者其他物质方式支持环保组织的活动，或者企业亲自参与到环保宣传中来，分享防治污染的科学技术、知识和方法等，资助社会环保活动的经费越多，就越有利于社会的环境保护工作，同时也可以提高企业的环境绩效；相关投诉件数是指企业在环境保护方面，收到的来自公众的投诉次数，收到的投诉越多，证明企业的环境保护工作做得越不够完善，企业的环境绩效评价自然而然也会有所降低。

3. 内部环境管理指标

内部环境管理是对企业内部环境管理运作情况的反映。它考核的是企业环境管理过程中，企业内部的配合程度，以及企业内部运作的效率，是企业环境绩效评价的主要因素之一。

检测过程的指标当中主要包括环境教育培训情况以及建立环境管理系统情况。环境教育培训情况是指企业聘请相关的环境专家，对企业员工进行环境保护方面的培训或者组织员工进行国家环境保护法律法规的学习等的情况，主要通过企业内接受培训员工的小时数、培训使用的费用作为数据进行综合评价，环境教育培训情况理想的企业，员工的环保技术以及环境意识都会有所提高，自然对企业的环境保护工作有利；建立环境管理系统情况，是指企业是否建立完善的环境体系。目前 ISO 14001 是环境管理体系的规范化标准，其中的很多主要内容都有明确的规定，根据其规定就能促使组织完善各项管理措施。因此，如果企业建立了环境管理体系，就能从中得到严格的监控，有关环境方面的工作也会做得更好。检测结果的指标包括所获得环保奖项数目、环境产品标志个数。环保奖项数目，是指企业获得的国家或者地区颁发的环保方面的奖励个数，是企业在环保工作上处在行业内领先水平的重要标志。获得的环保奖项越多，证明企业在环境保护方面的成效越好，企业的环境绩效当然也会更加理想。环境产品标志个数是指企业的产品当中拥有环境产品标志的数目。中国环境标志产品认证是目前国内最权威的绿色产品、环保产品认证，又被称为十环认证，代表官方对产品的质量和环保性能的认可，通过文件审核、现场检查、产品检测 3 个阶段的多准则审核来确定产品是否可以达到国家环境保护标准的要求。获得了此认证的产品，一定在生产过程中做好了各种环境保护工作，因此也是衡量企业环保工作水平的重要标准。

4. 安全卫生指标

安全卫生指标可能是公众最关心的指标之一。安全卫生指标衡量了企业生产运作当中的安全性，如果违反了这个指标，出现了不安全事件，就会直接对公众造成极大的威胁。安全卫生指标主要包括环境事故发生次数、环境事故赔偿金额、员工职业病的人数和员工受辐射程度 4 项。

突发性指标包括环境事故发生次数，环境事故赔偿金额。环境事故发生次数以及赔偿金额，是衡量企业环境事故发生的频率以及影响大小的指标。企业环境事故是重大的企业环境管理方面的过错行为，无论是对企业还是对个人，都有着严重的危害，这些指标的确立，可以时刻提醒企业，注重预防环境事故的发生。无论是事故发生的次数较多，还是事故发生的频率较频繁，都是企业环境工作做得不够的表现，都会影响企业的环境绩效。然而，环境事故的发生，有一定的偶然性，并不能全面反映企业的安全卫生情况，相对来说，员工职业病的人数，员工受辐射程度是一个长期的过程，是企业没有做好环境工作的必然结果。职业病是指企业、事业单位和个体经济组织的劳动者在职业活动中，因接触粉尘、放射性物质和其他有毒、有害物质等因素而引起的疾病。由于职业病的定义严格，有些情况下，员工已经受到了环境问题的影响，受到了各种辐射的侵袭，但是又没有染上相应的职业病，或者尚未发病，因此，需要一个指标测量员工受到的辐射影响程度，如果员工受到了辐射影响，而且程度比较严重，那么企业的环境绩效肯定不高。

5. 环境财务指标

环境财务指标，是为了企业能够把环境绩效与经济绩效相融合而设立的指标。环境支出是指从事与环境有关的活动发生的支出。营业成本，也就是经营成本，是企业维护日常生产、销售商品或者提供服务的成本。两者的比值可以看出环境投入在企业总投入当中所占的比例，衡量出企业对环境保护的重视程度。环境收入是企业积极参与保护和改善生态环境有可能直接或者间接产生的某种经济收入。营业收入，是指企业在从事销售商品，提供劳务和让渡资产使用权等日常经营业务过程中所形成的经济利益的总和，分为主营业务收入和其他业务收入。环境收入与营业收入的比值反映了企业在环境保护方面获得的收入占总收入的份额。环境收益是环境收入与环境支出的差额，营业收益是营业收入与营业成本的差额，环境收益与营业收益的比值反映了企业在环境保护方面获得的收益份额，这个数值越大，证明企业环境方面的经济成效越大，也就是企业从事环境保护工作获得的利益越大，企业也会更加积极地进行环境保护工作。环境支出、环境收入和环境收益 3 个指标的综合，可以很好地体现出环境保护在企业中的盈利能力。

6. 企业生产经营绿色度

企业生产经营绿色度是衡量企业整个生产经营的总过程的指标，因此指标的设置当然需要覆盖整个生产经营过程。原材料的利用率、生产过程的单位耗能、单位产出的废弃物量 3 个指标共同衡量了企业生产绿色度；产品包装的单位废弃物量以及产品运输过程的单位耗能衡量了企业销售绿色度；使用过后剩余物料的回收利用率衡量了企业回收绿色度。

原材料的利用率是指生产企业加工成品中包含原材料数量占加工该成品所消耗原材料的总消耗量的比重，这个比例越大，证明原材料的利用率越高，也就更能充分地利用原材料。生产过程的单位耗能，就是生产出一个成品需要的能量值，对于生产同一种产品而言，单位产品耗能越少，生产越环保，能源能够更加充分地利用，环境绩效也会有所提升。生产当中产出的废弃物包括固体废弃物、废水、有毒排放物以及噪声，这些都是严重影响环境的物质，产生越少，企业越环保。产品包装的废弃物量是指产品为了销售、进行包装的过程中，导致的废弃物量。废弃物料包括纸张、金属、木质材料、塑料等，废弃物量越大，造成资源的浪费就越严重，环境绩效越差。产品消费过后，会产生剩余物料，这些剩余物料有些是可循环再造，有些是不能循环再用的，剩余物料当中，经过回收处理，最终可以投入到下次生产过程当中的物料占总剩余物料的比值，就是剩余物料的回收率。回收率越高，产品越环保，企业的环境绩效也会越好。

第二节 环境绩效评价指标体系

企业环境绩效评价指标体系是由众多评价指标组成的指标系统，共同形成对企业环境绩效的完整刻画，合理构建企业环境绩效评价体系可以使大量相互关联、相互制约的因素条理化和层次化，集中反映企业环境绩效运行的层次结构和主要特征，还可以区别各层指标和单个指标对整体评价的影响程度。就像有学者提出过的绿色企业评价标准一样，它们应当是一系列指标组成的完整体系，包括：①绿色企业战略指标：绿色理念普及率、绿色节能减排率、绿色文化培训率。②绿色生产营销指标：绿色清洁生产率、全员安全生产率、绿色商品营销率。③绿色财富监督指标：绿色成本核算率、绿色财富偿债率、环境绿色度指数。

下面是对国内外环境绩效评价指标体系理论的回顾。

一、国外主要环境绩效评价指标体系

自企业环境报告和环境绩效评价标准发展以来，各国一直没有形成统一的指标体系，

但是许多国家或国际组织积极投身于环境绩效评价的研究，并发布了自己的环境报告指南，对环境绩效评价研究作出了重要贡献。经过 20 多年的发展，逐渐形成了几种国际影响较大的环境绩效评价标准。

（一）ISO 14031 国际环境绩效评价标准

国际标准化组织（ISO）自 20 世纪 90 年代就开始制定环境绩效评价方面的标准，1999 年 11 月 15 日，该组织发布了 ISO 14031（企业环境绩效评价标准）。该标准充分考虑了组织的地域、环境和技术条件等的不同，为组织内部设计和实施环境绩效审核提供指南，ISO 14031 标准中并没有设立具体环境绩效指标，它提供的是指标的集合，即环境绩效指标库。主要包括以下几方面。

1．环境状态指标（Environmental Condition Indicators，ECIs）

可以以量化的形式反映企业的生产经营会对周围的环境造成什么样的影响，如排放废气对周围居民健康的影响、排放废水对周围农作物的影响等。在面对新的投资决策时，这项指标可以帮助管理者充分考虑该项目对周围环境的潜在影响，公共机构中通常采用该指标，研究的是国家或区域性政府机构、非政府组织和科学研究团体对环境保护的责任。

2．管理绩效指标（Management Performance Indicators，MPIs）

该指标可以向公众和政府展示企业的管理者在环境保护方面做出的努力及取得的成绩。它能有效评估企业的环境管理效率，主要表现在对污染项目的内部控制、与外部利益相关者的沟通等方面。

3．操作绩效指标（Operational Performance Indicators，OPIs）

该项指标是企业环境绩效评价中的重要指标，它的计算贯穿了企业生产的整个流程，包括原材料的买入、原材料在生产车间被加工到最终产品的完成。

ISO 14031 所包含的环境状态指标、管理绩效指标、操作绩效指标之间是密切相关的，也就是说，企业在已考察某一特定的环境状况与本身的产品、活动与服务之间有关系的同时，应在选择管理绩效指标及操作绩效指标时，充分运用管理与生产活动去改善生态环境的状况。具体如图 8-2 所示。

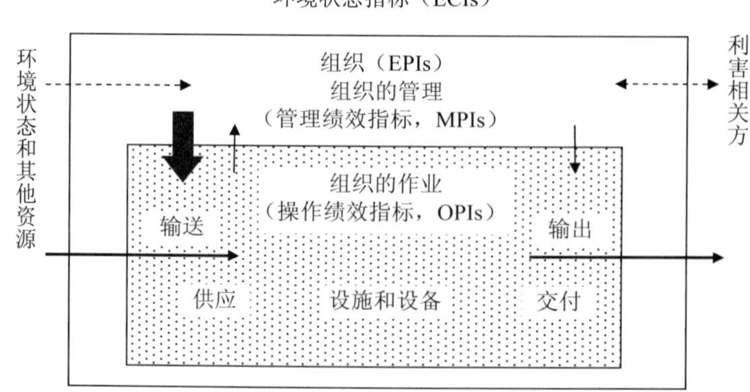

图 8-2　国际环境绩效评价标准（ISO 14031）图解

（二）可持续发展报告

全球报告倡议组织（GRI）也是开展环境绩效评价较早的组织，它的主要贡献是发布了具有全球应用性的《可持续发展报告指南》，该报告的目的是为全世界的可持续发展报告提供指导，并督促企业承担环境责任，在对外披露信息时不仅要披露财务信息，还要明确地披露与自身经营活动有关的环境信息，以使外部信息使用者对企业的生产活动进行监督。绩效指标是该报告的核心内容，《可持续发展报告指南》中的绩效指标体系涵盖了 3 个方面：经济、环境和社会，这三方面的指标都被进一步细分为核心指标和附加指标。前者的应用范围广，与大部分的利益相关者有关，而后者仅与部分利益相关者有关，只需要企业向少部分信息使用者提供即可。

（三）生态效益评价标准

世界可持续发展企业委员会（WBCSD）于 2000 年 8 月提出了国际上第一套生态效益评价标准，不仅能为管理者制定目标、提出改善方案作为内部管理之用提供参考标准。同时，它也是企业与其他内部或外部利益相关者间重要的沟通工具。在整个 WBCSD 指标框架下，生态效益指标的公式为：

生态效益=产品与服务的价值÷环境影响

分子跟经济效益有关，如产量、产能、总营业额等，分母与环境绩效有关，如资源/水消耗总量、温室效应气体排放量等。类似于《可持续发展报告指南》中的核心指标和附加指标，WBCSD 也将指标分为核心指标和辅助指标，前者是通用的，适用于大多数企业，如主营业务收入、有毒废水的排放量等；而后者仅适用于个别企业。这样的划分使不同行业的环境绩效有了可比性。

二、国内企业环境绩效评价指标体系

（一）原国家环保总局发布的环境绩效评级系统

我国已有一些关于企业环境绩效评价的法规。国家环保总局 2003 年发布了 3 个重要文件，分别为 5 月发布的《关于开展创建国家环境友好企业活动的通知》、6 月发布的《关于对申请上市的企业进行环境保护核查的规定》、9 月发布的《关于企业环境信息公开的规定》，随后在 2005 年 11 月又发布了《关于加快推进企业环境评价的意见》，2007 年 4 月发布了《环境信息公开办法（试行）》，该《办法》是我国第一部关于信息公开的专门法规，自 2008 年 5 月 1 日起施行。2003 年 5 月发布的《关于开展创建国家环境友好企业活动的通知》中还把企业的环境行为结果分为 5 个等级，并以不同颜色表示，具体见表 8-2。

表 8-2 原国家环保总局公布的环境绩效评级系统

环境行为等级	含义	环境行为等级说明
绿色（很好）	优秀	企业达到国家排放标准，通过清洁生产审核，严格遵守环境法律法规，环境行为表现突出
黄色（好）	环境行为守法	企业达到国家排放标准，没有违法行为
蓝色（一般）	基本达到要求	企业总体达到国家排放标准，个别指标超标
红色（差）	违法	企业排放污染物超标，有较严重的环境污染行为
黑色（很差）	严重违法	企业排放严重超标，有重大环境违法行为

（二）企业制度中的环境绩效评价指标体系

由于企业、行业管理部门及政府部门进行环境管理的角度不同，评价的职能不同，可以获取的信息不同，所以部门规章、行业法规、企业制度中关于环境绩效评价的指标也各不相同。将我国企业制度中绩效评价指标进行归纳总结，可得出表 8-3。

表 8-3 我国企业的环境绩效评价指标体系

评价内容	具体指标
环保设施指标	废弃物治理设施的数量 环保设备的运转费用 废水处理能力 废气处理能力
环境污染及资源耗费指标	单位产品能源消耗量 温室气体排放量 不可再生资源使用量 单位产品危险废弃物产生量 废水排放总量 水土流失总面积
企业自主治理指标	环保技术研发费用 水污染治理投资 实施减排对策的积极性 环境管理者的数量 环境事故应急预案
循环利用指标	废水重复利用率 废弃物无害化处理效率 废物再处理的比重
法规制度遵循指标	执行环境法律法规的自觉性 及时缴纳排污费 排污许可证的及时申报 违法排污的次数
社会反响指标	周围河流水质情况 群众投诉数 环境信访事件数 周围群众满意度 获得政府或环保组织的认可程度

三、企业环境财务绩效评价指标

1. 现状指标

现状指标是指反映企业当前生态文明质量的指标，是静态指标。可以用于不同企业间横向比较，也可以用于同一企业不同时刻的纵向比较。考察企业当前生态质量可以从企业的环境清洁现状和环境资产负债结构两个方面入手。

（1）环保设备投资比率$=\frac{\text{环保设备资产总额}}{\text{固定资产总额}}\times 100\%$

环保设备投资比率是用来反映企业环境保护设备的投资力度。环保设备是专门用于环境保护的固定资产。固定资产主要用于流水线生产，这些生产必然会产生固体、液体、气体污染物。按国家相关要求，企业购买环保设备应对这些污染进行内部处理后再排放。常见的企业环保设备有垃圾处理系统、酸雾净化塔等。固定资产的多少反映出企业的规模，用环保设备资产总额除以固定资产总额得出的环保设备投资比率可以用于不同规模企业间的比较。如果这个比例过小，说明企业环保设备投资不足，其生态绩效必然受到影响。如果这个比例过大固然能说明企业在提高生态绩效方面比较积极，但是过多的环保设备投资占用企业的资产也会降低企业的盈利能力，因此企业应该找一个适中的比例。

（2）环境负债比率$=\frac{\text{环境负债}}{\text{流动负债}}\times 100\%$

环境负债比率表明企业的流动负债中环境负债所占的比重。环境负债是企业由于对生态环境产生不良影响而要承担的责任，比如应付超排罚款、应付环保费和损失费及或有负债等。一般情况下环境负债流动性比较强，因此用环境负债与流动负债相比，而不是与企业的总负债相比。环境负债比率反映企业因破坏环境而产生的负债情况，这一比值越大说明企业对环境的污染和破坏越严重，企业存在的环境风险越大。当这一数值超过一定值时说明企业的生态状况存在很大隐患，很可能在国家环保检查时被处以巨大罚款甚至被迫停产。因此，这个指标数值越小说明企业生态文明绩效越好。企业应该合理调整负债结构，使环境负债比率保持在较低水平。

2. 反应指标

评价一个企业的生态文明情况不仅要考察企业当前的生态质量，还要评价企业为提高生态文明绩效作出的反应。反应指标是动态指标，用来衡量企业某一会计期间的环保行为。企业为了提高生态绩效，一方面会从产品的生产流程入手使产品本身更加环保，比如采用更环保的原材料，增强资源的回收利用程度；另一方面会从整个企业的财务管理入手，使企业的环保投资、环保支出变得更加合理，以增强企业的可持续发展能力。

生态经济学中提出的“原材料—产品—再生材料”的反馈式流程为本书建立产品改进指标提供了完整的思路。本书用产品绿色成本投入比率评价绿色资源的使用。用产品原材料投入产出效率评价“原材料—产品”过程是否实现了减量化、高利用，用产品材料回收利用率评价“产品—再生材料”过程是否实现了再循环。具体有：

（1）产品绿色成本投入比率$=\frac{\text{绿色成本}}{\text{营业成本}}\times 100\%$

产品绿色成本投入比率，表明在企业的经营中绿色成本占总成本的比重。绿色成本包括构成产品原材料及包装物的绿色资源以及经过折旧计入产品成本的环保设备金额。如果这个比值比较高，说明企业的绿色成本相对于整个企业的营运成本比较高，这个比值高可能是由于企业选择的原材料虽然环保但是价格太高造成的。企业绿色成本太高则产品的市场竞争力就会降低。然而这个比值也不是越低越好，因为过低的绿色成本可能是因为环保投入不够造成的。因此企业应该通过选取更合适的绿色替代品来降低绿色成本。

（2）产品原材料投入产出效率$=\frac{\text{直接材料成本}}{\text{营业收入}}$

产品原材料投入产出效率，反映单位收入所耗直接材料成本。用于考察生产过程中的原材料利用率。这里产品原材料指的是用于产品生产、构成产品实体的原料。这个指标越高说明单位营业收入所消耗的资源成本越高。企业可以拿这个指标进行纵向比较，如果本年该指标数值比上一年降低，说明企业本年实现了减量化，企业的生态文明绩效有所提高。该指标也可以用于同行业企业间横向比较，该指标数值越低说明企业资源利用率越高，企业生态文明绩效越好。

（3）产品材料回收利用率$=\frac{\text{单位产品回收材料价值}}{\text{单位产品价值}}$

产品材料回收利用率，反映单位价值的产品中含有多少可循环利用材料价值。这个指标用于考察企业对资源的循环利用程度。如果企业选取的原材料大部分都是可重复利用的环保材料，那么产品的回收利用率自然会高，另外企业较高的材料回收利用率必然是采取了积极行动的结果，因此该指标也能反映出企业提高生态绩效的积极性。该比值越高说明企业循环利用资源程度越高，生态文明绩效越好。

（4）环境资产投资增长率$=\frac{\text{环境资产年增长额}}{\text{年初环境资产数额}}\times 100\%$

环境资产投资增长率，反映企业环保投资的增长幅度。比值大说明企业加大了环保投资力度。一般在企业刚开始采取环保措施的几年这个比值会很大，随着企业环保投资的完善，这个比值会越来越小。

（5）获益性环境支出比率$=\frac{\text{获益性环境支出}}{\text{环境支出总额}}\times 100\%$

（6）惩罚性环境支出比率$=\frac{\text{惩罚性环境支出}}{\text{环境支出总额}}\times 100\%$

获益性环境支出比率与惩罚性环境支出比率两个指标，反映企业的环境支出结构，分别用于考察企业环保行为的正、负效应。企业的环境支出分为两类，一类是获益性支出，这类支出可以使企业在当期或者以后获得收益，比如企业购买环保专用设备、购买排污权、环境监测支出、付给环境人员的工资。这些支出会影响企业的长期经营，增强企业的可持续发展能力，从而提高企业的生态文明绩效。另一类是惩罚性支出，这类支出是由于企业违反了国家相关规定，对生态环境造成破坏而引起的，主要包括应付环境罚款、赔款等。

惩罚性支出不仅会对企业的资金流动产生压力，更严重的是会给企业带来负面影响，从而会给企业带来难以估量的损失。惩罚性环境支出通常是由企业被动执行相关环保要求引起的，因此这个比值高说明企业在生态文明保护方面积极性低。获益性环境支出比率与惩罚性环境支出比率之和恒等于 1。获益性环境支出比率越大，惩罚性环境支出比率越小，企业环境支出的结构越好，生态文明绩效越好。

3. 成果指标

反应指标可以评价企业为提高生态绩效做出的行动却无法评价这些行动的结果。两个不同的企业即使采取了相同的环保材料，进行了同样多的环保投资，但由于其营运情况不同产生的效果也不尽相同，因此需要运用成果指标。评价企业环保成果可以从 3 个方面进行：一是评价环境优化成果，二是评价环境资产的营运成果，三是评价环境资产的盈利成果。

（1）单位收入污染物排放量减少率$=\dfrac{\text{单位收入污染物排放量减少额}}{\text{上一年单位收入污染物排放量}}\times 100\%$

单位收入污染物排放量减少率，反映企业污染程度好转情况，用于评价环境优化成果。可以分别计算气体、液体、固体污染物的单位收入污染物排放量减少率。该指标数值越高说明企业生态文明绩效提高越快。

（2）环境资产收入率$=\dfrac{\text{绿色收入}}{\text{平均环境资产总额}}$

其中：平均环境资产总额$=\dfrac{\text{期初环境资产总额}+\text{期末环境资产总额}}{2}$

环境资产收入率，反映单位环境资产所产生的收入，用于评价企业整个环境资产的营运能力。绿色收入主要指由于产品采用环境资产而使产品质量提高，从而产品价格被提高，而比原产品多出来的收入，即环保增值。该指标越高，说明企业环境资产的投入产出率越高，即环境资产营运能力越强。

（3）环保设备收入率$=\dfrac{\text{绿色收入}}{\text{平均环保设备总额}}$

其中：平均环保设备总额$=\dfrac{\text{期初环保设备总额}+\text{期末环保设备总额}}{2}$

环保设备收入率，反映单位环保设备投入所产生的收入，用于评价环保设备的运营情况。该指标值越高说明企业环保设备投入产出比例越高，即环保设备营运能力越强。

（4）环境资产报酬率$=\dfrac{\text{环保利润}}{\text{平均环境资产总额}}$

其中：平均环境资产总额$=\dfrac{\text{期初环境资产总额}+\text{期末环境资产总额}}{2}$

环境资产报酬率，反映单位环境资产所产生的环保利润，用于评价企业利用环境投资获利的能力。其中：环保利润=绿色收入–绿色成本–环境税费–环境管理费用–环境资产减值损失+绿色投资收益。该指标越高说明企业单位环境资产获利越多，企业生态绩效越好。

第三节 环境绩效评价方法

环境绩效评价的本质还是评价，所以一般的评价方法对环境绩效评价仍然适用，如新审计准则对审计方法进行新的归纳之后形成了传统审计的八大类方法：检查记录或文件（审阅法）、检查有形资产（监盘法）、观察、询问、函证、重新计算（复算法）、重新执行、分析程序，其中几类审计方法对环境绩效评价来说仍是必须和有效的。而环境绩效评价的目的重在审查此项目的经济性、效率性、效果性，这些方法在环境绩效评价中相对运用较少，因此上述方法不做详细阐述。以下重点介绍现代环境评价新方法，这种方法除了可以采用一般绩效评价的方法以外，还可以借鉴和应用环境经济学、发展经济学等学科的方法。

一、目标导向法

（一）含义

所谓目标导向法，是指对被评价事项事先分析，分解为多个目标、多层目标，然后依照一定的标准，采用一定的评价方法进行评价从而提出评价建议的一种方法。环境绩效评价目标有利于环境绩效评价方法的改进，增强环境绩效评价的实践性、计划性，从而使环境绩效评价能够更好地发展。环境绩效评价目标的形成解决了环境绩效评价的动力源泉，并通过目标的层层分解及目标之间的逻辑关系，将环境绩效评价理论与环境绩效评价实践有机结合起来。

（二）步骤

第一步，确定评价目标及目标的分解。进行评价前首先要根据环境绩效评价项目分析本次环境绩效评价的目标是什么。然后针对具体评价项目进行层层分解。需要注意的是分解的评价目标要具有可行性。

第二步，评价目标的实施。结合环境绩效评价的其他方法，确定通过怎样的实践活动达到所分解的目标。

第三步，进行目标检查，根据一定的评价标准，查找差距，提出改进意见与建议。该方法适于在目标明确且易分解、客观条件和投入变动不大的情况下，对政府环境绩效进行粗略评价时使用。

（三）优点

目标导向法的优点在于具有层次性、全面性、具体化和动态性。具体来说，层次性是指目标分解时，应该做到从微观入手，立足宏观，以点带面，层层分析。在评价和综合分析的基础上，查出问题后进行改善管理、提高投资绩效及完善政策法政和推进改革机制加以结合，以达到更好的绩效评价目的。而涵盖全面、重点突出则是全面性的显著表现。对目标进行分析时，应该注意评价内容不仅要有实现总体目标的全面性，还要做到突出重点，在把握评价重点的时候，要以评价内容的关键环节和项目管理实际状况的专业判断为基准。分析时尽量做到具体化，从而使评价人员容易理解和把握，便于实际操作，这样不仅提高了评价效率，还能及时对目标完成情况进行检查。贯穿全局的是把握动态，适时调整。

二、环境成本费用效益分析法

（一）含义

环境费用效益分析，是指将费用效益分析理论和环境科学相结合从而评价某项活动、项目的一种方法。它的根本目的在于在现有的经济技术条件下，实现利益的最大化，其基本原则是效益必须大于费用。

环境成本的效益分析法是用于评价环境项目的费用和效益的方法，其评价指标有两个：一是总效益与总成本之比；二是总效益与总成本之差。如：

环保设施投资收益率 =（因采用环保设施带来的收益/环保设施投入总额）× 100%

环保设施投资收益 = 因采用环保设施带来的收益 – 环保设施投入总额

这是不考虑货币时间价值的环境成本（费用）的效益分析，在实际操作过程中往往还要考虑到资金的时间价值。

（二）具体分类

环境费用效益分析法具体主要有：①直接市场价值评价法，即把环境质量作为一个生产要素，将因其变化而影响生产率和生产成本乃至导致产品价格、水平的变化用货币测算出来的一种方法；②偏好价值评估法，即针对人们表现出的对环境的偏好来估算环境质量变化引起的经济价值；③意愿调查法，即通过直接向有关人群提问，从而发现人们是如何给一定的环境变化定价的，以直接询问的方式调查人员是否愿意支付。环境费用效益分析法，是环境决策分析法中一种，主要适用于对环境规划绩效评价、拟建项目或已建项目对环境质量的影响进行分析或前期调查。

（三）步骤

环境费用效益分析法的主要步骤是：首先，将所有费用和效益罗列出来，以货币形式进行定量；其次，使用贴现率，把不同时间段的费用和效益全部折算成现值；最后，用各方案净效益的现值作为评价方案优劣的依据，同时选出净现值最大的方案。此方法可以借鉴价值评估法对环保项目及各种污染方案的环境成本和环境效益进行分析计量，再结合财务管理学的有关知识，进行环境绩效评价以确定该项目的经济性、效率性及效果性。

（四）优缺点

该方法充分考虑了项目的社会效益和环境效益，符合经济可持续发展的需要。告诫我们不能再走发达国家“先污染后治理”的老路子。并且该方法充分考虑了货币的时间价值，不仅从社会效益、环境效益，而且从经济效益上均具有可行性。此外，该方法降低了评价风险。对具体的环境项目或环境政策进行评价时，当从环境部门获取一些数据信息或是利用外部专家时，评价人员可利用该价值评估方法加深对环境项目或环境政策的了解，这有助于降低利用外部资料或外部专家而可能产生的评价风险。

该种方法的缺点是对环境影响的费用和效益较难计量，尤其是环境效益中的间接效益和间接成本，较难用定量的方法计量出来。此外，环境费用效益分析所采用的价值评估方法基本上是由西方经济学家根据发达国家的具体情况开发出来的，其理论和框架分析技术必然深受发达国家政治、经济、社会和文化条件的影响，所以我们在选择使用价值评估方法时具有一定的难度。

三、环境费用效果分析法

（一）含义

环境费用效果分析法，是指将环境保护和治理费用与其达到的效果进行多方案比较的一种经济评价方法。它以环境费用效益分析法为基础，一是通过选择最低的费用方案，达到某一预期的环境目标，二是在费用确定的情况下，选择能最大可能改善环境水平质量的方案。实质上是依据费用与效果的相关关系，借助于两者之间的动态变化，比较得出结论。也就是说当拟建项目所产生的环境影响难以用货币单位计量时，我们可以通过费用效果分析进行非完全货币化的计量。在费用效果分析中，费用以货币形式而效益以其他单位来衡量。环境费用效果分析法是在环境费用效益分析法的基础上产生的一种新的方法，可以看做是环境费用效益分析法的一种补充，是在缺乏量化的基础上进行环境绩效审计的一种方法。也即当环境成本或环境效益不能计量时，可采用此方法。

（二）优缺点

应用环境费用效果分析法的优点是可以不需给每一效应赋予货币计量，可用非货币计量单位计算，在环境绩效评价中具有很大的实用性和灵活性。这在一些具体的环境绩效评价项目中可以应用，例如，政府在建造新的环境公共设施以取代随时可能发生坍塌的老设施的项目中，如评价发现建设工程被拖延，就可以将工程延长的项目的建设成本与老设施坍塌所造成的或有损失进行对比，比较哪种方法费用最少，根据对比情况，提出评价建议。其缺点是，因为环境绩效评价的项目具有较强的专业性，环境费用效果的测试标准如何确定，误差究竟有多大，对效果的分析有一定的难度。

四、环境价值量化法

环境价值的量化可采用项目构成法，即按照生态资源所能创造收益的不同方面的价值分项加总计算。例如提供水源的收益价值可用每一单位体积水源的价格与河流的总流量相乘求得，再把各项收益价值加总即得河流生态资源价值。但实际上很多生态资源价值难以量化，有关数据不准确，自然资源的计价问题较为复杂。

数学模型法（价值形式法）认为资源成本一般包括：生产成本、再生成本、恢复成本、替代成本、服务成本。

生产成本的计量采用标准价格法，其公式为：

$$C_{生} = C_{标} \times (1 \pm R_1 \pm R_2 \pm \cdots \pm R_n) \times Q$$

式中，$C_{生}$——某项资源的生产成本；

$C_{标}$——某种资源的标准生产成本或价格，由国家特定机构确定；

R_1，R_2，…，R_n——特定资源的质量、开发难易程度、稀缺性等系数；

Q——资源的数量。

再生成本的计量采用平均累计计量方法，数学公式为：

$$C_{再} = stp[1 \pm R_n]Q_1 / Q_0$$

式中，$C_{再}$——某项资源的再生成本；

s——所占空间面积；

t——占用时间；

p——单位时间、单位空间应计量的机会成本或价格；

R_1，R_2，…，R_n——再生所需要的种植、保护费用等系数；

Q_0——自然资源消耗的数量；

Q_1——补偿数量。

从上述数学模型看出，尽管数学公式并不复杂，但是其中各项系数的项数和数值的确定却是极不容易的，目前还缺少一套完善的理论体系和可操作的确定系数的方法。

五、模糊综合评价法

（一）含义

模糊综合评价法是在模糊数学和层次分析法基础之上经过改进得出的评价方法。该评价法根据模糊数学的隶属度理论把定性评价转化为定量评价。其特征是，对评价因素进行相互比较，以评价因素最优的为评价基准，评价值为1（若采用百分制，评价值为100分），其余欠优的评价因素依据欠优的程度得到相应的评价值。该综合评价法在综合性、合理性、科学性等方面得到了改进，使定性评价与定量评价能很好地结合，并能较好地控制人为的干扰因素。简单地说，模糊综合评价就是要构造出一个运算公式，将指标值与权重融入其中，经过模糊综合分析得出评价值。

（二）步骤

模糊综合评价法的一般步骤是：

第一步，设定各级评价因素（F）；

第二步，设定评价等级集（V）；

第三步，设定各级评价因素的权重（w）分配；

第四步，进行复合运算得到综合评价结果，这是模糊综合评价法的核心；

第五步，对评价结果进行归一化处理。

（三）优缺点

模糊综合评价法的优点体现在：

第一，使用模糊综合评价法对环境绩效进行评价，不但将定性评价指标和定量评价指标融合到了一起，而且还可以将许多难以定量化的指标转化为可计量的评价值。由于增加了定性指标，评价时可以将短期利益和长期利益相结合、经济利益和社会利益相结合，使评价更倾向于公众的价值取向，同时，与定量指标相比，定性指标值不易被人为修改。虽然是主观赋值，但定性指标的源信息来自专家咨询，即利用专家群的知识和经验，经过多次科学、反复论证，弱化了人为因素，增强了评价结果的客观性，使结论的可靠性很高。

第二，与其他方法相比，模糊综合评价法不但能确定各个评价点，即终极评价指标的权重，而且模糊综合评价分析法内部严密的运算合成方法，使得评价结论具有可验证性。总之，模糊综合评价方法评价过程逻辑严密，能够比较客观全面地反映各评价要素之间的内在关系，将定性问题定量化，把评价方法与审计活动紧密结合起来，增强评价过程的透明度。

模糊综合评价分析法的缺陷也很明显，采用这种方法数据处理烦琐，特别是当评价对象和评价因素众多时，手工数据处理工作量大，并且难以保证计算的准确性。另外，由于客观环境的变化，相同的评价对象在不同时期可能会得到不同的评价结果，在评价时对不可比因素的把握比较困难。

（四）环境绩效评价指标模型

1. 评价模型的建构基础

综合比较以上几种评价方法，我们在构建环境绩效评价体系工作中采用模糊综合分析评价方法和层次分析法，主要基于以下几方面的考虑：

一是环境绩效评价指标体系中有许多定性指标，而且这些定性指标所描述的评价范围具有模糊性，将定性的问题转为定量问题正是模糊综合评价的一个基本职能；

二是环境绩效评价标准的多维性和动态性恰好是模糊性的一种表现，运用模糊综合评价法更具有针对性；

三是环境绩效评价具体评价对象可比性差，不容易像普通项目一样做出决策，而且其评价指标体系层次多、评价内容涉及面广，不能简单地将定性指标进行定量然后综合，而是应该用系统性的、科学严谨的理论、程序进行综合评价，所以，模糊综合评价法是最佳选择。

2. 评价指标模型

（1）单指标评价模型

在进行环境绩效评价时，对单个指标进行评价和比较是容易的，只要用定量指标的实际值或者定性指标的得分值与标准值进行对比即可，也可对多个样本的同一指标数值直接进行排序，找出研究对象在多个样本中所处的位置，从而看出研究对象在该项指标上的实际水平。如果只有一级指标，那么可以直接计算评价指标值。如要评价的指标设有分级指标，那么在计算政府环境绩效评价指标值的时候，将次级指标的得分乘以各自的权重得出的加权平均数即为上级指标的评价值。假设要评价的目标指标下面分设一级、二级和三级指标，则指标评价值的计算公式如下：

$$\mathrm{EPI}=\sum_{i=1}^{n}W_iP_i$$

其中，

$$P_i=\sum_{j=1}^{m}W_{ij}P_{ij}$$

$$P_{ij}=\sum_{k-1}^{j}W_{ijk}P_{ijk}$$

式中，P_i——反映企业环境绩效水平的一级指标得分值；

P_{ij}——反映企业环境绩效水平的二级指标得分值；

P_{ijk}——反映企业环境绩效水平的三级指标的分值；

W_i——反映一级指标的权重；

W_{ij}——反映二级指标的权重；

W_{ijk}——反映三级指标的权重；

EPI——加权平均下的环境绩效指标值。

上述各级指标的权重值设置是否合理直接关系到评价结论的准确性。目前确定指标权重的方法较多，专家咨询法（Delphi 法）和层次分析法（AHP）是确定指标权重的两个常用的方法，它们属于客观判断法，根据专家对各指标重要程度的判断，实现定性到定量的转化，得到各指标的权重。其中，专家咨询法是多轮征求专家意见，具有匿名、反复和结果收敛的特点。而层次分析法是根据评估目的，将指标层层细化，由专家对各指标进行两两比较，判断低层各指标对其上层指标的相对重要性，并将其相对重要性赋予一定数值，构造两两比较判断矩阵，然后通过若干步骤，计算求得各指标权重的数值。

（2）多指标评价模型

上述确定指标权重的层次分析法在建立判断矩阵时，只需将各方案的单个指标值进行比较，没有考虑指标间的相互联系，而该指标体系内各指标之间并不是相互独立的，它们之间存在着相互联系，有必要建立一个多指标综合评价模型。环境绩效多指标综合评价模型的建立包括指标筛选、指标权重和环境绩效指标值的计算。其大体步骤如下：

第一，对影响政府环境绩效审计评价的各个指标进行筛选、分级，其步骤已经在上文中完成。根据指标分级设定各级评价因素（F）和评价等级集（V）。上文选取的一级指标共有 3 个，分别记作 F_1、F_2、F_3，这三个指标构成一个评价因素的有限集合 $F=\{F_1，F_2，F_3\}$。其中 F_1 又包括 4 个二级指标，这 4 个二级指标又构成 1 个评价因素的有限集 $F_1=\{F_{11}，F_{12}，F_{13}，F_{14}\}$，同理可构建有限集合 F_2 和 F_3。根据实际需要建立 4 个评价等级，分别为好、较好、一般、差。则评价因素集和评价等级集分别为：F={职能指标，效益指标，潜力指标}，V={好，较好，一般，差}。

第二，对影响环境绩效的各个指标进行全面分析，对照评价标准值进行打分，并确定各指标权重（W）。

在多指标综合评价中，指标权重的确定是一个基本步骤，权重值的确定直接影响着综合评价的结果，权重的变动可能引起被评价对象优劣顺序的改变。因此，科学地确定指标权重在多指标综合评价中是举足轻重的。

层次分析法是将评价目标分为若干层次和若干指标，依照不同权重进行综合评价的方法。用层次分析法确定权重大体要经过以下 5 个步骤：建立层次结构模型、构造判断矩阵、层次单排序、层次总排序、一致性检验。构建层次结构模型就是对总目标进行层次细分，形成“树形图”；构造判断矩阵就是运用 1～9 标度对每一层次指标的重要程度进行排序，从而形成用数值表示的判断矩阵。

所谓层次单排序就是根据判断矩阵计算对于上层某因素而言与之有联系的因素的重要性次序的权值，层次单排序可以归结为计算判断矩阵的特征根和特征向量问题，即对判断矩阵 B，计算满足 $B \cdot W=\lambda_{max} \cdot W$ 的特征根与特征向量式中，λ_{max} 为 B 的最大特征根，W 为对应于λ_{max} 的正规化特征向量，W 的分量 W_i 即是相应因素排序的权值，为了检验矩阵的一致性，需要计算它的一致性指标 $CI =(\lambda_{max} - n)/(n - 1)$，为了检验判断矩阵是否具有满意的一致性，需要将 CI 与平均随机一致性指标 RI 进行比较，$CR = CI/RI$；最后根据各“比较判断矩阵”，计算被比较审计评价指标对于该准则的相对权重 W_t。

第三，通过专家打分等方法获得模糊评价矩阵 R。

假设 15%的人认为“很好”，28%的人认为“好”，47%的人认为“一般”，10%的人认为“差”。则评价矩阵 R_i =（0.15，0.28，0.47，0.10}。它是 R 的一个子集，同理也可以得到其他评价因素的评价矩阵，从而得到模糊评价矩阵 R：

$$R=\begin{bmatrix} R_1 \\ R_2 \\ R_3 \\ \cdots \\ \cdots \\ R_n \end{bmatrix}$$

第四，进行复合运算得出综合评价结果，并将评价结果进行归一化处理。

得到模糊评价矩阵 R 后，与权重集相乘，得判断矩阵 B，即 $B = W \cdot R$，然后将评价结果进行归一化处理。上一步所得的结果是 n 行 m 列的向量，每一行各数之和不等，不能进行比较，进行归一化处理后，每一行的数字之和为 1，各列对应的数字则代表评价值。以矩阵 R 为例，评价结果第一行经归一化处理后为{0.16，0.27，0.42，0.15}，则结果可评定为“一般”。

综上所述，在运用该模型时，要科学合理地选择评价因素集。所选因素应尽可能全面反映被审计评价对象的全貌，并且所选因素含义要明确清晰。模糊综合分析评价法不能解决评价指标间相关性造成的评价信息重复的问题，因而在进行模糊综合评价前，一定把各评价因素之间的界限区分清楚，减少各评价因素之间的相关程度，剔除不可比因素的影响，以保证评价结果的准确性。此外，模糊综合分析法在进行单因素评价时，要特别注意专家打分法的运用。在打分之前一定要统一对定性和非财务指标打分的口径，通过调查限定评价范围。

【案例 8-1】 环境绩效评价方法案例

一、企业环境绩效评价指标体系的构建

（一）环境绩效评价指标构建原因

目前，我国针对企业环境绩效评价指标体系的研究成果主要有：原国家环保总局制定的《国家环境友好企业指标解释》和《企业环境行为评价技术指南》；商务部研究院跨国公司研究中心、北京新世纪跨国公司研究所、中国社科院世界经济政治研究所全球并购研究中心联合发布的《中国公司责任报告编制大纲》（2007）。同国际组织、发达国家相关指南中规定的企业环境绩效评价指标相比，我国政府出台、学者提出的评价指标存在以下几个问题：①缺少对企业环境信息公开情况的评价指标。企业环境信息公开是进行企业环境绩效外部评估的前提条件，国家环保总局环发[2003]156 号文对企业环境信息公开方式也提出了指导意见，但现有的评价体系中均缺乏对这方面进行评价的指标。②环境管理指标显著多于环境经营指标。环境管理指标是从企业制度、组织结构、科技研发和环境守法等方面衡量环境业绩。环境经营指标是从企业生产经营过程中的采购、生产、销售各环节衡量环境业绩，该类指标涉及范围广，对企业环境业绩影响显著，但现有的评价体系中大多数属于环境管理方面的指标，只有少数是环境经营方面的指标。③与产品生命周期分析相关的指标较少。环境绩效评价应贯穿于产品的整个生命周期，包括原材料的利用、产品生产、销售、维护、再循环及最终弃置等环节。但现有的评价体系中没有充分贯彻生命周期思想，各指标间没有很好地反映出产品生命周期分析的逻辑关系。④设置的指标不能较好地反映环境管理的宗旨。如反映企业资源消耗情况的指标，有的用总量指标，有的用效率指标，但效率指标更加符合环境管理的宗旨，应尽可能地提高资源的利用效率，降低产品的消耗。⑤缺乏环境财务业绩指标。现有的评价体系对环境财务业绩均缺乏足够的重视，其原因可能是由于我国尚未实行环境会计核算，与企业环境有关事项的核算没有从财务会计系统中分离出来，使得对这方面的评价失去了强有力的信息基础。

（二）企业环境绩效评价指标体系构成

针对上述存在的问题，本章在借鉴国内外环境绩效指标构建经验的基础上，结合我国企业环境信息披露的现状，构建了一套既与国际性指南相符合又与我国企业环境经营、环境管理相适应的环境绩效评价指标体系。该体系将评价指标划分为三级四大类，即环境信息公开度、环境经营、环境管理和环境财务，具体见表 8-4。

表 8-4　基于信息公开的企业环境绩效评价指标体系

一级指标	二级指标	三级指标	说明
环境信息公开度	信息获取难易程度	—	定性
	信息公开方式	—	定性
环境经营	原料投入	环保采购情况	定性
		有毒有害物质使用情况	定性
		新能源、再生能源利用情况	定性
	生产耗费	年万元产值能耗	年能源消耗量（标煤）/万元产值
		年万元产值用水量	年耗水量/万元产值
		年万元产值废水	年废水排放量/万元产值
		年万元产值废气	年废气排放量/万元产值
		年万元产值固体废弃物	年固体废弃物排放量/万元产值
	产品产出	环境标志产品个数	累计个数
		废旧产品回收处置	定性

一级指标	二级指标	三级指标	说明
环境管理	环境守法	环评制度执行情况	定性
		排污达标情况	定性
		违规处罚情况	年处罚金额
	内部管理	环境管理体系	定性
		环境教育与培训	定性
		企业绿化率	绿化百分比
		职业病控制	定性
	外部认可	环境认证情况	定性
		环保奖项个数	累计个数
		环保投诉情况	年次数
环境财务	环境资本性支出	环保投资总额	年投资金额
		环保投资比例	年环保投资额/年新增投资额
	环境负债	预计环境负债	定性
	环境成本	计入产品成本的部分	年支出金额
		计入管理费用的部分	年支出金额
		计入营业外支出的部分	年支出金额
	环境收入	计入营业收入的部分	年收入金额
		计入营业外收入的部分	年收入金额
		计入补贴的部分	年收入金额

以上四大类指标间的关系可用图 8-3 表示。

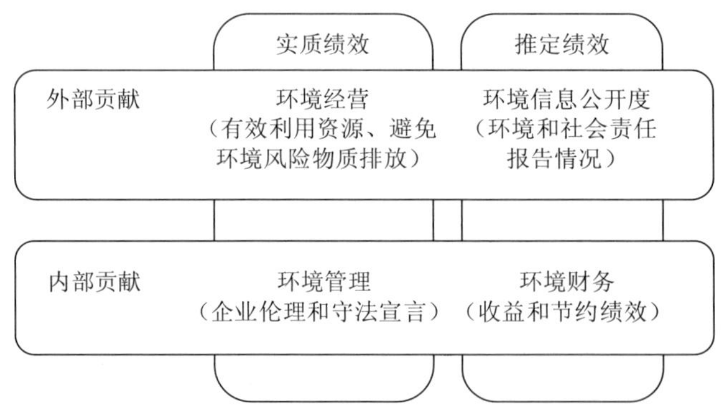

图 8-3　环境绩效评价指标关系示意图

（三）环境绩效评价分级标准

依据国家环保总局环发[2003]156 号文件、环境友好企业评选标准和国家清洁生产标准等规章，结合企业实际，将环境绩效评价指标的得分划分为四个级别，具体分级标准见表 8-5。

表 8-5 基于信息公开的企业环境绩效评价得分标准

一级指标	二级指标	三级指标	分级标准			
			1 级（90 分）	2 级（75 分）	3 级（60 分）	4 级（45 分）
环境信息公开度（B1）	信息获取难易程度（S11）	—	可在同一处集中获得	可在两处分别获得	可在三处或以上分散获得	无信息
	信息公开方式（S12）	—	企业环境报告	环境报告和年度报告	分散记录	无信息
环境经营（B2）	原料投入（S21）	环保采购情况	有	—	—	无或未披露
		有毒有害物质使用情况	无	—	—	有或无披露
		新能源、再生能源利用情况	有	—	—	未披露
	生产耗费（S22）	年万元产值能耗	国家一级清洁生产标准	国家二级清洁生产标准	国家三级清洁生产标准	不符合或未披露
		年万元产值用水量	国家一级清洁生产标准	国家二级清洁生产标准	国家三级清洁生产标准	不符合或未披露
		年万元产值废水	国家一级清洁生产标准	国家二级清洁生产标准	国家三级清洁生产标准	不符合或未披露
		年万元产值废气	国家一级清洁生产标准	国家二级清洁生产标准	国家三级清洁生产标准	不符合或未披露
		年万元产值固体废弃物	国家一级清洁生产标准	国家二级清洁生产标准	国家三级清洁生产标准	不符合或未披露
	产品产出（S23）	环境标志产品个数	≥7	≥4	≥1	无或未披露
		废旧产品回收处置	提供处置服务	—	—	不提供或未披露
环境管理（B3）	环境守法（S31）	环评制度执行情况	优秀	良好	基本达标	不达标或未披露
		排污达标情况	达标	—	—	不达标或未披露
		违规处罚情况	无处罚	≤10 万元	≤50 万元	50 万元以上
	内部管理（S32）	环境管理体系	已建立环境管理体系	—	—	未披露
		环境教育与培训	定期教育	—	—	未披露
		企业绿化率	≥35%	≥30%	≥25%	<25%或未披露
		职业病控制	制定《职业病应急处置预案》；建立员工职业病管理档案；进行职业病危害知识培训	前三项中有两项	前三项中有一项	未披露
环境管理（B3）	外部认可（S34）	环境认证情况	通过 ISO 14001 认证	—	—	未通过 ISO 14001 认证或未披露
		环保奖项个数	≥7	≥4	≥1	0 或未披露
		环保投诉情况	三年内无投诉	两年内无投诉	一年内无投诉	当年有投诉或未披露

一级指标	二级指标	三级指标	分级标准			
			1 级（90 分）	2 级（75 分）	3 级（60 分）	4 级（45 分）
环境财务（B4）	环境资本性支出（S41）	环保投资总额	≥5 000 万元	≥1 000 万元	≥100 万元	<100 万元或未披露
		环保投资比例	≥20%	≥10%	≥5%	<5%
	环境负债（S42）	预计环境负债	披露	—	—	未披露
	环境成本（S43）	计入产品成本的部分	≥3 000 万元	≥500 万元	≥100 万元	<100 万元或未披露
		计入管理费用的部分	≥5 000 万元	≥1 000 万元	≥100 万元	<100 万元或未披露
		计入营业外支出的部分	≥1 000 万元	≥100 万元	≥50 万元	<50 万元或未披露
	环境收入（S44）	计入营业收入的部分	≥3 000 万元	≥500 万元	≥100 万元	<100 万元或未披露
		计入营业外收入的部分	≥1 000 万元	≥100 万元	≥50 万元	<50 万元或未披露
		计入补贴的部分	≥500 万元	≥100 万元	≥10 万元	<10 万元或未披露

二、企业环境绩效综合得分的计算

（一）计算公式

企业环境绩效综合得分的计算公式如下：

$$\mathrm{EP}=\sum_{i=1}^{4} w_i p_i$$

式中，w_i 为第 i 级指标的权值；p_i 为第 i 级指标的得分，二、三级指标得分的计算方法与综合得分计算方法一致。

企业环境绩效综合得分的计算结果，80 分以上为优秀，70 ~ 79 分为良好，60 ~ 69 分为合格，60 分以下为不合格。

（二）权重的确定

对指标体系中的一级指标和二级指标采用专家咨询法和层次分析法确定权重，三级指标为简化计算采用等权处理法。将企业环境绩效评价指标分为 3 个层次：第一层为目标层（A），即企业环境绩效的总分；第二层为准则层（Bi，i=1、2、3、4），即环境绩效一级指标层；第三层为措施层（Sij，j=1、2、3、4），即为对应于某一级指标的二级指标层。根据专家意见构造判断矩阵如下：

$$\text{判断矩阵A-B}=\begin{bmatrix}1 & 1/5 & 1/3 & 1/2\\ 5 & 1 & 2 & 3\\ 3 & 1/2 & 1 & 2\\ 2 & 1/3 & 1/2 & 1\end{bmatrix}$$

$$判断矩阵B1\text{-}S=\begin{bmatrix}1 & 1\\ 1 & 1\end{bmatrix}$$

$$判断矩阵B2\text{-}S=\begin{bmatrix}1 & 1/5 & 1/3\\ 5 & 1 & 3\\ 3 & 1/3 & 1\end{bmatrix}$$

$$判断矩阵B3\text{-}S=\begin{bmatrix}1 & 3 & 1\\ 1/3 & 1 & 1/3\\ 1 & 3 & 1\end{bmatrix}$$

$$判断矩阵B4\text{-}S=\begin{bmatrix}1 & 4 & 2 & 3\\ 1/4 & 1 & 1/3 & 1/2\\ 1/2 & 3 & 1 & 2\\ 1/3 & 2 & 1/2 & 1\end{bmatrix}$$

一级、二级指标的权重值见表 8-6。经计算，层次总排序λ_{max}=4.015，一致性检验比率CR=0.005，小于 0.1，认为指标权重值的计算结果具有满意的一致性，可采信。

表 8-6　一级指标、二级指标权重值计算表

B 层对 A 层的排序 / S 层对 B 层的排序	B1	B2	B3	B4
	4	1	2	3
	0.088	0.483	0.272	0.157
S1	0.5	0.106	0.429	0.466
S2	0.5	0.633	0.143	0.095
S3	—	0.26	0.429	0.278
S4	—	—	—	0.161

第四节　环境财务绩效报告

企业的投资者、债权人、管理者以及其他有关方面会非常关心企业的财务成果。披露环境财务绩效主要就是基于传统会计中对财务成果的重视而为投资者、债权人等更好地理解企业的财务情况所做的披露。与此同时，那些并不非常关心财务指标但却十分关心环境贡献的信息使用者也会从中了解企业在环境保护方面做出了多少投入以及由于参与控制和改进环境污染而得到多少财务收益。

环境财务绩效主要是财务信息或者说是货币信息，因此我们首先选择财务报告作为基本的披露工具。在财务报告实在不宜时，我们当然可以选择年度报告的其他部分予以披露。综合起来，环境财务绩效信息的披露可以有以下 4 类披露工具和方式，而每一类做法中可能又有多种具体的操作方法。概括地讲，就是表内揭示和表外披露。

一、在现有财务报表内揭示

在现有财务报表内揭示，是指利用现行制度规定的财务报表及其附表来表达环境财务绩效信息。具体有3种形式。

（一）将有关财务影响直接计入现有报表的有关项目中

比如，向政府缴纳的排污费同一般的共同性费用计入管理费用、用于环境保护的设备列为一般的固定资产等，我们现行会计制度和实务中就是这样做的。现在看来，这种做法已经不能适应新的需要而亟待改进。

（二）在现有的财务报表内增加项目

比如，在损益表中增设专门的项目，可以反映全部或部分的环境支出，揭示控制环境污染和保护生态环境导致的收益。按照目前损益表的框架，稍加调整之后，在损益表中可以揭示包括环境专用长期资产的折旧和摊销费用在内的所有列作当期费用和损失的环境支出。同时，调整之后也可以反映有关的环境收益，并可列示出如表8-7所示的调整表。下面列举一个实例加以说明。

【案例8-2】 假定有某企业在按照目前的会计制度处理时的损益表如下（表8-7）。

表8-7　损益表（项目调整前）

20××年度　　　　单位：万元

项　　目	金额
一、主营业务收入	180 000
减：营业成本	100 000
营业税金及附加	9 000
二、主营业务利润	71 000
加：其他业务利润	4 000
减：销售费用	4 000
管理费用	17 000
财务费用	4 000
三、营业利润	50 000
加：投资收益	3 000
营业外收入	7 000
减：营业外支出	3 600
四、利润总额	56 499
减：所得税	16 910
五、净利润	39 490

再假定，该企业与环境有关的支出和收益主要有：

（1）购置的治理污染设备1台原值500万元，可用5年，年折旧额100万元，由于产销平衡而全部体现在营业成本中；

（2）缴纳排污费 30 万元，已计入管理费用之中；

（3）为购置治理污染设备而从环保局取得利息为 2%的低息贷款 400 万元，目前银行同期贷款利息为 10%，利息已计入财务费用，此项贷款节约利息 32 万元；

（4）利用“三废”生产某种产品，少缴纳流转税金及教育费附加 80 万元，少缴纳所得税 10 万元；

（5）因某些烟囱排污超标被罚款 40 万元；

（6）因某项污染治理接受政府无偿补助 20 万元，已经列入营业外收入。

上述环境事项发生后，对原传统会计制度下的利润表进行改进，采用或调整、或加注等方法，以更好地揭示和披露企业环境信息。分别见表 8-8、表 8-9 和表 8-10。

表 8-8　损益表（项目调整后——调整法 1）

20××年度　　　　单位：万元

项　　目	金额
一、主营业务收入	180 000
减：营业成本（扣除环保设备折旧 100 万元）	99 900
营业税金及附加（加上少缴纳的流转税款 80 万元）	9 080
二、主营业务利润	71 020
加：其他业务利润	4 000
减：销售费用	4 000
管理费用（扣除排污费 30 万元）	16 970
财务费用（加上低息贷款少缴纳的利息 32 万元）	4 032
三、营业利润	50 018
减：环保支出（100＋30＋40）	170
加：环保收益（132）	132
加：投资收益	3 000
营业外收入（扣除政府发放的污染治理补助 20 万元）	6 980
减：营业外支出（扣除污染罚款 40 万元）	3 560
四、利润总额	56 400
减：所得税（假定没有税收减免 10 万元，即按照正常税率计算）	16 920
加：“三废”产品（污染治理）减免所得税收益	10
五、净利润	39 490

表 8-8 这种格式的损益表，不仅可以解释环境支出和收益，而且还使财务指标本身也较过去更有意义，更便于读者的使用和分析。

当然，我们也可以进行一种更为简单的调整，即只是在原来的正常项目下，加注有关的环境事项，如表 8-9 所示。这种方式对于现行报表改动较小，但提供的信息可能不是很直接，不像表 8-8 那样更方便报表使用者使用。

表 8-9 损益表（项目调整后——加注法）

20××年度 单位：万元

项 目	金额
一、主营业务收入	180 000
减：营业成本	100 000
其中：环保设备折旧费	100
营业税金及附加	9 000
其中：由于控制污染少缴税款及附加	80
二、主营业务利润	71 000
加：其他业务利润	4 000
减：销售费用	4 000
管理费用	17 000
其中：排污费	30
财务费用	4 000
三、营业利润	50 000
加：投资收益	3 000
营业外收入	7 000
其中：由于控制污染收到政府补助	20
减：营业外支出	3 600
其中：由于超标排污罚款	40
四、利润总额	56 400
减：所得税	16 910
其中：由于利用“三废”减免所得税	10
五、净利润	39 490

如果我们想在损益表中得到更为全面的包括所有列作当期资本支出和收益支出的环境支出，通过对现有的损益表略加改造是可以实现的。在前面提到的例子中，该企业当年还有购置环保设备 1 台计 500 万元，那么，不妨在表 8-8 中对环保支出项目再进行调整，形成如表 8-10 所示的格式，即可把所有的环保支出和其中属于资本性的支出与收益性支出都予以揭示。

表 8-10 损益表（项目调整后——调整法 2）

20××年度 单位：万元

项 目	金额
一、主营业务收入	180 000
减：营业成本（扣除环保设备折旧 100 万元）	99 900
营业税金及附加（加上少缴纳的流转税款 80 万元）	9 080
二、主营业务利润	71 020
加：其他业务利润	4 000
减：销售费用	4 000
管理费用（扣除排污费 30 万元）	16 970
财务费用（加上低息贷款少缴纳的利息 32 万元）	4 032

项　目	金额
三、营业利润	50 018
减：环保总支出（500 + 30 + 40）	570
减：转作长期资产部分	500
当期支付的收益性环境支出	70
加：长期资产当期折旧和摊销	100
当期收益性环境支出总额（570 – 500 + 100）	170
加：环保收益（32 + 80 + 20）	132
加：投资收益	3 000
营业外收入（扣除政府发放的污染治理补助 20 万元）	6 980
减：营业外支出（扣除污染罚款 40 万元）	3 560
四、利润总额	56 400
减：所得税（假定没有税收减免 10 万元，即按照正常税率计算）	16 920
加："三废"产品（污染治理）减免所得税收益	10
五、净利润	39 490

（三）在现有的财务报表正式项目之外设置补充资料

正像目前的资产负债表可以有 6 项或 8 项补充资料一样，资产负债表、损益表、现金流量表完全可以再增加表外的补充项目。比如，我们可以在资产负债表中加注"环保资产"、"环保负债"等表外补充资料；可以在损益表中加注"环境支出"、"环境收益"等表外补充资料；现金流量表也可以做同样的补充。

在正式项目之外或者说在表外设置补充资料基本不改变原有报表的框架和结构，处理比较简单。不过，这种做法也有缺点，主要体现在它将环境问题导致的财务影响与正常的财务状况和经营成果相分离，不利于融入财务问题中考虑环境问题。

二、增加附表、补充报表和注释

除上述在财务报表内揭示的方式外，也可以将整个目前的财务报告框架稍微进行一些必要的调整来披露有关的环境财务绩效。这种思路将不调整现有的财务报表，凡与环境有关的财务问题在财务报表中都依然采取传统的处理方式，而只是在财务报表之外的财务报告中的其他部分进行揭示或披露。具体可包括：

（一）增加附表或补充资料

可以根据需要将环境问题对财务状况和经营成果的影响通过单独编制一张或多张附表或补充报表的方式加以详细披露。比如，可以单独编制环境支出明细表等进行详细列示。

（二）在财务报表注释中加说明

这种报告方式可以是文字的或者数字的、相互连贯的或者独立的、详细的或者简略的。目前大家在财务报表注释中说明的主要事项有企业的会计政策、报表内项目的分解和详细说明、报表上的非常规项目和非正常情况、表内无法反映的重要事项和情况等。

三、在年报中其他地方披露

如上所述，除财务报告外，年报中还有其他许多部分可以披露有关的事项，这些部分中的绝大多数项目都可以用来披露环境财务绩效。不过，为了能够让信息使用者对企业的财务状况和经营成果得出整体印象，在财务报告内披露将是比较理想的。

四、设计一种专门的报告形式予以披露

曾有学者提出，环境财务绩效的表现形式就是环境损益，因而可以考虑设计一种如表 8-11 所示的专门表格，用来总结反映企业在一定期间内的环境损益形成与结构状况，以便向信息使用者报告企业在环境保护方面取得的成果。

表 8-11 ××公司环境损益表

20××年度　　　　　　　　　　　　　单位：

项目	本期金额	上期金额
1．环境收入		
……		
2．环境成本节约		
……		
3．避免发生的环境成本		
……		
环境损益合计		

表 8-11 所示的环境损益表也是一种动态报表，其编制的依据也应是相关账户的发生额。该表的具体编制方法是：

1）环境损益表应定期编制，其报告期间应与企业对外财务报告的报告期间保持一致。

2）环境损益表中各项目的“上期金额”，应根据企业上期末环境损益表中的“本期金额”逐项填列。

3）环境损益表中的“本期金额”栏反映的是各项目本期发生的实际金额。该栏目应根据各项目的总分类账户本期发生额填列或明细分类账户的本期发生额直接填列。

4）环境损益表反映的是以货币单位计量和报告的环境绩效。为了让信息使用者全面了解企业在一定期间的环境绩效，企业还应编制以实物单位计量和报告的环境损益表。

最后，需要指出的是，上面我们所列举的几种备选的信息披露工具和形式是兼容而不是排他的，几种工具和方式的共同使用将更有助于信息使用者的理解。

第五节　环境质量绩效报告

一、多种形式并用的环境质量绩效报告

我们在前面已经对环境质量绩效信息披露的内容进行了概括，只要企业存在环境活

动，完整的环境质量绩效报告就应该包括所提到的内容。但就目前阶段的可能性来看，我们认为环境质量绩效报告应是多种计量形式和多种报告形式并用的，而且可能是非货币的计量占据主导地位。多种形式并用的环境质量绩效报告的基本内容和形式应由如下四部分构成。

（一）序言部分

本部分又可分为两个主要问题：

1）本企业与自然环境的关系。以文字叙述形式对本企业的生产经营活动对自然环境的影响做简要的介绍。

2）本企业历史上的环境业绩。以文字、图形或表格形式对过去若干年的环境质量绩效简要归纳介绍。

通过上述两个方面的简介，可以使报告的读者在阅读更为详细的资料前先对企业的情况特别是环境情况有一个基本的轮廓和印象。

（二）主体部分

这一部分是环境质量绩效报告的主体，应通过一系列合适的方式对企业的环境质量绩效作出全面和系统的介绍。根据我们在第一节中的认定，本部分不妨分为以下 3 个问题分别揭示。

1. 环境法规执行情况

不妨以简表的方式列示企业是否已经执行了各项法规，如果没有执行，应该进一步以附注方式说明所受到的惩处和未执行的原因，如表 8-12 所示。当然，也可以直接以文字叙述方式做出介绍。

表 8-12　环境法规执行一览表

20××年度　　　　　　　　　单位：

项目	执行（符合要求）	未执行（不符合要求）
1.“三同时”制度		
2. 环境影响评价制度		
3. 排污收费制度		
4. 环境保护目标责任制		
5.（纳入）城市环境综合治理		
6. 污染集中控制或分散控制		
7. 排污申报登记及排污许可证交易		
8.（列入）期限整理		
9. 其他		
其中：①……		
②……		
备注：		

2. 生态环境保护与改善情况

这一部分可以采用表格方式，对各项与环境保护和改善有关的技术、经济指标逐一列示。在列示指标时如有国家（或地方、行业）标准的，应该在表中一并列出标准，或者是另外注明是否达标，以便让阅读者能够知道企业的环境质量指标是否符合要求；或者是对各项指标列示出上年和本年两年的指标数值。如表 8-13 所示。在表 8-13 中，如果有些问题难以通过简单的表格列示来让读者弄清，可以适当加注表外说明。

表 8-13 生态环境保护与改善情况一览表

20××年度 单位：

项目	计量单位	上年度	本年度
1. 污染治理			
(1) 污染治理投资			
①累计总投资			
②本年度投资			
(2) 污染治理项目			
①累计总项目			
②本年度开工项目			
③本年度完工项目			
(3) 污染物处理能力			
其中：……			
(4) 污染设施运行率			
(5) 污染源及其治理			
①污染源数量			
②达标数量			
(6) 污染物排放达标率			
2. 环保职工人数			
3. 污染物回收利用			
(1) 污染物回收利用总量			
(2) 污染物回收利用率			
(3) 污染物回收利用生产产值			
(4) 污染物回收利用收入			
(5) 污染物回收利用实现净利润			
4. ……			
……			
备注：			

3. 生态环境损失情况

这一部分大体上也采用同上一类情况相同的列报方式，个别项目也可以通过文字说明解释，如表 8-14 所示。实际上，如果本部分与环境保护和改善情况都不多的话，二者也完全可以合并为一张表格。

表 8-14　生态环境损失情况一览表

20××年度　　　　　　　　　　　单位：

项目	计量单位	上年度	本年度	备注
1．污染物排放				
（1）废水				
其中：主要污染因子：				
①化学耗氧量				
②……				
（2）废气				
其中：主要污染因子：				
①二氧化硫				
②……				
（3）废渣				
其中：主要污染因子：				
①……				
②……				
（4）噪声				
（5）放射性物质				
2．主要环境质量达标率				
（1）监测项目达标率				
（2）污染物排放达标率				
3．污染事故				
（1）数量				
（2）损失				
4．能源消耗量				
（1）煤炭				
（2）石油				
（3）水				
（4）其他				
5．有害物质使用与存储量				
（1）使用总量				
（2）存储量				
6．……				

注：在“备注”中应注明是否达标。

（三）补充报告部分

如果企业或外部信息使用者认为有必要，也可以编制补充报告，就企业未来年度的主要环境规划和目标作一简要披露。具体披露形式可以视需要和可能而定。

（四）审计报告

作为一种正式的信息披露报告，同时出具具有审查验证功能的审计报告是必要的。这种报告可以由具备能力的会计师事务所、专门环境中介机构在进行审计之后提供。审计报告的格式完全可以借鉴现有的财务审计的审计报告样式。

二、以货币指标为主导的环境质量绩效报告

由于环境会计问题的研究时间不长，目前很难见到关于环境问题货币化计量和报告的系统研究，不过，在社会责任会计的发展历史上，许多学者曾经对此做过努力，其中一些思路还是可以借鉴的。以前人的研究成果为基础，根据环境问题和环境会计上的特点，以货币指标反映企业的环境质量绩效，有以下几种方式可以尝试。

（一）简单的模式：反映环境支出

企业在一定时期内所发生的环境支出，包括主动的支出和被动的支出，大致可以称为是企业在该时期内对自然环境所作的贡献，可以在某种程度上反映企业的环境质量绩效。鉴于此，我们可以考虑通过以编制一份简单的环境支出表的方式，对一定时期的环境支出予以列示，以此让外部有关方面了解企业的环境业绩。这种环境支出表不妨采取表 8-15 所示的方式。

表 8-15 环境支出表

20××年度　　　　　　　　　单位：

项目	金额
一、资本性支出	
1. 购置环境设备	
2. 建造环保设施	
3. 购置环保用专利	
4. 改造现有设备	
5. 改善生态环境支出	
6. 清理污染物支出	
……	
二、收益性支出	
1. 环保机构运行支出	
2. 改进生产工艺支出	
3. 改进有毒有害材料支出	
4. 排污费支出	
5. 回收利用污染物的账面损失	
6. 职工环保培训支出	
……	
三、污染罚款与赔付支出	
1. 污染物超标罚款支出	
2. 污染事故罚款支出	
3. 污染赔付支出	
……	

（二）更为复杂和高级的模式：环境质量绩效的全面货币量化

仅用环境支出表难以全面反映环境质量绩效，那么，如果我们能够对所有的环境质量绩效通过某种方式进行货币衡量将是非常理想的。事实上，将所有的环境质量绩效都囊括不太现实，如果能将环境质量绩效的主要方面予以包容也是完全可以接受的。借鉴社会责任会计研究的一些成果，通过创设一些新的术语和要素并进而在计量和报告技术上予以创新，这种目标是有可能实现的。

1．环境损益表

遵从传统会计中反映经营和财务绩效的思路，我们可以考虑建立环境收益、环境损失和环境净损益这样几个概念。其中，环境收益可以理解为企业的某种活动对自然环境的贡献，如企业添置的环保设施、改进产品的环境影响、提高职工的环境意识等都属于环境收益；环境损失则看成是企业的某种活动对自然环境造成的价值牺牲，如排放污染物、发生污染事故等都属于环境损失；那么，环境净损益自然就是环境受益与环境损失之差额。如果认真分析的话，企业生产经营中相伴发生的各种环境活动和事务、发生的每一项与环境活动有关的收支都是可以归入环境收益和环境损失之中的。建立了这样 3 个概念，我们就可以编制如表 8-16 所示的环境损益表。借鉴传统报表的习惯，该表也是可以采取 2 个或几个年度比较的方式列示的。

表 8-16　环境损益表

20××年度　　　　　　　　　　单位：

项目	上年度金额	本年度金额
一、环境收益		
1．构建环保设施		
2．改进生产公益和产品的环境影响		
3．职工环保培训		
4．环境检测管理		
5．清理原有污染物		
6．降低污染物排放量		
7．缴纳环境税费及罚款		
8．环保研究支出		
……		
环境收益合计		
二、环境损失		
1．本期排放污染物对环境的损害		
2．本期超标排放污染物对环境的损害		
3．长期累积未清污染物对环境的损害		
4．恶劣环境对职工的危害		
……		
环境损失合计		
三、环境净损益		

2. 环境资产负债表

既然可以创设环境收益、环境损失和环境净损益概念，那么我们当然也可以借鉴传统会计中的做法，建立环境资产、环境负债和环境产权概念。表达企业的环境质量绩效，也可以不采用环境损益表的方式，而是采用环境资产负债表的方式。不过，环境资产负债表似乎可以采用两种截然不同的方式来设计和编制。

（1）只有环境资产和环境负债的环境资产负债表

在这种做法下，对环境产权的概念可以取消；而且，环境资产是一个虚拟的概念，它同前述的环境收益基本上是接近的，它表达的是企业为了保证一定的环境质量所必须具有的资源和发生的支出；环境负债则是指企业为了保证自身的生产经营活动不会对自然环境产生任何不利影响所应该承担的治理和改善责任。按照这样的理解，企业在一定时期内的环境资产、环境负债在确定的货币额上可能相等，也可能不相等。如果环境资产大于环境负债，表明企业在该时期内对自然环境的贡献高于对自然环境的损害；反之，如果环境资产小于环境负债，表明企业在该时期内对自然环境的危害大于对自然环境的贡献，同时也意味着企业今后必须为过去对环境的损害付出代价。这种环境资产负债表的格式如表 8-17 所示。

表 8-17 环境资产负债表

20××年度　　　　　　　　　　　　单位：

项目	本期金额	上期金额	项目	本期金额	上期金额
环境资产			环境负债		
1. ……			1. ……		
2. ……			2. ……		
……			……		
差额（净环境贡献）			差额（净环境损失）		

环境资产负债表应采用编制企业传统会计报表的专门方法并按照一定标准和对环境会计信息的质量要求进行编制。

（2）按照会计恒等式的结构原理编制的环境资产负债表

自然环境资源在法定权利上属于全体人民所有，国家可以替代行使这种权利。如果国家能够对每一个企业核定它可以使用的环境资源的话，那么，在国家允许企业开办时，就相当于将这种环境资源交付给企业使用，国家赋予了企业（无论这种企业是国家投资开办的还是私人投资开办的）一定的环境资源，企业就同时产生了一项环境资产和一项最终要求权属于国家的环境产权。在企业开办之初，环境资产等于环境产权。但是，在企业投入运营之后，由于生产经营活动的开展，国家原来拨给企业的环境资源质量会下降，亦即环境资产价值下降。在环境资源质量降低和环境资产价值降低的同时，企业也就产生了相应的治理污染和改进环境的义务，即形成环境负债。由此形成“环境资产 = 环境负债 + 环境产权”的恒等式。

需要指出的是，以货币指标为主导的报告方式，并不排除使用文字叙述和环境技术指标。不过，正像传统会计和报告一样，文字叙述和技术指标的重要性退居其次，成为报告中的一种补充性说明。

三、环境质量绩效报告模式的评价

在上文中，我们对环境质量绩效报告初步设想了两种模式：一是多种形式并用的环境质量绩效报告；二是以货币指标为主导的环境质量绩效报告。两种做法各有优缺点。采用多种形式的报告模式的优点在于：第一，提供的环境质量绩效信息形象、具体；第二，资料容易取得，编制比较简单。这种模式的缺点在于：第一，不易形成一个总体的和概括的印象；第二，不利于制定统一的报告规范，不便于不同企业之间进行比较。而采用货币指标为主导的报告模式的优点和缺点正好是与前者相反的。

【本章小结】

环境绩效信息是对涉及环境问题方面的财务业绩和环境质量业绩的综合表述，它在现代经济高速发展的社会中，对企业社会责任方面的要求显得尤为重要。通过研究建立科学客观的环境绩效评价体系，可以衡量企业持续发展能力，以满足企业利益相关者的要求。

本章在借鉴国内外环境绩效指标构建经验的基础上，结合我国企业环境信息披露的现状，构建了一套既与国际性指南相符合又与我国企业环境经营、环境管理相适应的环境绩效评价指标体系。该体系将评价指标划分为三级四大类，即环境信息公开度、环境经营、环境管理和环境财务。

环境绩效评价技术与方法主要有目标导向法、环境成本（费用）效益分析法、环境费用效果分析法、环境价值的量化法和模糊综合评价法。基于多方面的考虑，本书在构建环境绩效评价体系工作中采用模糊综合分析法和层次分析法。

环境财务绩效信息的披露可以有 4 类披露工具和方式，而每一类做法中可能又有多种具体的操作方式。它们是兼容的而不是排他的，几种工具和方式的共同使用将更有助于信息使用者的理解。

本书对环境质量绩效报告初步设想了两种模式：一是多种形式并用的环境质量绩效报告；二是以货币指标为主导的环境质量绩效报告。两种做法各有优缺点。在两种模式的最终选择上，信息使用者和环境信息披露的管制机关必须就客观性和相关性的问题进行一番认真权衡。

【讨论思考题】

（1）什么是环境绩效？如何对其进行分类？

（2）根据你对环境问题的理解和对现行环境法规的掌握情况，你认为本章中对环境财务绩效和环境质量绩效的归纳还有哪些需要补充的内容？

（3）目前，国内外主要有哪些企业环境绩效评价指标体系？

（4）如何构建企业环境绩效评价指标体系？

（5）环境绩效评价技术和方法有哪些？

（6）你认为环境绩效的两部分内容是分开披露为好还是合并披露为好？为什么？

（7）环境财务绩效的披露可以有哪几类披露工具和方式？具体的操作方法又是什么？

（8）对环境质量绩效报告的初步设想有哪两种模式？

【案例分析题】

广州本田的环境绩效管理

作为汽车制造企业，广州本田自 1998 年 7 月 1 日成立伊始，就以建设资源节约型、环境友好型企业为目标，秉承“成为社会期待存在的企业”的理念，在企业经营活动和企业内部中实施环境绩效管理，努力成为同行业的领先者。

1．企业内部配套环境管理

为了做好全过程的环境保护工作，广州本田于 2002 年 4 月设置了环境管理委员会，并依照 ISO 14001 体系标准建立了完整的环境管理体系，编制和实施了环境手册和环境规程文件。为了实现资源的有效利用，公司员工大力开展全员性节能降耗改善活动。例如，办公时间尽量少开灯，并且养成人离灯关的习惯；在休息或就餐时间把照明电器关闭；在天气晴朗时充分利用自然采光等。每年还组织员工植树，培养员工的环保意识。

在企业内部针对员工开展的改善提案活动（针对个人）以及 NGH 活动（New Guangzhou Honda 针对团队的改善活动）大多是与环保、节能有关的。例如一位合成树脂科员工提出了关于“保险杠涂装排风机节能改造”的提案，通过为风机加装变频器，该系统的节电率达到 30%，一年可节约的电力达到了 425 088 kW·h。相比 2003 年，2006 年广州本田单台产品水的消耗量下降了 47.8%，电消耗下降了 35.7%，单台用纸量下降了 57.6%。

2．生产过程循环经济管理

在汽车生产过程中，会产生废水、废气，如果处理不当，就会对环境造成影响。因此，广州本田在企业节能、环保的环境管理理念指导下，推行循环经济管理模式，努力创建技术含量高、能耗低的“绿色工厂”。

在成立初期，广州本田黄埔工厂就建设有完善的污水处理设备设施，对生产生活所产生的污水进行分别处理，处理合格率达到 100%；在大量的建设和改造工程中大力推广节水设备的使用，工业水循环利用率达到 95%以上；在多个领域广泛推广中水回用，使中水回用率从 2004 年的 35%提高到 2006 年的 60%。

另外，2006 年新投产的增城工厂在处理工业及生活废水上投入巨资，导入最先进的环保技术——膜处理技术。废水经过处理后，全部循环使用到厂区的各相应用水点，包括：绿化、马路冲洗、涂装车间工艺用水等，在中国汽车行业中第一个实现了“废水零排放”。不但减少了污染，而且节约了宝贵的水资源。

3．企业内部的环保、节能活动

2007 年 2 月，广州本田启动了全公司范围内的“安全、环保、节能”活动，企业内部的环保和节能，包括了产品、工厂以及企业。产品的环保和节能，主要指产品尾气排放水平提高、车内 VOC 降低、整车材料回收率提高以及油耗水平降低等。工厂的环保和节能，主要指生产设备及厂房改造、生产排放物及废弃物削减和监测、生产过程环保工艺流程实施、现场工作环境不断改善、强化“绿色工厂”建设等。企业的环保和节能，主要包括 ISO 14001 环境管理体系强化、参加中国环境会议、向国家申请各种环保认证、员工的环保节能理念培训教育以及植树等社会活动的参与。

通过创建“国家环境友好企业”，使得广州本田成为经济效益突出、资源合理利用、环境清洁优美、环境与经济协调发展的典范，真正成为社会期待存在的企业。

根据该案例资料，分析以下问题：

（1）广州本田内部的环境管理措施有哪些？谈谈企业如何从组织上和标准上制定内部环境管理体系。

（2）广州本田的循环经济管理取得了哪些绩效？

（3）广州本田的环保、节能活动主要内容是什么？

第九章　物质流成本会计

【案例引导】

佳能（Canon）是全球领先的生产影像与信息产品的综合集团，其中，宇都宫工厂是佳能在日本的镜头加工制造厂之一，位于日本栃木县。该工厂生产的镜头主要用于单镜头反光照相机和摄像机。其镜头加工车间的生产工艺流程一般是：首先从供应商那里获取镜头的生产原材料，然后经过剪切、平滑化、打磨、定心、镀膜等一系列流程，加工成最终的产品——镜头。其流程如图 9-1 所示。

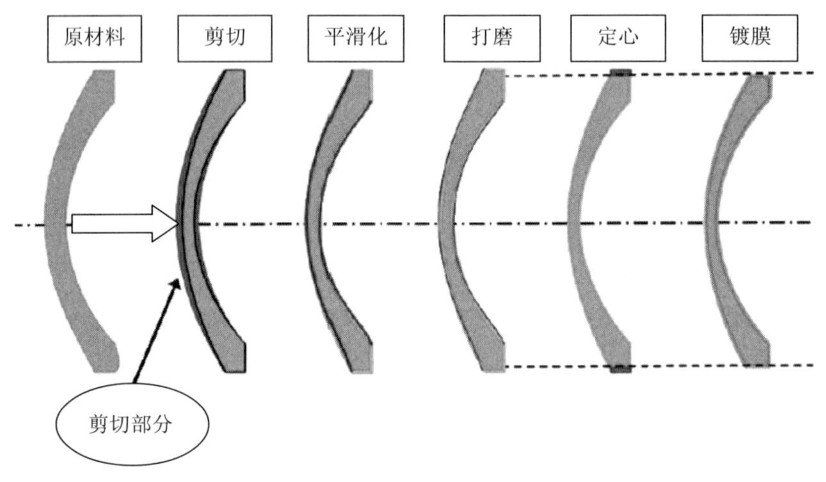

图 9-1　镜头加工车间生产流程图

在 2001 年之前，佳能按照传统的成本核算方法对“镜头生产”这一生产流程进行核算。其核算的结果显示：生产的镜头成品率为 99%（图 9-2）。由此可见镜头的生产工艺已经达到了很高的水平，佳能公司管理层也认为生产流程没有进一步改善的空间了。

从 2001 年起，为了提升资源的利用效率，“透视”公司的成本结构，减少生产过程中产生的不必要浪费，佳能开始引进一种新的成本核算方法，发现“真实”的产品率实际上只有 68%，而不是 99%。用新的成本核算方法计算出来的结果显示：从原材料镜片到成品镜头的整个工艺流程中，原材料镜片每投入 100 kg，就会有 32 kg 的原材料被浪费（损失率 32%）。这意味着镜头的生产工艺流程还有着很大的改进空间。随后，佳能为了提升原材料的利用效率，降低成本，开始对产品生产的每个流程、每个环节做了仔细的审查，最后发现 2/3 的材料浪费，产生于镜头生产流程中的“剪切”和“平滑化”环节。

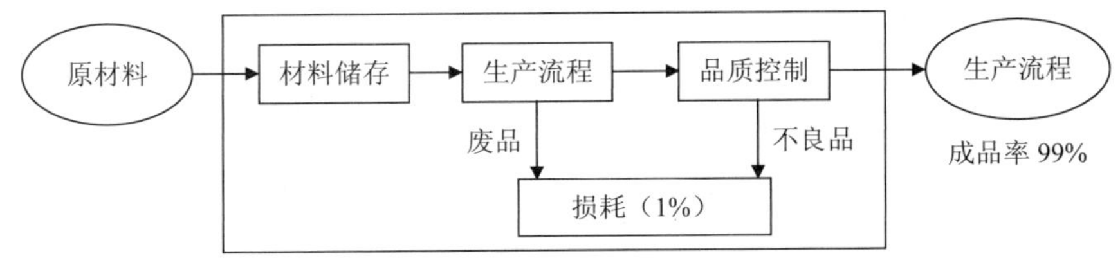

图 9-2　产品的成本计算

比如佳能所生产的镜头中，有产品 A 和 B，其原材料分别用的是“切制玻璃镜片”和“压制玻璃镜片”。原材料在进行“剪切”与“平滑化”的生产过程中，原始的玻璃镜片从“平平整整”的圆柱形，变成“凹凸有致”的透镜片。经这两个环节后，产品 A、B 的原材料损失率分别约为 50%和 30%。玻璃镜片中箭头所指的部分是要被剪切和平滑掉的，不进入下一道生产工序，如图 9-3 和图 9-4 所示。

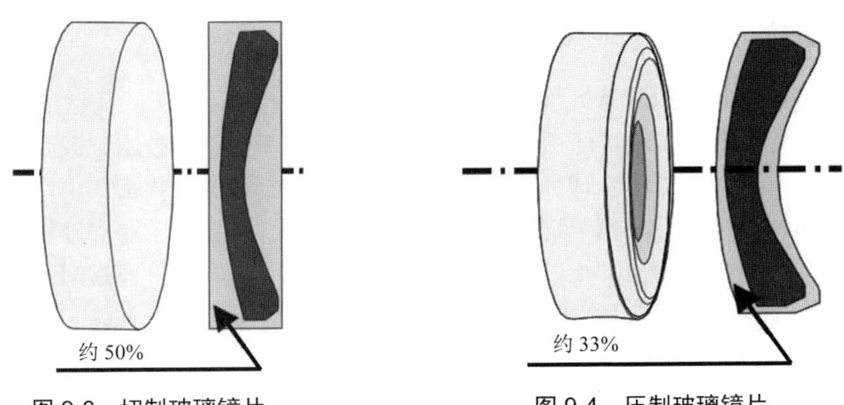

图 9-3　切制玻璃镜片

图 9-4　压制玻璃镜片

在发现“症结”所在之后，佳能采取了一系列的措施来减少该环节所产生的浪费。其中最重要的两个做法是：

1）与原材料供应商共享材料损失方面的成本信息，通过与供应商协调合作，改进了原材料的形状，相比传统的玻璃镜片，改进后的“瘦身玻璃镜片”的材料损失率要降低 80%，从根本上减少了废弃物，节约了资源。如图 9-5 所示。

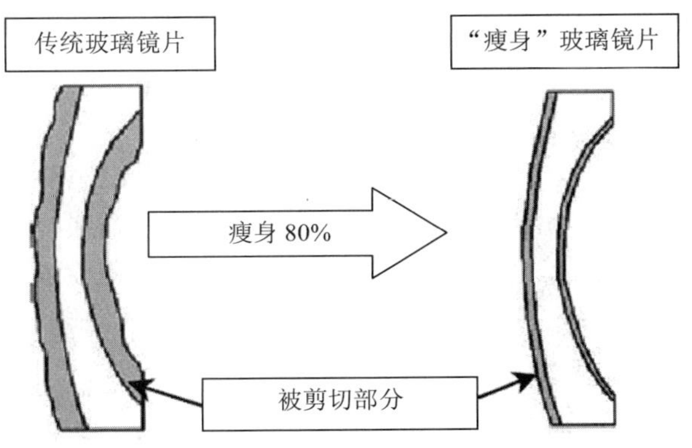

图 9-5　传统玻璃镜片与“瘦身”玻璃镜片

2）将原先用于生产 B 产品的原材料“切制玻璃镜片”更换成“压制玻璃镜片”，从源头上杜绝不必要的原材料浪费。

在实施新的成本核算分析方法后，通过相关措施改进生产流程，公司在生产镜头的整个流程中，原材料损失降低了 50%，废气的排放减少了 92%，公司的经济效益也显著提升。

在宇都宫工厂实施“新的成本核算方法”成功后，佳能旗下其他的大部分工厂也开始相继引用，并取得了较大的成功。而这种方法就像是给企业带上了一只“隐形的眼睛”，为其避免了巨大的资源浪费，让企业从“废弃物”中看到了利润。

这种新的成本核算方法就是本章将要讨论与阐述的——物质流成本会计（Material Flow Cost Accounting，MFCA)。

第一节　物质流成本会计的概念与背景

一、物质流成本会计的概念

物质流成本会计（MFCA）[①]最初是由德国的经营环境研究所的瓦格纳和斯乔布所开发的一种环境管理会计工具，随后它被作为一项重要的环境管理技术记载到联合国《环境管理会计业务手册》和国际会计师联合会的《环境管理会计国际指南》中，而后日本、欧美、新加坡和韩国等纷纷开始了物质流成本会计的实践。为满足企业实施物质流成本会计的需要，德国环境与核安全部于 2003 年联合出版了《环境成本管理指南》作为推广物质流成本会计应用的指导性书籍。

物质流成本会计于 20 世纪 90 年代起源于德国后，作为一种环境成本管理的工具，其在环境经营中的决策作用越来越明显，受到了来自世界各国的会计学者的青睐与重视，并先后对其进行了深入的研究，国内外学者对物质流成本会计的定义也都进行了有启发性的探讨。永田胜也（2011）认为，物质流成本会计是环境管理会计的一个分支，其将企业的所有产出分为“正产品”和“负产品”：通过追踪材料和能源的具体流动过程，来发现流向负产品的材料和能源，然后通过降低负产品成本增强企业竞争力，并达到保护环境、节约资源的目的。

冯巧根（2008）认为，物质流成本会计通过将物质流系统的要素数量化，依据其具有的内部透明性特征，进一步提升物质流的经济与生态导向功能，是将最终废弃物的材料成本及所分配的间接费用等均包括在内，并以这些全部的成本费用作为管理对象而进行核算的一种成本会计。

王杰（2010）把物质流成本会计定义为：用实物计量单位和货币计量单位来记录追踪企业投入生产的所有原材料、能源以及相关的人工费和其他间接费用的流向，以此数据为基础，分析评价不必要的物质资源损失浪费成本，以期采取相应的改进措施，达到经济效益与环境效益双赢的环境管理会计核算方法。

---

① 物质流成本会计原称为材料流量成本会计，或者物料流量成本会计，由于核算的对象既包括材料，又包括能源，因此用“物质”一词概括，统称为物质流成本会计。

关于物质流成本会计的定义与内涵，国内外学者的侧重点不同，有的学者结合 ERP 系统对其下定义，而有的学者则围绕物质流系统解释其内涵。切入点虽然不同，但是实质都是相同的，都认为物质流会计是在跟踪企业生产过程中的物质流转，从而核算企业废弃物的排放量和相关成本信息，并为企业提供决策有用信息的一种环境成本管理工具。因此，本章结合国内外学者的观点将物质流成本会计定义为：旨在降低企业生产成本和减少环境污染，也是企业生产经营管理者的一种决策工具。它通过追踪产品或生产线的流程，勾勒出废弃物的流动轨迹，以便将物质的输入和输出表征出来，达到合理估计资源利用效率、控制成本以及改进环境的目的。

二、物质流成本会计概念的出现背景

20 世纪 50 年代，整个人类社会相对进入一个和平稳定的发展阶段，工业化进程加快，世界经济高速持续发展，但是在发展的背后，一方面造成了资源和原料的大量需求和消耗，使得经济发展不断向自然界索取更多的资源；另一方面工业生产和城市生活的大量废弃物排向土壤、河流和大气之中。这种不断向自然界索取资源的同时又不断向自然界排放有毒有害物质的资源流动方式，使得环境和资源问题日益严重。

20 世纪 60 年代，有两篇论文的发表被称之为“揭开了物质流转分析研究的序幕”，分别是 1965 年沃尔曼发表的《城市的新陈代谢》和 1969 年伊瑞丝发表的《对美国经济的材料流转分析》。

20 世纪 70—80 年代，切尔诺贝利核电站事故的发生，使人们认识到地区性的环境问题已逐渐演变为全球性的人类共同面对的问题，这一时期环境保护的思想主要是对于如何减少危险有毒材料流转控制的分析。

20 世纪 90 年代以来，可持续发展的思想逐渐得到世界各国的认可，人们慢慢开始意识到必须将降低环境压力的战略与工业企业利益结合起来，才能使环境战略得到普遍的认可并产生持续影响，环境保护成本计算本身并不能为发现生态效率潜力提供有效的信息支持，而要构建科学的环境成本核算体系还需与成本产生的动因联系起来。同时，根据对企业内部流程的实际形态调查，发现材料和能源流转形成了企业成本的最大部分，约占总成本的 56%，废弃物的数量多得惊人。因此，材料和能源消耗、浪费是企业环境污染产生的直接动因，并导致了环境成本数额的大量增加。如果能够削减废弃物的数量，就可以同时达到削减环境负荷和降低生产成本的目的。故而为在企业材料和能源流转中寻找减轻环境压力和提高经济效益之间的联系，构建以材料、能源流动为导向的环境成本核算方法，便形成了一种新的环境成本核算思路——宏观的物质流量会计（Material Flow Accounting，MFA）。

宏观的物质流量会计是基于物质流管理的一种非常复杂的会计核算技术与分析方法，要求必须有系统的计算机方法加以辅助。而物质流成本会计就是在此基础上简化并进一步演变而来的成本会计方法，它侧重分析制造过程中某一生产环节和成本中心的物料流动，从实物和金额两个角度对产品制造过程中每个环节的物料流动进行分析，进而计量物料在某个生产环节的利用与损失程度，以及浪费的物料金额情况。

第二节 物质流成本会计的理论基础

企业作为社会的基本生存单位，在获取经济利益、谋求发展的同时，应该承担相应的社会责任，提高资源的利用效率，减少污染物的排放。在某种程度上，企业更是实现人类可持续发展的主导者。而物质流成本会计也不是无根之木，它与其他学科的发展紧密相连。下面将介绍与物质流成本会计相关的一些主要理论，它们就像一根根长短不一的根须，哺育出了“物质流成本会计”这片叶子。

一、环境价值理论

环境价值理论创立于20世纪70年代。其主要内容包括：①环境资源具有稀缺性和不可再生性，人类在使用环境资源的过程中存在着合理、高效配置环境资源的问题；②环境对人类具有十分重要的作用，它能够满足人类的生存和发展需求；③环境包含有人类的一般劳动。当环境自净能力不足以处理废弃物的时候，人类就会采取一定的措施保护环境，在这个过程中会耗费人类的一般劳动。环境价值理论对于指导企业进行环境会计核算具有重要的意义，企业在生产管理过程中应该将环境价值理论作为其管理的重要依据之一。根据环境价值理论，企业进行会计核算时，不仅要将环境因素纳入企业生产成本，而且在生产过程中要合理配置资源，在提高资源利用效率的同时满足人类正常的生产生活需求。

在我国改革开放初期，很多企业环境价值意识淡薄，受传统价值理论的影响，在生产管理中表现为片面强调经济发展，只着眼于提高企业的经济效益，忽视对环境产生的负面影响，置环境影响评价于不顾。因此，很多污染严重的项目不经审批就上马，环评工作流于形式。尤其当前国际贸易制定了一些涉及贸易制裁的国际环境公约，对发展中国家来说就是一道“绿色贸易壁垒”，我国为此大受损失。更有甚者，我国已成为了一些发达国家的“污染避难所”，遭受他们的“环境剥削”。因此，必须改变传统价值观念中的“资源无价”的错误认识。企业作为环境资源的主要使用者，必须树立环境价值的观点，将环境价值理论渗透到生产管理的各个方面。

二、可持续发展理论

经济的飞速发展，相伴而来的是全球范围内生态破坏的日益严重，经济与环境这对不可调和的矛盾引起了各国政府和学者的关注。自此，可持续发展观的出现拉开了序幕。

1987年挪威首相布伦特兰夫人[①]在《我们共同的未来》报告中正式提出了可持续发展的概念，并将可持续发展定义为“既能满足当代人的需要，又不对后代人满足其需要的能力构成危害的发展”。1992年联合国环境与发展大会提出了全球实施可持续发展战略的纲领，向人类展示了生态文明的美好前景。我国在《中国21世纪议程》中，将可持续发展定义为：既要考虑当前发展的需要，又要考虑未来发展的需要，不以牺牲后代人的利益为

① 布伦特兰夫人是国际著名女政治家，三度出任挪威首相，1984年被任命为联合国环境和发展委员会主席，现任世界卫生组织总干事。

代价来满足当代人利益的发展。

可持续发展理论从环境与资源角度，提出了人类社会长期发展的战略模式，阐明了环境与发展之间的辩证关系，将环境问题纳入经济活动决策中。目前，我国的环境形势依然很严峻，80%以上的环境污染来源于企业，这就要求企业在成本管理的过程中，将环境因素纳入成本管理体系，可持续发展理论为企业成本管理提供了理论基础。传统的成本管理主要反映企业所耗费的经济成本，不包括对环境造成的外部成本，往往导致了企业以牺牲环境为代价来换取当前的短期经济利益。企业要走可持续发展之路，必须在发展过程中考虑自身的生产行为对环境造成的影响，这就要求企业转变传统观念，在追求经济利益最大化的同时兼顾环境效益。企业将环境因素纳入生产管理中，就会使企业经营者在制定发展战略时不仅考虑短期效益，更注重加入环境因素的长期效益，有利于企业承担社会责任，从而达到有效配置社会资源、促进经济可持续发展的目的。

三、环境经济学理论

20 世纪 50 年代，人类在利益的不断驱使下，片面强调生产经营活动的经济效益，因而出现了全球性的资源耗竭和严重的环境污染与破坏问题，引起了强烈的社会抗议。西方发达国家的经济学家和生态学家开始意识到环境质量对经济发展起着至关重要的作用，并对传统经济进行重新定位，把生态科学实施到西方经济学理论中，从而形成了环境经济学。

环境经济学是一门研究环境保护与经济发展之间关系，通过分析经济发展与环境保护之间的矛盾，将环境科学与经济学有机融合的交叉学科。该理论通过分析经济再生产、自然再生产和人口再生产三者的关系，选择合理的配置方式，以最少的能源消耗创造最大的经济价值。在社会经济发展过程中，环境因素是必须考虑的因素之一。环境经济学的研究对象就是如何合理调节社会再生产过程中人与自然之间的物质变换，使社会经济活动符合自然生态平衡和物质循环规律，使之既能取得近期的直接效果，又能取得远期的间接效果。

目前，环境污染与资源缺乏已经成为制约我国经济发展的瓶颈，为了保证我国经济快速健康的发展，在经济发展过程中，可以采用环境经济学理论来避免资源的过度消耗问题，以及让企业在追逐利润最大化的同时，也充分考虑对环境造成的影响。

四、企业社会责任理论

20 世纪以后，工业的发展推动了经济的增长，但与此同时也为社会带来了许多负面影响。批评家们开始指责“社会达尔文主义”的残酷和冷漠，并意识到企业必须承担应有的社会责任。1924 年，美国学者谢尔顿首次提出了企业社会责任的概念。1953 年，霍华德·鲍恩出版了《企业家的社会责任》一书，企业社会责任正式进入人们的视线。他将企业社会责任定义为“商人按照社会的目标和价值，向有关政府靠拢、作出相应的决策、采取理想的具体行动的义务”。企业社会责任指的是企业在生产经营过程中，不仅要追求利润最大化，对股东负责，而且要承担相应的社会责任，对赖以生存和发展的环境和社会负责。企业社会责任有广义和狭义之分，广义的社会责任包括法定的社会责任和道德意义上的社会责任。法定的社会责任是指由法律、行政法规明文规定的企业应当承担的对社会的责任。

狭义的社会责任仅指应承担的道德意义上的社会责任。

随着企业社会责任的浪潮席卷全球，社会责任会计也应运而生。传统会计将企业视为单纯的经济组织而忽视了企业应该承担的社会责任。社会责任会计的出现拓展了传统会计默认的企业承担的责任范围，认为企业不仅是经济组织，更是社会组织，在追求经济利益的同时应该承担相应的社会责任。

五、物流成本管理理论

20 世纪 50 年代，物流作为一门学科问世，并逐步在不同领域得到应用，经历 30 几年的发展，20 世纪 80 年代材料成本理论得以完善并趋于成熟。在 1962 年彼得·德鲁克发表的《经济的黑色大陆》一文中指出，应高度重视物流成本管理。西泽修认为现行的财务制度和成本核算方法都不能正确反映物流费用的真实情况，他把这种情况比作“物流冰山”。1970 年西泽修所写的《物流费用》指出，物流管理成为企业利润增加的“第三利润源”，这一学说揭示了现代物流的本质，现代物流将发挥其在战略和管理上的作用，进而统筹企业生产、经营的全过程，以达到控制物流费用的目的。纵观物流成本管理理论的发展史，其经历了成本中心说、系统说、服务中心说、战略说等，从简单的管理物流成本，用财务视角衡量物流费用，到用系统观点来控制流量成本，再到把物流管理上升到战略的高度，即在企业战略中关注物流，统筹管理企业的整个生产流程。这些都为物质流成本会计的发展奠定了坚实的基础。

六、物质流分析理论

20 世纪 70 年代初期，尼斯、艾瑞斯和德阿芝出版的《经济学与环境》一书中提出了物质平衡模型。其主要思想为：一个现代经济系统由物质加工、能量转换、废弃物处理和产品消费四个部门组成，这个经济系统与自然环境之间存在着物质流动关系；从理论上来讲，如果这个系统是相对封闭的，那么在一个时间段或一个周期内，从经济系统排入自然环境的废弃物必然大致等于从自然环境进入经济系统的物质量，即物质输入大致等于物质输出。现代经济系统中虽然越来越多地使用污染控制技术，但应看到，“治理”污染物只是改变了特定污染物的存在形式，并没有消除也不可能消除污染物的物质实体，依据物质流理论，提高物质的再利用和循环使用效率，能够从根本上减少自然资源的开采量和使用量，严格控制输入量，最终达到降低污染物的排放量、减少输出量的目的。物质流理论从实物的质量出发，通过追踪人类对自然资源的开发、生产、转移、分配、消耗、循环、废弃等过程，揭示物质在经济系统与自然系统之间的流动特征和转化效率，找出对环境造成直接影响的源头，进而提出改进措施与解决方案。

环境价值理论、可持续发展理论、环境经济学理论和企业社会责任理论都是从宏观角度提出了企业作为微观经济主体，在达到利益最大化目标的同时也应承担相应的环境保护责任，提高资源的利益效率。这也正是环境管理会计对企业的要求，物质流成本会计作为环境管理会计体系的有机组成部分，其发展是建立在这些宏观理论基础上的（图 9-6）。物质流成本会计的出现拓展了传统会计默认的企业承担的责任范围，它能分析制造过程中的某一生产环节物料的流动，能够利用数据流程图分析废弃物产生的数量及耗费的环境成本，从而为企业承担社会责任提供了良好的成本分析工具，满足了企业对环境成本核算的要求。

物质流成本会计以物质流分析理论为实践基础，通过对生产过程中的物料进行追踪来实现对成本的有效管理，这与物流成本管理理论中通过追踪物流来达到控制物流费用的原理是相通的。从微观上来说，借鉴了物流成本管理理论的一部分理论成果。因此，这些理论共同构成了 MFCA 的理论基础。

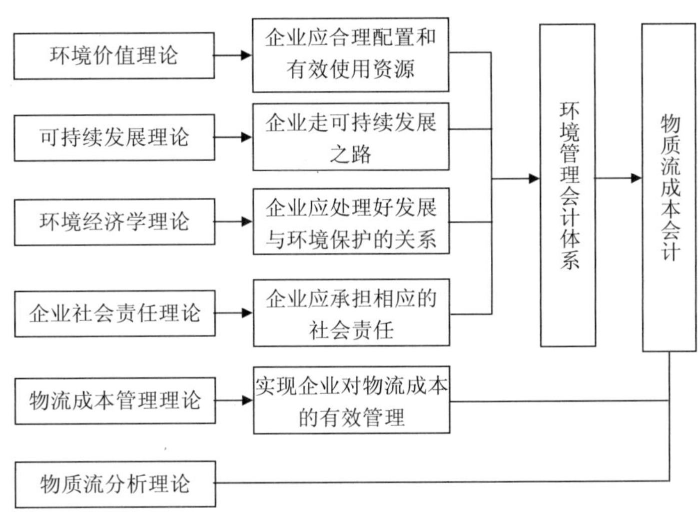

图 9-6　物质流成本会计的理论基础

第三节　物质流成本会计的国际实践

本节将主要介绍对物质流成本会计推广实践较为成功的几个国家的实践概括，以及物质流成本会计的国际标准化之路。

一、日本

1999 年日本产业环境管理协会受日本经济产业省的委托，开始了物质流成本会计的研究和实践。2000 年日本成立了物质流成本会计项目的专门工作小组，对日东电工工厂进行物质流成本会计试验，取得了一定的成效。在随后的短短几年里，田边制药、他喜龙、佳能等 3 家公司在产业环境管理协会物质流成本会计工作小组的指导下也相继引进了物流成本会计。

2002 年产业环境管理协会发布《环境管理会计工作手册》，对这 3 家公司在物质流成本会计使用方面的事例进行了介绍，确立了物质流成本会计的基本概念与方法，从而拉开了日本企业引进并实施物质流成本会计的序幕。

到 2004 年，日本已经有 12 家大型企业成功引进了物质流成本会计。2004 年 5 月至 2005 年 3 月，日本能率协会（JMAC）对引进物质流成本会计的 8 家大型公司中的 12 个分厂或研究所进行了调查，并分别在 2005 年 3 月和 2006 年 3 月发布了 2004 年度、2005

年度《面向大企业的 MFCA 实施共同研究示范企业调查报告书》。调查报告书表明，物质流成本会计在大企业的推广取得了初步成功。

同时，日本在 2004 年开始实施中小企业引进物质流成本会计的合作实验研究。中小企业引进的具体实施步骤是：首先，制作顾问指导书和确定企业实施计划等；其次，通过公开招募选定示范中小企业；再次，召开委员会，由物质流成本会计顾问指导组选中的中小企业引进物质流成本会计；最后，编写示范企业年度报告书。同年，共有 15 家中小企业成功实施了物质流成本会计，2005 年又有 4 家中小企业被选中且成功实施。

之后，日本经济产业省为了让企业能够更好地运用和实施物质流成本会计，针对大型企业和中小企业的特点，分别制定了“物质流成本会计引进模式”，为物质流成本会计的普及作出了重要的贡献。自 2006 年开始，日本经济产业省除在大型企业和中小企业中推行物质流成本会计之外，还同时扩充其内容，又通过编制发布手册、编制引进物质流成本会计的相关指导文件、召开研讨会和专题讨论会等举措，使物质流成本会计的普及范围扩大至全国。

2007 年日本产业技术环境局、环境政策课和环境协调产业推进室共同发布了全球第一份物质流成本会计的应用指南，该指南对推动各国企业的环境管理实践具有重要的参考和指导意义。

二、德国

德国作为物质流成本会计的发源地，是最早开始实施物质流成本会计的国家，物质流成本会计自从开发以来，在德国数十家不同规模和不同行业的企业中得到应用，并积累了一定的成功经验。1999 年德国环境与核安全部总结了一系列案例研究成果，颁布了《环境管理会计手册》，以加大其推行力度。

2001 年德国汽巴特种化学品工厂率先进行了物质流成本会计的个案研究，以评估物质流成本会计改善和识别低效率生产线的潜力。该公司专注于跟踪准确的材料流动，以及识别与这些物质流相关的所有重大物料数量和成本。2003 年德国环境研究所与包括富士通、西门子公司、嘉吉等在内的 12 家大型德国企业展开合作，鼓励其引进物质流成本会计，执行环境的保护和激励管理，以减少对环境的负担。

为满足企业实施物质流成本会计的需要，德国环境与核安全部于 2003 年联合出版了指导性书籍《环境成本管理指南》，之后，物质流成本会计在德国得到进一步的普及和推广。

三、美国

在日本或者在世界其他国家，所有物质流成本会计的数据收集都是手工实践的，而从长远来看这是不可持续的，将阻碍物质流成本会计的进一步发展。当人们认识到仅用手工收集数据从长远来看没有前途之后，一些附加的计算机软件作为收集和处理资源流数据的辅助工具被开发了出来，例如德国的翁贝托业务软件，但通常这些软件都没有和企业的 ERP 系统相连接，不能实现资源流数据的即时传递和处理。

认识到这一点，美国着手开发了“系统方法”（Systems Approach），该方法将物质流成本会计中各个流程、各个层次的流程图和 ERP 系统连接起来。这种系统方法采用分层的过程映射技术来描述生产过程，过程图里每个级别的生产工序被限制为 3～6 个工作步骤。这种简易操作过程图使得任何对物质流成本会计的运行机理感兴趣的人都能够清晰易懂，工艺流程图、管道及仪表流程图、价值流图都可以转化为分层的过程图。这种过程图可以与电脑软件结合使用，使用户只显示正在审议的过程序列。如果点击第一层次的过程图里某个工序，第二级的过程图将出现在电脑屏幕上，如果点击第二层次的过程图里的某个生产工序，则第三层次的生产过程会显示在屏幕上，每一个越低级别的生产过程都更详细地表述了一个具体的生产过程，如图 9-7 所示。

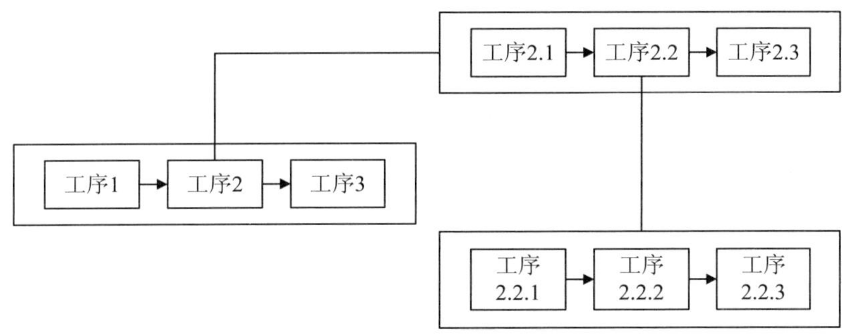

图 9-7 美国企业实施物质流成本会计时采用的系统方法流程图

因此，美国将其对物质流成本会计的研究重点定位于材料流转信息和计算机系统的结合应用，就是综合使用过程图和其他工具，以提高物质流成本会计的实用性和适用性。这也是美国企业在实施物质流成本会计过程中的一个显著特点。

四、物质流成本会计的国际标准化

随着物质流成本会计理论的成熟、实践的成功和国际影响的扩大，制定国际统一的物质流成本会计标准逐渐被提上日程。2007 年 6 月在北京举行的国际标准化组织环境管理标准化技术委员会（ISO/TC）第 14 届年会上，环境会计国际标准委员会日本产业标准委员会（JISC）在会议上提出了《基于物质流的环境会计国际标准化的初步提议》，主要有以下几点：①环境管理会计（EMA）国际标准化的目的是提供一个平台以规划环境管理会计的基本框架和实现环境管理会计的方式。初步提议聚焦于物质流及提供一个物质流成本会计应用指南，该提议设定的标准不涉及第三方认证；②初步提议提出了一个基本框架：首先介绍了基于物质流的环境管理会计框架与 ISO 14000 系列标准的联系，接着限定了其范围、定义、总体评论，探讨了物质流会计的物理单位流动和物质流成本会计货币单位流动的框架，深入研究了物质流成本会计的应用并和传统成本会计作了区别；③物质流成本会计的适用性。适用于环境管理经理、产品管理者、成本控制者、会计人员、设计管理者、物流管理者和其他高级管理者、政府等。④结论。物质流成本会计在系统层面上是联结环境和经济的一个工具。

2008 年，环境会计国际标准委员会日本产业标准委员会向国际标准化组织环境管理标准化技术委员会新发展项目组（ISO/TC207NWIP）提交了第一个物质流成本会计方案，由此在2008年3月成立了致力于开发ISO 14051的新工作团队WG8，定名为“环境管理——物质流成本会计——总框架”。2008年6月在哥伦比亚的首都波哥大举行会议，国际标准化组织环境管理标准化技术委员会新发展项目组正式同意授权新的标准指南[①]为ISO 14051“环境管理—MFCA——般原则和框架”，目的是指导制造业生产过程。物质流成本会计在该工作草案中被定义为“在生产制造过程中，用物理单位和货币单位系统地衡量材料或原材料的流量和库存。”

此后，WG8一共针对物质流成本会计召开了5次研讨会，在2011年9月，物质流成本会计的国际标准ISO 14051正式公布。表9-1是物质流成本会计国际标准化进度表。

表9-1 物质流成本会计国际标准化进度表

日期	主要事项
2000年	起源于德国，逐渐发展为物质流成本会计
2007年	日本工业委员会向NWIP提供了物质流成本会计的第一个议案
2008年3月	致力于物质流成本会计国际标准化的第一个工作团队WG8成立
2008年6月	授权新的标准指南ISO 14051，定名为“环境管理—MFCA——般原则和框架”。WG8第1次研讨会在哥伦比亚波哥大召开
2008年11月	WG8第2次研讨会在日本东京召开
2009年6月	WG8第3次研讨会在埃及开罗召开
2009年9—12月	投票批准通过委员会草案
2010年1月	WG8第4次研讨会在捷克布拉格召开
2010年5—10月	投票批准通过国际标准草案
2011年1月	WG8第5次研讨会在德国柏林召开
2011年7月	投票批准通过最终版国际标准草案
2011年9月	ISO 14051标准正式公布

ISO 14051标准主要为物质流成本会计提供了研究的一般框架，确定了物质流成本会计的目标与原则，明确了与物质流成本会计核算有关的基础要素，以及物质流成本会计具体实施步骤。

专栏9-2 ISO 14000与TC 207

ISO 14000是有关环境管理的系列标准，是国际标准化组织（ISO）继ISO 9000标准之后推出的又一个管理标准。其开发工作是由环境管理技术委员会TC207完成的。TC207于1993年成立，是国际标准化组织中规模和影响最大的技术委员会之一，每年有来自50多个国家、超过600名的代表出席全体会议。其职责是“开发环境管理工具和系统标准”，但不涉及标准的实施、监测和鉴定；其宗旨是支持环境保护工作，改善并维持生态环境质量，减少人类各项活动所造成的环境污染，使之与社会经济发展达到平衡，促进经济的可持续发展。

① 该标准是不需要经过第三方认证的。

ISO/TC 207 制定的 ISO 14000 环境管理系列标准，覆盖了环境管理体系、环境审核和调查、环境标志和声明、环境绩效评价、生命周期评价、产品标准中的环境因素、产品开发与设计中的环境因素、温室气体排放等领域。其中环境管理体系标准 ISO 14001 在全球范围内得到了广泛的实施。

ISO/TC 207 的工作范围是不断演进的，比如，工作项目 WG8“环境管理—MFCA——一般原则和框架”是 2008 年产生的，负责物质流成本会计的国际标准的开发。目前 ISO/TC 207 小组委员会（SC）和工作组（WG）在以下几方面开发标准和发行指导文件：

SC 1	环境管理体系（EMC）	14001—14009
SC 2	环境审核和调查（EA）	14010—14019
SC 3	环境标志（EL）	14020—14029
SC 4	环境行为评价（EPE）	14030—14039
SC 5	生命周期评估（LCA）	14040—14049
SC 6	术语和定义（T&D）	14050—14059
WG 1	产品标准中的环境指标	14060
WG 8	物质流成本会计（MFCA）	

第四节 物质流成本会计的核算

一、物质流成本会计核算的理论基础

物质流成本会计的核算是基于企业制造过程中物质的投入、生产、消耗及转化为产品的物质流转过程的。在整个物质流转的核算过程当中，公司生产产品所投入的物质和所输出的物质应该是相等的，即该小节所要讲述的“物质流平衡原理”，从某种程度上而言，这是物质流成本会计核算的理论基础。

物质流平衡原理的基本观点是：人类生产活动通过其向自然资源索取的资源数量以及向自然环境排放废弃物的数量来影响自然环境。物质流平衡原理遵循质量守恒定律，测度人类经济活动过程中对自然资源的开发、利用及其对自然环境的影响，真实反映人类经济活动与自然环境之间的动态关系。

基于物质流平衡原理研究物质流成本会计的应用，从微观层面上来看，企业从自然环境系统获取大量所需的资源、能源，并经过企业生产经营活动对其进行加工利用，将最初的资源、能源加工成产/成品进入消费领域，最终向环境系统排放，整个过程物质的输入输出是守恒的，遵循物质流平衡原理。

因此，在应用物质流成本会计对企业内部的资源消耗及其对环境影响进行分析时，必须对企业的物质流流程进行分析，对于制造企业来说，其物质流程如图 9-8 所示。

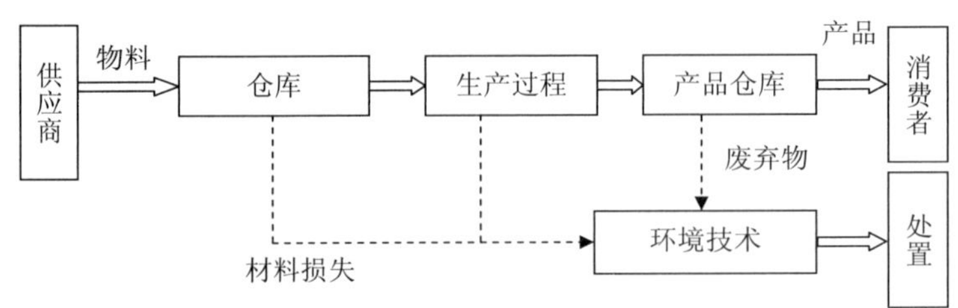

图 9-8 企业物质流转简图

由图 9-8 可知，一方面物料从投入开始，经过不同的生产阶段，最后将产品运送到消费者手中；另一方面，它还包括在物质流链条过程中不同环节产生的材料损失（如弃料、废料、碎屑、碎片、残损品及废品）。根据物质流平衡原理，可得到：

$$\sum 输入 = \sum 产品 + \sum 固废 + \sum 废气 + \sum 废水 \quad (1)$$

对于企业来说，一般难以准确测量出企业对外排放的固体废物、废气与废水的数量，因此，式（1）可变换得到：

$$\sum 固废 + \sum 废气 + \sum 废水 = \sum 输入 - \sum 产品 \quad (2)$$

因此，通过计量一个会计期间的期初物质量、投入物质和期末产品产出可以倒推出企业排放出的固体废物、废气以及废水的价值量。这些固体废物、废气以及废水，被称为"物质/资源损失"，即：

$$资源损失 = \sum 固废 + \sum 废气 + \sum 废水 = \sum 期初物质 + \sum 投入物质 - \sum 期末物质 \quad (3)$$

依据物质流平衡原理，企业应用物质流成本会计可以控制资源损失，而资源损失是进行环境成本控制的关键因素。可见，物质流平衡原理是物质流成本会计核算的理论基础。

二、物质流成本会计的核算原理

物质流成本会计属于管理会计的范畴，它将企业视为一个物质流转系统，通过跟踪计算该系统各个环节的物质（包括材料和能源、其他物质）流量和存量，量化所有成本要素，为企业提供成本分析和控制所需的信息，以利于企业管理者做出正确决策。

其基本思想是根据企业经济目标与环境目标相协调的要求，以资源节约和减少环境污染为目标导向，量化物质流转系统中的各个因素，寻找废弃物可以转变为资源的环节，优化整合企业所有的环境保护技术，以达到提高资源利用效率和减少企业污染物排放的目的。物质流成本会计核算的基本原理如图 9-9 所示。

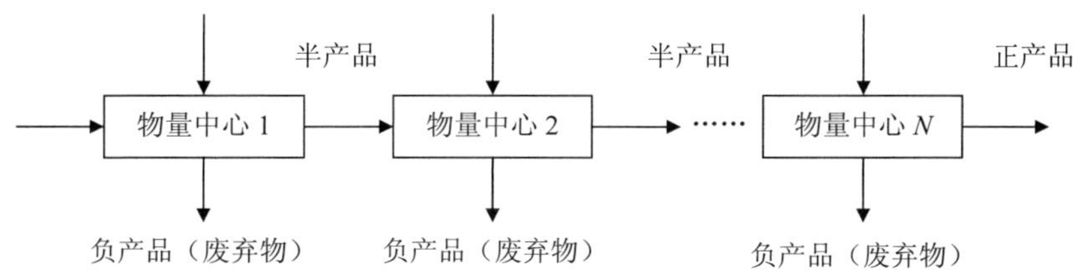

图 9-9　物质流成本会计核算的基本原理

如图 9-9 所示，物质流成本会计基于企业制造过程中材料、能源的投入、消耗及转化，跟踪资源流转的实物数量变化，进行物质全流程物量和价值信息的核算。

它将企业的物质流转视为成本分析的中心，按物质的输入输出，根据物质流平衡原理①，将一个企业划分为几个物量中心，根据物质流转在不同物量中心之间的顺次移动，对材料、能源流进行分流计算，分别核算各物量中心输出端正产品（合格品）和负产品（废弃物）的数量和成本。

物质流成本会计的核算原理，就是对在制造过程中产生废弃物的各物量中心进行检测，在每个物量中心测出全部物料的投入和产出数量，并对交接给下道工序的合格品与废弃品加以区分。在输出端，物质流成本会计核算将所生产的合格品称为“正产品”，其成本称为“正产品成本”或“资源有效利用成本”；将产生的废弃物称为“负产品”，其成本称为“负产品成本”或者“资源损失成本”。这种将企业生产流程中所有物质划分为正产品和负产品，并且将成本在正产品和负产品之间进行分配的核算方法，可以反映各个生产环节废弃物和合格产品的比例，由此可找出负产品比例过大的物量中心，然后深入分析负产品的成本构成，找到负产品产生的源头，以此作为挖掘潜力的重点对象。同时采取优化措施，提高正产品比例，这可达到节约资源、削减成本、减少污染的目的，从而实现经济效益与环境效益的双赢。

三、物质流成本会计的核算方法

在企业传统成本核算方法中，出于对产品定价的需要，所有的生产费用均按“谁受益，谁负担”的原则归集于完工产品身上，并不单独计算资源损失成本。这样，资源利用效率与生产成本的相关关系就不能反映出来。另外，传统成本分配标准往往采用人工工时、机器工时等数量标准，从而使得企业重点关注人工成本的降低，而对物质的消耗与废弃物的成本信息反映不够。而物质流成本会计的核算对象包括所有的材料成本和分配的间接费用，并将这些全部的成本费用作为管理对象进行核算，与传统会计核算相比，有如下特征。

（一）物量中心

在物质流转过程中确定成本计算单元，即物量中心。它是生产过程中选定的一个或

① 物质流平衡原理，具体思想可表达为：原材料 + 新投入 = 输出端正产品 + 输出端负产品。

多个环节，以对生产过程的输入输出物料以实物单位和货币单位进行量化。在物质流成本会计方法里，物量中心充当数据收集的功能。首先，对物量中心的物质流转（材料、能源等）进行实物量化；其二，对物量中心发生的所有成本进行货币量化。所有成本的归集与分配均按物量中心的流入与流出划分，以物量中心为对象对各项成本进行核算和分配。

（二）实施全流程核算

物质流成本会计核算是一环扣一环，上一物量中心的正产品与新投入物质共同构成该流程的全部成本，该成本又将在正、负产品之间分摊，正产品又将进入下一物量中心的成本核算，以此类推，最终生产出来的“产/成品”，即是整个生产过程中累计计算出来的正产品价值。

（三）将全部成本分类核算

在物质流成本会计核算过程中，按照企业物质消耗对环境影响的不同，将物质流成本项目划分为四大类。

第一大类：材料成本，包括从最初工序投入的主要材料的成本、从中间工序投入的副材料成本以及诸如洗涤剂、溶剂、催化剂等辅助材料的成本。在计算材料费用时把材料分为主材料、副材料和辅助材料。主材料是指经过前一工程环节加工后的产品和库存产品等。由于在第一个工程环节之前没有前段工程，因此最开始加入的原材料也就是主材料。副材料是指在当前工程环节加入的材料，副材料在第一个工程环节之后将被当成主材料对待。辅助材料是指为完成生产而被投入但不构成产品的材料，例如印刷过程中的溶剂。

第二大类：系统成本，包括所有发生在企业内部用以维持和支持生产的成本，主要是人工费、折旧费和其他相关制造费用。

第三大类：能源成本，包括从原材料投入、生产、消费直到废弃全流程所耗能源的成本，主要指电力、燃料、蒸汽、水、压缩空气等费用。

第四大类：运输与废弃物处理成本，指为处理废水、废气、固体废物等所发生的费用，以及委托外部处理废弃物时所发生的委托费用。

（四）按正产品成本和负产品成本进行分类核算

物质流成本会计从管理的角度提出“正产品”和“负产品”的概念，对应的成本为“正产品成本”和“负产品成本”。所谓正产品，是指那些可以直接销售或者是能够进入下一流程继续加工的产品或半成品；而负产品正好与之相反，是指废弃物，它不仅不能为企业带来价值，而且会对环境产生负面影响，是企业在生产经营过程中想要减少的物质。正产品成本是指可销售产品的成本或流向下一工序的物质流成本及承担的间接费用；负产品成本是指该环节的废弃物成本及其承担的间接费用。在物质流成本会计的成本分类基础上，正产品成本一般由构成正产品的材料成本，以及按一定标准分配的系统成本和能源成本所组成。负产品成本一般由构成负产品的材料损失成本、运输与废弃物处理成本，以及按一定标准分配的系统成本和能源成本所组成。而传统成本会计并不能对以上两种成本很好地加以反映，只能反映其合计数额。现列举案例如下：

【案例 9-1】 某工厂生产产品 A，初试投入的原材料为 100 kg，每千克材料为 65 元，经过一系列生产环节加工之后，得到产/成品 A，重量为 70 kg，废料损失为 30 kg。其中在整个产品生产过程中电力共消耗 10 kW，每千瓦为 50 元，能源成本为 500 元；而折旧费、水电费等在内的系统成本为 2 500 元；废弃物处理成本为 500 元。

按照传统成本会计核算：

$$\begin{aligned}\text{最后产/成品 A 的成本} &= \text{材料成本} + \text{能源成本} + \text{系统成本} + \text{废弃物处理成本} \\ &= 65 \times 100 + 500 + 2\,500 + 500 = 10\,000 \text{ 元}\end{aligned}$$

按照物质流成本会计核算：

最后得到 70 kg 的产/成品 A，划分为正产品，废料损失 30 kg 划分为负产品。系统成本按重量在正产品和负产品之间分摊，其分摊比率分别为 70%和 30%。

$$\begin{aligned}\text{正产品成本} &= \text{材料成本} + \text{能源成本} + \text{系统成本} \\ &= 65 \times 70 + 500 \times 70\% + 2\,500 \times 70\% = 6\,650 \text{ 元} \\ \text{负产品成本} &= \text{材料成本} + \text{能源成本} + \text{系统成本} + \text{废弃物处理成本} \\ &= 65 \times 30 + 500 \times 30\% + 2\,500 \times 30\% + 500 = 3\,350 \text{ 元}\end{aligned}$$

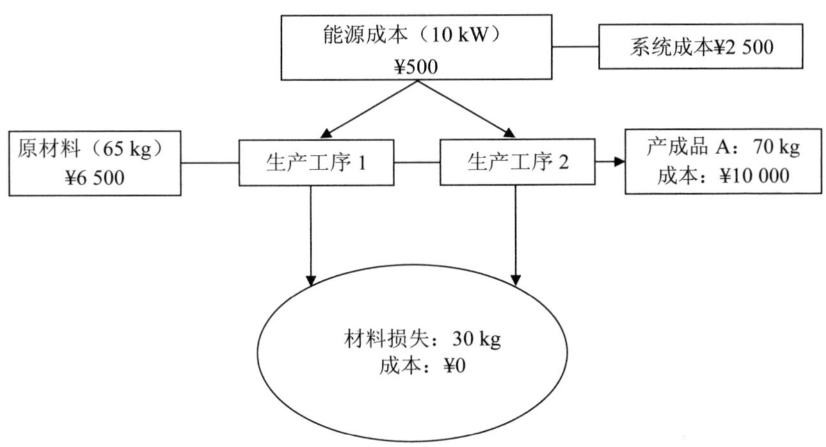

图 9-10　传统的成本会计核算

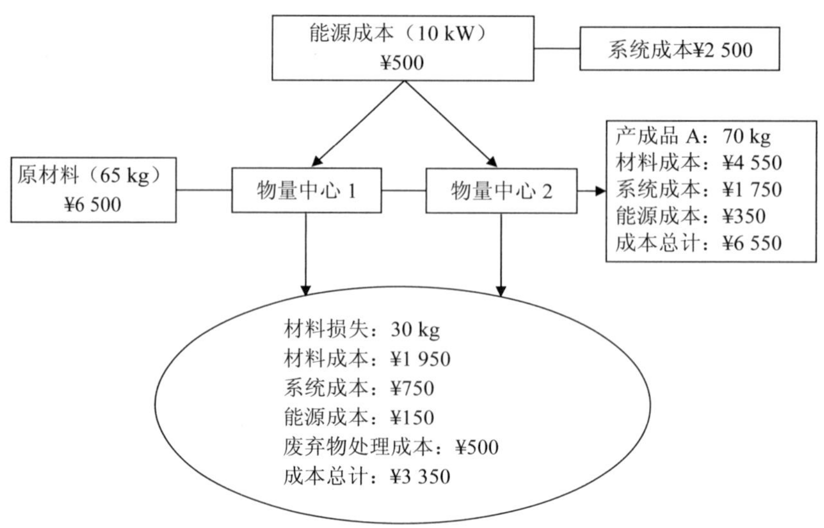

图 9-11　基于物质流成本会计的成本会计核算

从以上的核算结果可知，在生产时产生的 30 kg 废弃物，按传统成本计算方法，并未计算成本，而是将其计入产/成品成本中。在实际进行批量生产时，一般制造流程都是连续性的，而物质流成本会计在计算所有工序的成本时，将投放至下道工序的正产品成本与本道工序的负产品成本（如废弃物、被循环再利用的物料等）进行了分开计算。

同时，对废弃物处理成本的核算不相同。传统成本会计将废弃物处理成本作为企业的一项费用，并不计入产品的成本当中，物质流成本会计则认为该项支出与生产过程中产生的废弃物有关，应当计入负产品成本当中，这样才能准确地反映产品成本的实际状况。

在两种成本核算方法下，产品总成本的核算数额虽然都是 10 000 元，但其核算结果所披露的信息作用却是显著不同的。同样以上述工厂为例，在传统成本会计核算和物质流成本会计核算方法下，公司的损益表编制简化如表 9-2 所示。

表 9-2　不同成本核算方法下的损益表比较　　单位：元

基于传统成本核算下的损益表		基于 物质流成本会计核算下的损益表	
销售收入	20 000	销售收入	20 000
产品总成本	10 000	产品总成本	10 000
	未知	正产品	6 650
	未知	负产品	3 350
销售利润	10 000	销售利润	10 000
营业费用	5 000	营业费用	5 000
营业利润	5 000	营业利润	5 000

从以上损益表的数据可以看出，在传统成本会计核算和物质流成本会计核算方法下，产成品的总成本数额都相同，在其他项目金额一致的情况下，公司最后核算的利润数额也

相同。但是两者所披露的“信息量”却是不相同的，在传统成本核算下公司并不能看出“成本损失”的真正部分，只知道产品成本总额为 10 000 元。而在物质流成本会计的核算下，因废弃物而产生的“负产品成本为 3 350 元”，这在某种程度上，是物质流成本会计提供的新情报，这是在传统成本会计核算下被忽略掉的部分。通常情况下就算发现了废弃物材料为 30 kg，也不会用经济指标来衡量它。这样使用金额来评价废弃物材料后，企业就可以知道废弃物损失产生的成本金额为 3 350 元，这有利于公司管理层进一步制定减少“废料损失”的计划措施，当生产产品 A 的负产品成本低于 3 350 元后，所带来的成本节约就可以看做是利润的提高。

四、物质流成本会计的核算处理流程

物质流成本会计将企业视为由多个物量中心组成的“物质流转系统”，其核算的核心就是将进入物量中心的物质流（材料、能源）所产生的成本与物质流有关的所有成本进行量化并分配到这些物质流中。需要核算和量化的成本主要包括四大类：材料成本、能源成本、系统成本、废弃物处理成本。因此，物质流成本会计核算处理流程的主要事项有：材料流成本核算、系统成本核算、能源成本核算、运输与废弃物处理成本核算。

（一）材料流成本核算

材料流动成本的计算等于材料流动数量与材料流动价格（可以是标准价格、期初价格、期末价格或平均价格）的乘积。下面将对材料流动成本的计算进行举例。

【案例 9-2】 设企业 A，购入甲材料 200 kg，乙材料 100 kg。甲材料在生产开始阶段就已投入，而乙材料是在生产工序 2 阶段才投入的。如图 9-12 所示。

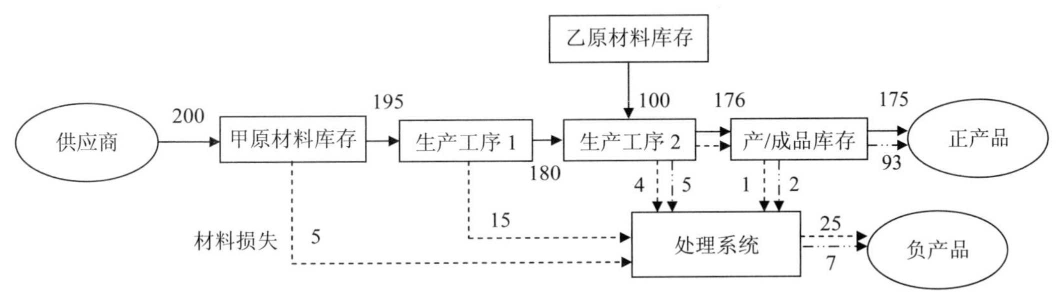

图 9-12　材料流动成本的计算（kg）

注：----▶ 甲材料损失；–··–▶ 乙材料损失

由图可知，投入的甲材料在购入库存环节材料损失为 5 kg，生产工序 1 环节的损失为 15 kg，在生产工序 2 环节的损失为 4 kg，产/成品售出库存环节发生的损失为 1 kg，最后形成到最终正产品的甲材料为 175 kg（200－5－15－4－1），形成到负产品的甲材料损失共计 25 kg。假设甲材料的单价为每千克 20 元，那么正产品所包含的甲材料成本为 3 500 元（20 元×175 kg），负产品所包含的甲材料成本为 500 元（20 元×25 kg）。乙材料是从生产工序 2 开始投入的，在生产工序 2 环节的材料损失为 5 kg，产/成品售出库存环节发生的损失为 2 kg，最后形成到最终正产品的乙材料为 93 kg（100－5－2），形成到负产品的乙材料损失共计 7 kg。假设乙材料的单价为 30 元，那么正产品所包含的乙材料成本为 2 790 元（30 元×93 kg），负产品所包含的乙材料成本为 210 元（30 元×7 kg）。

（二）系统成本核算

材料流成本的核算详细记录了公司材料的流动数量、价值和成本，确定了与材料流动有关的材料成本。为维持企业并使之能够形成、控制和改变材料流而发生的成本，以及保证材料按设想的形式进行流动时所产生的成本，统称为系统成本。一般情况下，系统成本包括为维持材料正常流转而发生的人工成本、折旧费用等。系统成本核算的目标就是确定与材料流动相关的其他成本，并严格地按相关成本动因，将其分配到材料流转模型中。其核算步骤一般为：首先，确定系统成本核算的内容，然后将其分配到生产过程中的各个物量中心，最后再使其分配到半成品、完工产品等正产品以及在产品损失、材料损失等负产品对象上。由于系统成本的核算方法同样可以用于能源成本的核算，因此本节将只介绍系统成本的核算。

1. 系统成本范围界定

系统成本核算中的第一步是确定系统成本的核算内容，一般情况下，系统成本的识别是按伴随材料一起向后流动，并对材料流动产生直接影响的标准来确定的，通常情况下划分为三类：一是来自材料流转系统界限以内的成本；二是在计划、实施和维持材料生产能力过程中发生的成本；三是不能看作材料成本和对外交付及最终处理成本的成本。在企业实际生产过程中，系统成本主要为员工成本、折旧及其他与材料流动相关的成本。

2. 系统成本分摊

系统成本分摊的目标是尽可能按具体动因把系统成本分摊给内部的材料流转。通过将其分摊给所产生的完工产品、半成品、废弃物损失，使得这些相对静态的系统成本转变为具体材料流转的系统价值。由于在许多情况下，制造成本被归集到成本中心，物量中心比成本中心单位小。因此，企业必须将由成本中心分配来的系统和能源成本再次分配到每个物量中心[①]。

为了说明系统成本的具体分摊过程，现举例如下：

【案例 9-3】 甲企业是一家化工厂，生产 A 产品。该厂 2012 年 6 月投入甲材料 400 kg，整个材料的移动过程分为三个环节（物量中心）：原料贮存、生产过程和产/成品贮存售出，废弃物均需要通过处理池进行净化处理，本月发生的处理池全部成本为 600 元，本月发生的与材料流相关的系统成本（包括其他环境导致的成本、管理部门工资等）为 10 000 元（图 9-13）。

[①] 企业在进行系统成本分摊时，分摊标准可以视其成本结构，选择物量中心或成本中心。

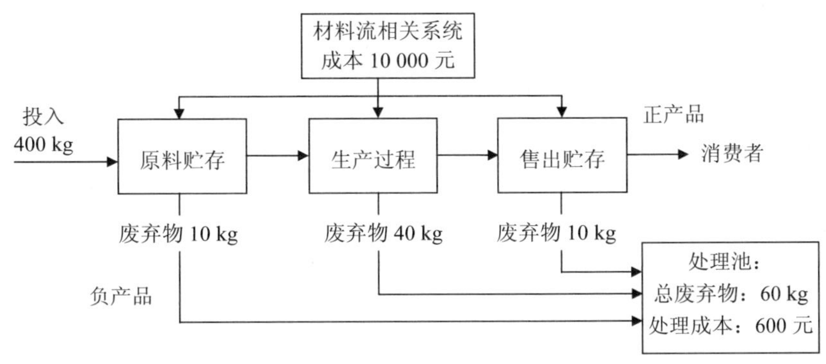

图 9-13 甲企业系统成本分配图

该厂投入原材料 400 kg，在购入贮存环节的损失为 10 kg，生产过程中发生的损失为 40 kg，产/成品贮存售出环节的损失为 10 kg。本月该厂发生的与材料流相关的系统成本为 10 000 元。假定这些成本都是变动成本，并且 3 个物量中心的单位系统成本相等。原材料贮存环节的材料共计 400 kg，生产过程中包含的材料为 390 kg，产/成品贮存售出环节包含的材料为 350 kg（表 9-3）。如果把加工的材料总额作为分配因子，环境导致的系统成本的分配率是：原材料贮存为 35.09%（400/1 140）；生产过程为 34.21%（390/1 140）；产/成品贮存售出为 30.70%（350/1 140）。这样，全部系统成本（10 000 元）在物量中心之间的分配是：原材料贮存为 3 509 元，生产过程为 3 421 元，产成品贮存售出为 3 070 元。

表 9-3 环境导致的系统成本

	原材料贮存	生产过程	产/成品贮存售出	合计
加工的重量/kg	400	390	350	1 140
占总量的百分比/%	35.09	34.21	30.70	100
各物量中心总的系统成本/元	3 509	3 421	3 070	10 000
加工产生的废弃物/kg	60	50	10	
废弃物所占比例*/%	15	12.82	2.86	
废弃物导致的系统成本/元	526.35	438.57	87.8	1 052.72
占总系统成本的百分比/%				10.53

注：*表示占已加工材料的百分比。

在本例中，与材料流相关的间接系统成本可按如下步骤计算：

从实物看，在原材料贮存中，从 400 kg 材料的贮存中产生的 10 kg 废弃物与原材料贮存直接相关。但是，从经济方面而言，由于良好的投入被破坏了，后来出现在生产过程和产/成品贮存售出中的废弃物导致了原材料贮存的额外成本。总之，在所采购的 400 kg 的材料投入中，有 60 kg（10 kg + 40 kg + 10 kg；为 400 kg 材料投入的 15%）导致原材料贮存中产生间接系统成本。因此，在本例中，原材料贮存中额外的环境导致的系统成本总额为 526.35 元（3 509 元中的 15%，相当于 400 kg 中由 60 kg 负担的部分）。

在生产过程中，投入生产过程的物料是 390 kg（400 kg – 10 kg），但最终只有 340 kg

将以合格产品的身份离开公司。这样，进入生产过程的 390 kg 投入中有 50 kg（12.82%）产生了废弃物。分配给生产过程的系统成本是 3 421 元。间接废弃物成本为 438.57 元（3 421 元中的 12.82%，相当于 390 kg 中由 50 kg 负担的部分）。

产/成品贮存售出环节中分配的系统成本是 3 070 元，间接废弃物的成本总额是 87.8 元（3 070 元中的 2.86%，相当于 350 kg 中由 10 kg 负担的部分）。

总之，计算结果所示，将所有与材料流相关的系统成本视为作业成本进行追溯和分配到具体的物量中心，所有因材料损失（废弃物）导致的系统成本之和为 1 052.72 元（526.35 + 438.57 + 87.8），占全部系统成本总额的 10.53%。同时，可以算出企业生产产品耗用的系统成本为 8 947.28 元（10 000 – 1 052.72）。也就是最后正产品所承担的系统成本为 8 947.28 元，负产品所承担的系统成本为 1 052.72 元。

系统成本分摊的结果让这些相对静态的系统成本转变为与具体材料流转相关的系统价值，这使企业的材料流转可以得到更加透明化的披露。比如：可以让我们知道在所有的系统成本中，不能为企业产品增加任何附加价值、最终只是成为废弃物的系统成本所占的比重。就像上个例子中，负产品中系统成本为 1 052.72 元，而这部分系统成本并没有为企业带来任何的附加价值。

（三）运输与废弃物处理成本核算

运输与废弃物处理成本[①]主要是指产品或废弃物的运输物流费用和废弃物处置方面的成本，它主要发生在企业的销售以及废弃物的处理环节。通常，企业废弃物由联合环境成本中心如焚化器、污水处理厂或处理池来处置，经过跟踪和追溯后，联合环境成本中心处置废弃物的成本，可以根据废弃物的单位处置成本以及各责任成本中心实际产生的废弃物的数量分配给各责任成本中心，然后分配给各物量中心，进而再分配给企业生产的各种产品。

【案例 9-4】 同样以上述甲企业为例：该厂本月产生的 60 kg 废弃物均需要通过处理池进行净化处理，本月发生的处理池全部成本为 600 元。为了简便起见，假设每单位废弃物导致相同的成本，那么，每千克废弃物的处理成本将是 10 元（600 元/60 kg）。将处理池的成本追踪分配给 3 个物量中心：生产中心为 400 元（10 元/kg × 40 kg 废弃物），原料贮存中心和产成品贮存售出中心各为 100 元（10 元/kg × 10 kg 废弃物）。这一被分配的成本反映了各个物量中心所产生的废弃物形成的成本数额。而废弃物处理的全部成本 600 元，也都将计入“负产品成本”。

假如甲企业投入原材料的价格为每千克 40 元，那么形成正产品所含有的材料成本为 13 600 元（40 元 × 340 kg），形成负产品成本为 2 400 元（40 元 × 60 kg）。综上可知：生产 A 产品，所产生的负产品成本共计 4 052.72 元（2 400 + 1 052.72 + 600）。A 产品的成本计算表简化如表 9-4 所示。

---

① 系统成本和废弃物处理成本有时候界定容易不清，但其很大的一个界定区别是，前者形成于生产过程内部，后者产生于生产过程外部。

表 9-4 A 产品成本计算表

单位：元

	材料成本	系统成本	运输与废弃物处理成本	合计
正产品成本	13 600	8 947.28	0	22 547.28
负产品成本	2 400	1 052.72	600	4 052.72

专栏 9-3 物质流输入输出汇总表

企业在进行物质流成本会计核算后，最终都要将核算信息输出，而很重要的一种输出形式就是——物料流量输入输出汇总表，其作用有点类似于“财务会计”中的“记账凭证”，可以将其中的数据汇总为更直观的“全流程数据核算流程图”，或者进一步通过其得到物质流成本会计年报。表 9-5 是物质流输入输出汇总表的一般格式。

表 9-5 物质流输入输出汇总表

成本类型	物量中心 1				物量中心 2				
	输入		输出		输入			输出	
	期初	本期投入	正产品	负产品	期初	上工序转入	本期投入	正产品	负产品
MC									
SC									
EC									
TC									
合计									

公司在进行物质流成本会计核算时，将核算数据按物量中心 1 和物量中心 2 输入输出归类，输入项按成本分为材料成本（MC）、能源成本（EC）、系统成本（SC）以及废弃物处理成本（TC）分别进行核算，而输出按正产品与负产品归类。物量中心 1 的正产品按比例或者全部进入物量中心 2，在物量中心 2 中以“上工序转入”的输入项显示，而物量中心 1 中的负产品退出生产流程，或者作为中间产品直接销售又或者以废弃物的形式排放，物量中心 2 中输入项除上工序转入还有本工序直接投入，输出项还是按正负产品进行分类。

第五节 物质流成本会计的实施

企业在应用物质流成本会计时，首先要确定实施的目标与原则，其次要进行实施的准备工作，并充分了解物质流成本会计的实施步骤。在实际实施时，对成本进行重新划分并确定物量中心，收集整理每道工序的数据，通过对内部工序进行整合实现上一工序的正产品成本与下一工序传递成本的匹配。应用物质流成本会计的核算结果可以绘制物质流成本矩阵进行成本分析，并及时提出改进措施以及新一轮对改进措施的检验。企业在实际操作时可以通过学习日本企业构建的物质流成本会计模型建立适合自身产品生产线的物质流成本会计核算工具，并确定目标产品和目标生产线的核算模型。同时进一步结合 ERP 系统建立物质流成本会计数据库以导出物质流成本会计年度报表。

一、实施物质流成本会计的目标

从宏观上来讲，政府要求企业实施物质流成本会计的主要目标是减少企业经营行为对环境的影响以及促进节能减排政策的实施。企业本身实施物质流成本会计的目标则包括提供全面完善的环境信息、有效确认废弃物成本、形成物质流成本会计年度报表、提出切实可行的改善措施等。

二、实施物质流成本会计的原则

（一）适用性原则

在实施物质流成本会计时，要结合中国的具体国情，充分考虑我国企业实施物质流成本会计可能遇到的障碍。借鉴日本企业的经验，我国企业实施物质流成本会计可分为理论引进、试点实验和推广普及三个阶段。政府对于企业实施物质流成本会计起着十分关键的作用，可以借鉴日本政府公开招募实施物质流成本会计的合作试验企业，选择高能耗、高污染行业的企业作为试点，与节能减排等措施有机结合起来，建立适合中国企业应用的物质流成本会计。

（二）可操作性原则

在实施物质流成本会计时，要充分考虑应用过程中的可操作性。在运用物质流成本会计核算模型进行核算以前，往往需要在生产现场花费大量时间收集投入与产出的原始数据。如果物量中心设置得过于庞大，那么负产品成本的数量在计算过程中可能会出现误差；如果物量中心设置得过于细致，那么收集和整理原始数据就会花费很多时间。因此，实施物质流成本会计时，要充分考虑物量中心的设置和数据取得的难易程度。只有在现场收集的原始资料，才能作为物质流成本会计核算模型的基础数据。

（三）与传统成本会计相匹配原则

与传统成本会计相匹配的原则是指在运用物质流成本核算模型进行核算时，要结合传统会计科目。物质流成本会计与传统成本会计的主要差别在于对废弃物成本的处理上，前者使废弃物成本变得可视化；后者则没有专门的科目记录废弃物处理成本，使其在生产过程中容易被隐性化。因此，一定要结合传统会计科目进行核算。

（四）有效性原则

有效性原则体现在物质流成本会计应用于企业生产流程的全过程。在数据的收集整理阶段要保证数据的真实准确，物量中心的设定也涉及核算结果的有效性。在内部工序整合阶段，整合系数的确定也会对核算结果的有效性产生影响。因此结合 ERP 系统建立全部投入与产出的数据库，有助于减少核算过程产生的误差，最大程度地保证核算结果的有效性。

三、物质流成本会计的实施流程

物质流成本会计的实施与应用需要其他各部门的配合，整个实施流程需要企业多部门进行密切合作和协调行动。根据日本经济产业省发布的物质流成本会计指南，表 9-6 列出了物质流成本会计推广的详细流程。

表 9-6　物质流成本会计的实施流程

基本步骤		具体操作项目
1	准备阶段	确定目标产品、生产线和工艺流程
		对目标流程进行大概分析并确定物量中心
		确定模型和分析周期
		确定目标成本和收集数据的方法
2	数据收集和整理	收集整理材料类型及其在各生产阶段的投入和废弃物数量的数据
		收集整理系统成本和能源成本的数据
		收集整理系统成本和能源成本的分配方法
		收集整理每个生产阶段机器运行状态数据
3	物质流成本会计核算	建立物质流成本会计模型
		确定并分析物质流成本会计的计算结果
4	形成物质流成本会计年度报表	结合 ERP 系统形成物质流成本会计年度报表
5	提出改进方案	提出减少材料损失和降低成本的方案
6	系统改进后方案	确定材料损失减少方案的范围和可行性
		计算评估各方案的成本降低效果
		确定各方案的优先顺序
7	执行方案	执行改进方案
8	评估改进结果	依据改进方案重新计算全部成本和负产品成本并评估改进方案

（一）实施物质流成本会计的准备工作

物质流成本会计应用的收益能够实现与否很大程度上取决于事前准备阶段，企业首次引进物质流成本会计时，在引进事前准备的各检验与操作项目应该着重注意以下几点：

首先是选择相对容易提高、改善空间较大且便于管理的产品和生产线；其次，确定物量中心，物量中心是物质流成本会计的理论单位，理论上来讲所有能够引起损失的环节都应该被设置为物量中心，但是物量中心不能被设置得太细致，因为物量中心设置太细致要耗费大量的人力物力来收集每道工序的生产投入产出数据；也不能设置得太笼统，太笼统不利于如实反映生产过程，会影响核算数据的准确性。

物质流成本会计实施准备工作可归纳如表 9-7 所示。

表 9-7 实施物质流成本会计的准备工作

<table>
<tr><th></th><th></th><th>具体操作项目</th><th>补充描述</th></tr>
<tr><td rowspan="6">准备阶段</td><td>1</td><td>确定目标产品、生产线和工艺流程</td><td>将实施目标与核算目标具体化</td></tr>
<tr><td rowspan="2">2</td><td rowspan="2">对目标流程进行大概分析并确定物量中心</td><td>如果物量中心设置太大，计算时会忽略很多损失成本</td></tr>
<tr><td>如果物量中心设置太小，收集数据会花费大量时间</td></tr>
<tr><td>3</td><td>确定模型和分析周期</td><td>结合数据确定模型和分析周期</td></tr>
<tr><td rowspan="2">4</td><td rowspan="2">确定收集数据的方法</td><td>取得原始数据后还需要加工成理论核算的数据</td></tr>
<tr><td>环境影响或经济影响小的辅助原材料不在计算范围内</td></tr>
</table>

（二）物质流成本会计核算数据的收集和整理

首先，对物质流成本会计的成本进行分类。在物质流成本会计核算之前，把生产过程中发生的全部成本分为正产品成本和负产品成本，并在全部的生产过程范围内计算成本，一道工序产生的正产品成本随着即将新投入的成本共同计入下一道工序的总投入成本。而由于计量需要，生产过程中产生的全部成本被分为四类：材料成本、能源成本、系统成本、废弃物处理成本。

其次，确定系统和能源成本的分配规则。成本中心单位与物量中心（工序）不同，在许多情况下，制造成本被成本中心所分配，物量中心比成本中心单位小。因此，企业必须将由成本中心分配来的系统和能源成本再次分配到每个物量中心。如果产品和品种被物质流成本会计核算选为目标且只是单一生产线中的部分产品和品种，那么分配到工序的系统和能源成本应进一步分配到目标产品和品种中去。

最后，收集整理每道工序中的物料类型数据、系统成本和能源成本数据及其投入量与废弃物数量。在物质流成本会计中，企业应定义每道工序中每种类型成本的投入产出量单位，采用吨、千克、千瓦时或者小时等。

（三）建立物质流成本会计核算模型并进行核算

企业可以参考物质流成本会计简化核算工具及其操作手册（工具包括两个 MS-Excel 文件，文件可以从日本能率协会（JMAC）的 MFCA 网站上下载），为相关制造工序建立一个物质流成本会计核算模型并进行核算，具体包括以下步骤。

1. 建立一个物质流成本会计核算模型并进行成本分配

在实际执行物质流成本会计核算时，要注意对每道工序所投入的系统成本和能源成本按其正负产品数量比例进行分配。

材料成本在“正产品”与“负产品”之间的分配规则主要依据质量守恒定律，如下：

$$\text{材料总投入重量}=\text{“正产品”使用重量}+\text{“负产品”使用重量}$$

$$\text{正产品材料成本}=\frac{\text{正产品使用重量}}{\text{正产品使用重量}+\text{负产品使用重量}}\times\text{材料总成本}$$

$$\text{负产品材料成本}=\text{材料总成本}-\text{正产品材料成本}$$

此外，从上一阶段传递过来的正产品被作为主要原材料投入到该阶段，而上一阶段的负产品则变成废弃物退出流程。同时额外投入的新材料与上一工序产生的正产品一起构成本工序的总投入。然后，按照上一工序传递的正产品的材料成本产出正产品数量和负产品数量的比例，分配上一阶段随正产品转移来的系统和能源成本，本工序新投入的系统成本和能源成本按照本工序新投入材料产出正产品和负产品的数量比例进行分配。

2．进行物质流成本会计核算

物质流成本会计的基本核算原理是某工序的正产品成本应累加转移到下一工序，并被计入下一工序的投入成本中，最后基于最终产品的单位数量进行物质流成本会计核算，企业将很容易地进行损失分析和成本削减。

假设生产某产品经过三道制作工序，即物料加工工序、局部加工工序和最终加工工序。每道工序投入生产过程的总成本都是新投入成本与上一工序传递下来成本之和（物料加工工序作为最初工序，投入的传递成本为零），正产品成本作为传递成本转移到下一工序中。因此，每道工序的正产品成本应该等于下一工序的传递成本。举例如图 9-14 所示，局部加工工序投入的总成本（156）=新投入的成本（60）+上一工序的正产品成本（96）。其中正产品成本 96 就是上一工序物料加工工序所传递下来的。而局部加工工序的总成本分流成正产品成本（127）和正产品成本（29）后，正产品成本（127）又继续传递到最终加工工序。

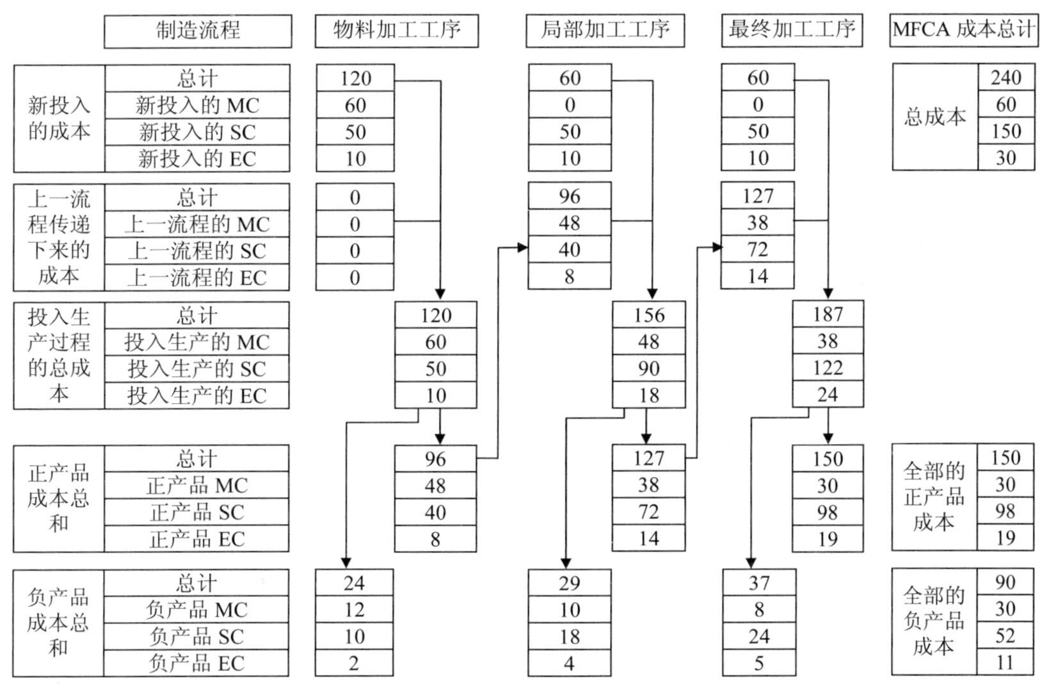

图 9-14　物质流成本会计核算数据流程图

从图 9-14 可知，使用物质流成本会计核算模型可以使各种物料的来源与去向见之于各工序，尤其是将负产品计入产品成本，有利于企业不断改进生产技术，提高生产效率，充分利用资源，提高正产品的产出率，努力降低负产品即废弃物的产生，从而有利于减轻对环境造成的压力。

（四）形成物质流成本会计年度报表

物质流成本会计的应用效果毋庸置疑。从另一方面来讲，原始数据的收集整理与核算过程的复杂性限制了物质流成本会计应用的广泛性。我国很少有企业应用物质流成本会计进行日常管理。为了提高资源利用效率，建立物质流成本会计是十分有必要的。

在实施物质流成本会计时，需研究建立适合我国的物质流成本会计核算工具并确定目标产品和目标生产线的核算模型。为了将物质流成本会计应用到更多的生产线上，有必要将数据收集的工作量减少到最低。如果能够结合 ERP 系统建立数据库，对产品成本、制造流程等进行全面控制，那么将大大减少原始数据收集与处理的工作量，并能够有效识别、定位产品损失。

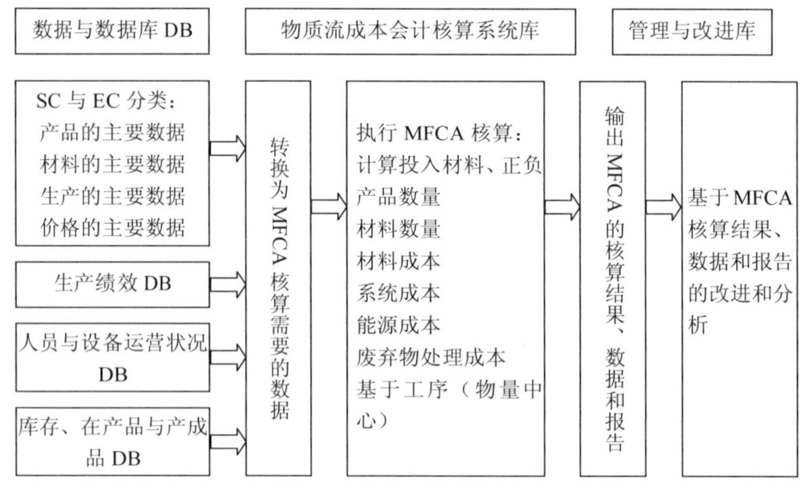

图 9-15　加入 ERP 的物质流成本会计系统图

通过运用 ERP 系统一般可得到物质流成本会计年报如表 9-8 所示。

表 9-8　结合 ERP 系统的物质流成本会计年报

<table>
<tr><td colspan="3">物料流量成本会计年度报表</td><td>时间范围</td><td colspan="2">2009.01—2009.12</td><td colspan="2">报告时间</td><td colspan="2">2010.01.15</td><td colspan="2">负责人</td><td colspan="2">×××</td></tr>
<tr><td>公司名称</td><td colspan="2">××公司</td><td>产品/品种</td><td colspan="2">××产品</td><td colspan="2">生产线</td><td colspan="2">××生产线</td><td colspan="2">工序/设备</td><td colspan="2">全部相关工序</td></tr>
<tr><td></td><td></td><td colspan="7">物料流量成本会计数量/kg</td><td colspan="4">物料流量会计成本/元</td><td></td></tr>
<tr><td>时间范围（月）</td><td>产量</td><td>投入主材料</td><td>来源于主材料的正产品</td><td>投入辅材料</td><td>来源于辅材料的正产品</td><td>总共投入物料</td><td>正产品总和</td><td>负产品总和</td><td>投入成本</td><td>正产品成本</td><td>负产品成本</td><td>负产品比率</td><td>单价</td><td>成本节约</td></tr>
<tr><td>01</td><td></td><td></td><td></td><td></td><td></td><td></td><td></td><td></td><td></td><td></td><td></td><td></td><td></td><td></td></tr>
<tr><td>02</td><td></td><td></td><td></td><td></td><td></td><td></td><td></td><td></td><td></td><td></td><td></td><td></td><td></td><td></td></tr>
<tr><td>03</td><td></td><td></td><td></td><td></td><td></td><td></td><td></td><td></td><td></td><td></td><td></td><td></td><td></td><td></td></tr>
<tr><td>04</td><td></td><td></td><td></td><td></td><td></td><td></td><td></td><td></td><td></td><td></td><td></td><td></td><td></td><td></td></tr>
<tr><td>05</td><td></td><td></td><td></td><td></td><td></td><td></td><td></td><td></td><td></td><td></td><td></td><td></td><td></td><td></td></tr>
</table>

时间范围（月）	产量	物料流量成本会计数量/kg							物料流量会计成本/元					
		投入主材料	来源于主材料的正产品	投入辅材料	来源于辅材料的正产品	总共投入物料	正产品总和	负产品总和	投入成本	正产品成本	负产品成本	负产品比率	单价	成本节约
06														
07														
08														
09														
10														
11														
12														
总计														

表 9-8 反映了企业某生产线某产品实施物质流成本会计所得到的核算结果。

通过输出物质流成本会计年报，企业可以很清晰地看到某产品最终的正负产品构成比率，有利于企业进一步采取生产改进措施，降低负产品的比率，削减企业的综合生产成本。

（五）物质流成本会计核算结果的应用

1．分析物质流成本会计核算结果

如果企业能够将物质流成本会计应用于全部生产流程，那么就可以使整个生产过程产生的各项成本清晰可见，有助于企业提出改善措施、评估改善效果。基于物质流成本会计核算流程图（内部整合后）给出的数据，可以绘制物质流成本矩阵，表 9-9 所示矩阵包含全生产流程产生的正产品成本、负产品成本及其所占全部成本的比例。物质流成本矩阵反映了企业对资源的利用效率以便于对全部损失成本进行有效估计，并且通过对比相似生产流程的物质流成本矩阵更好地改进生产流程、提高资源的利用效率。

表 9-9　物质流成本矩阵

	材料成本	能源成本	系统成本	废弃物处理成本	总　计
合格品（正产品）					
材料损失（负产品）					
合　计					

运用物质流成本会计核算流程图还可以绘制出每道工序关于投入成本与负产品成本的图表。物质流成本矩阵反映的是目标生产线产出的全部负产品成本，不便于对单一产品或品种进行成本分析；通过图表对比多种产品或品种之间的成本差异有助于企业更为恰当地评估、确认产品现值和改进需求。

2．分析企业的改进需求

基于物质流成本会计的核算结果，企业的改进步骤一般是：首先要确定产生负产品成本的工序，并对其损失成本的种类、成因和损失规模进行分析；接着要制定改善目标，明确改善的方向和重点，大致检验一下改善的方法；最后对改善方法的可行性进行分析评估并预期改善效果，提出具体可行的改善措施[①]。

甲企业是日本一家生产电器模具的生产商，并实施了“物质流成本会计”核算方法。表 9-10 以甲企业为例，来描述如何确认改进需求并对改进需求进行分类。

表 9-10　甲企业改进需求分类表

	工序 1	工序 2	工序 1	工序 2
损失类型	材料成本	材料成本和系统成本	材料成本	材料成本和系统成本
损失描述	切割刮痕	切割产生的废品	切割刮痕	不合格品产生比例
损失规模	10%的材料损失	废品率 10%	20%的材料损失	废品率 10%
改进方向	改进切割工艺技术	降低品质多样化引起的废品	降低切割成本	降低对操作工人技术的依赖程度
改进的制约因素	切割工具的磨损偏差	模具精度与相关条件		
改进主题	改善切割工具与相关条件	通过连续生产确保质量稳定性	减少加工过程中的变化	业务操作和工具标准化
改进目标	切割刮痕成本降低 20%	成本损失降低 50%	切割成本降低 20%	成本损失降低 50%

3. 提出改善措施

通过确认分析改善需求并将改善需求细化便可有针对性地制定改善措施，在提出改善措施的时候要注意改善措施的可操作性以及执行的有效性，对执行改善措施过程中所遇到的困难进行全面估计，确保改善进程的顺利进展。也有一些不适合在生产现场进行的改善措施，如设计变更、施工方法变更、设备变更等。依据改进方案对生产流程进行改造后，需要应用物质流成本会计核算模型对全部成本重新进行计算并评估改进方案。

专栏 9-4　物质流成本会计的产学研模式

产学研即产业、学校、科研机构等相互配合，发挥各自优势，形成强大的研究、开发、生产一体化的先进系统并在运行过程中体现出综合优势。产学研合作通常指以企业为技术需求方，与以科研院所或高等学校为技术供给方之间的合作，其实质是促进技术创新所需各种生产要素的有效组合。

日本是推行实施物质流成本会计最成功的国家的之一，而日本产学研合作模式为日本企业成功实施物质流成本会计做了很大的贡献，即研究机构、政府部门、企业三者合作研究开发物质流成本会计。对日本实施物质流成本会计意义重大的《物质流成本会计应用指南》及《物质流成本会计应用案例》就来源于日本能率协会（JAMC）、日本神户大学等研究机构。我国在施行物质流成本会计时，可以参照日本实施物质流成本会计的模式，在试点地区搭建联系产学研三方的合作平台，建立专门的研究机构并组建包括学者、专家、技术人员在内的研究梯队，由政府、研究机构、企业三方共同推进物质流成本会计的发展。

① 企业需要将改善需求措施集中在投入成本和引起重大损失的部分，并着重分析引起材料损失发生的原因。

【本章小结】

物质流成本会计通过追踪产品或生产线的流程，勾勒出废弃物的流动轨迹，帮助企业降低生产成本和减少环境污染，是生产管理者有效的决策工具。它的理论基础主要有环境价值理论、可持续发展理论、环境经济学理论、企业社会责任理论、物流成本管理理论和物质流分析理论。以物质流平衡原理为核算前提，与传统成本会计核算相比，具有“物量中心”、“正产品与负产品”等特殊元素。其核算处理流程的项目主要有材料成本核算、系统成本核算、能源成本核算、运输与废弃物处理成本核算。

我国企业在应用实施物质流成本会计时，必须结合我国自己的国情，遵循相应的原则。我国企业在实际实施操作时可以通过学习日本企业构建适合自己的物质流成本会计模型，从而建立适合自身产品生产线的物质流成本会计核算工具，帮助企业降低生产成本，减少对环境的污染，提升能源的利用效率，实现环境效益与经济效益的双赢。

【讨论思考题】

（1）什么是物质流成本会计？它起源于怎样的历史背景？

（2）物质流成本会计的理论基础有哪些？它与这些理论之间有着怎样的联系？

（3）与传统成本会计相比，物质流成本会计有怎样的特点？

（4）物质流成本会计的处理流程主要包括哪些？

（5）物质流成本会计的实施，需要建立怎样的数据库，与企业现行 ERP 系统如何衔接？

【案例分析题】

从财务角度实现制造过程损耗的“可视化”

当今企业要在激烈的市场竞争中提升利润空间，就必须不断提高资源利用效率，降低单位产品成本。同时，为了增强产品的市场竞争力，要在资金有限的条件下，对产品生产设施进行高效合理的投资，使产品生产能同时创造良好的经济效益和生态效益，而这就需要一个能同时满足对二者进行合理核算的会计核算体系。

在这样的背景下，A 企业决定实施物质流成本会计，来实现制造过程损耗的“可视化”，正确掌握制造工序的损失状况，收集改善工序和削减成本的相关基础数据，帮助工厂管理者做出正确的降低生产成本方面的决策。

A 企业是一家汽车配件的制造厂，其年销售额近 61 亿日元。从 2006 年起，集团整体的产量逐年增长，废弃物的产生量也在逐年增长，生产过程中产生的大部分废弃物来自零部件加工厂，因此，将 A 企业从事发动机盖生产的第一条生产线确定为示范工厂，实施物质流成本会计。发动机盖是 A 企业的旗舰产品，一个完整的生产线包括成型、研磨、着漆、组装 4 个工序。

2009 年 8 月至 2010 年 4 月，A 企业收集了基于财务管理、工程管理和生产管理 3 个部门的第一手数据，收集各工序期各种物质投入量、排泄量、废弃量、功耗量、劳动费和其他费用等实际数据，并将这些数据作为下一步实施物质流成本会计的基础。

A 企业在实施物质流成本会计时，注意了以下几点：①关于材料成本（原材料，辅材料）。考虑工作期间工作人员的工作及数据收集的工夫，将发动机盖制造工序分为 4 个物量中心。图 9-16 显示了各物量中心的输入和输出数据。由于包装工序的附属品重量只有一点点，因此忽略不计；②关于能源成本，按生产线占全企业生产用能源成本总量的比例计算生产用水量和用电量；③系统成本，以工厂全体生产量的数据为基础，根据劳动时间、工时进行分配。

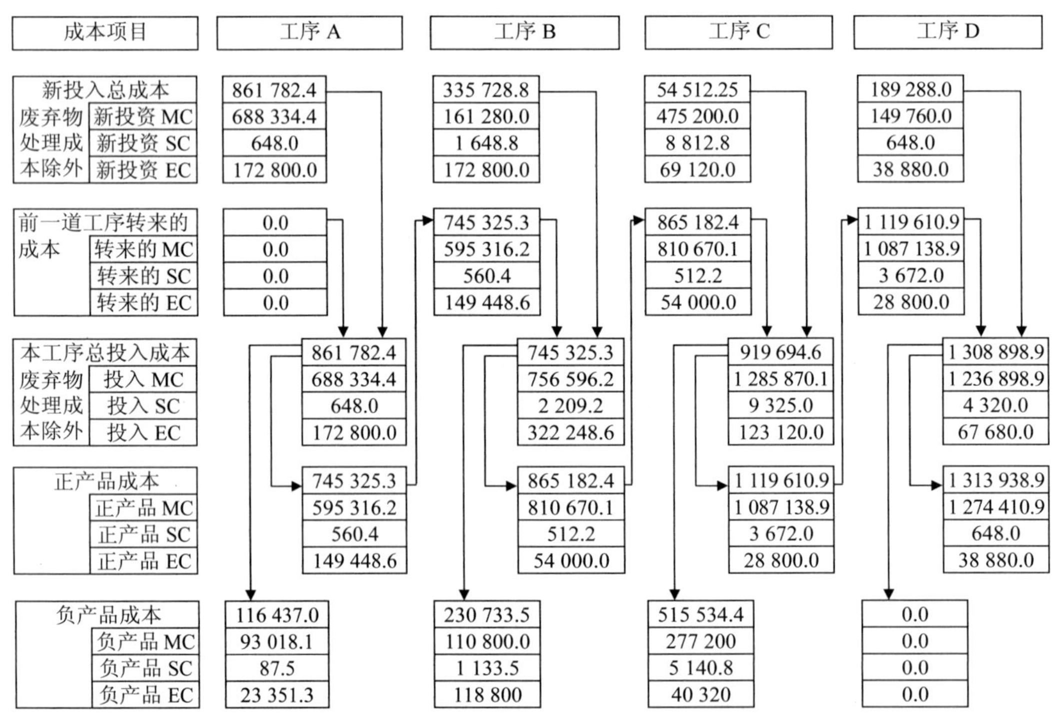

图 9-16 A 企业实施物质流成本会计后的数据核算流程图

图 9-16 记录了数据收集期间各物质的输入输出量。基于各工序每期的新投入总成本、前一道工序转来的成本、正产品成本和负产品成本中的材料成本、系统成本和能源成本，以及相关的废弃物处理成本和可回收材料等销售额等数据，构建物质流成本会计的计算模型并将数据输入进行计算得到工序间整合后的流程图，以及在核算流程图的基础上，得到 A 企业各物量中心产出正负产品的物质流成本矩阵，如表 9-11 所示。

表 9-11 A 企业各物量中心产出正负产品的物质流成本矩阵

工程类别	正产品			负产品				各工程产出小计	
	物量/kg	金额/元	本物量中心正产品率/%	物量/kg	金额/元	本物量中心负产品率/%	负产品占所有负产品比率/%	物量/kg	金额/元
成型工程	46 080	760 270.18	86.49	7 200	118 792.22	13.51	46.73	53 280	879 062
研磨工程	47 520	889 138.93	31.23	3 168	283 511.2	68.75	20.56	50 688	1 172 650
着漆工程	51 120	1 124 650.93	41.67	5 040	328 716.8	58.33	32.71	56 160	1 454 367
组装工程	53 280	1 313 938.93	100	0	0.00	0.00	0.00	53 280	1 313 938
合计				15 408	732 020.27			全工程负产品成本占所投入总成本的 20.30%	

数据来源：来自 A 企业的实际生产一线数据。

根据该案例资料，分析以下问题：

（1）企业在应用物质流成本会计时，应做哪些准备工作？

（2）A 企业发动机盖生产的各物量中心的成本的核算与分配，基于怎样的运行机理？

（3）通过观察 A 企业核算后的结果——产出正负产品物质流成本矩阵，我们可以发现 A 企业在实际生产过程当中，存在哪些问题？在哪些生产环节负产品率过高？为了降低负产品成本比率，企业可以采取哪些有效的措施？

第十章　排放权交易会计

【案例引导】

碳排放权交易的概念源于 20 世纪六七十年代经济学家提出的排污权交易概念，排污权交易是市场经济国家重要的环境经济政策。其交易方式是：按照《京都议定书》的规定，协议国家承诺在一定时期内实现一定的碳排放减排目标，各国再将自己的减排目标分配给国内不同的企业。当某国不能按期实现减排目标时，可以从拥有超额配额或排放许可证的国家（主要是发展中国家）购买一定数量的配额或排放许可证以完成自己的减排目标。同样，在一国内部，不能按期实现减排目标的企业也可以从拥有超额配额或排放许可证的企业那里购买一定数量的配额或排放许可证以完成自己的减排目标，排放权交易市场由此而形成。中国国家发展和改革委员会于 2012 年 1 月 13 日宣布，北京市、天津市、上海市、重庆市、广东省、湖北省、深圳市获准开展碳排放权交易试点，以逐步建立国内碳排放交易市场，以较低成本实现 2020 年中国控制温室气体排放行动目标。

作为碳排放权交易试点七省市之一的深圳市近日宣布，碳排放权交易试点工作实施方案已获国家发改委批准，深圳碳交易市场将于 2013 年 6 月 18 日正式启动。据了解，根据企业工业增加值、规模大小、能耗水平，最后确定 635 家工业企业和 200 个大型公共建筑纳入碳排放交易体系，包括华为、中兴、富士康、比亚迪等深圳知名企业，皆被纳入试点范围。下一步，深圳或将新能源公共交通碳排放纳入碳交易体系。

目前深圳市已基本完成首批 635 家工业企业的碳配额分配工作，根据分配结果，这些工业企业在 2013—2015 年三年间，将获得的配额总量合计约 1 亿 t。按照计划，到 2015 年，这些企业平均碳强度将比 2010 年下降 32%，这一目标高于深圳全市平均 21%的减排目标，也高于该市制造业 25%的碳强度下降要求。目前深圳排放权交易所的碳排放信息管理系统、注册登记簿系统和碳排放交易系统三大支撑系统，已基本满足碳交易市场开展交易的要求。

排放权交易采用的是会员制方式，除了管控企业成为会员之外，普通投资者会员、项目业主会员均可参与。项目业主就是碳抵消机制项目的提供者，即中国核证减排量 CCER 的项目业主可以参与。投资者也可以参与到碳交易市场，只要到交易所开户，取得一个账户，就可以进行交易。

据深圳排放权交易所总裁陈海鸥介绍，6 月 18 日碳交易市场正式启动时，深圳碳排放交易规则将同日公布，深圳将采用市场定价方式，因为碳价格受很多因素影响，包括市场的供给、投资者对市场的预期、能源价格、企业减排成本等。

理论上而言，只要用了油、煤、气、电的企业和单位都要排出二氧化碳，都应该作为碳交易纳入的对象。但基于深圳碳能耗排放的实际情况，试点阶段，深圳只纳入了两个能耗比较大的行业，一个是工业企业，一个是大型建筑。

企业碳清单是配额分配的依据，为了确保企业碳清单数据的真实性、可靠性，深圳市通过第三方机构对企业的碳排放进行了核查。同时，成立了温室气体排放量化、报告、核查技术标准制定 23 人专家组，经过专家团队近半年的调研、讨论和修改完善，深圳市颁布了我国第一部企业碳排放量化、报告和核查地方标准化技术文件，据此完成工业企业碳排放核查工作。

根据 2010 年统计数据，被选定的这 635 家企业的碳排放总量是 3 173 万 t，占全市碳排放量的 38%。2010 年深圳全市碳排量总量是 8 340 万 t。635 家工业企业增加值占全市工业增加值 59%，经济贡献占全市 GDP 的 26%。

另外，由于服务业的快速增长，在试点工作准备阶段，深圳市共计完成了 350 栋建筑的碳排放核查，最终按照单体建筑面积 2 万 m^2 以上的标准，选定了 200 栋公共建筑纳入碳排放交易体系。被纳入试点的 200 栋建筑中，既有商场、酒店、写字楼等社会资本投资的建筑，也有市民中心、区政府办公大楼等政府物业。目前，深圳这 635 家企业以及 200 栋公共建筑的名单还未全部公开，但华为、中兴、富士康、比亚迪等深圳知名企业，确定已经被纳入碳排放交易体系。635 家工业企业和 200 栋公共建筑分别以碳排放强度下降和碳排放总量下降为目标。

纳入深圳碳排放交易体系的工业企业，主要以碳排放强度作为配额，它会随着经济整体活跃程度而调整，但对于单个企业而言，一旦排放强度确定，其能够享受的碳排放配额，一定与其创造的工业增加值相关。在这个机制内，配额的总量可以动态调整，交易价格不会大幅波动，其对企业提升节能技术、开展减排，始终具备约束作用。同时，碳排放配额的灵活调整，又不会影响到企业扩大生产规模，追求更高的工业增加值。

为了避免政府和企业“一对一”谈判导致的“权力寻租”和配额分配过于宽松的风险，深圳市采用了电子化的企业碳配额申报与分配系统。管控企业根据未来三年的生产经营计划，申报 2013—2015 年碳排放数量的预测值及增加值，系统会自动生成配额，企业认同配额后会签字生效。

据了解，完成企业的历史碳排放核查、确定企业未来的碳排放配额，未来如何在市场交易，以何种价格交易，具体的交易细则，将在碳排放权交易市场正式启动后对外公布。

另外，在监督方面，深圳市人大已经通过了《深圳经济特区碳排放管理若干规定》。在此背景下，企业和大型建筑业主参与节能减排，从“自觉自愿”变成“必须”，参与的企业和建筑业主一旦未完成节能减排义务，必须通过碳交易市场，为其多排的二氧化碳“埋单”。如果企业和建筑业主拒不履约，市政府有权对企业采取罚款等方式的处罚。

另外，深圳对碳交易体系设想的思路为“总体设计、分步实施”，尽管目前没有将所有碳排放企业一网打尽，但从长期的规划看，将会有越来越多的企业被纳入碳交易市场中来。

第一节 排放权交易制度

企业作为经济活动的主体，其对环境的影响主要集中在企业排放的废水、废气、废渣等废弃污染物对环境的污染。由于污染具有外部性，经济学家认为可以通过经济手段使企业为污染付费，以有效地解决外部性带来的市场失灵，并达到让企业减少排放的目的。各国政府除了采用行政手段和法律手段来控制企业和其他污染源的污染物排放外，出于效率的考虑，越来越倾向于采用经济激励手段。

排放权交易就是利用经济激励手段促使企业减少污染物排放的一种环境制度。已经实施排放权交易制度的国家和地区，在减少社会污染物排放水平、改进环境质量方面取得了很大的成绩。《联合国气候变化框架公约》、《京都议定书》也规定了温室气体的国际排放贸易，排放权交易被当作减少温室气体对全球变暖影响的一种国际机制，在国际上也可以进行。排放权交易必然会对企业的资产、负债和所有者权益等会计要素产生影响，因此有必要对企业排放权交易事项进行会计处理和信息披露。在对排放权交易的相关会计问题展开讨论之前，为了对排放权交易的会计确认和计量及会计处理进行探讨，有必要比较深入地了解和分析排放权及排放权交易的制度特征。

一、排放权及排放权交易理论

排放权及排放权交易最早由美国经济学家戴尔斯于 20 世纪六七十年代提出，主要思想是：在满足环境要求的前提下，设立合法的污染物排放权利即排放权（通常以排污许可证的形式出现），并允许这种权利像商品那样被买卖，以此进行污染物的排放控制。排放权交易首先被美国环保局（EPA）应用于大气和河流污染的治理，而后，德国、澳大利亚、英国等相继进行了排放权交易的实践。

戴尔斯提出的排放权交易理论基础源于科斯，是在科斯定理的基础上发展而来的。科斯认为，在交易成本为零的情况下，只要将产权的内容与归属做出明确界定，通过双边的自由协商，就可以达到社会合适的环境水平（Coase，1960）。按照科斯的思路，为寻求外部性问题的解决，关键是如何实现社会总收益的最大化，而不是完全消除外部性。同时，外部性的求解要注意损害的相互性。既然如此，在产权明确界定的情况下，未必要采用庇古手段（庇古税）才能解决生态环境问题，自愿协商同样能够实现资源配置的帕累托最优。戴尔斯在其《污染、产权、价格》著作中首先使用了排放权这一概念。戴尔斯认为，外部性的存在导致了市场机制的失效，造成了生态破坏和环境污染。单独依靠政府干预，或者单独依靠市场机制，都不能得到令人满意的效果，只有将两者结合起来才能有效地解决外部性，把污染控制在令人满意的水平。他认为，环境是一种商品，政府是这种商品的所有者。作为环境的所有者，政府可以在专家的帮助下，把污染废物分割成一些标准单位，然后在市场上公开标价出售一定数量的“排放权”。每一份污染权允许其购买者排放一单位废物。根据专家的计算和测定，每一水域或区域出售污染权利的数量要足以保证其清洁度能够被人们接受。如果一时难以达到，可以将权利数量的出售逐年减少，直至达到这一点。政府不仅应允许污染者购买这种权利，而且，如果受害者或者潜在的受害者遭受了或预期将要遭受高于价格的损害，为了防止污染，政府也应允许他们对污染权进行竞购，有的公司出价可能会高于前者愿意支付的价格，甚至高于已经被购买的污染权的价格。在竞争中，一些能用最少的费用来处理自己的污染问题的公司则都愿意自行解决，使外部性内部化。然而，排放权将不会被完全使用，因为一些环境保护组织可能购买一些排放权利来保证水质高于政府规定的标准，政府则可以用出售污染权得到的收入来改善环境质量。政府有效地运用其对环境这个商品的产权，使市场机制在环境资源的配置和外部性的内部化问题上发挥最佳作用。这就是著名的排放权交易理论。

二、排放权交易制度的内容

在戴尔斯排放权理论基础之上建立起来的排放权交易制度的基本内容是：实行排污许可证制度，政府向企业发放排污许可证，企业则根据排污许可证向特定地点排放特定数量的污染物；排污许可证及其所代表的污染权是可以买卖的，企业等经济主体和政府可以根据自己的需要，在市场上买进或卖出污染权。这一制度包含下列几个要点：

1）“排放权”或污染指标出售的总量要受到环境容量的限制。一个区域到底出售多少“排放权”，要建立在环境监测部门、环境保护部门研究论证的基础上。最大限度是不能超过环境容量，最佳数量是使公众普遍感到满意。不能因为“排放权”是政府的垄断产品，而任意发放和出售。

2）“排放权”初次交易发生在政府环境管理部门与各经济主体之间，即政府把“排放权”出售给各经济主体。经济主体可以是污染排放企业，也可以是环境保护组织，甚至可以是投资者。污染排放企业购买“排放权”的初始动机是，在技术水平保持不变的前提下，为了维持原来产品的生产，不得不排放污染物。环境保护组织购买“排放权”的动机是为了将污染排放总量降低更多，比政府做得更好。投资者购买“排放权”的动机是为了自身利益最大化，期望从“排放权”现期价格与未来价格的差价中谋取利润。

3）“排放权”交易可能发生在更宽广的范围之内：①污染企业与污染企业之间的交易。有的企业生产规模扩大，需要拥有更多的“排放权”，而有的企业通过技术创新，“排放权”有节余，只要两个企业之间的交易使双方都能获利，“排放权”交易就会发生。②污染企业与环境保护组织之间的交易。环境保护组织认为随着经济发展和生活水平的提高，环境质量应该有相应的提高，所以出资竞购“排放权”，从而迫使污染企业减少污染排放。③污染企业与投资者之间的交易。投资者认识到“排放权”是一种稀缺的经济资源，也加入这种资源交易的操作，在买进卖出中渔利。④政府与各经济主体之间的交易。随着环境质量要求的日益提高以及政府财力的不断增强，政府还可以回购一些“排放权”，以进一步减少污染排放。当然，在“排放权”的交易活动中，就像一种普通商品的交易一样，任何一个经济主体都可以参与交易。

排放权交易是让市场机制发挥基础性作用、各经济主体共同参与和政府参与调节的一种有效运行机制。其机制主要分为排污信用交易（Credit Trading）和总量-交易机制（Cap & Trade）两种。前者旨在为排放者提供一个自动减量的诱因，允许参与者将所达成的减量卖给其他需要减量的排放者，其排放削减信用（Emission Reduction Credits，ERCs）可用于交易或储备，如美国得克萨斯州可再生能源发电配额制等；后者通过政府在一定区域、一定期间内（一般为一年）的污染源设定排放上限（Cap）及削减计划时间表，由此通过设定排放总量和分配额度让参与其中的企业或机构自由交易，如美国 SO_2 排放权交易和欧盟排放交易体系等。从发展趋势看，前者应用范围较窄，各国皆趋向于后者。

年度排放总量以许可或配额形式由政府机构发放给参与总量-交易机制的企业，发放形式为免费分配、拍卖或出售等或几种形式相结合。在排放权有效期结束时，参与企业被要求交付与其在该期间排污量相当的排放权，如企业超量排放，则需要从市场中购买或接受高额罚款，多余量可转让。在某些模式下排放权可储存到以后期间使用，参与者不限于参与排放权交易机制的企业，亦允许其他团体介入。

第二节　可交易排放权的会计确认与计量

根据会计的基本职能，排放权交易在企业经营活动中应该予以反映，因此必须对可交易的排放权进行会计确认与计量。

一、有关排放权的资产项目

1）排放权满足《企业会计准则》会计概念框架对资产的定义，即“由过去的交易或事项形成、并由企业拥有或控制的资源，该资源预期会给企业带来经济效益”。排放权作为可转移的权证符合上述定义。会计主体可以出售排放权，也可以通过它履行现实义务。

2）一些企业从其他交易参与者手中购买排放权，购买的排放权被确认为资产；因为从政府分得的与购买得到的排放权没有实质差异，所以分得的排放权也应被确认为资产。

3）有关这项资产的性质，IFRIC 认为排放权符合 IAS38.7 对无形资产的定义，即“企业为生产商品或者提供劳务、出租给他人，或管理目的而持有的、没有实物形态的可辨认的非货币性资产”，排放权确定为无形资产，与一些国家把垂钓权、进口配额确认为无形资产的基本原理是相类似的。

4）排放权作为资产以初始公允价值入账（尤其是有公开交易市场的无形资产应以市价列示）。无论排放权是分得或购得，均应确认，以使得资产负债表真实反映企业所有可控资源。同时，IFRIC 认为排放权的剩余价值应与成本一致，即不予摊销。在对排放权以公允价值列示时，应按照公众价值上涨时确认为权益，而当排放权市值低于成本时，资产应予减值，同时先冲销原确认的权益，超过原确认的权益部分列示在利润表中，确认为损失。有观点认为排放权可以根据 IAS39 有关金融工具的确认与计量，把排放权确认为金融资产。但排放权不满足 IAS39 对金融资产的定义，因为它们既不是权益工具，也不是有关现金或其他金融资产的契约，排放权仅仅是可流通、可交换的商品。排放权确实也有类似金融资产的一些特点。排放权具有现成的交换市场，拥有具体产品的定价机制（如每吨 CO_2 价格）。由于其存在这些特性，排放权应以公允价值计量。

二、有关排放权的负债项目

1）企业实际发生排污时，根据负债的定义，应计提负债。负债是指由过去的交易或事项形成的现实义务，履行该义务预期会导致经济利益流出。这一义务表现形式就是在期末交还排放权证或接受处罚。

2）在分配排放权这一时点，没有负债发生，只有当实际排污发生时，这项义务对应的负债才真正发生（根据 IAS37 有关准备金、预计负债和/或有资产的阐述，只有义务事件发生时，负债才发生）。

在排放权交易中，使参与者有义务交还排放权或接受处罚的事件就是污染排放的开始，而不是取得排放权的那个时点。这里，提交排放权或接受处罚完全取决于企业将来的行为，即是否排放污染。

3）排放权与其对应的义务独立存在，会计主体可以按持有的排放权规定在许可期间排放污染，也可以选择出售排放权，同时减少排污量，或者另外购买排放权或支付罚金。因此，虽然大多数企业持有排放权只是按规定履行义务，但排放权作为资产和相应要履行的现实义务即负债之间没有契约的联系；同时，排放权作为资产与提交排放权的义务只有在返还排放权结清义务时相互轧平，故资产与其对应的负债余额应在报表中分开单独列示，而不是合并列示。

4）在计量负债时，应估计出在资产负债表日需要履行现时义务所需的支出。由于过去期间的排放污染，要在将来提交排放权或支付罚款，所以，负债的确认价值应该是与实际排污量相对应的排放权在资产负债表日现时市场价值。有时，过去发生的排放权要以支付罚金的形式出现而不是交还排放权。这时罚金可作为计量义务的依据，而不单独确认为一项负债。

三、有关排放权的收入费用项目

1）在分配排放权这一时点，没有负债发生，但是如果分得的排放权低于它的市场价值，就会有政府补贴发生。根据IAS20有关政府补贴的定义，政府以企业在过去或将来的经营活动符合一定限定为条件转移给企业资源，这种资助作为政府补贴，可以是非货币资产。对排放权而言，企业经营活动的限制条件就是排放权要求企业减少排污量。在排放权期限末交还权利或支付罚金。

2）政府免费发放的排放权最初可确认为递延收益，在排放权有效期间内进行摊销，确认为收入。摊销方法要依据参与者在排放权计划中的具体情况而定。

3）由于排放权交易计划可能影响某些资产的未来现金流量，进而引起某些资产减值。有关这部分减值资产何时确认减值损失以及如何计量还需要进一步研究。

第三节　排放权交易的会计处理和信息披露

根据上述对排放权交易会计要素性质的分析，可以就排放权交易进行相应的会计处理。

1. 企业获得排放权时的会计处理

排污权资产在取得时可确认为一项无形资产。排污权的公允价值与免费或作为政策优惠低于公允价值分配排污权成本的差额应视同政府环境监管机构为推行排污权交易而给予企业的补助，其会计处理参照《企业会计准则第16号——政府补助》，支出成本与公允价值的差额贷记递延收益。

1）企业得到由政府免费发放时发放的排放权证，按当时排放权的市场价，做如下会计处理：

借：无形资产——排放权

　　贷：递延收益——政府环境补贴

2）企业在交易市场上购入排放权，以成交时的市场价格，做如下会计处理：

借：无形资产——排放权

　　贷：现金

3）公司实际排污超过现有的排放权指标而另外到市场购买附加的排污指标，按购买时的市场价值，做如下会计处理：

借：无形资产——排放权

　　贷：现金

2．企业使用排放权指标时的会计处理

企业应在每个会计期间末计算排污量，并由此确认相应的环境负债，如负债期限不超过会计年度就计入其他应付款，否则列入长期应付款。环境负债计量应以本会计期间的排污量为准，计算未来需为本期排污量支付相应配额排污权的公允价值金额。由于环境污染是企业在日常生产经营过程中不可避免的行为，故在确认环境负债的同时，应将相同的环境负债金额确认为对应的费用（管理费用或单列环境费用）；如污染的产生来自于非正常的生产操作，如人为事故等，其对应金额应确认为损失。

4）公司实际排污，使用排放配额指标时，按与其对应排放权指标的市场价值，做如下会计处理：

借：成本或费用——环境成本或费用

　　贷：预计负债——环境负债——排放权负债

3．排放权的后续计量

基于 FASB 和 IASB 拟在未来将公允价值计量引入非金融资产及负债和全面推行资产负债观的思想，排污权资产和环境负债公允价值的变动应计入利得或损失。

5）期末排放权市价上涨时，按市场价值变动部分，调整账面记录：

借：无形资产——排放权

　　贷：资本公积——环境权益

6）期末排放权市值下跌时，按市场价值变动部分，调整账面记录：

借：资本公积——环境权益（冲减原确认的权益部分）

　　营业外支出——环境损失（超过原确认的权益部分）

　　贷：无形资产——排放权（市场价值变动）

4．排放权摊销

7）在每个会计期间末，依据对应的持有排污权配额数量内的本期实际污染物排放量占持有排污权配额对应总排放量的比例进行摊销。如果企业持有的排污权配额数量在不同时期有变化，应将其账面余额合并且排污权配额合并后进行摊销：

借：成本或费用——环境成本或费用

　　贷：无形资产——排放权

8）在排污许可期间摊销政府补贴的递延收益，按使用寿命内平均分摊递延收益，计入当期收益：

借：递延收益——政府环境补贴

　　贷：营业外收入——环境收入——排放权补贴收入

5. 排污权在二级市场买卖的会计处理

基于排污权是履行法定义务的手段和交易的非日常性，应将收入确认为利得，并结转相应排污权的账面价值。

9）交还排放权证时，按结算部分的市场价格：

借：预计负债——环境负债——排放权负债

　　贷：无形资产——排放权

10）企业出售排放权时，按出售时的成交价格：

借：现金

　　贷：营业外收入——环境收入——排放权交易收入

同时，结转排放权交易成本：

借：营业外支出——环境成本或费用——排放权交易支出

　　贷：无形资产——排放权

11）在某些排污权交易机制下，规定企业出售免费分配的排污权时，应按销售收入的一定比例返回给排污权初始分配的政府。此时应按返回的金额冲减相关递延收益账面余额，超出部分计入当期损益：

借：现金

　　递延收益——政府环境补贴

　　贷：营业外收入——环境收入——排放权交易收入

　　　　其他应付款

6. 解除排放权法定义务时的会计处理

12）计算累计排污量并提交相应数量的排污权，核销排污权资产和环境负债；累计排污量如超过持有的排污权对应数量，政府有关部门可能会采取罚款、削减下期排污权交易期间初始分配配额或其他行政处罚措施等，企业应按实际处罚金额或合理估计的被处罚的公允价值金额处理：

借：营业外支出——环境成本或费用

　　贷：现金

　　　　银行存款

　　　　其他应付款

　　　　递延收益

　　　　预计负债——环境负债——排放权负债

7. 排放权会计信息披露

根据对排放权交易的会计处理，排放权会计信息涉及资产、负债、所有者权益、收入和成本费用等会计要素，均应在资产负债表和损益表项目中予以披露，并在会计报表附注中说明企业排放权的取得方式、取得金额、有效期限、权证种类及交易方式等相关信息。同时，应在年报管理层说明中披露企业排放权及其交易的管理政策。

【本章小结】

排放权交易是利用经济激励手段促使企业减少污染物排放的一种环境制度，最早由美国经济学家戴尔斯于 20 世纪六七十年代提出。主要思想是：在满足环境要求的前提下，设立合法的污染物排放权利即排放权（通常以排污许可证的形式出现），并允许这种权利像商品那样被买卖，以此进行污染物的排放控制。

排放权交易制度的基本内容是：实行排污许可证制度，政府向企业发放排污许可证，企业则根据排污许可证向特定地点排放特定数量的污染物；排污许可证及其所代表的污染权是可以买卖的，企业等经济主体和政府可以根据自己的需要，在市场上买进或卖出污染权。

根据会计的基本职能，排放权交易在企业经营活动中应该予以反映，因此必须对可交易的排放权进行会计确认与计量，包括资产、负债与收入费用的确认与计量，并对相关情况进行信息披露。

【讨论思考题】

（1）解释排放权交易的环境管理意义。

（2）根据传统会计，排污权应根据历史成本原则计量。而我们却选择公允价值计量，为什么？

（3）解释资产和费用在财务会计中的区别，说明为什么排污许可证是资产？

（4）在传统财务会计中，一般负债的确认标准是否原则上不同于环境负债的确认标准？

（5）如果政府免费分配最初排放权，那么，将会对企业减少排放所采取的早期措施（在排放权交易之前的措施）产生什么影响？请从出现温室气体排放交易机制的角度回答这个问题。

（6）在年度报告管理层说明中披露企业排放权及其交易的管理政策的重要性是什么？请解释。

第十一章　环境审计

【案例引导】

中华人民共和国审计署在2009年对河北、山西、辽宁等19个省、自治区、直辖市的103个县、县级市和区2006—2008年农村饮水安全工作开展情况进行了审计调查。审计调查发现，2006—2008年，103个县计划解决780.83万人的饮水安全问题，实际解决657.53万人，还有123.3万人未得到解决，占计划的16%；有的已建成的农村饮水安全工程存在供水水质合格率偏低、运营成本偏高、管理维护不到位和工程利用率不高等问题，影响了农村饮水安全工作效果。审计调查的103个县中，有83个县不同程度地存在地方政府配套资金不到位的问题。2006—2008年，这83个县计划配套9.79亿元，实际到位资金5.46亿元，未到位资金4.33亿元，到位率为56%。一些地方将配套资金缺口转嫁到农户身上，导致群众自筹比例增高。审计调查发现，由于资金分配重点支持不够，农村学校饮水工程建设滞后，饮水不安全问题尚未完全解决，个别地方还比较突出。截至2008年年底，审计抽查的72个县的农村学校中，饮水达不到国家规定标准的占35%。审计重点抽查的131处以高氟、苦咸水等作为水源的农村饮水安全工程中，有36处工程未设计水质净化设施，占27%；有19处工程未按设计要求安装水质净化设施，占15%。

由此可见，政府审计机关不仅仅对19个省市的饮水安全资金进行了审计调查，而且对农村饮水的安全工程、饮水水质和安全用水的管理机制进行了审计，其审计范围已经远远超出了传统财政财务收支的真实性、合法性和效益性的审计，而是转向了针对资源环境的环境审计。

第一节　环境审计概述

环境审计的产生可追溯到20世纪70年代。一些企业通过审计计划的形式对本企业的环境问题进行检查和评价，开启了环境审计的先河，尽管这些审计只是一些独立性较强的审计计划，未形成统一的方法，但由于需要对政府和企业履行环境责任状况进行检查，企业为了维护自身形象、改善社会公共关系，以及为了遵循环境保护法律法规，环境审计得以迅猛发展。

一、环境审计的含义

环境审计（Environmental Audit）是一个比较宽泛的概念，目前对其存有许多争议，争议不在于应不应该进行环境审计，而在于审计内容、方法和实施，对此各种组织及学者都提出了自己的观点和看法。例如国际商会认为环境审计是环境管理的工具，国际标准化组织在 ISO 14000 中，认为环境审计是对一个组织的环境管理系统的连续监控过程。借鉴已有研究成果，环境审计是指审计机关、内部审计机构和注册会计师，对政府和企事业单位的环境管理系统以及经济活动的环境影响进行监督、评价和鉴证，使之积极、有效，得到控制并符合可持续发展的要求的审计活动。结合这个环境审计定义，我们可以得到以下环境审计的含义：

（一）环境审计的主体包括政府审计机关、内部审计机构和会计师事务所

审计主体可以分为政府审计机关、内部审计机构和会计师事务所三大类，分别在维护国家治理、企业内部管理和资本市场安全方面发挥着重要作用。环境审计作为审计的一种类型，也由这三大主体来具体实施。在实施的过程中，三大主体发挥的功能并不是割裂开来的，例如政府审计机关也可以聘用注册会计师担任公共资源环境的审计师，而注册会计师在对企业进行环境审计时也可以利用内部审计机构的审计成果。

（二）环境审计的对象是环境管理系统以及经济活动的环境影响

环境管理系统被看做是一个国家或地区对于社会经济生活中的环境、生态问题进行控制和管理的综合手段。它包括环境管理机构、环境管理政策和制度、环境规划、环境审计以及环境绩效报告等组成部分。环境审计被看做是对一个组织的环境管理系统的连续监控过程，该系统的其他组成部分则都是环境审计连续监控的对象。组织在运行过程中，相应的经济活动会对环境产生影响，环境审计机构则需对影响的程度进行审计，确保对环境的影响控制在法律法规允许的范围内。

（三）环境审计发挥监督、评价和鉴证的功能

环境审计发挥着监督、评价和鉴证三大功能。所谓监督是指通过审计工作，监察和督促被审计单位的环境业务活动在规定的范围内、在正常的轨道上运行，促进受托环境责任全面有效履行。所谓评价功能是指环境审计人员对被审计的环境管理系统进行分析和判断，肯定环境管理成绩，指出环境管理问题。所谓鉴证是指环境审计主体对相应的环境报告及其他相应环境资料进行监察和验证，确保环境报告真实、合法和公允。

（四）环境审计的最终目的是符合可持续发展的要求

环境审计是为了保证受托环境责任的有效履行，但是受托环境责任是建立在可持续发展基础之上的，正是由于需要达到人口、资源与环境的可持续发展，才需要环境审计。因而，环境审计的最终目的是符合可持续发展的要求。

二、环境审计的本质与目标

对于环境审计而言，如何有效发挥作用取决于其本质和目标。环境审计的产生和发展，离不开可持续发展，也离不开受托环境责任，因此，环境的本质与目标也和受托环境责任以及可持续发展息息相关。

（一）环境审计的本质

本质是事物本身所固有的根本属性。环境审计作为审计类型的一种，其本身所固有的根本属性与审计本质是一致的。审计在本质上是一种特殊的经济控制，是确保受托经济责任全面有效履行的一种特殊的经济控制。所谓受托经济责任是指受托人按照特定的要求或原则经管受托经济资源并报告其经管状况的义务，受托经济责任包括行为责任和报告责任，其中行为责任包括保全责任、遵纪守法责任、节约责任、效率责任、效果责任、环境责任、社会责任和控制责任等。独立第三方对受托人承担的环境责任——受托环境责任履行状况的审查，形成了环境审计。因此，环境审计本质上是确保受托环境责任全面有效履行的一种特殊控制。但是环境审计与传统审计也存在不同之处，传统审计关注经济活动，以经济业务作为审计对象，而环境审计则跳出了经济业务的范围，涉及环境管理系统，尽管业务活动也包括环境保护资金的运用，但是又不限于经济业务活动。但无论如何，环境审计仍然发挥着特殊的控制功能。委托人将资源委托给受托人进行管理，受托人是否按照委托人的要求进行管理，是否真正地履行了受托环境责任，都需要环境审计进行监督。环境审计主体通过对环境报告等的审计活动，增强环境审计报告的可信性，并实现受托人的受托环境责任。

（二）环境审计的目标

目标是指主体根据自身的需要，借助于意识、观念的中介作用，预选认定的行为目的或结果。目标以观念的形态预先存在，成为引起人们行动的原因，指导或规定人的行为、协调和组织行动。在环境审计活动过程中，在明确了环境审计含义和环境审计根本属性的基础上，还应当确定环境审计所应当达到的结果。从环境审计的本质出发，环境审计的总目标或者基本目标可以概括为确保受托环境责任全面有效地履行。根据受托环境责任的特点，可以把环境审计的目标具体化为以下几个方面。

1. 环境管理活动的合法

为了保护环境，政府出台了大量与环境有关的法律法规。环境审计机构应当对环境管理活动是否符合相关法律法规的要求进行审查。

2. 环境管理活动的效益

为了保护环境，组织会投入大量的资源。这些资源在使用过程中，是否被合理使用？环境审计应当审查环境资源的使用状况，从经济性、效率性和效果性三个角度进行评价。首先审查受托人是否节约使用环境资源，是否履行了经济性的责任；其次审查受托人使用经济资源的效率性，是否用较小的资源投入获得较大的收益；再次审查受托人的环境资源是否达到了既定的效果，即审查环境资源的效果性。

3. 环境管理的控制

为了实现环境管理的目标，保证环境管理系统的有效运行，组织会采取必要的内部控制措施。环境审计师则对这些内部控制措施进行审计，确保内部控制设计合理并有效运行。

4．环境报告的公允

受托人为了说明受托环境责任的履行，通常会编制环境报告。环境报告是否在所有重大方面按照既定的标准编制？环境报告是否公允地反映了该组织的环境管理状况？审计师按照环境审计准则对环境报告的合法性和公允性进行审计。

三、环境审计的分类

按照不同的分类标准，环境审计可以划分为不同的类型。一般而言，可根据内容和主体进行划分。

（一）依据内容分类

从环境审计的内容来看，环境审计可以划分为环境合规审计、环境绩效审计和环境责任审计。

1．环境合规审计

环境合规审计主要是审查被审计单位的环境政策与环境法律法规的执行情况。这些法律法规包括《环境保护法》、《清洁生产促进法》、《排污费征收使用条例》等一系列环境保护法律法规。环境保护法规的制定与实施，一方面有效地防范和制止了环境污染，改善了我国环境状况，恢复和提高了环境质量；另一方面，对政府有关部门及其他相关利益团体的环境影响行为提出了要求，其中有些活动及其经济影响必然要纳入相关审计业务范畴之内，构成了环境合规审计的主要内容。

2．环境绩效审计

环境绩效审计是由国家审计机关、内部审计机构和社会审计组织依法对被审计单位的环境管理系统以及在经济活动中产生的环境问题和环境责任进行监督和评价，以实现对受托环境责任履行过程进行控制的一种活动。具体来说，环境绩效审计以经济性、效率性、效果性为标准，审查、分析各单位的经济环境活动，考察各项活动对环境绩效产生的效果，发表意见并提出相应的改进建议，促进被审计单位更加全面、有效地履行受托环境绩效责任，提高环境管理绩效。

3．环境责任审计

环境责任审计是指依据一定的标准，对各级党委和政府主要领导、国有和国有控股企业负责人和环境管理有关部门主要负责人（以下简称领导干部）的环境管理行为进行审计，对其应履行环境责任情况进行评价和鉴定，提出进一步改进的建议，并在必要时提出对领导干部个人进行责任追究意见的一项审计工作。我国最早开展的责任审计是经济责任审计，针对领导干部个人的经济责任履行情况进行审计，作为干部考核的一种手段。环境责任审计以经济责任审计为指南，对领导干部所应承担的环境责任进行评价，进而确定领导干部受托环境责任的履行状况。党的十八届三中全会也指出："对领导干部实行自然资源资产离任审计，建立生态环境损害责任终身追究制。"这种自然资源资产的离任审计即体现了对领导干部环境责任履行情况的审查，并通过建立终身追究制强化环境责任审计的效果。

（二）依据主体分类

从三大主体的角度，环境审计可划分为政府环境审计、独立第三方环境审计和企业内部环境审计。

1. 政府环境审计

自然生态环境具有公共物品属性，容易被少数利益集团利用进而损害其他人的利益，而且自然环境资源具有稀缺性，需要政府对环境资源的使用进行管理。政府环境审计则是政府审计机关对政府的环境管理部门以及企事业单位环境资源使用状况进行审查。

2. 独立第三方环境审计

独立第三方环境审计是由民间审计组织执行实施的环境审计活动，主要是注册会计师及其事务所接受授权或委托，对特定组织的环境影响及其经济后果的审核、检查业务。

3. 企业内部环境审计

企业为了执行环保法规，履行环境保护义务，由企业内部审计部门进行的环境审计活动。企业在内部也存在着受托环境责任，为了了解企业内部环境责任的履行情况，则需要内部环境审计。

在接下来的部分中，本书从三大主体的角度分别对环境审计进行阐述。

第二节 企业内部环境审计

多哈气候大会的召开又一次将全球的目光聚集在了“环境保护”这一热点话题上，随着全球工业化进程的加快，环境污染日益严重，人们对于环保的呼声也愈发强烈。在国内外已经掀起的节能减排、保护环境的狂潮下，环境审计作为保护环境的重要手段受到越来越多的重视。而在众多的环境审计类别中，企业内部环境审计作为从源头上规范企业环境行为、规避企业环境风险、确保企业受托环境责任有效履行的一种手段，在环境审计中是必不可少的。实际上，随着企业受托环境责任的增加，内部环境审计已经为大部分企业所认同，而内部环境审计在提前揭示环境风险、规划未来活动等方面的优势给企业带来了巨大的经济效益和社会效益。因此，作为外部环境审计的重要补充，企业内部环境审计的开展已经势在必行。

一、企业内部环境审计的缘起与发展

环境审计是自 20 世纪 70 年代才开始逐步兴起的一个新兴领域，到 90 年代后，西方一些发达国家的环境审计领域已经开始趋于成熟，由于我国的环境治理开展得比较晚，所以环境审计的研究相比之下趋于落后，直到 21 世纪初，环境审计才真正地在我国流行起来。企业内部环境审计虽然是伴随着环境审计的发展而出现的，但是相比政府环境审计来说，无论是理论界还是实务界都起步较晚。1997 年，国际内部审计师协会在《内部审计师在环境问题中的作用》一文中指出：“环境审计是环境管理系统的一个组成部分，借此，管理部门可以确定组织的环境管理系统在确保组织的经营活动符合有关规章和内部政策的要求上是否充分。”这是首次从内部环境审计的角度对环境审计进行明确的定义。此外，

ISO 14000 国际环境管理系列标准也对企业开展内部环境审计做出了具体的要求，这都在很大程度上促进了企业内部环境审计的发展。在我国，孙岩等（2005）从内部环境审计的目标、主体、对象、依据及本质等要素对企业内部环境审计进行深入分析。那英等（2010）则认为企业内部环境审计是“由企业内部设置的专职机构及人员对本企业的环境管理活动进行综合的、系统的审查与分析，依据有关环境法律法规、环境标准、企业各类环境管理政策和计划以及财务与会计核算准则，监督企业受托环境责任的履行，并对履行的公允性、合法性、效益性进行评价，进而发现企业在环境保护和环境管理等方面存在的问题，对其发表意见并对企业如何提高环境管理提出建议，促进其环境管理改善和绩效提高的一种审计活动”，这是对内部环境审计的比较全面、深入的认识。

虽然企业内部环境审计已经有所发展，但是这还远远未达到我们所期望的程度，而实际上，不仅是一般的企业，还是化工、制造业等与环境污染息息相关的企业都很少开展有效的内部环境审计，企业领导对于内部环境审计也不够重视。之所以会出现这种情况，很大程度上是因为目前企业内部环境审计理论研究匮乏，没有形成统一的内部环境审计准则规范，内部环境审计技术落后，审计报告制度不健全。正是因为存在上述情况，很多企业认为内部环境审计成本较高、缺少依据、效率低下，并且效果不明显。基于此，本书将对企业内部环境审计准则规范、技术手段、报告制度等方面做深入研究，以推动我国企业内部环境审计事业的发展。

二、内部环境审计准则

审计活动是一个复杂而又系统的过程，它既是一种技术性工作，也是一种社会行为，因而它必须遵守特定的技术规范与社会规范，我们将这两类规范统称为审计规范。可以看出，审计规范的本质就是用来约束和指导审计人员行为的一套标准或准则体系，作为规范和引导内部环境审计人员的准则体系，环境审计规范必须具备一般审计规范的要求，与环境审计理论内容相协调，具有一定的前瞻性，并且具有较强的可操作性，以保证环境审计目标的实现。目前，我国内部审计协会发布了《内部审计基本准则》和 29 项《内部审计具体准则》以及 5 项《内部审计实务指南》，在《内部审计基本准则》中规定了对内部审计的基本要求，但是并未在具体准则和实务公告中制定内部环境审计的具体要求。鉴于此，本书提出内部环境审计准则制定的原则和内部环境审计准则的内容。

（一）内部环境审计准则制定的基本原则

1. 具有一定的前瞻性

环境审计是一个新兴的领域，而环境问题又是一个复杂多变的问题，很多以前不被认为是污染环境的行为现在都被明令禁止。因此在制定环境审计准则时一定要将眼光放长远，不能仅仅局限在当前的环境审计领域，要为以后环境审计准则的发展留有一定的余地。

2. 具有较强的可操作性

内部环境审计准则的使命归根结底还是规范企业内部环境审计行为，所以准则一定不能脱离实际，在充分考虑我国环境保护现状、相关法律法规，以及内部环境审计资源的前提下，就内部环境审计的风险评估、程序的执行、证据的收集以及报告的生成等方面做出切实有效的引导规范，使内部环境审计真正成为企业规避环境风险、履行受托环境责任的有效手段。

3．紧扣内部环境审计主题

企业内部环境审计准则一定要具有针对性，在内部审计准则的参考基础上融入环境审计要素，并且要与注册会计师环境审计、政府环境审计保持一定的独立性。

（二）内部环境审计准则的内容

内部环境审计准则的内容体现着环境审计的具体的实施依据，从环境管理的角度，首先应当进行环境风险评估，在风险评估的基础上，采取相应的控制措施对环境风险进行控制，最终达到环境管理的目的。因此，内部环境审计准则应当包括内部环境风险评估审计、内部环境控制审计以及内部环境绩效审计。

1．内部环境风险评估审计

内部环境风险管理包括目标设定、风险识别、风险评估、风险应对，企业通过执行以上程序降低和控制风险。为了规范内部环境审计人员对企业环境风险管理状况的审查与评价，本部分准则的制定十分必要和紧迫。环境风险管理是企业内部控制的组成部分之一，企业的环境管理人员负责环境风险的识别、评估、应对，而内部环境审计人员则应当充分了解企业的环境风险管理过程，在实施充分的环境审计程序后，对企业的环境风险管理进行评价，提出调整建议。在对企业环境风险管理的具体评价和审查方面，准则应当明确企业内、外部风险所引起的不确定性及其因素来源，规定审计人员在对内部环境风险管理审计中所应当关注的重点和主要应对措施，以确保内部环境风险评估审计的顺利、有效开展。

2．内部环境控制审计

内部控制通常是指企业为了达到一定的目的而设立的一系列政策与程序，在环境管理方面，企业为了实现设定的目标，同样要有相应的内部控制制度，即内部环境控制制度。在内部环境控制审计上，准则在一般原则方面可以将内部环境控制划分为控制环境、风险评估、控制活动、信息与沟通、监控五个角度。控制环境主要包括企业的类型、组织结构、管理者的经营理念以及组织的文化等方面，一般来说一个良好的控制环境可以从整体上影响环境管理目标的实现。风险评估主要针对环境风险的识别和应对，建立起相应的环境风险管理机制。控制活动则是在具体事务中保证目标的实现，如职务回避、适当的授权、独立的审核程序等。信息与沟通包括对于一些环境管理的所有信息应当及时、准确、全面地记录，在信息的传达沟通上保持通畅，以使信息系统安全可靠、运行有序。监控除了保证管理层对内部环境控制的监督外，还应当确保内部审计机构监控的独立性。准则除了对上述五个要素作出规定外，还可以就环境审计人员对内部环境控制的审查与评价的细节方面给予相应的阐述。

3．内部环境绩效审计

环境资金的使用以及环境管理都存在经济性、效率性和效果性三个方面的绩效问题。在经济性环境审计的内容上，准则规定审计的事项主要包括环境管理资金财产取得和使用是否节约，资源取得和配置在时间消耗上是否适当、是否符合相关法律法规的要求以及管理层提供信息的真实可靠性。内部环境审计人员进行经济性审计时必须要有一定的标准，除了企业自身制定的标准外，还应当根据实际情况确定标准，必要时可以向管理层汇报。效率性审计主要目的是通过审查评价环境管理活动的投入、产出关系，优化环境管理流程，提高环境管理效率，审计过程中可以运用多种方法，判断环境管理活动是否具有高效率。环境管理活动归根结底是要达到预期的目的，因此效果性审计主要关注的是既定目标的实现程度以及环境管理活动所产生的影响，在审计的一般原则、内容、方法和审计报告等规定方面，以体现环境管理的经济性、效率性、效果性。

三、内部环境审计技术

由于我国环境治理起步较晚，企业内部环境审计工作的开展也较迟，当前我国并没有公认的内部环境审计技术，各个企业的内部审计工作质量参差不齐、效率差距也很大，内部环境审计技术的落后同样严重制约着我国内部环境审计事业的发展。

（一）构建以环境风险为导向的审计技术

1. 风险导向内部环境审计的适用性分析

随着社会经济的发展，审计环境愈加复杂，风险导向审计方法是近年来流行于审计界的一种审计方法，其建立在审计风险模型（审计风险 = 重大错报风险 × 检查风险）之上。审计风险模型的出现，使得审计人员可以将优势的审计资源集中在风险较高的领域，解决了审计资源分配的问题，避免了审计抽样的随意性，大大提高了审计工作的效率和效果。对于内部环境审计技术而言应当充分借鉴风险导向审计技术经验，构建以环境风险为导向的审计技术。首先环境审计具有复杂性和多样性，如果还是以传统的审计方法为主，则会耗费大量人力物力，不符合经济性原则。其次，环境系统是一个开放的系统，环境审计范围、技术涉及多方面的领域，因此我们不必拘泥于传统的审计方法，而要敢于将最新的审计方法运用到环境审计之中。

2. 风险导向环境审计程序

在执行风险导向环境审计时，首先通过对被审计单位的了解评估重大环境风险，把环境风险较高的领域视为重点审计领域，进而对这些领域进行重点审计。在进行环境风险评估时，我们可以从下列几个方面评估企业的环境风险高低：

1）企业所属行业状况、法律环境及监管环境等外部因素。当行业状况好、法律法规比较健全、监管严格时，环境管理风险自然比较低。

2）企业的性质。不同类型的企业环境风险肯定不同，一般大型公司和国有企业影响力比较大，对于自身的声誉很重视，环境风险较之于私有企业小得多。

3）企业的主要经营业务。制造业和化工等行业是环境污染的重灾区，如果企业的业务涉及这些则应当提高警惕。

4）企业的内部环境控制。内部环境控制在环境管理中起到重要作用，一个健全的内部控制可以有效地降低环境风险。

通过对上述几个方面进行了解，审计师可评估企业的环境风险，在实施环境审计程序后将环境审计风险降低至可接受的水平，以确保环境审计的质量。

（二）充分发挥信息审计技术的作用

1．利用计算机信息技术为内部环境审计服务

计算机作为 20 世纪最重要的发明之一，在当今的经济、科学研究领域都发挥着重要作用，信息技术在审计技术的发展过程中起了巨大的推动作用，甚至有的学者认为“信息系统的高度发展为风险导向审计的产生提供了物质技术条件”（徐伟，2004）。计算机审计技术作为现代审计领域的新生事物，必将在以后的审计活动中发挥着越来越重要的作用，在内部环境审计中，我们应当充分认识到计算机审计技术的优势，重视引进、培养高素质的计算机审计人才，运用计算机审计技术为内部环境审计服务。

2．连续审计在内部环境审计中的应用

随着信息技术的飞速发展，经济组织对于信息质量的要求大幅提高，特别是信息的时效性，而传统审计期间往往是年度或者半年度，故信息质量的及时性存在着天生的缺陷。为了解决传统审计的弊端，审计界产生了一种新型的审计模式——连续审计（Continuous Auditing）。连续审计克服了传统审计报告时效性差的缺陷，并且“报告的时间与事件的发生是同步的或者紧跟其后的”（AICPA/CICA，1999）。连续审计最初也是应用在内部审计中，在内部环境审计中，连续审计可以为管理层提供最新的环境信息，及时采取必要的措施，将企业的损失降低到最小程度。虽然连续审计在实务中的推行有着种种障碍，但是随着计算机审计技术的逐渐成熟，内部环境审计的信息化和自动化程度将不断提高，为连续审计的开展提供了必要的条件，互联网审计技术的发展也为连续审计提供了技术上的支撑，可以肯定，将来连续审计一定会在内部环境审计中起到重要作用。

四、内部环境审计报告

环境审计报告的研究应当立足于环境审计实践，并且要处理好环境审计报告与一般审计报告的关系，当前我国环境审计报告研究仍然没有摆脱常规审计报告的影子，对于报告的具体内容很少进行深入的探讨。

（一）内部环境审计报告的种类

内部环境审计的最终成果是审计报告，内部环境审计最终可以形成三大报告，一是环境审计结果的内部环境审计报告，二是在环境审计过程中采用风险导向审计方法时，根据风险评估结果形成的内部环境风险评估报告，三是针对企业内部环境控制的内部环境控制报告。

（二）内部环境审计报告的内容

内部环境审计报告在内容上必须全面、系统地反映出所有有关的重要事项，一个完整、有效的内部环境审计报告，至少应当包括以下几个要点：

1）被审计单位对履行环境保护责任的声明，即被审计单位遵循相关规定，切实有效地承担了应有的环境保护责任。

2）环境审计评价工作的总体情况，从宏观上阐述本次审计活动的概要。

3）所采取的具体审计程序和方法。将环境审计过程中采用的具体审计程序和方法载入审计报告中，可以使人们更加清楚地了解内部环境审计活动，有助于提高报告的可读性和可信性。

4）环境审计工作的范围，描述纳入环境审计范围的具体事项。一般来说环境审计工作的范围主要包括存在重大环境风险的领域。

5）审计过程中发现的不符事项及其认定情况，以及拟采取的整改措施。本部分主要是根据环境审计相关准则，确定被审计单位在责任履行过程中存在的有意或无意的违规事项，并针对这些事项提出整改建议。

6）审计结论。对于不存在重大缺陷的情形，可以出具肯定的审计结论，如果在审计过程中发现的缺陷比较重大，影响到环境保护目标的实现，则应当出具否定的结论。

（三）环境风险评估报告的编制与应用

内部环境审计人员通过实施询问、分析、观察和检查等必要的审计程序来识别和评估企业的环境风险，并以此为基础编制环境风险评估报告，风险评估程序本身并不足以为环境审计结果提供充分、适当的审计证据，但是风险评估报告可以指出存在重大环境风险的领域，为内部审计人员实施进一步审计程序提供依据，此时内部审计可以发挥风险管理的作用，因此在实施环境风险评估程序后及时编制环境风险评估报告还是十分必要的。环境风险评估报告不仅可以指导内部审计人员的审计工作，同时在为管理层制定决策、改善企业环境行为等方面也可以发挥重要作用。

（四）内部环境控制报告

内部环境控制报告主要揭示了企业针对环境风险的内部控制是否合理，运行是否有效。为了实现企业环境管理，企业采取了一系列内控措施，比如设置相应的监督机构，制定环境保护政策，这些内控措施是否存在缺陷，以及是如何改进这些缺陷的，都是内部环境控制报告所应包括的内容。

第三节　独立第三方环境审计

1997 年，国际内部审计师协会（IIA）与环境审计圆桌会议（EAR）组织成立了注册执业环境审计师委员会或环境审计师注册委员会（BEAC），负责审查注册执业环境审计师（Certified Professional Environmental Auditor，CPEA）的专业胜任能力，并颁发注册环境审计师资格证书。本书以注册执业环境审计师委员会发布的道德准则和专业能力框架为主，来介绍独立第三方环境审计。

一、注册执业环境审计师开展的环境审计[①]

（一）道德准则[②]

制定道德准则的目标是环境、健康和安全审计认证委员会的成员必须保持高水平的行为标准，从而有效地履行其职责，该目标要求适用于所有的注册执业环境审计师，如果违反道德准则中的行为规范，将会被撤销资格认证或申请。

道德准则中包含了行为准则的内容，对于注册执业环境审计师而言，应当遵循以下的行为准则：

1）在履行其应尽的义务和责任时应做到正直、客观、勤勉。忠于所在的组织以及客户。不得故意或有意地参与任何与环境、健康和安全有关的非法或不正当活动，也不得参与任何可能表明其缺乏个人诚信的活动。

2）不得从事任何可能损害环境审计职业声誉或者败坏其所在组织声誉的行为或活动，这些行为或活动包括，但不限于一个不诚实、具有欺骗或欺诈性质的行为或疏忽。

3）应当避免参与任何可能与其所在组织发生利益冲突的活动，也不得参与任何可能损害其客观履行义务和职责的能力的活动。

4）不得接受任何可能损害或可能被认为会损害其专业判断的有价值的事物。

5）应承担在其专业能力范围内，可以合理预期能够完成的任务。

6）应当采用适当的方式来遵守 BEAC 和环境、健康和安全审计行业准则所规范的专业审计标准。

7）应当谨慎地利用在履行其职责过程中所获得的信息，不得利用这些涉密信息为自己或其他第三方谋取利益，也不得以任何违法的方式使用涉密信息。

8）在工作报告中应当披露所有已获知的重大事项，如果不披露这些重大事项，可能使审计报告失真或隐瞒非法行为。

9）应当持续不断地提升专业熟练度和技能，提高服务的效益和质量。

10）应当充分配合任何涉嫌违反道德准则和行为准则的调查事件。

11）除被 BEAC 的董事会正式授权外，不得以任何可能的方式导致他人认为是代表 BEAC 进行的行为或发表声明。

12）在专业实践过程中，有义务保持在一个符合 BEAC 颁布的关于能力、道德和尊严的高标准水平上。

（二）环境、健康和安全审计师的职业能力框架[③]

环境、健康和安全审计认证委员会关于 EHS（Environmental Health and Safety，EHS）审计师的职业能力框架的规定，旨在为教育、培训、招聘和测试那些成为或是想要成为 EHS 审计师的人的职业资格提供一个平台。

---

① http://www.beac.org/.

② http://www.beac.org/ethics.html.

③ http://www.beac.org/guidance-gb.html/qualities.

全球范围内，由于环境不同，组织的目的、规模、结构以及习俗和法律条例也不同，EHS审计也呈现出不同的目标。审计人员在审计团队及审计组织中的工作任务也在不断变化。该职业能力框架适用于所有在不同审计现场中负责执行EHS审计的EHS审计师。

所有专业的EHS审计师必须具有一定的核心竞争力，使他们在大多数的审计情况中能够有效地执行审计，并提供较合适的特定信息。环境、健康和安全审计认证委员会的EHS职业能力框架定义了七类核心竞争力：①道德和行为准则；②审计程序的设计和管理；③执行审计业务；④内部控制；⑤监管方面；⑥程序运行、环境影响和相关的控制技术；⑦审计人员的个人素质和沟通能力。所有的审计人员必须完全熟悉①类和⑦类核心竞争力，通过⑥类大致了解②类核心竞争力。对于②和⑥类的了解程度取决于审计师个人的责任。

1. 道德和行为准则

由于客户信赖并且利用EHS审计人员的专业服务，因此审计人员应该保持高标准的专业能力和道德品行。审计人员应理解职业道德准则的意义和目的。在运用职业道德准则时，审计人员应当运用职业判断。环境、健康与安全审计人员应及时关注并运用由BEAC、AR和IIA发布的职业道德准则。这三个机构所发布的准则的主要思想都是审计人员在执行审计活动时应遵循诚信、客观和谨慎的原则。关键的职业准则规定包括以下几个方面：

（1）利益冲突

审计人员不应参与任何可能会导致被审计客户存在利益冲突的活动，也不得参与任何可能会损害审计人员客观地执行职责的能力的活动。

（2）独立性

审计人员应独立于被审计活动。审计人员在执行审计工作时应保持客观独立性。独立性要求审计人员做出公正的、无偏见的判断。

（3）熟练性

审计人员不得承办不能胜任的任务。审计人员应不断提升自己的专业熟练程度以及执行审计工作的效率和质量。

（4）重大事项和披露

审计人员应向被审计客户披露审计过程中发现的重大事项，这些重大事项如果不披露，可能会扭曲审计报告的真实性或隐瞒非法行为。

（5）应有的关注

作为一个谨慎且有能力的审计人员，应保持认真、勤勉的态度，运用专业技能和职业判断执行审计工作。审计人员应以最大能力提供专业服务，关注被审计客户的最佳利益。

（6）保密性

审计人员不得利用在审计工作中所获知的涉密信息为自己或第三方谋取利益，也不能未经法律法规允许，向其他第三方披露其所获知的涉密信息，从而对客户产生不利影响。

2. 审计程序的设计和管理

审计程序的管理者和审计客户对审计程序的设计和管理负有主要的责任。所有的审计人员必须熟悉设计和执行EHS审计程序的主要方面。

（1）审计程序目标和范围

每个审计程序必须按照被审计客户通过的正式审计计划来执行。这个计划必须明确地说明审计程序的范围和目标。这个范围至少应该包括：

1）组织和地域范围；

2）标准的确定；

3）审计时间的确定；

4）与审计活动相关的审计风险。

审计目标应该明确描述审计程序和所有审计客户制定目标的目的。

（2）审计程序组织

审计程序必须有正式政策和具体程序的支持，并且在所有程序的主要方面提供统一的指导。政策和具体程序的内容和形式必须包括审计程序的范围、结构和目标。

（3）文件、核对表和指南

为了确保一致性和可靠性，所有的审计活动必须按照正式的审计协议、清单或指南来执行，并且这些材料对审计目标和范围是合适的。

（4）审计的频率和位置的选择

一个正式的位置选择和调度过程必须为了审计程序而建立。审计频率、重点和位置的选择必须被审计客户所接受，并考虑各种因素如：EHS 的风险水平、合规的过去审计、可以追溯到过去审计的目的和范围的审核程序和可用资源。

（5）审计质量保证

审计程序的设计必须包括书面的质量保证程序，以确保所有工作的执行符合审计客户的质量标准，并作为一个持续改善的基础。质量保证程序应包括：审计师对整体的适当监管和监督程序，定期进行内部审查和审计反馈。独立验证的程序通常是可取的，但不是强制性的做法。

（6）审计人员的安排和训练

设计审计程序必须包括确保所有级别的审计师都具备执行被分配的审计角色的能力。审计项目管理人员应该管理审计人员的筛选、监督、评估和培训，从而提升审计人员的基本能力和持续改进。审计任务应该反映审计人员的能力和提供的监管。

（7）文档管理

审计程序的设计必须保证在符合客户的意愿基础上，为保留审计程序中收集的信息提供保密性文档。文档中应该提供相应的措施来确保报告适用于法定程序，且文档应采用清晰简洁的写作风格，避免使用笼统、模糊以及可能让他人误会作者原本意思的语句。

3. 执行审计业务

项目小组负责人对审计项目中执行的个别审计业务的计划和管理负责。所有审计人员必须充分理解审计业务中的关键步骤，以保证他们能够独立地承担在项目组中分配的角色。

审计业务中的关键步骤可以总结为以下三个部分。

（1）预审活动

每项审计业务的现场部分之前必须有一段时间的信息收集和计划以确保审计业务开展的充分性和有效性。该项活动中的典型步骤包括以下几方面：

1）确定审计范围、审计目标和拟沟通的目标人员；

2）集合并复核可获取的与审计相关的信息；

3）编制以资源使用的效率和效果为导向的审计计划，以达成审计目标；

4）与被审计单位人员交流信息并为热忱且富有成效的工作关系打下基础；

5）选择和协调项目小组成员，以确保所有项目组成员具备相应的胜任能力且准备好执行分配给他们的任务；

6）确定最终报告的范围、格式及发布。

（2）现场活动

审计业务的现场部分应按照经项目负责人监督的审计计划执行，主要步骤包括：

1）启动会议：在这个重要的会议中，审计人员和被审计单位人员在审计业务的执行和与审计业务相关的现场信息等方面进行交流，确定清晰的沟通并为友好的工作关系打下基础。

2）收集审计证据：项目组成员个人通过访谈、检查文件、观察业务活动和环境，完成分配的审计任务并记录执行的工作。

3）深入调查并复核审计过程中发现的事项：项目组成员应将审计证据与适用的标准进行对比。记录并向项目负责人报告该过程中发现的不符合标准的事项。

4）总结会议：审计小组向被审计单位人员汇报所有发现的事项，并一一解释以确保其理解。在会议中尽可能解决所有的分歧。之后由审计项目负责人讲解最终审计报告的编制。

（3）审计后期活动

有序的审计结论包括出具报告、保管审计文件以及参与改正审计过程中发现的客户内部流程的缺陷。

1）出具报告：审计项目组应及时编制并发布经客户审核的正式审计报告，该报告应清晰地描述审计过程中发现的所有事项。审计报告必须是客观、清晰、简明、有建设性和及时的。

2）文档：审计文档应包含审计人员工作底稿、相关文件的复印件以及报告初稿，上述文档整合后应由项目负责人复核其完整性，并经客户允许保留。

3）改正措施：确保实施合适的改正措施是客户和被审计人员的责任。作为审计计划中的一部分，审计小组也应在该过程中提供帮助。

4．内部控制

控制包括企业设计的一系列指导、约束、管理和检查其各种活动的手段，旨在合理保证企业实现基本目标。关于一个组织的活动、产品或服务是否对环境、健康和安全产生重大影响，应采用适当、正式的管理控制系统进行描述。以 ISO 14001 标准为例，它详细地描述了针对企业经营中环境问题的管理控制系统的性质和范围。审计人员应接受相关培训并具备相关经验，从而能理解、评价被审计客户的控制系统的合理性并设计测试来确定控制系统的有效性。

审计人员在审计控制系统时应关注的领域主要包括：

（1）准备

管理层是否对重大环境、健康和安全影响设定了目标，并为这些控制的实施提供资源。

（2）协调

实施控制的职责分工是否清晰，是否出现多人分担控制责任的情形，是否建立适当的协调系统。

（3）指导

是否存在必要的说明来解释实现控制的目标和手段。

（4）获得反馈

是否存在适当的反馈系统，从而向管理层提供关于控制产生的实际结果的准确信息。

（5）持续改进

是否存在适当的程序以便持续改进控制系统。

5. 监管方面

联邦、州、地方和政府间的组织颁布的法规是建立 EHS 管理控制系统的一个重要基础，这些法规包含了一些法定要求。审计人员必须熟悉适用的环境、健康和安全法律法规的意图、一般范围和实施程序，并能够将其应用到他们的审计任务中。

（1）环境、健康和安全法规的发展过程

审计人员必须普遍熟悉 EHS 法律法规的发展和实施，同时也要熟悉应纳入审计范围内的适用于审计的法规的目的、范围和实施，以便审计人员能够了解到关于解释是否合规的重要性。

（2）联邦、州和地方政府在 EHS 法规中的角色

审计人员必须了解到联邦、州和地方机构是纳入审计范围内的有关法规标准的主要执法机构。审计人员也必须意识到政府间理事会和委员会的要求可能比联邦、州和当地机构更严格、更广泛。

（3）监管要求

审计人员须熟悉联邦、州、地方和政府间的关于 EHS 方面的审计范围内的活动、产品和服务方面的特定适用性要求，同时应大致了解这些规定并能够将其应用到他们的审计任务中。

环境、健康和安全方面的广泛性受制于审计，但同时也为 EHS 审计创建了一个较广泛的法规标准。审计人员也必须意识并且大致熟悉国家、地方和政府间适用于特定的审计业务的相关规定。

（4）实施政策与程序

审计人员必须熟悉有关法规实施的政策和程序规定。一些关键的规定主要是：监管机构检查、自我监控和报告、纠正措施和可能的处罚。

6. 程序运行、环境影响与相关的控制技术

审计人员应该熟悉被审计单位的所有可能在环境、健康、安全与法定要求等方面产生重大影响的业务活动、产品或服务。他们还应熟悉一般控制流程、设备、方法以及在控制潜在影响方面的有效性。应具备的专业知识如下：

（1）典型的环境、健康和安全的影响

审计范围内的与特定活动相关的环境、健康与安全风险和影响，包含典型的废水、产生的污染物、安全以及健康风险。

（2）环境、健康与安全影响的监督

一般用于监督环境、健康与安全影响的活动、产品和服务的方法，比较常见的包括现场监督中使用的操作、保持和质量保证程序，以及抽样程序和对现场收集的样本的实验

室分析程序。

（3）控制技术和设备

一般用于将审计范围产生的风险和暴露限制至可接受的水平内的控制方法包括：操作熟练、程序修改、保护性设备、培训和风险意识程序。

（4）控制设备和技术的运行和保持

控制设备和技术的运行和保持的关键是全部或部分失败的潜在影响。因此审计人员应熟悉保持一般管理控制所需的行为。

7．审计人员的个人素质和沟通能力

（1）态度

审计人员在审计过程中应保持礼貌、尊重和专业的态度。

（2）团队合作

审计人员必须具备与团队成员有效合作的能力。

（3）适应能力

审计人员必须能够迅速适应各种审计任务以及快速变化的审计环境。

（4）决心

审计人员必须具有积极工作从而实现审计目标的决心，并能够抵制可能导致偏离审计目标的压力和处理审计过程中遇到的困难。

（5）沟通

审计人员应具备熟练的口头和书面交流能力。审计人员必须是一个好的倾听者，并对接受采访的客户表现出兴趣和尊重。他（她）必须认真坦诚地与客户沟通所有的正面和负面的印象。

（6）领导能力

主审计师应显示出除了审计小组成员应具备的素质以外的领导力和管理技能。

二、独立第三方环境审计对 ISO 14000 的借鉴

国际标准化组织（ISO）于 1992 年设立了环境战略咨询组（SAGE），又于 1993 年 10 月成立了 ISO/TC 207 环境管理技术委员会，正式开展环境管理体系和措施方面的标准化工作，取得了丰硕的成果。其中，随着 ISO 14000 系列标准的出台，完整而系统的环境标准得以产生，会计师事务所在内审人员的配合下，正确反映企业环保资金的使用效果，以及合理评价企业环境管理体系的效率亦成为可能。

ISO/TC 207 环境管理技术委员会的宗旨是支持环境保护工作，改善并维持生态环境质量，减少人类各项活动所造成的环境污染，使环境质量与生态经济发展达到平衡，促进经济的持续发展。因为环境问题往往是跨国的共同问题，许多具体环境问题的解决，要靠国际合作和国际上的统一行动；而 ISO 14000 系列标准的制定和颁布，便是这种国际统一行动的一个重要方面。

（一）ISO 14000 系列标准

ISO 14000 系列标准融合了世界上许多发达国家在环境管理方面的经验，是一个完整

的、操作性很强的标准体系，包括为制定、实施、实现、评审和保持环境方针所需的组织结构、策划活动、职责、惯例、程序过程和资源。其组成详见表 11-1，从表中不难看出，ISO 14000 系列标准主要由三大块组成，即环境管理体系及环境审计、环境标志、生命周期评价。其中环境管理体系及审计是最重要的组成部分。

表 11-1　ISO 14000 系列标准组成

标准号	标准名称	起草分会
ISO 14004	环境管理体系——原理、系统和支撑技术导则	SC1/WG2
ISO 14001	环境管理体系——导则使用规范	SC1/WG1
ISO 14002	环境管理体系——影响中小型企业的特色因素原则	SC1
ISO 14010	环境审计导则——原理	SC2/WG1
ISO 14011.1	环境审计导则——审计程序 第 1 部分 环境管理体系审计	SC2/WG2
ISO 14011.2	环境审计导则——审计程序 第 2 部分 合格审计	SC2/WG2
ISO 14011.3	环境审计导则——审计程序 第 3 部分 环境声明审计	SC2/WG2
ISO 14012	环境审计导则——环境审计师资格准则	SC2/WG3
ISO 14013	环境审计导则——环境管理体系审计项目的管理	SC2/WG2
ISO 14014	初始环境审查导则	SC2/WG1
ISO 14015	环境现场评价导则	SC2/WG4
ISO 14020	所有环境标志的基本原理	SC3/WG3
ISO 14021	环境标志——自我声明要求——术语和定义	SC3/WG2
ISO 14022	环境标志——自我声明要求——环境标志符号	SC3/WG2
ISO 14023	环境标志——自我声明要求——试验和检验方法	SC3/WG2
ISO 14024	环境标志——实践者计划——符合准则（Ⅰ型）项目的导则、实践和认证程序	SC3/WG1
ISO 14031	环境行为评价导则	SC4/WG1，2
ISO 14032	特殊工业环境行为指示器	SC4/WG2
ISO 14040	生命周期评估——原理和实践	SC5/WG1
ISO 14041	生命周期评估——清单分析	SC5/WG2，3
ISO 14042	生命周期评估——影响评估	SC5/WG4
ISO 14043	生命周期评估——改进评估	SC5/WG15
ISO 14050	环境管理——术语	SC6
ISO 14060	产品标准中环境指标导则	TC207/WG1

（二）独立第三方环境审计对 ISO 14000 的借鉴

环境审计对 ISO 14000 的借鉴主要表现在两个方面：一是对审计评价标准方面的借鉴，主要是 ISO 14001 和 ISO 14004 两个标准；二是对环境绩效审计最佳实务参照方面的借鉴，主要是 ISO 14010、ISO 14011 和 ISO 14012 三个标准。

1. ISO 14001、ISO 14004 为环境绩效审计提供了重要的审计评价标准

整个环境审计的评价标准应该是很宽泛的，包括环境法规与国际公约、环境会计准则和环境绩效标准，环境绩效标准也包括广泛的内容，如政府机关的法定职责、行业和历史标准与目标、环境影响标准、环境管理系统标准和社会经济效果等。但是，与环境管理系统有关的 ISO 14001、ISO 14004 两个标准给环境绩效审计提供了重要的（而不是全部）评价标准。

应该注意的是，ISO 14004 旨在为组织实施或改进环境管理体系（EMS）提供帮助，它与可持续发展的思想始终保持一致，并适用于各种文化、社会和组织结构；而只有 ISO 14001 包含那些以认证/注册或自我声明为目的、可予以客观审核的要求。下面我们将两个标准中可以用做审核（审计）标准的内容进行比较归纳。

在审计中借鉴以上环境管理体系要求作为评价标准时，可以编制总体评价表和各单项评价表。例如表 11-2“4-5”中的“管理评审”单项评价表的内容可以包括：①组织的管理者对环境管理体系进行评审的时间间隔；②评审范围和延续时间；③评审内容（包括 EMS 审核的结果、目标和指标的实现程度、EMS 是否具有持续的适用性、相关方关注的问题等）；④观察结果、结论与建议应形成的文件，以便采取必要的措施；⑤评审能否保持环境管理体系的持续改进、适用性和有效性，从而取得良好的环境表现（行为）等。又如表 11-2“4-1”中的“环境方针”，是为组织确定的总指导方向和行为原则，为组织的环境职责和绩效水准设定了目标，并以此作为评判一切后续活动的依据，因此“环境方针”的单项评价表内容可以包括：①与环境方针有关的职责（制定环境方针的职责通常属于组织的最高管理者）；②是否具备了与其活动、职责和服务相应的环境方针；③环境方针是否反映了组织的价值观和指导原则；④环境方针是否经过最高管理者批准，是否已授权专人监督与实施这一方针；⑤环境方针是否能指导环境目标和指标的建立；⑥环境方针是否能指导组织监控有关的技术和管理活动；⑦环境方针包含哪些承诺（如支持持续改进、支持污染预防、监测、满足或高于法律要求、考虑相关的期望等）。

表 11-2 ISO 14004、ISO 14001 中可作审核（审计）标准比较

ISO 14004（组织/改进用）	ISO 14001（认证/注册用）
4．EMS 原则与要素	4．EMS 要求
4-1 承诺与方针	4-1 总要求
承诺与领导	
初始环境评审	
环境方针	4-2 环境方针
4-2 规划	4-3 规划
环境因素确定	环境因素
相关环境影响评价	
法律与其他要求	
内部绩效水平	
目标与指标	目标与指标
环境管理方案	环境管理方案
4-3 实施	4-4 实施与运行
保障能力、人财物资源、协作与一体化	
机构与职责	机构与职责
知识技能培训、意识与积极性	培训、意识、能力
支持措施（信息、文件、控制、应急准备）	信息、文件、控制、应急准备

ISO 14004（组织/改进用）	ISO 14001（认证/注册用）
4-4 监测与评价	4-5 检查与纠正措施
监测现行绩效	监测测量
记录和信息管理	
EMS 审核	EMS 审核
4-5 评审与改进	
管理评审	管理评审
持续改进	记录

2. ISO 14010、ISO 14011、ISO 14012 为环境绩效审计提供了最佳实务支持

所谓最佳实务支持是指实施环境绩效审计的范例，而这种范例是在各国的环境审核中被证实为有效、能够在较大程度上满足审核目的的，包括编制计划、实施程序、报告结果和人员资格等方面的惯例。

（1）关于审计程序

表 11-3 可以较清楚地反映 ISO 14011 中有关环境管理系统审核的程序规定与我国现行一般审计程序的异同（表 11-3 左右两栏以内容对应排列）。

表 11-3　ISO 14011 中的有关规定与我国现行一般审计程序对照

ISO 14011 审核程序	我国一般审计程序
1-1 启动审核	1-1 审计项目建立
审核范围的商定	与授权方或委托人商定
文件预审	审前调查
1-2 审核准备	1-2 准备阶段
审核计划编制	审计方案或计划
审核组任务分配	（属于计划内容）
工作文件	
1-3 审核实施	1-3 实施阶段
首次会议	见面和座谈会
收集审核证据	审计取证
审核发现	分析审计证据
末次会议	征求意见
1-4 审核报告	1-4 报告阶段
编写报告	编写报告
报告分发	传递审计结果
文件留存	存档

虽然 ISO 14011 的环境管理系统审核程序与我国现行一般审计程序存在基本的对应关系（双方都有一定程度的省略），但我们可以看到在一些具体的工作项目内容上，ISO 14011 提出的具体要求还是值得我们在审计中借鉴。例如：表 11-3“1-1”启动阶段的“文件预审”做了以下规范：“在审核过程开始时，审核组长应审阅该组织的文件，如环境方针陈述、实施方案、记录或为实现 EMS 要求所编制的手册。其间应充分利用被审核组织的背景资

料。如果认为用于实施审核的文件不够充足，应通知委托方。在得到委托方的进一步指示之前，不应再进而消耗资源。”应该说在我国审计机关所从事的审前调查中也包括这项工作，即在实施审计以前要求被审计单位报送相关的资料进行审阅，但实际上这项工作经常被忽略，审阅资料文件一般被认为是实施阶段的工作内容。而在 ISO 14011 中“文件预审”被作为审核程序的专门环节，说明了其重要性。又如表 11-3“1-2”审核准备中的“工作文件”规范如下：“为便利审核工作的开展，所需提供的工作文件可包括：①记录审核证据和审核发现的表格文件；②用于评价 EMS 要素的程序和检查清单；③工作文件至少应保留到审核结束；审核组成员应保护好机密信息和产权信息。”我国审计机关对大规模的审计项目要求在其审计方案中包括形成对哪些审计日记和审计工作底稿的说明，实际上在中小规模审计项目的方案中一般都不包括对这部分工作文件的规划，这种情况下审计人员都按照审计准则中对工作底稿和审计日记的一般规范进行处理。这样做的缺陷是抹杀了不同审计项目之间对工作文件的不同要求，对审计目标的实现是不利的。

（2）关于审计计划

ISO 14011 中关于审核计划作了如下规范：“审核计划的制订，应保证其灵活性，使之能根据审核中得到的信息调整重点，并保证资源的有效利用。视情况需要，计划应包括：①审核目的与范围；②审核准则；③受审核方有待审核的建制单位和职能部门名称；④受审核方组织中对其 EMS 负有直接重大责任的职能部门和（或）人员名单；⑤确定受审核方 EMS 中应予重点审核的要素；⑥对受审核方 EMS 中有待审核的要素的审核程序；⑦审核的工作语言和报告语言；⑧引用文件清单；⑨主要审核活动的预定时间和起止日期；⑩进行审核的日期和地点；⑪审核组成员名单；⑫与受审核方管理者举行会议的日程表；⑬保密要求；⑭报告的内容和格式，审核报告的预计签发和分发日期；⑮文件留存要求。应将审核计划传达给委托方、审核员和受审核方，并由委托方审阅批准。如果受审核方对审核计划中的任何内容有异议，应通知审核组长。应在实施审核之前在审核组长、受审核方和委托方之间进行磋商解决分歧。对审核计划的任何改动均应在开始审核前或审核过程中取得所涉及的各方的同意。

关于审核计划，有以下几点可以借鉴：

1）“审核准则”事实上就是要求在审计计划中列出审计评价标准，就环境管理系统审核而言，评价标准一般就是 ISO 14001 和 ISO 14004，具体选择哪个要看审核目的是认证/注册还是组织/改进，在我国的环境审计中，过去以进行合规性审计为主，审计标准主要是环境法律法规，评价标准具有相对的确定性；当环境审计往绩效审计方向发展时，评价标准越来越不确定，由审计人员进行选择的可能性也越来越大，这就需要将所选择的评价标准在审计方案中明确地反映出来；

2）“负有重大责任的职能部门和人员名单”，在环境管理系统审计中如果能够这样做，一是可以突出审计的重点区域，优化配置审计资源，提高审计的效率；二是可以联系主体评价环境管理系统的责任和绩效，使审计评价结果和提出的审计建议更具有针对性。而我国现在的审计项目方案中，除了比较规范的经济责任审计外，一般都不会将“责任部门和人员名单”列进去，这对审计目的的实现也不利；

3）“引用文件清单”，在我国，被审单位应该提供哪些文件材料由审计法律笼统规定，在审计机关向被审计单位送达的《审计通知书》中具体提出。这样做的问题是具体提供资料的确定缺乏依据，从审计法律笼统规定到《审计通知书》具体提出是跳跃性的，中间缺少一种衔接，而这种衔接应该是在审计计划（方案）中的，根据“审核目的与范围”和“审核准则”的要求，确定被审核单位具体应该提供哪些文件，作为《审计通知书》填写的依据，这样的思路应该更加明确；

4）“委托方批准和受审核方的疑义”，在我国审计计划（方案）是由审计机关领导批准后执行的，既不需要由委托人批准（大部分情况下委托人是缺位的），也不需要征求被审计单位的意见，当然也不会出现“疑义”。随着政府职能的改变，在一些委托关系下建立起来的审计事项（如由干部管理机关委托的经济责任审计项目）的实施方案由委托方批准实施，更有利于审计责任的明确和风险的处置；随着环境合规性审计向环境绩效审计的发展，审计方案的各项内容（如评价标准、责任部门和人员等）具有更大的不确定性与主观判断性，事前征求被审计单位的意见并解决存在的疑义，也有利于降低审计风险。

（3）关于审计结果的报告

关于审核报告的责任和范围，ISO 14011 作了如下的规范：“审核报告涉及的项目应为审核计划中所确定的。如果编写过程中希望加以变动，应取得有关各方的一致同意。”关于报告的内容，ISO 14011 的规范是“审核报告应包含审核发现或其概要，并辅以支持证据。根据审核组长和委托方的协议，报告中还可包含下列内容：受审核方和委托方的名称、商定的审核目标、范围和计划、商定的审核准则、审核组成员名单、对报告内容保密性质的声明、审核报告分发单位名单、关于审核过程的简要说明，包括所遇到的障碍、审核结论如 EMS 对审核准则的符合情况、内部管理评审过程是否足以确保 EMS 的持续适用性与有效性等。”

ISO 14011 与审计报告有关规范值得借鉴的有以下几方面：

1）报告范围问题。“审核报告所涉及的项目应该为审核计划所确定的”，也就是与审核目的和审核标准相符合的。从理论上说，审计报告中应该回答审计目标所提出的问题，也就是审计结果的使用者（利害关系人）所关注的信息，这是审计质量的重要标志。但在我国的现有实务中，报告的内容有一定的盲目性，并不考虑使用者的信息需求，当然这与审计计划（方案）的编制质量也有关系。

2）“商定的审核准则，包括审核中引用文件的清单”也就是要求披露评价标准有关的信息。我国的审计报告中并不强调披露审计中所选择使用的评价标准信息，也就是只披露评价结果，可以不披露评价标准。本书认为我国的国家审计从财务收支审计向绩效审计发展，环境审计从合规性审计向绩效审计发展，一个重大影响是评价标准越来越具有不确定性。在这种情况下如果只披露评价结果而不披露评价标准，所传递的审计信息将会是不完整的，可能影响使用者的判断与决策。因为审计报告只告诉使用者评价的结果是什么，却没有告知这种结果是根据什么标准做出来的。

3）“审核结论如 EMS 对审核准则的符合情况、体系是否得到了正确的实施和保持、内部管理评审过程是否足以确保 EMS 的持续适用性与有效性等”，本书认为这也是环境管理系统审计结果应包含的最低量内容。

（4）关于环境审计人员资格的借鉴

开展环境审计对审计人员的素质提出了新的要求，在这一问题上也存在着分歧：一种观点认为从事环境审计的人员应该具备环境保护方面的专业知识和能力，另一种观点则认为从事环境审计的人员主要应该具备一般审计人员的资格能力，环境保护方面的知识并不是主要的。ISO 14012 关于“环境审核资格”的规定，为我国解决这个问题提供了很好的借鉴。该标准将“环境审核资格”的实质性要求分成两部分：①审核人员应具备的专业知识，包括环境科学与技术；设施运行的技术因素与环境因素；环境法律、法规及相关文件的有关要求；进行审核所依据的环境管理体系与标准；审核程序、过程与技术等。可以简单地用 5 个关键词表达，即知识、技术、法律、管理、审核。②个人素质与能力，包括口头与书面表达能力，能够清楚地表达概念和意见；有效开展审核工作所需的人际交往能力，如交际能力、变通能力、倾听能力等；履行审核员职责所需的保持充分独立性与客观性的能力；有效开展审核工作所需的个人组织能力；根据客观证据进行正确判断的能力；对开展审核的国家和地区的习俗和文化的灵活反应能力。

第四节 政府环境审计

一、政府审计简述

政府审计是指审计机关依法独立检查被审计单位的会计凭证、会计账簿、财务会计报告以及其他与财政收支、财务收支有关的资料和资产，监督财政收支、财务收支是否真实、合法和效益的行为。政府审计历史悠久，约在公元前 3000 年的古埃及，政府机构中就设置了监督官，行使监督权，监督收支记录是否正确、各级官吏是否尽职尽责。古希腊的雅典，也设置了审计机构，对卸任官员的履职情况进行审查。我国早在西周时期，就设置了“宰夫”一职，具有审计性质。秦汉时期的“上计”制度确立了审计制度，隋唐和唐宋时期得到了发展。中华民国 1914 年颁布了《审计法》，确立了审计监督的法律地位。

根据 1982 年宪法，审计署在 1983 年成立，成为独立的政府审计机关。目前，我国政府审计机构共分四级：审计署，各省、自治区、直辖市审计（厅）局，省辖市、自治州、盟、行政公署（省人民政府派出机构）审计局，县、旗、县（市）级审计局，此外中国人民解放军系统也设置了审计机构。我国各级审计机关实行统一领导、分级审计、双重管理体制。为了加强对中央单位的审计监督，经国务院批准，从 1984 年开始，审计署在国务院下属各部门先后设立了派驻机构。此外，审计署还在全国设立了特派员办事处。

我国的政府审计主要包括财政审计、固定资产投资审计、金融审计、企业审计、外资审计、经济责任审计以及社会审计组织审计业务质量监督检查。财政审计是指国家审计机关根据国家法律和行政法规的规定，对国家财政收支的真实性、合法性和效益性实施的审计监督。固定资产投资审计，是指审计机关运用一定的方法，对国民经济各部门固定资产投资活动以及与之相联系的各项工作进行的审查、监督与评价。金融审计是国家审计机关依照国家法律、法规和政策的规定，对国有金融机构的财务收支以及资产、负债、损益的真实性、合法性、效益性进行的审计监督。经济责任是指因担任特定职务管理运用财政资金、国有资源和国有资本、其他有关基金和资金，以及从事其他有关经济活动应当履行的职责、义务。除了上述审计类型外，我国审计署还成立了农业与资源环境审计司，开展资源环境审计业务。

二、政府环境审计的发展历程

最高审计机关国际组织（International Organization of Supreme Audit Institutions，INTOSAI）是由联合国成员的最高审计机关组成的非政府间国际性组织。INTOSAI 创立于 1953 年，旨在互相沟通情况、交流经验、推动和促进各国最高审计机关更好地完成本国的审计工作，目前已有 189 个全职成员。为了推广和促进环境审计在各国的发展，1992 年 INTOSAI 专门成立了环境审计工作组（Working Group on Environmental Auditing，WGEA）。1995 年 9 月，INTOSAI 在开罗召开了第 15 届世界审计组织大会，环境保护和改善被公认为是审计机关的职责。2002 年 4 月 8—9 日，在英国伦敦召开了第一次环境审计工作组会议，中国代表出席会议并提出了亚洲审计组织 2002 年的工作计划。2011 年 11 月 6—11 日，第 14 届环境审计工作组会议在阿根廷召开，中国代表介绍了自 2010 年桂林会议以来的亚洲审计组织的工作。

自 1998 年机构改革中国务院明确将开展环境审计的职能赋予审计署起至今，经过各级审计机关和广大环境审计人员的共同努力和实践，我国政府审计机关开展的环境审计正日益成为环境保护工作的重要组成部分，发挥着越来越重要的作用。一些环境保护审计项目，如生态林业建设资金审计调查、排污费审计、天然林资源保护工程审计、退耕还林工程审计等促进了国家重点环境保护工作的健康发展。2000 年我国环境审计开始步入国际环境审计舞台。同年 8 月，在泰国清迈举行的最高审计机关亚洲组织（ASOSAI）第八次大会上，ASOSAI 成立了 INTOSAI 环境审计委员的区域性组织——ASOSAI 环境审计委员会。在随后的 ASOSAI 环境审计委员会第一次会议上，我国当选为主席国，李金华审计长当选为 ASOSAI 环境审计委员会主席。2001 年 4 月，审计署起草了《ASOSAI 环境审计指南草案》；6 月在北京召开 ASOSAI 环境审计研讨会；2002 年 3 月，我国当选为 INTOSAI 环境审计委员会执委会 15 个成员国之一，李金华审计长当选为执委。

三、政府环境审计的内容

根据我国相关法律规定，土地、河流、林业等资源均属于国家所有。作为国家财产的守护人，政府审计应当对资源以及环境保护进行审计。

专栏 11-1　审计署“十二五”资源环境审计工作规划

以促进贯彻落实节约资源和保护环境的基本国策为目标，检查国家资源环境政策法规贯彻落实、资金分配管理使用和资源环保工程项目的建设运营情况，维护资源环境安全，发挥审计在资源管理与环境保护中的积极作用，推动生态文明建设。

——加强对土地、矿产、淡水、海洋等重要资源保护与开发利用情况的审计，揭露和查处违规出让、无序开发、低效利用，破坏浪费资源、国有资源收益流失、危害资源安全等问题，促进资源依法有效保护和合理开发利用。

——加强对水、大气、土壤、重金属、固体废物、核能利用等污染防治情况的审计，揭露和查处防治规划政策措施不落实，违规处置、排放污染物，防治设施运营不正常，严重污染环境等问题，促进加强污染防治，不断改善环境质量。

——加强对森林、湿地、草原、生物等重点生态系统保护和防沙治沙、水土保持、防治石漠化等生态治理工程建设实施情况的审计，促进生态保护与修复，加强生态环境建设。

——加强对节能减排资金的分配、管理、使用和相关政策法规执行情况的审计，揭露和查处落实节能减排政策法规不到位、淘汰落后产能进展滞后、严重浪费能源资源等问题，促进转变经济发展方式，优化产业结构。

——加强审计机关内部资源环境审计相关资源的整合，积极构建资源环境审计与其他专业审计有机结合的多元工作格局，努力探索符合我国国情的资源环境审计理论与方法，不断完善资源环境审计制度与规范。

1．资源审计

我国的资源包括土地资源、水资源、矿产资源、海洋资源和林业资源等，政府审计机关主要针对这些资源开展相应的审计活动。

2．林业审计①

2010 年 6 月，在印度尼西亚最高审计机关的努力下，最高审计机关国际组织发布了《林业审计：最高审计机关指南》。

（1）林业审计方法与工具

林业审计与常规审计在技术方法上一致，不过需要使用计算机技术工具，最常用的工具是地理信息系统（Geographical Information System，GIS）和全球定位系统（Global Positioning System，GPS）。利用 GIS 进行林业审计的计划并实施审计程序，能够了解要审计的森林的具体信息，包括森林所处的位置，以便于进行观察。还可以了解森林的采伐情况以及非法采伐等，作为收集审计证据的工作。利用 GPS，能够准确定位被审计森林所处的位置。

（2）风险基础林业审计

风险基础林业审计的过程如图 11-1 所示。

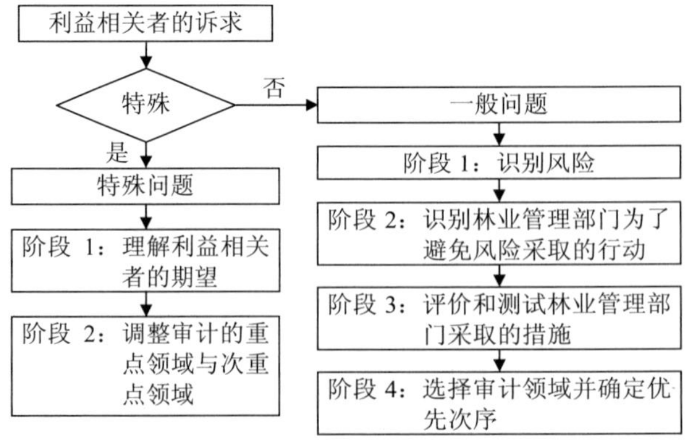

图 11-1　风险基础林业审计的过程

① WGEA：Auditing Forests：Guidance for Supreme Audit Institutions，2010.

3. 渔业审计[①]

由于政府部门缺乏有效的管理，渔业资源面临枯竭的风险。2010 年 6 月，在南非最高审计机关的努力下，最高审计机关国际组织发布了《渔业管理持续性审计：最高审计机关指南》。指南中提出了渔业管理审计的四个步骤：

步骤一：识别国家的渔业资源及主要威胁。这些威胁包括：污染和对鱼类生存环境的破坏；过度投资、过度开发渔业资源及过度捕捞；微弱的国家渔业立法或者政策；捕鱼技术改进带来的影响等。

步骤二：理解政府应对威胁的反应及相关的人士。这一步骤主要是识别相应的审计标准并提供政府管理渔业的全貌。

步骤三：选择审计项目并进行排序。根据了解的渔业管理的风险状况，审计师选择哪些项目作为优先考虑的项目以及哪些项目作为次级考虑的项目。

步骤四：决定审计方法、审计目标以及询问的路径。

4. 矿藏审计[②]

矿藏审计并不是最高审计机关的主要审计事项。2007 年在坦桑尼亚阿鲁沙召开第十一届环境审计工作组会议时，在 2008—2010 年工作计划中提出制定矿藏审计指南。在坦桑尼亚最高审计机关的努力下，最高审计机关国际组织于 2010 年 6 月发布了《矿藏审计：最高审计机关指南》。在指南中，对于矿藏审计也规定了四个步骤：

步骤一：识别采矿带来的环境威胁。不同的矿藏开采带来的环境问题不同，但也存在着一些共同的环境影响，例如，都会影响到原有生物的栖息地。审计师应当考虑到每一个采矿过程所带来的环境问题。这些过程包括钻探与开发、项目进展（如修建公路、建设处理场等）、矿物开采、选矿和矿场关闭等。

步骤二：识别政府对于这些威胁的应对措施。最高审计机关并不审计环境本身，而是审计政府的环境政策以及措施带来的后果，因此，审计师需要理解政府应对环境威胁所采取的政策和措施。政府的环境政策与措施包括：进行环境规制（实施采矿的许可制度）、教育和培训以及经济工具。

步骤三：选择审计项目并进行优先排序。审计师在这个步骤需要考虑以下几个方面的问题：审计报告使用者，尤其是主要使用者的兴趣点何在？相对于整个政府活动而言，哪些项目更重要？审计后的影响是什么？审计后会有显著改善吗？以前的开采被审计过吗？

步骤四：决定审计的方法与范围。这是最后一个步骤，审计师根据前三个步骤决定采用何种审计程序以及如何实施这些审计程序等。

除了林业审计、渔业审计、矿藏审计以外，还有其他的资源审计类型。本书在此主要介绍这三种类型，其余部分从略。

5. 环境保护审计

污染防治是环境报告的重要方面，环境保护审计以污染防治审计为重点。污染防治审

---

① WGEA：Auditing Sustainable Fisheries Management：Guidance for Supreme Audit Institutions，2010.

② WGEA：Auditing Mining：Guidance for Supreme Audit Institutions，2010.

计主要包括水污染防治审计、大气污染防治审计、固体废物污染防治审计以及重金属污染防治审计。这些环境保护项目都会涉及污染防治管理与政策审计、污染防治工程项目审计、污染防治资金使用审计等。

【案例 11-1】

山西省大气污染防治项目环境效益审计

1. 背景

（1）山西省大气污染防治项目背景：山西省位于中国的中部，全省总面积 15.66 万 km^2，约占全国总面积的 1.63%，总人口 3 300 余万人，约占全国总人口的 2.4%，是一个以能源工业生产为支柱产业的省份。该地区一些规模小、技术含量低的能源生产企业由于技术和成本等方面的原因，产生的废气不能实现达标排放，导致空气污染严重，山西省粉尘、烟尘、二氧化硫排放量均居全国首位。

为治理大气污染，山西省政府批准实施了《山西省环境保护“十五”计划》，其中包括 61 个大气污染防治项目，总投资 75.02 亿元。主要通过调整工业布局、电厂热电联产、集中供暖、脱硫工程和烟控区的污染防治、焦化场煤气净化，以及建材行业工业粉尘治理等措施，控制大气污染物排放总量。

（2）审计项目立项背景：该审计项目的确定主要是基于以下两点考虑的：一是山西省是国家大气污染防治的重点区域之一，力求通过对其审计促进国家重点环境治理区域环境保护工作的顺利进行；二是从对本区域大气污染防治项目的环境审计中，探索符合中国环境保护实际情况的环境审计模式。

2. 审计目标及范围

（1）审计目标：截至 2003 年年底，《山西省环境保护“十五”计划》（2001—2005）中大气污染防治阶段性目标是否实现。

（2）审计范围：2001—2003 年年底，各相关环境责任主体（各级地方政府和有关企业）履行大气污染防治责任，特别是落实大气污染物总量控制措施的情况。

3. 审计对象

一是各级地方政府及所属环保、财政等部门；二是相关企业。

4. 审计评价标准

审计评价的标准主要有相关法律法规、环境标准和其他标准。

（1）法律法规：《中华人民共和国环境保护法》、《中华人民共和国大气污染防治法》、《中华人民共和国会计法》，以及其他有关法规。

（2）环境标准：《大气环境质量标准》，《大气污染物排放标准》（另外如《炼焦炉大气污染物排放标准》）等其他行业标准。

（3）其他标准：《山西省环境保护“十五”计划》，环境公报，项目环境影响评价报告等。

5. 审计项目组织

（1）审计组织方式。此次审计的组织方式为平行审计（Concurrent Audit）和联合审计（Joint Audit）相结合，即试点审计阶段采用联合审计方式，正式审计阶段采用平行审计方式。

试点审计阶段，由审计署农业与资源环保审计司、山西省审计厅和部分地市审计机关的审计人员联合组成一个审计组，对长治市进行审计。

正式审计阶段，由山西省审计厅农业环保审计处负责组织，审计署农业与资源环保审计司，以及太原、阳泉等地市审计机关的审计人员共组成8个审计组，同时对晋中、临汾等8个地市进行审计。

报告阶段，每个审计组将审计报告报送给山西省审计厅农业环保审计处。农业与环保审计处汇总后，向审计机关负责人提交山西省大气污染防治项目环境效益审计报告，经审计机关负责人同意后，向同级人民政府报告审计结果。

（2）审计过程。审计时间为2004年5—11月，审计过程包括：

进行试点审计：2004年5—6月，所有参加单位对长治市进行试点审计。

制定审计方案：2004年7月，山西省审计厅根据试点审计情况制定审计方案。

实施正式审计：2004年8—9月，审计署农业与资源环保审计司、山西省审计厅，以及太原、阳泉等地市审计机关的审计人员共组成8个审计组，同时对晋中、临汾等8个地市进行审计。

报送审计报告：2004年10月，各审计组撰写并提交审计报告。

汇总审计报告：2004年11月，山西省审计厅农业环保审计处负责汇总审计报告。

6. 审计内容

主要审计了2001—2003年年底，各相关环境责任主体（各级地方政府和有关企业）履行大气污染防治责任，特别是落实大气污染物总量控制措施的情况。具体细化为：

（1）省级政府是否及时审批大气污染防治项目立项，是否及时拨付项目建设资金；

（2）地（市）、区（县）政府是否及时筹集项目资金，项目进度是否到达要求，相关大气污染物总量控制措施落实情况及结果如何，资金使用是否真实、合法和有效；

（3）企业是否达标排放污染物，是否按照“污染者付费”原则投入治理资金。

7. 审计结果

（1）大气污染防治取得成效。

①计划取得一定进展。大多数重点污染源项目已经确定并开始实施，部分建设项目建成并投入使用，发挥了环境效益。

②相关地方政府积极进行产业结构调整，关闭了一些污染严重、不能稳定达标排放的小型能源生产企业，推行清洁生产计划，新上项目较好地进行了环境影响评价。

③排污费收支管理逐步规范，更多用于工业污染治理。

（2）存在的主要问题。

①部分地区大气污染物指标仍居高不下。截至2003年年底，太原市大气中的二氧化硫实际削减量为3.07万t，只完成“十五”计划确定目标的23.01%。有的企业的污染物排放不仅没有减少，反而呈上升趋势。

②部分环保清洁生产和锅炉烟尘脱硫建设项目进展缓慢，二氧化硫、烟尘、粉尘直接排入大气，影响了治理效果。

③排污费征收难以满足环境污染治理的需要，资金缺口较大。同时支出结构不够合理，

部分市县用于污染源治理的支出占总支出的 28.60%，用于环保部门自身建设的支出占71.40%。

④部分地方政府环境监测能力不足。主要表现在一些基层环境监测机构缺少相关技术人员和监测装备，监控手段落后，与经济发展不相适应。

8. 审计建议

（1）有关地方政府应采取各种融资方式筹集资金，加快环保清洁生产和锅炉烟尘脱硫项目建设。

（2）加大排污费征收管理力度，确保排污费切实用于污染防治，提高资金使用效益。

（3）加强环境监测能力建设，对重点污染企业实行在线监测，对其他污染源提高监测频率。

（专栏资料来源于审计署网站）

【本章小结】

环境审计是指审计机关、内部审计机构和注册会计师，对政府和企事业单位的环境管理系统以及经济活动的环境影响进行监督、评价和鉴证，使之积极、有效，得到控制并符合可持续发展的要求的审计活动。环境审计本质上是确保受托环境责任全面有效履行的一种特殊控制，其目的是为了环境管理活动的合法、效益与控制以及环境报告的公允。从环境审计的内容来看，环境审计可划分为环境合规审计、环境绩效审计和环境责任审计。从环境审计的主体来看，环境审计可划分为政府环境审计、独立第三方环境审计和企业内部环境审计。

政府环境审计包括资源审计和环境保护审计。我国的资源包括土地资源、水资源、矿产资源、海洋资源和林业资源等，政府审计机关主要针对这些资源开展相应的审计活动。独立第三方环境审计包括道德准则和专业能力框架，企业内部环境审计包括内部环境审计准则、内部环境审计技术和内部环境审计报告。

【讨论思考题】

（1）政府环境审计、独立第三方环境审计与企业内部环境审计有何联系与区别？

（2）政府环境审计的对象是什么？

（3）独立第三方环境审计的能力框架包括哪些方面的内容？

（4）内部环境审计报告划分为哪几类？

【案例分析题】

为了贯彻保护环境的基本国策，加强海洋水污染防治，促进渤海地区经济社会可持续发展，审计署于 2008 年 3—9 月，对环渤海地区 2006—2007 年水污染防治情况进行了专项审计调查，重点调查了天津、大连、营口、盘锦、锦州、葫芦岛、唐山、秦皇岛、沧州、滨州、东营、潍坊和烟台 13 个市。

审计调查结束后，审计署将有关情况分别通报给了国家有关部门和 13 个市政府。国家有关部门和 13 个市政府高度重视审计调查发现的问题，积极采取措施进行整改，现已取得初步成效。

一是完善相关制度。《渤海环境保护总体规划（2008—2020 年）》已于 2008 年年底报国务院批准。该规划中，进一步明确了责任，提出加大工作力度，加快海洋污染防治与生态修复、陆域污染源控制和综合治理、流域水资源和水环境综合管理与整治、环境保护科技支撑和海洋监测五大系统的建设，以及建立陆海统筹的污染防治体系。国家发展改革委正会同国家海洋局起草关于加强围填海管理的意见，将对围填海等实行严格管理。天津市及时下发文件、出台管理办法，结束了该市主城区污水处理费长达 8 年未纳入财政专户管理的局面。盘锦市制定了市级环保专项资金使用有关规定，完善了环保专项资金管理使用制度。

二是加强环境执法。国家海洋局开展了全海域倾废管理工作自查，对 7 个超期使用的临时性海洋倾倒区分别作出了立即封闭、按要求申请转为正式海洋倾倒区等处理决定。该局下属北海分局在渤海海区组织 68 个海洋执法单位，抽调近 600 人开展了为期 42 天的联合执法行动，发现和查处了一批违法违规用海项目，并对 2007 年度未处理的 25 起非法填海项目进行了督促整改。唐山市加强曹妃甸循环经济示范区环境保护工作，成立了环保机构，编制的用海总体规划已获得国家海洋局批准，规范了项目用海。

三是加快项目建设。天津、大连、营口、沧州、滨州、东营、烟台等市加大投入，加快污水处理厂建设，升级污水处理工艺。营口市针对造纸行业落后、产能淘汰措施落实不到位的问题，将以前年度列入关停范围而未关停的 19 户造纸企业全部关停。唐山市加大造纸厂污染治理力度，关闭了唐海县国信造纸厂。玉田县投资 1 400 万元建设造纸企业专用输水管道，所有造纸企业都已开工建设污水处理、白水回用和中水回用系统，减少了对双城河的污染。

四是追缴（归还）资金。天津市已追缴海域使用金 109 892 万元；辽宁省和大连市两级海洋管理部门，已全部追缴因违规发放海域使用证导致欠缴的海域使用金 8 836 万元。天津、锦州、葫芦岛、沧州、秦皇岛、烟台、潍坊等市加大排污费和污水处理费征收和追缴力度，有关单位已补缴和归还挪用资金 15 877 万元。

根据该案例资料，分析以下问题：

（1）政府审计机关是如何在环境管理中发挥作用的？

（2）结合案例分析政府环境审计主要关注哪些方面？

第十二章　微观环境会计与宏观绿色 GDP

【案例引导】

绿色 GDP：中国 10 年的努力

“绿色 GDP”项目 2004 年由国家环保总局和国家统计局共同启动，2006 年两部委联合发布了第一份核算报告。2013 年 12 月课题组表示，2004—2010 年共 7 年的中国绿色 GDP 核算报告都已经完成并提交，污染损失和 GDP 扣减指数比 2004 年报告得更高。这份报告的最大突破点，是各省、自治区、直辖市污染损失 GDP 扣减情况以及生态破坏损失占 GDP 比例核算结果。但该报告一直没有公布。报告被搁浅的很大原因，在于环保部门和统计部门在发布内容和发布方式上存在着分歧，而另一个原因，是某些省市地方政府向两部委施加压力。

在国新办发布会上，对于“绿色 GDP”报告迟迟不见公布的问题，国家统计局局长表示，“国际上尚无真正意义上的绿色 GDP 核算标准，也没有任何一个国家采取这样的核算方式，所以还不能够公布这些数据或者真正进行价值量的核算。”“所谓绿色 GDP，是媒体、社会为了简化所说的一种名词、一种俗称”。对于“没有绿色 GDP”的说法，研究项目技术组负责人表示，“绿色 GDP”专业的说法应该是“绿色国民经济核算”，国际上也称“综合环境与经济核算”。虽然是一种简称，却并没有本质差异。

另据消息，为贯彻落实党的十八大、十八届三中全会提出的“用制度保护环境”，“探索编制自然资源资产负债表，对领导干部实行自然资源资产离任审计”等要求，2014 年 1 月 5 日，环境保护部在北京组织召开《国家环境资产核算体系建立》项目启动及专家咨询会。环境保护部潘岳副部长出席会议并指出，开展环境资产核算是一件重要而紧迫的大事，是贯彻落实党的十八大、十八届三中全会的有力抓手，是生态文明制度建设的重要内容，是经济发展方式转变的定量尺子，是区域、行业协调发展的重要基础。他指出，要着手在原先绿色 GDP 核算框架的基础上，建立绿色 GDP 核算 2.0 版本，在建立中国经济增长的环境代价“减法”核算的同时，建立环境质量改善和生态保护的效益“加法”核算，建立环境容量资产和生态系统生产总值核算体系，全面反映经济发展的环境代价和生态效益。

第一节 GDP 的弊端与绿色 GDP

一、核算绿色 GDP 的必要性

在最近 20 多年里，中国是世界上经济增长最快的国家之一。但是由于严重的资源浪费、生态退化和环境污染，在很大程度上抵消了高速经济成长的真实性。可以说，中国 GDP 增长中有相当大的比例是靠透支资源存量和生态环境而获得的。一个最新的事实是，2006 年上半年，我国单位 GDP 消耗能源同比上升 0.8%，不但没有实现降低能耗目标，反而与年初政府规划的单位 GDP 能耗降低目标 4%背道而驰。能源消耗增长快于经济增长，意味着经济高增长中蕴藏着不健康因素，完全不符合建设节约型社会和落实科学发展观的新理念①。

1972 年联合国召开斯德哥尔摩人类环境会议以来，环境问题日益引起全球瞩目，各类专家学者从多角度开展了资源、环境与人类社会的研究。在经济领域，与经济发展相联系的资源环境的核算研究分为宏观和微观两个层面。

在宏观层面，体现为建立环境核算指标体系，集中体现在联合国《国民经济账户体系 SNA》中（1968 年初版，之后有修订版），以及与之相应的统计方法的发展。

在微观核算领域，联合国国际会计和报告标准政府间专家工作组对跨国公司环境报告进行了多年的考察。从 20 世纪 90 年代起，环境会计问题成为 ISAR 每届会议的主要议题之一。在 ISAR 带动下，环境会计已成为国际会计界的重点领域之一。在每一个社会单位，环境会计又分别融入财务会计和管理会计两个分支。

确立绿色 GDP 考核指标体系，就是要既能看到 GDP 增长数据，又能看到这一数据背后的资源与环境成本；在企业的业绩报告中既能看到财务指标，又能看到环境业绩指标。必须纠正只以 GDP 为核心的国民经济核算体系和官员政绩考核方式的缺陷，应当大力提倡绿色观念，包括绿色 GDP、环境会计、环境审计等，以促进可持续发展理念被全社会所广泛接受，促进人类社会的长久良性发展。

二、国际上谈论“绿色 GDP”核算已久，但尚未进入统计实务

在经济学界和统计学界，核算“绿色 GDP”其实并不是一个全新话题。

半个多世纪以前，诺贝尔经济学奖获得者萨缪尔森教授就已经在其名著《经济学》中，从“经济净福利调整”视角探讨了对 GDP 进行修正，提出了对 GDP 的多个“减项”。

联合国统计机构从 20 世纪 70 年代初期起就开始建立环境统计体系（SES）的工作，并于 1983 年发布了具有历史意义的文件《建立环境统计的框架》（A framework for the development of environment statistics，FDES）。联合国环境规划署与世界银行 1989 年合作提出《为了可持续发展的环境核算》（Environmental accounting for sustainable development，EASD）。联合国统计机构在 1988 年提出、2003 年向所有会员国正式推出“环境与经济统

① 参见《2006 年上半年全国单位 GDP 能耗公报》，国家统计局、国家发改委和国家能源领导小组办公室联合发布。

一核算的国民账户卫星体系”（SNA satellite system for integrated environmental and economic accounting，SEES），用于对经济总量指标进行环境调整与分析[①]。

在理念和理论上，可以说人类社会关注经济生产总量 GDP 的环境缺陷，已经时日不短。而且，除了联合国以外的区域性国际组织以及多个发达国家和地区，也有不少其他相关尝试[②]。

一般认为，绿色 GDP 是从现行国民经济统计的国内生产总值 GDP 中，扣除掉由于环境污染、资源退化、自然灾害等因素引起的经济损失成本以后，所剩余的生产总值。换句话说，从现行 GDP 中扣除环境资源成本和损失，其计算结果就是“绿色 GDP”。

尽管在理论方面已经有了相当丰富的研究成果，也有过许多实验方案，可是在官方实践中，一个显然的事实是，目前世界上确实还没有任何一个国家形成了比较完整的“绿色 GDP”核算体系并正式发布“绿色 GDP”数据。

三、中国的“绿色 GDP”计划

2006 年 5 月 10 日英国《金融时报》刊登的一篇题为《中国放弃“绿色 GDP”计划》的文章，其中引述了中国国家统计局某官员的一句话：“精确计算出根据对环境影响调整后的 GDP 数据，实际上是不可能的”。这篇文章在中国官方和民间引起不小的反响，原国家环保总局和国家统计局甚至公开予以否定性回应。回顾以往，与这个事件有关的官方背景之一是，原国家环保总局和国家统计局曾经在 2005 年选定 10 个“绿色 GDP”试点省市（包括北京、天津、重庆、河北、辽宁、浙江、安徽、广东、海南、四川），并提到可能与地方党政官员的任职政绩考核相联系。

虽然这一在国际上颇具超前性的举措当时引来一片喝彩，但由于核算“绿色 GDP”并非一朝一夕之事，加之专业性很强，所以后来并未成为大众媒体紧紧追逐的热题。只有专业人士才会跟踪仔细观察。但外国媒体的一时舆论，又引起国内媒体和民众对此问题的关心。

“绿色 GDP”的正式表达应该是“经环境调整的 GDP”（Environmentally Adjusted GDP）。

这个调整过程说起来似乎简单，实际操作就很复杂。就利益相关者而言，由于“绿色 GDP”一定小于“常规 GDP”，相关利益者很可能持叶公好龙态度、愿意披环保外衣，但并不一定真心愿意测算自己的“绿色 GDP”。就方法论而言，建立方法规范体系很不容易。

专栏 12-1　环境资源消耗计入发展成本

“2003 年，全国环境污染治理投资为 1 627.3 亿元，比上年增长 19.4%……全国环境污染治理投资占国内生产总值的 1.39%，比 2002 年的 1.33%有所提高。”

记者 26 日从国家统计局获悉，这些统计指标将出现在《2004 年国民经济和社会发展统计公报》中。此前，这些指标仅在一些专业统计公报中出现。

① 对 SEES 的框架文件介绍，见诸多种中文书籍，譬如王立彦等著《宏观核算整体化构架研究》一书第六章“环境核算：中介账户设计及与轴心账户的联系”。

② 参阅雷明的文章《中国绿色社会核算矩阵研究》及参考文献，《经济科学》2006 年 3 期。

国家统计局有关人士告诉记者，和社会经济发展密切相关的一些指标，如污染物、森林、海洋等数据均将出现在这一次的统计公报中。据悉，这个记录了环境、资源损耗的卫星账户将首次出现在2月28日公布的《2004年国民经济和社会发展统计公报》中。

用国家统计局局长李德水的话来讲，把环境、资源损耗纳入统计公报就是要“把实现经济增长，我们在环境、资源方面所付出的代价表现出来、反映出来”。

真实再现经济发展所付出的代价，已经到了不容忽视的地步。2003年，全国环境污染治理投资为1 627.3亿元，比上年增长19.4%；当年排放的2 158.7万t二氧化硫中，工业排放量为1 791.4万t，占总量的83.0%；当年排放的460.0亿t废水中，工业废水也占到了46.2%的比例；不仅如此，这些数据均较上年有不同程度的上升。

以前，上述数据仅出现在全国环境统计公报上，此次将上升到《国民经济和社会发展统计公报》中。这在某种程度上意味着，国家已经开始把环境、资源耗损纳入国民经济和社会发展的“成本”中。

值得一提的是，这一思路与“绿色 GDP”的初衷不谋而合。在国家统计局看来，这一做法只是实现“绿色 GDP”的一个过程性措施。目前，国家统计局正在和环保总局、林业局等有关部门和研究部门成立课题研究小组。

记者了解到，由于截止到目前世界上还没有任何国家形成比较完整的“绿色 GDP”核算体系，有关部门对“绿色 GDP”采取了审慎的态度。

（来源：证券日报）

四、改进 GDP 指标的两个视角：有效财富观与生态资源观

经济学家和统计学家曾经提出了许多种修正和改进宏观经济产出指标 GDP 的方法。就逻辑来看，可以归结为两种理念下的思路：有效财富观和生态资源观。

基于有效财富观修正和改进 GDP 的基本逻辑是，GDP 不能够确切衡量经济社会的全面发展。因为，GDP 只限于对货币化产出总量进行评价，而忽视了这个产出总量中的无效部分（譬如城市道路建设中的反复开挖、救灾抢险再建设等活动，增加 GDP 但不增加国民财富总量），也忽视了由于经济活动所导致的资源损耗、环境退化等财富存量损失和治理支出（譬如矿山乱开采造成的尾矿损失及引致的治理；再譬如沿河建设小造纸厂会给当地带来 GDP 增长，但小造纸厂导致的水污染致使下游沿河流域居民喝不上净水，并引发污染治理）。

基于生态资源观修正和改进 GDP 的基本逻辑是，过量经济活动导致资源破坏、环境污染、生态退化，所以应该从现行 GDP 中减除掉资源环境成本和损失（譬如世界银行的报告表明，早在1995年国内空气和水污染造成的直接经济损失就高达540亿美元，占当年 GDP 的8%；再譬如土地荒漠化造成水土流失、沙尘暴蔓延导致城市环境质量恶化，在 GDP 中并没有得到反映），从而得到“绿色 GDP”。

显然，对 GDP 进行修正和改进的上述两种思路的着眼点不尽相同，但存在着重叠交叉。目前讨论“绿色 GDP”，一般是基于生态资源观。

第二节 无效 GDP 核算

专栏 12-2 无效 GDP，计算社会成本对 GDP 的侵蚀

“被炸掉的房子，价值一定是可以计算出来的，产生的环境性的罚款、赔偿，也都有数字可查，而并不是没有数据。我们要做的只是把会计科目单列出来，很多事情就一目了然了。这和管理费用中列出招待费和公车消费的道理是一样的，操作并不难，但问题的关键，是愿不愿意去做。”学者这样说。

一旦被列出，GDP 当中虚假的部分就会呈现在公众面前。

“当然，不可能一步到位，把所有的都列出来。大量虚假的 GDP，有效部分究竟是多少，现在谁都说不清。”可行的建议是，先把容易操作的项目单列出来。

例如可以分成 A、B、C 三类，A 类可以要求直接列出，比如罚款与赔偿等费用；B 类可以放到第二步，例如环境污染的成本；C 类是最难界定计算的项目，可以先搁置起来等待解决。“这样，就不会因把所有问题捆绑在一起而遭到否决。先把一部分问题解决了，就会出现可以继续解决的问题。这样，才能不断把事情向前推进。”

（来源：《中国会计报》2010 年 5 月 28 日，“短命”建筑每年吞噬 4 万亿元）

一、无效 GDP

GDP 作为生产成果，其本来目的在于增加国民福利，积累社会财富。

关于“绿色 GDP”，可以从分析 GDP 总体内容的有效性入手，区分为“有效 GDP”与“无效 GDP”。

宏观经济统计意义上的 GDP，表明一个经济体和社会的“总产出”。产出应该给社会和公民带来福利、带来财富积累。那么，是不是全部 GDP 都具有公民福利和财富积累效果呢？不是。至少可以举出以下几部分所谓产出，并没有这种效果：与抗击自然灾害有关的 GDP；由资源环境损害换来的 GDP；由社会成本换来的 GDP。

先看与抗击自然灾害有关的 GDP。以 2008 年汶川大地震为例，在抗震救灾过程中，大大增加了对食品、日用生活用品、建筑材料、交通运输以及各种各样非物质性服务的需求，这在宏观经济统计中都是 GDP 的组成部分，但是没有增进公民福利、没有增加社会财富。

然后看由资源环境损害换来的 GDP。许多环境敏感产业（化工、化肥、制药、造纸、矿山、冶金等）在创造 GDP 的同时，也在破坏环境、滥用资源，对当前造成污染破坏，对以后留下治理和恢复的后遗症。这样的 GDP，是寅吃卯粮，就是说今天的人把后代的饭先吃了。还有许多环境保护、污染治理和生态恢复活动，也构成了 GDP 内容，可是这些活动是在消耗财富，是为以前造成的环境危害埋单还债，没有增加财富效果，更没有增进公民福利。

再看由社会成本换来的 GDP，这与管理秩序混乱有关。譬如市政建设中的马路反复开膛修建现象，建筑物的短命炸毁重建现象、行政审批程序繁琐现象、多重督察检查现象、博彩赌博现象，甚至体育界的假球现象。相伴随的 GDP“创造”，有效性如何？不言而喻。

可以推论，在任何一个国家和经济体的政府统计公告的 GDP 数字中，无效部分或大或小总是存在的。国家与国家、地方与地方横向比较，GDP 数字肯定存在质量差异。这可以说是统计水平高低的体现。

如此，就可以得到对“绿色 GDP”的基本理解：以一般 GDP 为基础，将其中以“可持续发展”和“环境资源”观念分析的无效部分挑出来予以减除，剩余部分就是“绿色 GDP”。

现实中，任何国家、地区政府统计机关计算、统计和报告的 GDP，并不都具有“增加国民福利，积累社会财富”的效果。也就是说，统计机关所计算、统计和报告的 GDP，总量中包含或大或小的一部分，属于无效 GDP。用图式模型表达为：

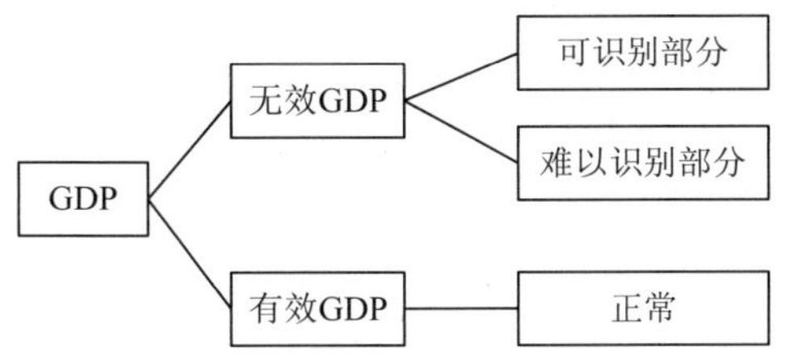

图 12-1 无效 GDP 图式模型

无效 GDP 具有几个特点：消耗社会资源（人、财、物等）、不带来国民福利、不形成财富积累。

如前所述，分析无效 GDP 的经济内容，并且落实到测算实务中，可以从经济活动功效视角细化分解为几个部分：第一，与抗击自然灾害（洪灾、地震、雪灾、风灾等）相关的 GDP；第二，用于弥补、修复以往环境破坏和环境损失的经济活动；第三，用于预防、避免未来发生环境破坏和环境损失的支出；第四，排污权、碳排放权交易；第五，由资源环境损害换来的 GDP；第六，由社会成本换来的 GDP。

上述无效 GDP 内容，只有第一部分可以在宏观经济统计中给以直接计量。其他几个部分，都只有通过微观会计核算体系，才有可能给予比较扎实的计量和汇总。

二、环境成本数据流

如何识别、计量、核算无效 GDP 呢？

从微观会计视角，对于宏观统计中的无效 GDP，可以表达为环境成本和社会成本之和。鉴于社会成本的认识难度，对无效 GDP 的识别、计量、核算，可以先从环境性内容即环境成本入手。

事实上，即使环境成本，也同样存在着很大的识别难度。对此，从认识论角度，难以一步到位，应该秉持从易到难、循序渐进的不断逼近原则。也就是说，先实现对可识别无效 GDP 的识别、计量、核算，同时推进专题性研究，逐渐将越来越多的难以识别部分予以纳入。

在现行微观会计信息体系内，从各种支出记录中对环境性支出加以识别和分离，会计操作并不很困难，抽取出来组成专门的“环境成本”数据模块，完全能够做到。

在现实社会经济中，鉴于环境成本信息已经掩藏在微观会计系统中，得到确认、记录和报告。对此，第五章曾经讨论从现行会计体系识别环境成本问题。表5-1对各种成本费用中所包含的环境性质成本重新归类，并以会计报表形式予以汇总，进而对微观“环境成本”数据模块进行汇总，形成“环境成本数据流”。

第三节　生态系统价值核算

通过分析近些年有关生态系统服务价值的文献得知，在我国，由于基于生态系统服务价值分类的理论基础和价值评估方法不一，对于生态系统服务的划分没有统一标准，因而没有形成一个统一的价值核算体系。课题组研究生态服务系统价值核算体系的目标在于以下几个方面：

一、使生态服务系统价值体系研究紧跟我国发展战略

在可持续发展观的指导下，要把建立资源节约型和环境友好型社会作为重要的着力点，在全社会的各个系统中推进有利于资源节约和环境保护的生产方式、生活方式和消费模式，促进经济社会发展与人口、资源和环境相协调。另外，党的十八大报告明确提出，要把资源消耗、环境损害、生态效益纳入经济社会发展评价体系，建立体现生态文明要求的目标体系、考核办法、奖惩机制；深化资源性产品价格和税费改革，建立反映市场供求和资源稀缺程度、体现生态价值和代际补偿的资源有偿使用制度和生态补偿制度；加强环境监管，健全生态环境保护责任追究制度和环境损害赔偿制度。转变经济增长方式、优化发展模式，提高国内各产业部门对资源的综合利用效率，全面缓解资源供求矛盾，减轻经济发展日渐面临的资源约束。本书所研究的生态系统服务价值核算体系，以可持续发展战略和西部大开发为前提，为国家制订和实施可持续发展战略决策提供理论层面、技术层面的支撑，同时也为党的十八大关于大力推进生态文明建设提供了具体的实施方法。

二、完善生态系统服务价值核算体系

要衡量人类从生态系统获得的所有惠益的标准，就必须建立详尽的生态系统服务价值体系。在我国，基于生态系统服务价值分类的理论基础和价值评估方法不一，对于具体分类观点不一，导致没有形成一个统一的价值核算体系。同时，目前存在的价值核算体系各自有其不足之处。因而必须针对目前我国的生态系统的自身情况，建立全面的指标体系。本书从经济学研究的角度出发，系统地梳理和分析了生态系统价值核算的理论基础、核算内容和价值评估方法。基于对生态系统资产和服务内涵的把握，在遵循科学性、全面系统性、可操作性，以及定性与定量研究相结合等原则的基础上，结合国内外现有研究成果，构建了一套生态系统价值核算框架体系。最大程度地避免了核算工作中的数据疏漏、重叠等问题，也最大限度地避免了价值重复计算。

三、推动“绿色 GDP”核算的发展

我国传统的 GDP 核算体系没有关注经济发展中的环境退化成本和资源消耗成本，各级政府在对 GDP 进行核算的过程中，往往以牺牲环境为代价单纯追求 GDP 的高速增长。而目前大力提倡的“绿色 GDP”核算基本是以 SEEA 为框架的，在传统 GDP 基础上，扣除经济活动中所付出的资源耗减成本和环境退化成本。但是这种“绿色 GDP”的核算并没有解决自然资源生态服务的价值如何体现的问题，对“绿色 GDP”的内涵理解较片面。课题组通过对生态服务系统价值核算体系进行研究后认为，在“绿色 GDP”的核算中不能单纯考虑自然生态环境一个方面，还应将生态系统服务价值引入其中，合二为一。课题组在对“绿色 GDP”与生态系统之间关系进行深入研究后认为，“绿色 GDP = 传统 GDP – 资源耗减成本 – 环境退化成本 + 生态系统服务价值”。其中，生态系统服务价值指无形服务所能够提供的价值。我们认为，不仅应在“绿色 GDP”核算中做减法，还应在其中做加法。生态系统服务价值体系的提出，能为“绿色 GDP”做加法提供全面翔实的核算依据，从核算方法上推动绿色 GDP 核算制度的发展。

四、促进生态服务功能外部价值内部化

根据外部效应理论，现阶段我国政府对生态保护采取了一系列补贴政策，对于生态破坏者在财政方面给予补贴，在生态环境建设方面采取退耕还草、退耕还牧、退耕还江等措施。面对严峻的生态环境破坏，仍有很多问题需要通过政府的努力去解决。本书认为，首先，政府应健全公共财政体制，加大对生态补偿的转移支付，按照生态补偿机制的要求进一步优化财政支出结构，尤其是针对欠发达地区，要积极探索生态补偿方式，进而从根本上推动生态保护。其次，政府应加强环境污染整治，针对重污染企业的“三废”排放量在法律上作出限定，在不损害环境的前提下，企业需支付数额较大的资金购买排放指标。另外，政府需加大对欠发达地区的支持，充分运用“造血型”生态补偿，扶植当地可持续发展，促使外部补偿转化为自我积累和发展。最后，将生态补偿模式与市场相结合，引导社会参与环境保护与建设。

第四节 “绿色 GDP”核算与微观环境会计

核算“绿色 GDP”不是口号，而需要具体路径和方法，关键在于与微观“环境会计”配合。

可行的思路是：将“绿色 GDP”核算分解为实物量核算和价值量核算。实物量核算在宏观层面直接开展，价值量核算则需要从微观层面的环境会计入手，然后循序渐进、水到渠成，汇总计算绿色 GDP 总量。

关于宏观层面的实物量核算，世界上许多国家的官方统计机构一直在进行，我国也在开展自然资源和环境的实物量核算实务和研究，是为开展以“绿色 GDP”为核心的国民经济核算作技术准备和奠定数据基础。实物量核算是针对资源和环境要素本身，从道理上说并不十分复杂（譬如空气中二氧化碳的含量、工业排放二氧化硫等污染物质的含量、矿产

资源的损失量等，计算物理量的含义很明确），关键是建立可行的实施方案，并通过强有力的组织系统和措施加以落实。

微观层面的价值量核算则要复杂得多。最大的问题是，成本确定和价值核算都离不开货币和价格这两个市场经济要素。为此，首先要开展专业研究，重点在于：①将环境因素引入企业会计体系的框架中；②环境成本项目的确认、计量、计价及计算方法；③财务报表体系中“环境成本报表”的设计及环境成本信息的揭示；④环境会计标准的建立；⑤环境会计资料在资源、环境要素定价中的应用。

事实上，微观会计核算领域中对于资源、环境因素的计量，已经经历了不同的发展阶段。环境会计在世界上已经被提出并引起广泛重视，在发达国家已经进入会计实务，问题是还不完整，缺少共识，更缺少规范。

在发达国家的会计规则中对自然资源的处理方式，是将森林、矿山、石油、天然气等自然资源作为特别对象制定会计核算方法，在企业资产负债表中称为“递耗资产”。其入账价值为取得成本和开发成本之总和。这项资产以后随着开采或砍伐而逐渐耗竭。对于这样的会计处理方法，环境保护主义者轻而易举地找到了其“弱点”：会计账面上所谓自然资源的账面价值，只是取得该项资产时的购买成本和开发成本，而不包含其自身的原始价值。20 世纪 80 年代后期致力于建立环境核算体系的学者们提出，“自然资源并不是天赐的免费礼物”，同样具有资本特性，应当与“人工资本”并列，称为“自然资本”。

在联合国国际会计和报告标准政府间专家工作组 1990 年 3 月的会议上，讨论了秘书长提出的对美国、巴西等 10 个国家与环境质量密切相关的行业的调查报告。调查结果表明，当时还没有一个国家制定了核算环境因素的具体会计准则，只是有了一些相关的会计处理措施。1991 年 4 月日本“社会责任会计实态调查委员会”组织了一次涉及美国、德国、英国、法国、日本等 5 国、针对 200 多家大公司 1990 年度报告书的“社会责任信息”跨国调查（其中第一因素就是环境保护），调查的结果与联合国 1990 年调查相类似。

微观层面环境会计目前存在的问题是：

第一，环境会计论的兴起，是建立在批判现行财务会计理论的基础之上的，目前还远远谈不上成型（事实上还没有定型的基本框架）。环境会计论之所以受到重视，因为其涉及的是一个关系到人类社会生存发展的重大课题。但是要真正落实到会计实务中，仅仅主题重要还不够（社会责任会计也是处在一种类似的局面）。会计实务不仅需要理论支持，而且理论还必须变成为可操作的会计规则和方法。从发达国家和地区目前的实践看，资源环境项目的会计核算内容还很有限，数据信息只能出现在董事长报告中，还没有出现在正式的财务报表和报表附注中，最主要的原因就在于缺少可执行的会计规则。

第二，资源环境问题的严重性在于社会整体，而不在于某个社会个体。事实上，就会计工作而言，环境会计或社会责任会计实践，对每一个企业来说都无直接益处，只是新增加的负担，因而推进资源环境会计核算在微观单位内部不会有原动力。脱离开来自社会的、公众的、道义的、政府的压力和推动力，资源环境核算不可能像其他经济核算项目那样，首先在每一个社会个体基于内在需要而展开，然后上升为社会化的共同会计项目。也就是说，尽管绿色会计论和社会责任会计论能够在学术研究和专业研究中建立起来，但环境会计要想落实到经济核算实践中，一定需要由宏观推压向微观。

综上所述，脱离开与宏观层面资源环境核算的沟通和联系，微观层面的资源环境会计核算不可能自动发展并完善。就这个意义而言，“绿色 GDP”核算并不仅仅是国家和政府层面的任务，而且必须从宏观微观两个层面同时共举，方可见效。

【本章小结】

核算“绿色 GDP”不是口号，需要具体路径和方法。将“绿色 GDP”核算分解为“实物量核算”和“价值量核算”。实物量核算在宏观层面直接开展，价值量核算则需要从微观层面的环境会计入手，然后循序渐进，水到渠成，汇总计算“绿色 GDP”总量。

【讨论思考题】

（1）阐述核算“绿色 GDP”对经济社会可持续发展的意义。

（2）企业层面环境会计与地区、国家层面“绿色 GDP”的关系是什么？

（3）何为有效 GDP 和无效 GDP？

主要参考文献

[1] Institute for Management and the Environment of Augsburg university Cutting Costs and Relieving Stress on the Environment by means of Flow Management 2002.

[2] Michiyasu NAKAJIMA. Flow Cost Accounting in JAPAN. Kansai University.

[3] Katsuhiko Kokubu. Aterial flow cost accounting and conventional management thinking：introducing a new environmental management accounting tool into companys. in JAPAN .Kope University.

[4] Katsuhiko Kokubu，Marcelo Kos Silveira Campos，Yoshi—kuni Furukawa，et al. Material Flow Cost Accounting with ISO 14051[J]．ISO Management Systems：2009（2）：l5-18.

[5] Ministry of Economy. Trade，and Industry（METI）（2002）*EMA Workbook*，METI Japan.

[6] ISO/TC 207 N856 Annex B/Material Flow Cost Accounting（MFCA）and Environmental Management Accounting（EMA）.

[7] Overview and Dissemination Status of ISO 14051（MFCA）Hiroshi Tachikawa Propharm Japan Co.，Ltd.

[8] METI（Japan Ministry of Economy，trade and industry），Guide for Material Flow Accounting[Z]. 2007.

[9] Floyd A.Beams，Paul E. Fertig. Pollution Control through Social Cost Conversion[J].The Journal of Accountancy，1971（11）：37-42.

[10] European Commission，Food and Agriculture Organization，International Monetary Fund，Organization for Economic Co-operation and Development，United Nations，World Bank. System of Environmental-Economic Accounting Central Framework. 2012.

[11] Rob Gray，Jan Bebbington，Diane Waiters. Accounting for the Environment（The Greening of Accountancy，Part II）[J]. AC-CA. 2001.

[12] EPA，Valuing Potential Environmental Liabilities for Managerial Decision-making：A Review of Available Techniques，1996：8.

[13] UNCTD ISAR 15th SESSION；Environmental accounting and reporting at the corporate level，1998.

[14] EU：Commission Recommendation of 30 May 2001 on the recognition，measurement and disclosure of environmental issues in the annual accounts and annual reports of companies.

[15] FASB，Statement of Financial Accounting Standards No.143 Accounting for Asset Retirement Obligations，2001.

[16] R.H. Gray，D. Owen，K. Maunders，"Corporate Social Reporting：Accounting and Accountability"，Prentice Hall International，London，1987，p.ix.

[17] 日本环境省．日本环境会计指南（2005 年）[R].

[18] 国部克彦．实践物流成本会计（MFCA）[M]．东京：产业环境管理协会，2008.

[19] 进上寿枝，环境会计的结构[M]．贾昕，孙丽艳，译．北京：中国财政经济出版社，2004.

[20] 美国环保局．环境会计导论：主要概念和术语[R].

[21] 国际会计师联合会．环境管理会计（EMA）国际指南[R].
[22] 2012 年度中国城市 PITI 指数评价结果暨污染源全面公开倡议研讨会．http://www.ipe.org.cn/about/notice_de.aspx?id=11003.
[23] 白蔚秋，环境管理会计研究[M]．北京：中国财政经济出版社，2007.
[24] 宝钢集团有限公司，上海国家会计学院．环境会计的理论与实务[M]．北京：经济科学出版社，2011.
[25] 陈毓圭．环境会计和报告的第一份国际指南——联合国国际会计和报告标准政府间专家工作组[J]．会计研究，1998（5）.
[26] 陈思维．析环境审计对 ISO 14000 的借鉴[J]．审计与经济研究，2006（5）.
[27] 邓明君，罗文兵．日本环境管理会计研究新进展——物质流成本会计指南内容及其启示[J]．华东经济管理，2010（2）.
[28] 邓明君．物质流成本会计运行机理及应用研究[J]．中南大学学报：社会科学版，2009（4）.
[29] 冯巧根．基于环境经营的物料流量成本会计及应用[J]．会计研究，2008（12）.
[30] 高文娟．3R 政策实施中物料流量成本会计的应用研究[D]．太原：太原理工大学，2012.
[31] 郭晓梅．环境管理会计研究[M]．厦门：厦门大学出版社，2003.
[32] 黄由衡．物流成本管理理论及其应用研究[D]．北京：北京交通大学，2008.
[33] 黄进．环境管理——物质流成本核算国际标准探析[J]．标准科学，2011（7）.
[34] 李建发，肖华．我国企业环境报告：现状、需求与未来[J]．会计研究，2002，4.
[35] 肖华，李建发，张国清．制度压力、组织应对策略与环境信息披露[J]．厦门大学学报：哲学社会科学版，2013，3.
[36] 肖华，张国清．公共压力与公司环境信息披露[J]．会计研究，2008，5.
[37] 肖华，李建发．现代环境会计（译著）[M]．大连：东北财经大学出版，2004，3.
[38] 李艳芬．环境会计的材料流成本核算研究[D]．长沙：中南大学，2005.
[39] 李迎春．环境会计信息披露模式初探[J]．中国乡镇企业会计，2009（12）：203-204.
[40] 李永臣，企业环境会计研究[M]．北京：中国人民大学出版社，2005.
[41] 梁茂尊．企业社会责任报告五大基本问题．http://www.csrreport.cn/index.html.
[42] 刘薇．物质流成本分析模型的构建与应用[D]．北京：北京工商大学，2009.
[43] 刘媛媛．企业物料流量成本会计的实施研究[D]．太原：太原理工大学，2011.
[44] 刘仲文，张琳琳．日本环境会计指南（2005）的借鉴与思考[J]．经济与管理研究，2007，12.
[45] 罗明君，罗文兵，黄丽娟．国外物质流成本会计研究与实践及其启示[J]．湖南科技大学学报，2009，3.
[46] 罗喜英．肖序．ISO 14051 物流成本会计国际标准发展及意义[J]．标准科学，2009（7）.
[47] 乔世震．论结合式的环境会计账户设置[J]．广西会计，2001，11.
[48] 王立彦．环境成本核算与环境会计体系[J]．经济科学，1998，6.
[49] 王定远．管理审计理论[M]．北京：中国人民大学出版社，1996.
[50] 魏素艳，肖淑芳，等．环境会计：相关理论与实务[M]．北京：机械工业出版社，2006.
[51] 温水良一，朱卫东，程品龙．日本中小企业 MFCA 运用状况与问题研究[J]．财会月刊，2009（21）.
[52] 沈洪涛．企业环境信息披露：理论与证据[M]．北京：科学出版社，2011：67-84.
[53] 孙静．物料流量成本会计及其应用[D]．北京：中央民族大学，2012.
[54] 陶燕．浅议适用于低碳经济的物料流量成本会计[J]．财会通讯，2010（10）.
[55] 徐泓．环境会计理论与实务研究[M]．北京：中国人民大学出版社，1998.

[56] 徐玖平，蒋洪强．制造型企业环境成本的核算与控制[M]．北京：清华大学出版社，2006.
[57] 袁广达．环境会计与管理路径研究[M]．北京：经济科学出版社，2010.
[58] 袁广达．中国上市公司环境审计理论与应用[M]．北京：经济科学出版社，2013.
[59] 袁广达．基于环境会计信息视角下的企业环境风险评估与控制研究[J]．会计研究，2014（4）.
[60] 袁广达．注册会计师视角下的生态补偿机制与政策设计研究[J]．审计研究，2012（12）.
[61] 许家林、孟凡林，等．环境会计[M]．上海：上海财经大学出版社，2004.
[62] 许家林，王昌锐．论环境会计核算中的环境资产确认问题[J]．会计研究，2006，1.
[63] 肖序．建立环境会计的探讨[J]．会计研究，2003，11.
[64] 肖序．环境会计理论与实务研究[M]．大连：东北财经大学出版社，2007.
[65] 肖序．环境会计制度构建问题研究[M]．北京：中国财政经济出版社，2010.
[66] 肖序．环境成本论[M]．北京：中国财政经济出版社，2002.
[67] 肖序，李艳芬．试论流转成本会计[J]．安徽商贸职业技术学院学报，2005，3.
[68] 肖序．建立环境会计的探讨[J]．会计研究，2003（11）.
[69] 甄国红．材料流动成本核算的基本原理[J]．税务与经济，2007（4）.
[70] 郑玲．物质流成本会计核算浅探[J]．财会月刊，2010（9）.
[71] 中国会计学会．环境会计专题研究[M]．北京：中国财政经济出版社，2002.
[72] 朱卫东，程品龙．基于 MFCA 的环境设备投资项目优选方法研究[J]．财会通讯，2010（11）.
[73] 朱卫东．基于 MFCA 的我国制造业企业环境业绩评价研究[D]．合肥：合肥工业大学，2010.
[74] 何敏琪．日本富士通公司环境会计案例分析及启示[J]．财政监督，2009（20）：70-72.
[75] 林立祖．论我国环境会计的建设——借鉴日本富士通公司环境会计实施成功经验[J]．财会探析，2013（19）：176-177.
[76] Aeschliman 1994：3；AP1992a，1994；SDA1994b；NZZ1994a，1994b；Economist1994b，1994a；Vaughan 1994：175；Exxon 1999 年 4 月网页：www.exxon.com 转引自：史迪芬·肖特嘉（德），罗杰·布里特（澳）．现代环境会计．肖华，李建发译．东北财经大学出版社，2004：153.
[77] 中华人民共和国财政部．企业会计准则．经济科学出版社，2006.
[78] 李永丞，耿建新．企业环境会计研究．中国人民大学出版社，2005.
[79] 李连华．环境会计研究．中南财经大学，1998.
[80] 国际会计准则委员会．国际会计准则 2002．中国财政经济出版社，2003：642. International Accounting Standard 37 Provisions，Contingent Liabilities and Contingent Assets.
[81] 刘刚译，陈毓圭校：联合国贸易与发展会议：环境成本和负债的会计与财务报告．中国财政经济出版社，2003，15.
[82] 赵绘宇，姜琴琴．美国环境影响评价制度 40 年纵览及评价[J]．当代法学，2010（1）.
[83] 王彬辉，董伟，郑玉梅．欧盟与我国政府环境信息公开制度之比较[J]．法学，2010（7）.
[84] 周卫．欧共体环境信息公开立法发展述评[J]．湖北社会科学，2006（4）.
[85] 潘岳．环境保护与公众参与[J]．理论前沿，2004（13）.
[86] 李富贵，熊兵．环境信息公开及在中国的实践[J]．中国人口·资源与环境，2005，15（4）.
[87] 王跃堂，赵子夜．环境成本管理：事前规划法及其对我国的启示[J]．会计研究，2002（1）：54-57.